教育部高职高专规划教材

第二版

建筑装饰施工技术

李继业　邱秀梅　主编

U0367874

化学工业出版社

·北京·

本书根据《建筑装饰装修工程质量验收规范》（GB 50210—2001）等国家标准及行业标准的规定，对抹灰工程、门窗工程、地面工程、吊顶工程、饰面工程、涂饰工程、幕墙工程、隔墙与隔断工程、裱糊与软包工程、细木工程等建筑装饰分项工程的施工工艺和质量验收进行了全面讲述。

　　本书注重先进性、针对性和实用性，突出理论与实践相结合，重点介绍建筑装饰施工方法、施工工艺、质量标准及检验方法，以及常用中、小型施工机具的类型、用途、操作方法等内容，特别加强了新规范中质量标准的介绍，具有应用性突出、可操作性强、通俗易懂等特点。

　　本书为高职高专建筑装饰工程技术专业教材，还可作为建筑装饰施工技术的培训教材，也可供建筑装饰技术人员参考。

图书在版编目（CIP）数据

建筑装饰施工技术/李继业，邱秀梅主编. —2 版.
北京：化学工业出版社，2011.2（2023.1重印）
教育部高职高专规划教材
ISBN 978-7-122-10205-8

Ⅰ．建…　Ⅱ．①李…②邱…　Ⅲ．建筑装饰-工程
施工-高等学校：技术学院-教材　Ⅳ．TU767

中国版本图书馆 CIP 数据核字（2010）第 254281 号

责任编辑：王文峡　　　　　　　　　　　　　　装帧设计：尹琳琳
责任校对：宋　夏

出版发行：化学工业出版社（北京市东城区青年湖南街 13 号　邮政编码 100011）
印　　装：北京七彩京通数码快印有限公司
787mm×1092mm　1/16　印张 22　字数 588 千字　2023 年 1 月北京第 2 版第 8 次印刷

购书咨询：010-64518888　　售后服务：010-64518899
网　　址：http://www.cip.com.cn

再版前言

　　随着社会的发展，城市化进程的加快，建筑领域科技的进步，市场竞争将日益激烈。此外，随着全球一体化进程的加快，我国建筑装饰施工企业面对的不再是单一的国内市场，跨国、跨地区、跨产业的竞争模式，逐渐成为一种新的竞争手段。因此，建筑装饰行业对于技能型技术人才质量的要求也越来越高。

　　《建筑装饰施工技术》教材作为体现先进技术和知识的载体，是进行教学活动的基本工具，是对学生进行技能培养的重要支柱和基础。实践证明，加强施工理论与应用的研究，对于提高施工技术的高科技含量，促进高效的装饰施工技术成果在装饰工程中的推广应用，高质量地完成装饰工程具有重要作用。

　　《建筑装饰施工技术》教材第一版出版后，受到广大读者的喜爱，曾多次印刷，对提高建筑装饰工程技术专业学生的技术素质起到了较好的作用。这几年，建筑装饰工程的新技术、新材料、新工艺、新设备有了新的发展；国家和有关行业颁布了新的规范和标准，如《建筑地面工程施工质量验收规范》（GB 50209—2010）、《建筑设计防火规范》（GB 50016—2006）和《建筑用硅酮结构密封胶》（GB 16776—2005）等。为了增强学生的"百年大计、质量第一"的意识，强化了新规范中质量标准的介绍。我们对《建筑装饰施工技术》教材进行了修订。

　　这次修订以现行的国家规范为标准，增加了许多新的技术内容，特别是增加了各种装饰工程的质量要求和检验方法。本书修订仍然保持了第一版的风格，即按照先进性、针对性和规范性的原则，特别突出理论与实践相结合，注重对学生技能方面的培养，具有应用性突出、可操作性强、通俗易懂等特点。

　　本教材由李继业、邱秀梅主编，王玉峰担任副主编，胡琳琳、苗蕾参加了编写。编写的具体分工为：李继业编写第一章、第五章、第十章；王玉峰编写第二章、第七章；胡琳琳编写第三章、第十二章；邱秀梅编写第四章、第六章、第十一章；苗蕾编写第八章、第九章。李继业负责全书的统稿。

　　限于编者水平和时间等，书中不足之处在所难免，请广大读者批评指正。

编者

2010 年 10 月

第一版前言

随着国民经济的腾飞，社会的不断进步，科学技术的飞速发展，人们对物质生活水平和精神文化生活水平的要求不断提高，现代高质量生活的新观念已深入人心，人们逐渐开始重视生活和生存的环境。现代建筑和现代装饰对人们的生活、学习和工作环境的改善，起着极其重要的作用。

伴随着建筑市场的规范化和法制化，装饰装修行业将进入一个新时代，多年来已经习惯遵循和参照的装饰工程施工规范、装饰工程验收标准及装饰工程质量检验评定标准等，均已发生重要变化。所以，按照国家新的施工规范、质量标准，科学合理地选用建筑装饰材料和施工方法，努力提高建筑装饰业的技术水平，对于创造一个舒适、绿色环保型的环境，促进建筑装饰业的健康发展，具有非常重要的意义。

本书根据国家最新发布的《建筑装饰装修工程质量验收规范》（GB 50210—2001）、《住宅装饰装修工程施工规范》（GB 50327—2001）、《民用建筑工程室内环境污染控制规范》（GB 50325—2002）以及《建筑工程施工质量验收统一标准》（GB 50300—2001）等国家标准及行业标准的规定，对抹灰工程、门窗工程、地面工程、吊顶工程、饰面工程、涂饰工程、幕墙工程、隔墙与隔断工程、裱糊与软包工程、细木工程等分项工程的施工工艺进行了全面讲述。

本书按照先进性、针对性和规范性的原则，特别突出理论与实践相结合，注重对学生技能方面的培养，具有应用性突出、可操作性强、通俗易懂等特点，既适用于高等院校及高职高专建筑装饰类专业学生的学习，也可以作为建筑装饰施工技术的培训教材，还可以作为建筑装饰技术人员的技术参考书。

本书由李继业、邱秀梅主编，王玉峰担任副主编，宋洪波、李海豹参加了编写。编写的具体分工为：李继业撰写第一章、第五章、第十章；邱秀梅撰写第三章、第六章、第十一章；王玉峰撰写第二章、第七章；宋洪波撰写第四章、第十二章；李海豹撰写第八章、第九章。全书由李继业整体策划，由邱秀梅负责统稿。

由于编者水平所限，加之资料不全、时间仓促等原因，书中的缺点和不足在所难免，敬请有关专家、同行和广大读者提出宝贵意见。

编者
2005 年 1 月

目 录

第一章 建筑装饰施工的基本概念 ……………………………………………… 1

第一节 建筑装饰装修的基本知识 …………………………………………… 1

一、建筑装饰装修的定义 …………………………………………………… 1

二、建筑装饰工程的特点 …………………………………………………… 2

三、建筑装饰工程的基本要求 ……………………………………………… 4

四、建筑装饰工程与相关工程的关系 ……………………………………… 4

五、建筑装饰工程的施工范围 ……………………………………………… 5

六、建筑装饰施工技术现状及发展趋势 …………………………………… 6

第二节 建筑装饰工程的基本规定 …………………………………………… 6

一、设计方面的基本规定 …………………………………………………… 7

二、材料方面的基本规定 …………………………………………………… 7

三、施工方面的基本规定 …………………………………………………… 7

第三节 住宅装饰工程的基本规定 …………………………………………… 8

一、施工方面基本要求 ……………………………………………………… 8

二、防火安全基本要求 ……………………………………………………… 9

三、室内环境污染控制 ……………………………………………………… 10

第四节 装饰工程施工标准 …………………………………………………… 10

一、建筑装饰等级及施工标准 ……………………………………………… 10

二、建筑装饰施工的任务与要求 …………………………………………… 11

三、建筑装饰施工的基本方法 ……………………………………………… 13

复习思考题 ……………………………………………………………………… 14

第二章 抹灰工程施工 …………………………………………………………… 15

第一节 装饰抹灰的种类和机具 ……………………………………………… 15

一、装饰抹灰工程的分类 …………………………………………………… 15

二、抹灰工程施工常用的机具 ……………………………………………… 17

第二节 一般抹灰饰面 ………………………………………………………… 18

一、基体及基层处理 ………………………………………………………… 18

二、内墙的一般抹灰 ………………………………………………………… 19

三、顶棚抹灰施工工艺 ……………………………………………………… 21

四、外墙的一般抹灰 ………………………………………………………… 26

五、细部一般抹灰 …………………………………………………………… 28

六、机械喷涂抹灰 …………………………………………………………… 31

第三节 装饰抹灰饰面 ·············· 34　　　四、斩假石装饰抹灰 ·············· 38
　一、装饰抹灰的一般要求 ·········· 35　　　五、机喷石装饰抹灰 ·············· 39
　二、水刷石装饰抹灰 ·············· 35　　　六、假面砖装饰抹灰 ·············· 40
　三、干粘石装饰抹灰 ·············· 37　　复习思考题 ···················· 40

第三章　吊顶工程施工 ·· 41

第一节 吊顶工程基本知识 ·········· 41　　　三、轻钢龙骨纸面石膏板吊顶施工示意图 ····· 64
　一、吊顶的基本功能 ·············· 41　　第四节 其他吊顶工程施工 ·········· 66
　二、吊顶种类 ···················· 42　　　一、金属装饰板吊顶施工 ·········· 66
第二节 木龙骨吊顶施工 ············ 42　　　二、开敞式吊顶的施工工艺 ········ 69
　一、胶合板罩面吊顶施工 ·········· 43　　第五节 吊顶工程质量验收标准 ······ 76
　二、纤维板罩面吊顶施工 ·········· 52　　　一、一般规定 ···················· 76
　三、塑料板罩面吊顶施工 ·········· 53　　　二、暗龙骨吊顶工程 ·············· 77
第三节 轻钢龙骨吊顶施工 ·········· 54　　　三、明龙骨吊顶工程 ·············· 78
　一、吊顶轻钢龙骨的主、配件 ······ 55　　复习思考题 ···················· 78
　二、轻钢龙骨的安装施工 ·········· 61

第四章　室内隔墙与隔断的施工 ·· 80

第一节 骨架隔墙工程施工 ·········· 80　　第四节 其他隔断工程施工 ·········· 94
　一、轻钢龙骨纸面石膏板隔墙施工 ·· 80　　　一、空透式隔断施工 ·············· 94
　二、木龙骨轻质隔墙施工 ·········· 83　　　二、活动式隔断施工 ·············· 95
第二节 板材隔墙工程的施工 ········ 85　　第五节 轻质隔墙工程质量验收标准 ·· 95
　一、板材隔墙工程材料质量要求 ···· 85　　　一、质量验收一般规定 ············ 95
　二、加气混凝土条板隔墙施工 ······ 86　　　二、板材隔墙质量标准 ············ 96
　三、纤维板隔墙施工 ·············· 88　　　三、骨架隔墙质量标准 ············ 97
　四、石膏板隔墙施工 ·············· 88　　　四、活动隔墙质量标准 ············ 97
第三节 玻璃隔墙工程施工 ·········· 92　　　五、玻璃隔墙质量标准 ············ 98
　一、玻璃板隔墙施工 ·············· 93　　复习思考题 ···················· 99
　二、空心玻璃砖隔墙施工 ·········· 93

第五章　楼地面装饰工程施工 ·· 100

第一节 楼地面装饰工程概述 ········ 100　　　五、踢脚板的镶贴施工 ············ 112
　一、楼地面的功能 ················ 100　　　六、瓷砖与地砖地面铺贴施工 ······ 112
　二、楼地面的组成 ················ 100　　　七、陶瓷锦砖地面铺贴施工 ········ 113
　三、楼地面面层的分类 ············ 101　　　八、镭射玻璃砖楼地面施工 ········ 113
　四、楼地面装饰的一般要求 ········ 101　　　九、钛金复面墙地砖地面施工 ······ 114
第二节 整体地面的施工 ············ 102　　　十、幻影玻璃地砖楼地面施工 ······ 116
　一、水泥砂浆地面的施工 ·········· 102　　第四节 木地面铺贴施工 ············ 116
　二、现浇水磨石地面的施工 ········ 104　　　一、木地面的铺贴种类 ············ 117
第三节 块料地面铺贴施工 ·········· 108　　　二、木地板施工工艺 ·············· 118
　一、块料材料的种类与要求 ········ 108　　　三、木拼锦砖施工工艺 ············ 119
　二、天然大理石与花岗石地面铺贴施工 ·· 108　　　四、复合木地板施工工艺 ·········· 120
　三、碎拼大理石地面铺贴施工 ······ 110　　　五、可拆装木地板施工工艺 ········ 121
　四、预制水磨石板地面铺贴施工 ···· 111　　第五节 塑料楼地面的施工 ·········· 121

一、半硬质聚氯乙烯地板铺贴 …… 122

二、软质聚氯乙烯地板铺贴 …… 126

三、塑胶地板的施工工艺 …… 128

第六节　地毯地面铺设施工 …… 129

一、地毯铺贴的施工准备 …… 129

二、活动式地毯的铺设 …… 131

三、固定式地毯的铺设 …… 132

四、楼梯地毯的铺设 …… 134

第七节　活动地板安装施工 …… 135

一、活动地板的类型和结构 …… 136

二、活动地板的安装工序 …… 136

三、活动地板的施工要点 …… 137

第八节　地面工程施工质量验收标准 …… 137

一、地面工程质量一般规定 …… 137

二、水泥砂浆地面工程质量 …… 138

三、陶瓷地砖及锦砖地面工程质量 …… 138

四、石板（石材）地面工程质量 …… 139

五、木地板地面工程质量 …… 140

六、地毯地面工程质量 …… 140

七、活动地板地面工程质量 …… 141

八、塑胶地面工程质量 …… 141

复习思考题 …… 142

第六章　门窗工程的施工 …… 143

第一节　门窗的基本知识 …… 143

一、门窗的分类 …… 143

二、门窗的作用及组成 …… 144

三、门窗制作与安装的要求 …… 144

第二节　装饰木门窗的制作与安装 …… 146

一、装饰木门窗的开启方式 …… 146

二、装饰木门窗的制作 …… 147

三、装饰木门窗的安装 …… 152

第三节　铝合金门窗的制作与安装 …… 154

一、铝合金门窗的特点、类型和性能 …… 154

二、铝合金门窗的组成与制作 …… 156

第四节　塑料门窗的施工 …… 166

一、塑料门窗材料质量要求 …… 167

二、塑料门窗的安装施工 …… 168

第五节　自动门的施工 …… 170

一、微波自动门的结构 …… 170

二、微波自动门的技术指标 …… 171

三、微波自动门的安装施工 …… 171

第六节　全玻璃门的施工 …… 172

一、全玻璃门固定部分的安装 …… 172

二、玻璃活动门扇的安装 …… 174

第七节　特种门窗的施工 …… 175

一、防火门的安装施工 …… 175

二、隔声门的安装施工 …… 176

三、金属转门的安装施工 …… 177

四、装饰门的安装施工 …… 178

五、卷帘防火、防盗窗 …… 178

第八节　门窗工程质量验收标准 …… 179

一、木门窗安装工程质量 …… 179

二、铝合金门窗安装工程质量 …… 179

三、塑料门窗安装工程质量 …… 182

四、特种门窗安装工程质量 …… 184

复习思考题 …… 185

第七章　饰面装饰工程施工 …… 186

第一节　饰面材料及施工机具 …… 186

一、饰面材料及适用范围 …… 186

二、贴面装饰的常用机具 …… 187

第二节　木质护墙板的施工 …… 188

一、施工准备及材料要求 …… 188

二、木质护墙板的安装施工 …… 189

第三节　饰面砖的镶贴施工 …… 190

一、材料准备工作 …… 190

二、内墙面砖镶贴施工工艺 …… 190

三、外墙面砖的施工工艺 …… 193

四、陶瓷锦砖的施工工艺 …… 196

五、玻璃锦砖的施工工艺 …… 197

第四节　饰面板的安装施工 …… 198

一、饰面板安装前的施工准备 …… 198

二、饰面板的施工工艺 …… 199

第五节　金属饰面板的安装施工 …… 205

一、铝合金墙板的安装施工 …… 205

二、彩色涂层钢板的安装施工 …… 210

三、彩色压型钢板的安装施工 …… 211

第六节　饰面装饰工程质量标准 …… 212

一、饰面板装饰工程质量 …… 212

二、饰面砖装饰工程质量 …… 213

复习思考题 …… 213

第八章　涂料饰面工程施工 214

第一节　涂饰工程的施工工序 214
一、涂饰工程施工环境条件 214
二、涂饰工程施工基层处理 215
三、涂饰施工的基层复查 218
四、施涂准备及工序要求 218
五、涂料的选择及调配 223
第二节　油漆及其新型水性漆涂饰施工 223
一、基层清理工作 223
二、嵌批、润粉及着色 224
三、打磨与配料 226
四、溶剂型油漆的施涂 227
五、聚氨酯水性漆的施涂 231
第三节　建筑涂料涂饰施工 233
一、室内涂饰施工基本技术 233
二、改性复合涂料的施工 235
三、多彩喷涂的施工 236
四、天然岩石漆涂饰施工 238
五、乳胶漆系列涂料的施工 239
复习思考题 242

第九章　裱糊饰面工程施工 243

第一节　裱糊的基本知识 243
一、壁纸和墙布的种类 243
二、壁纸、墙布性能的国际通用标志 244
三、裱糊饰面工程施工的常用胶黏剂与机具 244
第二节　裱糊工程主要材料 245
一、壁纸和墙布 245
二、胶黏剂 248
第三节　裱糊饰面工程的施工 249
一、裱糊工程的作业条件 249
二、裱糊饰面工程的施工 250
第四节　软包装饰工程施工 252
一、软包工程施工的有关规定 253
二、人造革软包饰面的施工 253
三、装饰布软包饰面的施工 255
第五节　裱糊与软包装饰工程质量标准 256
一、裱糊与软包工程的一般规定 256
二、裱糊工程质量 256
三、软包工程质量 257
复习思考题 257

第十章　建筑幕墙工程施工 258

第一节　幕墙工程的重要规定 259
第二节　玻璃幕墙的施工 260
一、玻璃幕墙材料及机具 260
二、有框玻璃幕墙的施工 262
三、无框全玻璃幕墙的施工 270
四、点支式玻璃幕墙的施工 275
第三节　石材幕墙的施工 277
一、石材幕墙的种类 277
二、石材幕墙对石材的基本要求 278
三、石材幕墙的组成和构造 279
四、石材幕墙施工工艺 279
五、石材幕墙施工安全 283
第四节　金属幕墙的施工 283
一、金属幕墙材料及机具 284
二、金属幕墙类型与构造 285
三、金属幕墙的施工工艺 285
四、金属幕墙施工方法和质量要求 285
五、金属幕墙安装施工的安全措施 288
第五节　幕墙工程质量标准 289
一、幕墙工程质量一般规定 289
二、玻璃幕墙质量标准 291
三、金属幕墙质量标准 293
四、石材幕墙质量标准 294
复习思考题 296

第十一章　玻璃装饰工程施工 297

第一节　玻璃装饰的基本知识 297
一、玻璃加工的基本知识 297
二、玻璃安装的基本知识 299
第二节　玻璃屏风的施工 299
一、木骨架玻璃屏风的施工 299
二、金属骨架玻璃屏风的施工 300
第三节　玻璃镜的安装施工 301
一、顶面玻璃镜的安装施工 301

二、墙面、柱面玻璃镜安装 ……………… 302

第四节 玻璃栏板的安装施工 ……………… 303

一、回廊栏板的安装 ………………………… 303

二、楼梯玻璃栏板的安装 ………………… 304

三、玻璃栏板施工注意事项 ……………… 305

第五节 空心玻璃砖墙的施工 ……………… 306

一、空心玻璃装饰砖墙的砌筑法 ………… 307

二、空心玻璃装饰砖墙的胶筑法 ………… 309

第六节 装饰玻璃饰面的施工 ……………… 311

一、装饰玻璃饰面板 ……………………… 311

二、镜面玻璃建筑内墙装饰施工 ………… 317

复习思考题 ……………………………………… 320

第十二章 细木工程施工 …………………… 321

第一节 细木工程的基本知识 ……………… 321

一、木材的识别方法 ……………………… 321

二、木构件制作加工原理 ………………… 323

三、施工准备与材料选用 ………………… 324

第二节 细木构件的制作与安装 …………… 325

一、木窗帘盒的安装 ……………………… 326

二、窗台板的安装 ………………………… 327

三、筒子板的安装 ………………………… 327

四、贴脸板的安装 ………………………… 328

五、木楼梯的施工 ………………………… 329

六、吊柜、壁柜的安装 …………………… 332

七、厨房台柜的制作与安装 ……………… 333

八、墙面木饰的制作与安装 ……………… 334

九、室内线饰的制作与安装 ……………… 334

第三节 细部工程质量验收标准 …………… 338

一、细部工程质量一般规定 ……………… 338

二、橱柜制作与安装质量标准 …………… 338

三、窗帘盒、窗台板和散热器罩制作与
安装质量标准 ………………………… 339

四、门窗套制作与安装质量标准 ………… 339

五、护栏和扶手制作与安装工程 ………… 340

六、花饰制作与安装工程 ………………… 340

复习思考题 ……………………………………… 341

参考文献 ………………………………………………………… 342

第一章 建筑装饰施工的基本概念

本章介绍了建筑装饰工程的特点，建筑装饰工程的基本要求，装饰工程与相关工程的关系，装饰工程的施工范围等建筑装饰装修的基本概念；介绍了建筑装饰工程在设计、施工、材料选择方面的基本规定，住宅装饰工程在施工、防火安全、污染控制方面的基本要求；还介绍了建筑装饰等级及施工标准，建筑装饰施工的任务与要求，建筑装饰施工的基本方法，建筑装饰施工技术现状及发展趋势。通过对以上内容的学习，初步了解建筑装饰工程的一些基本理论、基本方法，为以后学习各分项工程的施工打下良好基础。

建筑装饰是一个古老而又新兴的行业。随着社会和科学技术的发展，装饰的内容和装饰服务的对象越来越广，涉及的行业和学科领域也更加广泛。因此，建筑装饰是一个综合性很强的多学科相结合的边缘学科。研究施工技术的内在规律，掌握先进的施工方法和工艺，对于保证建筑装饰工程的质量，促进装饰行业的健康发展有着重要的意义。

第一节　建筑装饰装修的基本知识

一、建筑装饰装修的定义

建筑装饰装修工程是现代建筑工程的有机组成部分，是现代建筑工程的延伸、深化和完善。其定义为："为保护建筑物的主体结构、完善建筑物的使用功能和美化建筑物，采用装饰装修材料或饰物，对建筑物的内外表面及空间进行的各种处理过程"。换句话讲："建筑是创造空间，而建筑装饰是空间的再创造"。

从大的方面划分，建筑装饰装修工程属于建筑工程，是建筑工程非常重要的分部工程。根据2002年1月1日开始实施的中华人民共和国国家标准GB 50300—2001《建筑工程施工质量验收统一标准》，建筑工程分为地基与基础、主体结构、建筑装饰装修、建筑屋面、建筑给水排水及采暖、建筑电气、智能建筑、通风与空调系统、电梯等分部工程。由此可见，建筑装饰装修是建筑工程的重要组成部分。

二、建筑装饰工程的特点

（一）建筑装饰工程的主要特点

1. 边缘性学科

建筑装饰装修不仅涉及人文、地理、环境艺术和建筑知识，而且还与建筑装饰材料及其他各行各业有着密切的联系，如建筑装饰材料涉及五金、化工、轻纺等多行业、多学科，这些都直接关系到装饰工程的质量、装饰的档次。

2. 技术与艺术结合

建筑工程的本身就是技术与艺术结合的产物，而作为建筑工程的深化和再创造的建筑装饰，就更需要技术与艺术的有机结合。任何装饰都是用材料来体现的，而材料的质量和档次又离不开现代技术，正确应用这些材料又与设计和施工技术人员所具有的知识及技术含量，如人文意识、设计理念超前意识和变化规律等有关。这些使得建筑装饰的复杂性、综合性更为突出。因此建筑装饰是艺术与技术进一步结合的、复杂的过程。

3. 具有较强的周期性

建筑工程是百年大计，而建筑装饰却随着时代的变化具有时尚性，其使用年限远远小于建筑结构。我国建筑工程的耐久年限一般为 50～100 年，而装饰的使用年限仅 5～10 年，国外规定一般不超过 5 年。在建筑装饰装修方面，不提倡"新三年旧三年，修修补补又三年"的做法，要充分体现其先进性和超前性，以满足人们对建筑装饰的高标准要求。

4. 工程造价差别大

建筑装饰工程的造价空间非常大，从普通装饰到超豪华装饰，由于采用的材料档次不同，其造价相差甚远，所以装饰的级别受造价的控制。

（二）建筑装饰工程施工的特点

随着国民经济和建设事业的飞速发展，建筑装饰工程在营造完善的市场经济建筑环境，改善人民的生活和工作条件，以及建设国际化新城市方面，势必发挥更大的作用。建筑装饰行业的技术人员，必须高度重视现代建筑装饰事业所担负的重任，不仅要更加重视工程质量的提高、本身素质的提高和装饰艺术水平的提高；同时必须针对建筑装饰工程的设计、材料、施工技术和施工组织管理等各方面的特点，不断开展技术革新，改进操作工艺，提高专业技术水平。

1. 建筑装饰工程施工的建筑性

建筑装饰工程是建筑工程的有机组成部分，而不是单纯的艺术创作，建筑装饰工程施工的首要特点，是具有明显的建筑性。

与建筑有关的所有建筑装饰工程的施工操作，都不能只顾装饰艺术的表现而漠视对主体结构的维护和保养。《中华人民共和国建筑法》第四十九条规定："涉及建筑主体和承重结构变动的装修工程，建设单位应当在施工前委托原设计单位或者具有相应资质条件的设计单位提出设计方案；没有设计方案的，不得施工"。这一条规定限制了建筑装饰工程施工中随意凿墙开洞等野蛮施工行为，保证了建筑主体结构安全适用。

就建筑装饰设计而言，首要目的是完善建筑及其空间环境的使用功能，即在满足建筑物功能的前提下，进而追求艺术效果；作为建筑设计的继续、深化和美化，应该是以现代装饰新材料、新技术和新工艺为基础的高档次建筑艺术设计。对于建筑装饰工程施工，必须是以保护建筑结构主体及安全使用为基本原则，进而通过科学合理的装修构造、装饰造型等饰面具体操作工艺达到工程目标。

2. 建筑装饰工程施工的规范性

建筑装饰工程施工是对建筑工程主体结构及其环境的再创造，不是单纯的美化处理，而是一种必须依靠合格的材料与构配件等，通过科学合理的构造做法并由建筑主体结构予以稳定支承的工程。因此，一切工艺操作和工艺处理，均应遵照国家颁发的有关施工和验收规范；所用材料及其应用技术，应符合国家及行业颁布的相关标准。对于任何建筑装饰工程，不能为追求表面美化及视觉效果，没有任何制约地进行构造造型或简化饰面处理，以免造成工程质量问题。

对于一些重要工程和规模较大的装饰项目，应按国家规定实行招标、投标制度；明确确认装饰施工企业和施工队伍的资质水平与施工能力；在施工过程中应由建设监理部门对工程进行监理；工程竣工后应通过质量监督部门及有关方面组织严格验收。

3. 建筑装饰工程施工的严肃性

建筑装饰工程施工是一项十分复杂的生产活动，长期以来，其施工状况一直存在着工程量大、施工工期长、耗用劳动量多和占建筑物总造价高等特点。近年来，随着建材工业的迅速发展及施工条件的不断改善，建筑装饰工程的施工现状已有较大改观，已使建筑装饰施工人员基本上摆脱了繁重的体力劳动。但是，随着人们对物质生活和精神文化生活水平要求的提高，对装饰工程的质量要求也大大提高，因此，迫切需要的是建筑装饰行业从业人员的事业心和在生产活动中的严肃态度。

由于建筑装饰工程大多数是以饰面为最终效果，所以许多处于隐蔽部位而对于工程质量起着关键作用的项目和操作工序很容易被忽略，或是其质量弊病很容易被表面的美化修饰所掩盖，如大量的预埋件、连接件、铆固件、焊接件、骨架杆件、饰面的基面或基层处理，防火、防腐、防水、防潮、防虫、绝缘、隔声等功能性与安全性的构造和处理等，包括钉件的规格、质量，螺栓及各种连接紧固件的设置、数量及埋入深度等。如果在操作时采取应付敷衍的态度，甚至偷工减料、偷工减序，就势必给工程留下质量隐患。

4. 建筑装饰工程施工管理的复杂性

建筑装饰工程的施工工序繁多，每道工序都需要具有专门知识和技能的专业人员担当技术骨干。此外，施工操作人员中的工种也十分复杂，这些工种包括水、电、暖、卫、木、玻璃、油漆、金属等几十个工种。对于较大规模的装饰工程，加上消防系统、音响系统、保安系统、通信系统等，往往有几十道工序。这些工种和工序交叉、轮流或配合作业，容易造成施工现场的拥挤和混乱，不仅影响工程的进度和质量，严重时还会造成工程事故。

为保证工程质量、施工进度和施工安全，必须依靠具备专门知识和经验的施工组织管理人员，以施工组织设计为指导，实行科学管理。使各工序和各工种之间紧凑衔接，人工、材料和施工机具调度协调；熟悉各工种的施工操作规程及质量检验标准和施工验收规范，及时监督和指导施工操作人员的施工操作；同时还应具备及时发现问题和解决问题的能力，随时解决施工中的技术问题。

5. 建筑装饰工程施工的技术经济性

建筑装饰工程的使用功能及其艺术性的体现与发挥，所反映的时代感和科学技术水准，特别是在工程造价方面，在很大程度上是受装饰材料以及现代声、光、电及其控制系统等设备的制约。在20世纪90年代以前，建筑主体结构、安装工程和装饰工程的费用分别占总投资的比例大约为50%、30%、20%，现在则变为30%、30%、40%。有的国家重点工程、高级宾馆、饭店及公共设施等，装饰工程的费用已占总投资的50%以上。

随着人们对建筑艺术要求的不断提高，装饰新材料、新技术、新工艺和新设备的不断涌现，建筑装饰工程的造价还将继续提高。因此，必须做好建筑装饰工程的预算和估价工作，认真研究工程材料、设备及施工技术、施工工艺的经济性，严格控制工程成本，加强施工企业的经济管理和经济活动的分析，努力提高经济效益和工程质量，以保证我国现代建筑装饰行业的健康发展。

三、建筑装饰工程的基本要求

建筑装饰工程施工是一项技术性要求很高的工作，施工人员必须具有相应的基本素质，才能担当施工的重任。在施工过程中，对于施工质量应当满足基本要求。

（一）对建筑装饰工程施工人员的要求

1. 具有一定的美学基础

建筑装饰是工程与艺术、美学的完美结合，不仅要求表面的造型和色彩等媒介所创造的视觉效果，而且还要求包括美学表现、平面构成及其装饰表现等综合内容而构成的整体效果。因此，建筑装饰工程技术人员，不仅要对装饰构图、造型、色彩等美学概念有一定的了解和掌握，而且对建筑与装饰表现技术要有所熟知。

2. 具有识图绘图的能力

图纸是工程技术的语言，是施工中的依据和标准。在施工过程中，技术人员要向工人进行图纸技术交底，根据图纸中的要求指导施工，结构简单的部分应会绘制草图。图纸应当及时提供，图纸不全或不详的部分，要及时绘制补齐图纸。

3. 熟悉工程设计与构造

建筑装饰设计是人们运用美学原则、空间理论等，来创造美观实用、舒适空间环境的一种手段。对于施工人员来说，不了解设计与构造的内容，就不能正确地理解设计的构思意图，更不能去实现设计意图。

因此，设计人员要设计出理想的空间环境，施工人员要把设计变为实现效果的桥梁，只有熟知建筑装饰工程设计与构造的内容，才能从整体上考虑装饰的最终效果，创造出更为理想的空间环境。

（二）对建筑装饰工程施工质量的要求

1. 耐久性的要求

建筑装饰工程的耐久性，主要是指外墙装饰装修的耐久性，其包含两个方面的含义：一方面是使用上的耐久性，指抵御使用中的损伤、性能减退等；另一方面是装饰装修质量的耐久性，它包括粘接牢固和材质特性等。

2. 牢固性的要求

牢固性包括外墙装饰装修的面层与基层连接方法的牢固性、装饰装修材料本身应具有的足够强度及力学性能。只有选择恰当的粘接材料，按合理的施工程序进行操作，才能保证装饰装修工程的安全牢固。

3. 经济性的要求

装饰装修工程的造价往往占土建工程总造价的 30% 左右，个别要求较高的工程可达 50% 以上，因此，其经济性要求是非常重要的一个方面。除了通过简化施工、缩短工期取得经济效益外，装饰装修材料的选择是取得经济效益的关键。

四、建筑装饰工程与相关工程的关系

建筑工程包括了建筑结构、水、电、暖、通信设备等多方面的工程，而建筑装饰工程作为建筑工程的深化和再创造，必然与建筑、结构、设备等各方面有着密切的联系。

1. 建筑装饰与建筑的关系

建筑装饰是对建筑物的装扮和修饰，因此对建筑要有一个准确的理解和认识，如对建筑的属性、艺术风格、建筑空间性质和特性、建筑时空环境的意境和气氛等应有较好的把握。建筑装饰是再创造过程，只有对所要进行装饰的建筑有了正确的理解把握，才能搞好装饰工程的设计和施工，使建筑艺术与人们的审美观协调一致，从而在精神上给人们以艺术享受。

2. 建筑装饰与建筑结构的关系

建筑装饰与建筑结构的关系有两个方面：一是建筑结构给建筑装饰再创造提供了充分发挥的舞台，装饰在充分发挥结构空间的同时又保护了建筑结构。二是建筑装饰与建筑结构矛盾时的处理，结构是传递荷载的构件，在设计时充分考虑了其受力情况，要经过计算而确定。装饰需要改变结构或在结构构件上开洞或取舍，必然影响到建筑结构，所以规范规定不得在结构上任意开洞或取舍，如必须改变时，应进行计算核实。

3. 建筑装饰与设备的关系

建筑装饰不仅要处理好装饰与结构的关系，而且还必须认真解决好装饰与设备的关系，如果处理不合理必然影响建筑装饰空间的处理，同时也影响设备的正常运行和使用。特别是装饰工程大部分是界面处理，因此与建筑设备中的空调、水暖、监控、消防、强电、弱电、管线及照明设备等各方面的协调配合必须处理好。

4. 建筑装饰与环境的关系

建筑装饰虽然能给人们提供一个良好的生活、学习、工作环境，但如果选择材料和施工工艺不当，也会造成环境的二次污染，有时甚至出现人身伤亡事故。因此装饰施工必须严格执行国家规范，控制因建筑装饰材料选择不当，以及工程勘察、设计、施工过程中造成的室内环境污染。

近年来，国内外对室内环境污染进行了大量研究工作，已经检测到的有害物质达数百种，常见的有 10 种以上，其中绝大部分为有机物，主要源于各种人造木板、涂料、胶黏剂等化学建筑装饰材料。这些材料会在常温下释放出许多有害、有毒的物质，造成室内空气污染。因此，必须控制这些有害物质在空气中的含量，以达到国家的环保标准。如《民用建筑工程室内环境污染控制规范》（GB 50325—2001）对室内用水性涂料总挥发性有机化合物（TVOC）和游离甲醛的含量提出了控制限量（如表 1.1 所示）。

表 1.1　室内用水性涂料总挥发性有机化合物和游离甲醛限量

测　定　项　目	限　量	测　定　项　目	限　量
TVOC 含量/(g/L)	≤200	游离甲醛含量/(g/kg)	≤0.1

五、建筑装饰工程的施工范围

建筑装饰工程的施工范围几乎涉及所有的建筑物，即除了建筑物主体结构工程和部分设备工程之外的内容。它的范围包括以下几个方面。

1. 按建筑物的不同使用类型划分

建筑物按不同的使用类型，可划分为民用建筑（包括居民建筑和公共建筑）、工业建筑、农业建筑和军事建筑等。其中绝大多数建筑装饰都集中在各类住宅、宾馆、饭店、影剧院、商厦、娱乐休闲中心、办公楼、医院、写字楼等工业与民用建筑上。随着国民经济的发展，为满足农业生产及工程技术要求，装饰工程已经渗透到农业建筑和军事建筑。

2. 按建筑装饰工程施工部位划分

建筑装饰工程的施工部位是指能够引起人们视觉或触觉等感觉器官的注意或与之接触，并能给人以美的享受的建筑部位。总体上可分为室内和室外两大类。建筑室外装饰部位有外墙面、门窗、屋顶、檐口、入口、台阶、建筑小品等；室内装饰部位有内墙面、顶棚、楼地面、隔墙、隔断、室内灯具、家具陈设等。

3. 按建筑装饰施工满足建筑功能划分

建筑装饰施工在完善建筑使用功能的同时，还重点追求建筑空间环境效果。如声学实验室的消声装置，完全是根据声学原理确定，每处倾斜与弯曲的设置都包含声学原理；电子工业厂房对洁净度要求非常高，必须用密封的门窗和整洁明亮的墙面，吊顶装饰、顶棚和地面上的送风和回风口位置，都应当满足洁净的要求；一些新型建筑墙面的围护材料，同时也是建筑饰面，如金属外墙挂板、玻璃幕墙等；还有建筑门窗、室内给排水与卫生设备、暖通空调、自动扶梯与观光电梯、采光、音响、消防等，许多以满足使用功能为目的的装饰施工项目，必须将使用功能与装饰有机地结合起来。

4. 按建筑装饰施工的项目划分

国家颁发的《建筑装饰装修工程质量验收规范》（GB 50210—2001），将建筑装饰施工项目划分为抹灰工程、门窗工程、玻璃工程、吊顶工程、隔断工程、饰面工程、涂料工程、裱糊与软包工程、细部工程，基本上包括了装饰施工所必须涉及的项目。但对于相对独立的建筑装饰施工企业，在工程实际施工的过程中，需要完成的装饰施工内容和需要接触的装饰施工领域，常常会超出这个范围而涉及其他方面。

六、建筑装饰施工技术现状及发展趋势

我国建筑装饰行业的兴起是改革开放政策带来的，并保持近 30 年高速持续发展的行业，是建筑业的延伸与发展，在我国国民经济发展中发挥了重要作用，其发展速度之快、规模之大在建筑业发展史上是罕见的。建筑装饰装修行业的发展变化，真实地反映了我国经济的发展速度和人民生活水平的提高。

由于现代建筑装饰本身涉及学科的多元化和科技的边缘性，使建筑装饰从建筑业中逐渐分离出来，形成一个相对专业的建筑装饰行业。我国建筑装饰行业 30 年的发展历程，是在原来传统装修的基础上，不断更新施工工艺技术，研究新材料应用的过程。

进入 21 世纪后，我国建筑装饰行业学习先进国家的经验，经过改造后的新工艺在国内达到领先水平，有的已接近国际先进水平。如背栓系列、石材干挂技术、组合式单体幕墙技术、点式幕墙技术、金属幕墙技术、微晶玻璃与陶瓷复合技术、木制品部品集成技术、石材地面整体研磨技术等。

最近几年，部分产品生产工厂化、施工现场装配化的出现，是建筑装饰行业的第三次革命。越来越多的工业产品直接在装饰工程上进行装配，如全属材料装饰、玻璃制品的装饰、复合性材料的装饰、木制品部分产品集成装饰等技术的应用，带来了装饰工程施工本质的变化，产品精度高，工程质量好，施工工期短，施工无污染，具有显明的时代感。目前，我国已将环保列为装饰工程的三大主题之一，自从国家颁布的有害物质排放限量标准出台之后，各种相关环保材料也得到迅速发展。

我国建筑装饰行业施工技术，正处于先进施工方式与落后施工方式、新工艺技术与老工艺技术并存的过渡期，现在有些施工技术已接近国际先进水平，这是我国装饰行业的主导，是今后发展的方向。但我国施工技术的总体水平与国际先进水平相比还有较大差距。

现代建筑装饰行业施工技术发展趋势及国家要求施工技术发展的总方向是：节能高效、绿色环保、以人为本；业主对装饰施工的要求具体体现在五个方面：保证装饰功能需要、工程施工质量好、工期越短越好、环保要求确保和回报越快越好。

当前，我国在建筑装饰工程施工技术方面，部分产品生产工厂化与现场装配化的经验比较成熟，已具备继续发展的条件，在今后若干年内建筑装饰行业的施工技术，将向着全新的工厂化和装配化方式发展，在很短的时间内我国建筑装饰行业的施工水平将大为改观。

第二节　建筑装饰工程的基本规定

根据国家标准《建筑装饰装修工程质量验收规范》（GB 50210—2001），建筑装饰装修工程应遵循以下几个方面的基本规定。

一、设计方面的基本规定

（1）建筑装饰装修工程必须进行设计，并出具完整的施工图设计文件。

（2）承担建筑装饰装修工程设计的单位应具备相应的资质，并应建立质量管理体系。由于设计原因造成的质量问题，应由设计单位负责。

（3）建筑装饰装修工程的设计，应符合城市规划、消防、环保、节能等有关规定。

（4）承担建筑装饰装修工程设计的单位，应对建筑物进行必要的了解和实地勘察，设计深度应满足施工的要求。

（5）建筑装饰装修工程的设计必须保证建筑物的结构安全和主要使用功能。当涉及主体和承重结构改动或增加荷载时，必须由原结构设计单位或具备相应资质的设计单位核查有关原始资料，对既有建筑结构的安全性进行核验、确认。

（6）建筑装饰装修工程的防火、防雷和抗震设计，应符合现行国家标准的规定。

（7）当墙体或吊顶内的管线可能产生冰冻或结露时，应进行防冻或防结露的设计。

以上第（1）条、第（5）条是国家标准规定的强制性条文，必须严格执行。

二、材料方面的基本规定

（1）建筑装饰装修工程所用材料的品种、规格和质量，应符合设计要求和国家现行标准的规定。当设计无要求时，应符合国家现行标准的规定。严禁使用国家明令淘汰的材料。

（2）建筑装饰装修工程所用材料的燃烧性能，应符合国家标准《建筑内部装修设计防火规范》（GB 50222—95）（2001 年修订版）、《建筑设计防火规范》（GBJ 16—2006）和《高层民用建筑设计防火规范》（GB 50045—95）（2005 年修订版）的规定。

（3）建筑装饰装修工程所用材料应符合国家有关建筑装饰装修材料有害物质限量标准的规定。

（4）所有材料进场时应对品种、规格、外观和尺寸进行验收。材料包装应完好，应有产品合格证书、中文说明及相关性能的检测报告；进口产品应按规定进行商品检验。

（5）进场后需要进行复验的材料种类及项目，应符合国家标准的规定。同一厂家生产的同一品种、同一类型的进场材料，应至少抽取一组样品进行复验，当合同另有约定时应按合同执行。

（6）当国家规定或合同约定对材料进行见证检测时，或对材料的质量发生争议时，应进行见证检测。

（7）承担建筑装饰装修材料检测的单位，应具备相应的资质，并应建立质量管理体系。

（8）建筑装饰装修工程所使用的材料，在运输、储存和施工过程中，必须采取有效措施防止损坏、变质和污染环境。

（9）建筑装饰装修工程所使用的材料，应按设计要求进行防火、防腐和防虫处理。

（10）现场配制的材料如砂浆、胶黏剂等，应按照设计要求或产品说明书配制。

以上第（3）条、第（9）条是国家标准规定的强制性条文，必须严格执行。

三、施工方面的基本规定

（1）承担建筑装饰装修工程施工的单位应具备相应的资质，并应建立质量管理体系。施工单位应编制施工组织设计并应经过审查批准。施工单位应按有关的施工工艺标准或经审定的施工技术方案施工，并应对施工全过程实行质量控制。

（2）承担建筑装饰装修工程施工的人员应有相应岗位的资格证书。

（3）建筑装饰装修工程的施工质量，应符合设计要求和规范规定，由于违反设计文件和规范的规定施工造成的质量问题应由施工单位负责。

（4）建筑装饰装修工程施工中，严禁违反设计文件擅自改动建筑主体、承重结构或主要使用功能；严禁未经设计确认和有关部门批准擅自拆改水、暖、电、燃气、通信等配套设施。

（5）施工单位应遵守有关环境保护的法律法规，并应采取有效措施控制施工现场的各种粉尘、废气、废弃物、噪声、振动等对周围环境造成的污染和危害。

（6）施工单位应遵守有关施工安全、劳动保护、防火和防毒的法律法规，应建立相应的管理制度，并应配备必要的设备、器具和标识。

（7）建筑装饰装修工程应在基体或基层的质量验收合格后施工。对既有建筑进行装饰装修前，应对基层进行处理并达到规范的要求。

（8）建筑装饰装修工程施工前，应有主要材料的样板或做样板间（件），并应经有关各方确认。

（9）墙面采用保温材料的建筑装饰装修工程，所用保温材料的类型、品种、规格及施工工艺应符合设计要求。

（10）管道、设备等的安装及调试，应在建筑装饰装修工程施工前完成，当必须同步进行时，应在饰面层施工前完成。建筑装饰装修工程不得影响管道、设备等的使用和维修。涉及燃气管道的建筑装饰装修工程必须符合有关安全管理的规定。

（11）建筑装饰装修工程的电器安装，应符合设计要求和国家现行标准的规定。严禁不经穿管直接埋设电线。

（12）室内外建筑装饰装修工程施工的环境条件应满足施工工艺的要求。施工环境温度应大于或等于5℃。当必须在小于5℃气温下施工时，应采取保证工程质量的有效措施。

（13）建筑装饰装修工程在施工过程中，应做好半成品、成品的保护，防止污染和损坏。

（14）建筑装饰装修工程验收前，应将施工现场清理干净。

以上第（4）条、第（5）条是国家标准规定的强制性条文，必须严格执行。

第三节　住宅装饰工程的基本规定

国家标准《住宅装饰装修工程施工规范》（GB 50327—2001）中，对住宅装饰装修工程的施工基本要求、材料和设备基本要求、成品保护以及防火安全、防水工程等，均作了明确规定。特别是国家建设部通过第110号令颁布的《住宅装饰装修管理办法》，于2002年5月1日开始施行，对于加强住宅室内装饰装修管理，保证装饰装修工程质量和安全，维护公共安全和公共利益，规范住宅室内装饰装修施工，并实施对住宅室内装饰装修活动的管理，具有十分重要的现实意义和住宅建设健康发展的战略意义。

一、施工方面基本要求

（1）施工前应进行设计交底工作，并应对施工现场进行核查，了解物业管理的有关规定。

（2）各工序、各分项工程应进行自检、互检及交接检。

（3）施工中，严禁损坏房屋原有绝热设施；严禁损坏受力钢筋；严禁超荷载集中堆放物品；严禁在预制混凝土空心楼板上打孔安装埋件。

（4）施工中，严禁擅自改动建筑主体、承重结构或改变房间主要使用功能；严禁擅自拆改燃气、暖气、通信等配套设施。

（5）管道、设备工程的安装及调试，应在建筑装饰装修工程施工前完成，必须同步进行时，应在饰面层施工前完成。装饰装修工程不得影响管道、设备的使用和维修。涉及燃气管道的装饰装修工程必须符合有关安全管理的规定。

（6）施工人员应遵守有关施工安全、劳动保护、防火、防毒的法律法规。

（7）施工现场用电应符合下列规定。

① 施工现场用电应从户表以后设立临时施工用电系统。

② 安装、维修或拆除临时施工用电系统，应由电工完成。

③ 临时施工供电开关箱中应当装设漏电保护器。进入开关箱的电源线，不得使用插销连接。

④ 临时用电线路应避开易燃、易爆物品堆放地。

⑤ 暂停施工时应切断电源。

（8）施工现场用水应符合下列规定。

① 不得在未做防水的地面蓄水。

② 临时用水管不得有破损、滴漏。

③ 暂停施工时应切断水源。

（9）文明施工和现场环境应符合下列要求。

① 施工人员应衣着整齐。

② 施工人员应服从物业管理或治安保卫人员的监督、管理。

③ 应控制粉尘、污染物、噪声、振动对相邻居民、居民区和城市环境的污染及危害。

④ 施工堆料不得占用楼道内的公共空间，不得封堵紧急出口。

⑤ 室外的堆料应当遵守物业管理的规定，避开公共通道、绿化地、化粪池等市政公用设施。

⑥ 不得堵塞、破坏上下水管道、垃圾道等公共设施，不得损坏楼内各种公共标识。

⑦ 工程垃圾宜密封包装，并堆放在指定的垃圾堆放地。

⑧ 工程验收前应将施工现场清理干净。

以上第（3）条、第（7）条是国家标准规定的强制性条文，必须严格执行。

二、防火安全基本要求

1. 一般规定

（1）施工单位必须制定施工安全制度，施工人员必须严格遵守。

（2）住宅装饰装修材料的燃烧性能的等级要求，应符合现行国家标准《建筑内部装修设计防火规范》（GB 50222—1995）（2001 年修订版）的规定。

2. 材料防火处理

（1）对装饰织物进行阻燃处理时，应使其被阻燃剂浸透，阻燃剂的干含量应符合产品说明书的要求。

（2）对木质装饰装修材料进行防火涂料涂布前，应对其表面进行清洁。涂布至少分两次进行，且第二次涂布应当在第一次涂布的涂层表面干燥后进行，涂布量应大于或等于 $500g/m^2$。

3. 施工现场防火

（1）易燃物品应相对集中放置在安全区域内，并应有明显的标识。施工现场不得大量积存可燃材料。

（2）使用易燃易爆材料的施工，应避免敲打、碰撞、摩擦等可能出现火花的操作。配套使用的照明灯、电动机、电气开关应有安全防爆装置。

（3）使用涂料等挥发性材料时，应随时封闭其容器。擦拭后的棉纱等物品应集中存放且远离热源。

（4）施工现场动用电气焊等明火时，必须清除四周以及焊渣滴落区的可燃物，并设专人进行监督。

（5）施工现场必须配备灭火器、砂箱或其他灭火工具。

（6）严禁在施工现场吸烟。

（7）严禁在运行中的管道、装有易燃易爆品的容器和受力构件上进行焊接和切割。

4. 电气防火

（1）照明、电热器等设备的高温部位靠近 A 级材料或导线穿越 B_2 级以下装修材料时，应采用岩棉、瓷管或玻璃棉等 A 级材料隔热。当照明灯具或镇流器嵌入可燃装饰装修材料中时，应采取隔热措施予以分隔。

（2）配电箱的壳体和底座宜采用 A 级材料制作。配电箱不得安装在 B_2 级以下（含 B_2 级）的装修材料上。开关、插座应安装在 B_1 级以上的材料上。

（3）卤钨灯灯管附近的导线，应采用耐热绝缘材料制成的护套，不得直接使用具有延燃性绝缘的导线。

（4）明敷塑料导线应穿管或加线槽板加以保护，吊顶内的导线应穿金属管或 B_1 级 PVC 管保护，导线不得裸露。

5. 消防设施保护

（1）住宅装饰装修不得遮挡消防设施、疏散指示标志及安全出口，并且不得妨碍消防设施和疏散通道的正常使用。不得擅自改动防火门。

（2）消火栓门四周的装饰装修材料的颜色，应与消火栓门的颜色有明显的区别。

（3）住宅内部火灾报警系统的穿线管，自动喷淋灭火系统的水管线，应用独立的吊管架固定。不得借用装饰装修用的吊杆和放置在吊顶上固定。

（4）当装饰装修重新分割了住宅房间的平面布局时，应根据有关设计规范针对新的平面调整火灾报警探测器与自动灭火喷头的布置。

（5）喷淋管线、报警器线路、接线箱及相关器件一般宜暗装处理。

三、室内环境污染控制

（1）根据国家标准《住宅装饰装修工程施工规范》（GB 50327—2001）的规定，控制的室内环境污染物有氡、甲醛、氨、苯和挥发性有机物（TVOC）。

（2）住宅装饰装修室内环境污染控制除应符合 GB 50327—2001 规范外，还应符合《民用建筑工程室内环境污染控制规范》（GB 50325—2002）（2010 年修订）等现行国家标准的规定。设计、施工应选用低毒性、低污染的装饰装修材料。

（3）对室内环境污染控制有要求的，可按有关规定对以上两条内容全部或部分进行检测，其污染物浓度限值应当符合表 1.2 的要求。

表 1.2 住宅装饰装修后室内环境污染物浓度限值

室内环境污染物	浓度限值	室内环境污染物	浓度限值
氡/(Bq/m³)	≤200	氨/(mg/m³)	≤0.20
甲醛/(mg/m³)	≤0.08	总挥发有机物 TVOC/(Bq/m³)	≤0.50
苯/(mg/m³)	≤0.09		

第四节　装饰工程施工标准

一、建筑装饰等级及施工标准

1. 建筑装饰等级标准

建筑装饰的等级，一般是根据建筑物的类型、性质、使用功能和耐久性等因素，综合考虑确定其装饰标准，相应定出建筑物的装饰等级。在通常情况下，建筑物的等级越高，其整体装饰标准和等级随之也高。结合我国的国情，考虑到不同建筑类型对装饰的不同要求，划分出三个建筑装饰等级（如表1.3所示），可以根据这三个装饰等级限定各等级所使用的装饰材料和装饰标准。

表 1.3　建筑装饰的等级

建筑装饰等级	建 筑 物 类 型
一级	高级宾馆，别墅，纪念性建筑物，交通与体育建筑，一级行政机关办公楼，高级商场等
二级	科研建筑，高级建筑，交通、体育建筑，广播通信建筑，医疗建筑，商业建筑，旅馆建筑，局级以上的行政办公大楼等
三级	中小学、幼托建筑，生活服务性建筑，普通行政办公楼，普通居民住宅建筑等

2. 建筑装饰施工标准

在国家标准《建筑装饰装修工程质量验收规范》（GB 50210—2001）和行业标准《建筑装饰工程施工及验收规范》（JGJ 73—1991）中，对于建筑装饰工程的各分项工程的施工标准做了详细规定，对材料的品种、配合比、施工程序、施工质量和质量标准等都做了具体说明，使建筑装饰工程具有法规性。

除以上之外，各地区根据地方的特点，还制定了一些地方性的标准。在进行建筑装饰施工时，应认真按照国家、行业和地方的标准所规定的各项条款操作与验收。

二、建筑装饰施工的任务与要求

（一）建筑装饰施工的主要任务

建筑装饰施工的主要任务，是按照国家、行业和地方有关的施工及验收规范，完成装饰工程设计图纸中的各项内容，即将设计人员在图纸上反映出来的设计意图，通过施工过程加以实现。

为了使建筑装饰在一定的条件下取得最好的装饰效果，这就要求装饰设计人员对建筑装饰的工艺、构造、材料、机具等有充分了解，施工人员应对装饰设计的一般知识也有所了解，弄懂设计意图，并对设计中所要求的材料性质、来源、配比、施工方法等有较深的了解，精心施工，并做好施工后服务。

（二）建筑装饰施工的一般要求

1. 对材料质量的要求

装饰材料在装饰费用中约占70%左右，因此，正确合理地使用装饰材料和配件是确保工程质量，节约原材料，降低工程成本的关键。由于我国幅员辽阔，装饰材料品种繁多，新型材料不断涌现，质量差异很大。所以，施工时应按照设计要求进行选用，材料供应部门必须按设计要求供应，并应附有合格的证明文件；施工单位应加强群众检查与专业检查相结合的材料检验工作，发现质量不合格的有权拒绝使用。材料在运输、保管和施工过程中，均应采取措施，防止损坏和变质。

2. 施工前的检验工作

为了确保工程质量达到国家标准和设计要求，在建筑装饰工程施工前，对已完成的部分或单位工程的结构工程质量，必须进行严格检查和验收；如采取主体交叉作业，在装饰施工插入早的情况下，应对结构工程分层进行检查验收；对已建的旧建筑进行装饰工程施工时，拟进行装饰的部位应根据设计要求进行认真的清理和处理。装饰工程应在基体或基层的质量检验合格后，才能进行施工。

3. 装饰施工顺序安排

装饰工程由于工序繁多，工程量大，所占工期比较长（一般约占工程总工期的30%～40%，高级装饰甚至占工程总工期的50%～60%），占建筑物总造价的比例较高（一般装饰工程占总造价的30%左右，高级装饰工程占总造价的50%以上），因此，妥善安排装饰工程的施工顺序，对加快施工进度，确保工程质量，降低工程成本具有特殊的意义。

根据现代建筑装饰的施工经验，一般可按下列的流水顺序进行作业。

（1）按自上而下的流水顺序进行施工　按自上而下的流水顺序进行施工，是待主体工程完成以后，装饰工程从顶层开始到底层依次逐层自上而下进行。这种流水顺序有以下优点。

① 可以使房屋在主体工程结构完成后进行，这样有一定的沉降时间，可以减少沉降对装饰工程的损坏。

② 屋面完成防水工程后，可以防止雨水的渗漏，确保装饰工程的施工质量。

③ 可以减少主体工程与装饰工程的交叉作业，便于进行组织施工。

但是，采用这种施工顺序时，必须在主体结构全部完成后，装饰工程才能安排施工，不能提早插入进行，这样就会拖延工期。因此，一般高层建筑在采取一定措施之后，可分段由上而下地进行施工。

（2）按自下而上的流水顺序进行施工　按自下而上的流水顺序进行施工，是在建筑主体结构的施工过程中，装饰工程在适当时机插入，与主体结构施工交叉进行，由底层开始逐层向上施工。

为了防止雨水和施工用水渗漏对装饰工程的影响，一般要求在上层的地面工程完工后，方可进行下层的装饰工程施工。

按自下而上的流水顺序进行施工，在高层建筑中应用较多，其主要优点是：总工期可以缩短，甚至有些高层建筑的下部可以提前投入使用，及早发挥投资效益。但这种流水顺序对成品保护要求较高，否则不能保证工程质量。

（3）室内装饰与室外装饰施工先后顺序　为了避免因天气原因影响工期，加快脚手架的周转时间，给施工组织安排留有足够的回旋余地，一般采用先做室外装饰后做室内装饰的方法。在冬季施工时，则可先做室内装饰，待气温升高后再做室外装饰。

（4）室内装饰工程各分项工程施工顺序　室内装饰工程各分项工程施工顺序，原则上应遵循以下顺序。

① 抹灰、饰面、吊顶和隔断等分项工程，应待隔墙、钢木门窗框、暗装的管道、电线管和预埋件、预制混凝土楼板灌缝等完工后进行。

② 钢木门窗及玻璃工程，根据地区气候条件和抹灰工程的要求，可在湿作业前进行；铝合金、塑料、涂色镀锌钢板门窗及其玻璃工程，宜在湿作业完成后进行，如果需要在湿作业前进行，必须加强对成品的保护。

③ 有抹灰基层的饰面板工程、吊顶工程及轻型花饰安装工程，应待抹灰工程完工后进行，以免产生污染。

④ 涂料、刷浆工程，以及吊顶、罩面板的安装，应在塑料地板、地毯、硬质纤维板等地面的面层和明装电线施工前，以及管道设备试压后进行。木地板面层的最后一遍涂料，应待裱糊工程完工后进行。

⑤ 裱糊与软包工程，应待顶棚、墙面、门窗及建筑设备的涂料和刷浆工程完工后进行。

（5）顶棚、墙面与地面装饰工程施工顺序　顶棚、墙面与地面装饰工程施工顺序，一般有以下两种做法。

① 先做地面，后做墙面和顶棚。这种做法可以减少大量的清理用工，并容易保证地面的质量，但应对已完成的地面采取保护措施。

② 先做顶棚和墙面，后做地面。这种做法的弊端是基层的落地灰不易清理，地面的抹灰质量不易保证，易产生空鼓、裂缝，并且地面施工时，墙面下部易遭玷污或损坏。

上述两种做法，一般采取先做地面，后做顶棚和墙面的施工顺序，这样有利于保证施工质量。

总之，装饰工程的施工，应考虑在施工顺序合理的前提下，组织安排各个施工工序之间的先后、平行、搭接，并应注意不致被后继工程损坏和玷污，以保证工程施工质量。

4. 施工环境温度的规定

室内外装饰工程的环境温度，对于施工速度、工程质量、用料多少、工程造价均有重要影响，在一般情况下应符合下列规定。

（1）刷浆、饰面和花饰工程以及高级抹灰工程，溶剂型混色涂料工程，施工环境温度均不应低于5℃。

（2）中级抹灰和普通抹灰、溶剂型混色涂料工程以及玻璃工程，施工环境温度应在0℃以上。

（3）裱糊工程的施工环境温度不得低于10℃。

（4）在使用胶黏剂时，应按胶黏剂产品说明要求的温度施工。

（5）涂刷清漆不应低于8℃，乳胶涂料应按产品说明要求的温度施工。

三、建筑装饰施工的基本方法

随着国民经济和建筑技术的发展，我国的装饰施工技术也有较大的发展。除对已沿用多年的传统施工方法进行改进和提高外，随着化学建材的发展，墙体改革工作的推行及国外现代装饰材料的引进，装饰施工技术也产生了巨大的变更。从目前装饰工程施工来看，建筑装饰施工中所经常使用的方法，大体上包括抹、嵌、钉、刻、挂、搁、抛、卡、磨、钻、压、滚、印、刮、涂、粘、喷、裱、弹、焊、铆、拴、镶等23种基本方法。

以上这些基本方法，从原理上分析，可以大致概括为四种类型，即现制的方法、粘贴式的方法、装配式的方法和综合式的方法。

1. 现制的方法

凡是在施工现场制作成型面层效果的整体式装饰做法，都属于现制的方法。适用于这种方法的装饰材料，主要包括水泥砂浆、水泥石子浆、装饰混凝土以及各种灰浆、石膏和涂料等。可以用于这类装饰的方法有抹、压、滚、磨、抛、涂、喷、刷、弹、刮、刻等，其成型的方法主要分为人工成型和机械成型两种。

2. 粘贴式的方法

凡是采用一定的胶凝材料将工厂预制具有一定面层效果的成品或半成品材料粘贴于建筑物之上的方法，均属于粘贴式的方法。适用于这种方法的装饰材料，主要有壁纸、面砖、马赛克、微薄木及部分人造石材和木质饰面。其原理是通过在基层和装饰层之间加入一层胶结材料，利用胶黏剂和胶凝材料的黏结作用，将基层和面层装饰材料牢固地联系在一起，将小块或小卷的面层装饰材料牢固地附着在基层的表面。可以用于这类装饰的方法有抹、压、涂、刮、粘、裱、镶等。

3. 装配式的方法

装配式的方法包括一切采用柔性或刚性的连接方式，原则上可拆卸的（少数不可）饰面做法。近年来，由于建筑材料的效能和强度普遍提高，建筑物已向着轻质高强的方向发展，但建筑物变轻的不利后果，是它对风荷载、震动、意外冲击及类似的破坏作用的承受能力相应减弱。因此，固定件在建筑中的作用变得越来越重要，如果一个固定件使用不当，很可能对生命财产造成不可估量的损失。

在建筑装饰工程施工中，使用的固定件大致可分为机械固定件和化学固定件两大类，每种固定件的材料和使用方法一定要满足设计要求，以确保工程安全。适用于这种方法的材料，包括铝合金扣板、压型钢板、异型塑料墙板以及石膏板、矿棉保温板等，也包括一部分石材饰面和木质饰面所用的材料。其常用的方法主要有钉、搁、挂、卡、钻、绑等。

4. 综合式的方法

综合式的方法，简单地讲是将以上几种方法，甚至多种不同类型的方法混合在一起使用，以期获得某种特定的效果。在建筑装饰工程施工中，经常采用综合式的方法。

复习思考题

1. 什么是建筑装饰装修工程？

2. 建筑装饰工程的主要特点和施工特点是什么？

3. 对建筑装饰工程施工人员有哪些要求？

4. 对建筑装饰工程施工质量的要求是什么？

5. 建筑装饰工程与建筑、建筑结构、设备和环境各有什么关系？

6. 建筑装饰工程在设计、施工和所用材料方面有哪些基本规定？

7. 建筑住宅装饰工程在施工、防火安全和污染控制方面有哪些基本要求？

8. 建筑装饰工程根据哪些方面进行分级？我国将装饰工程如何划分等级？

9. 建筑装饰工程施工的主要任务与基本要求是什么？

10. 目前我国在建筑装饰施工中采用哪些基本方法？

11. 结合参观的装饰工程，浅谈对建筑装饰施工技术的现状和发展趋势。

第二章

抹灰工程施工

本章介绍了装饰抹灰的种类，抹灰工程的组成和一般做法，在抹灰工程施工中常用的机具；详细介绍了一般抹灰中内墙抹灰、顶棚抹灰、外墙抹灰和细部抹灰的具体施工工艺；重点介绍了装饰抹灰饰面的一般要求，水刷石装饰抹灰、干粘石装饰抹灰、斩假石装饰抹灰、假面砖装饰抹灰的施工工艺，抹灰工程的质量标准和检验方法。

将水泥、砂子、石灰膏、水等一系列材料拌和起来，直接涂抹在建筑物的表面，形成连续均匀抹灰层的做法称为抹灰工程。抹灰工程是给建筑物的结构表面形成一个连续均匀的硬质保护膜，不仅可以保护建筑结构，而且为进一步装饰提供基础条件，有的抹灰工程可直接作为装饰层。

第一节　装饰抹灰的种类和机具

一、装饰抹灰工程的分类

装饰基层抹灰，通常按照建筑工程中一般抹灰的施工方法及质量要求进行施工。根据使用要求及装饰效果的不同，抹灰工程可分为一般抹灰、装饰抹灰和特种砂浆抹灰。

1. 一般抹灰

一般抹灰通常是指用石灰砂浆、水泥砂浆、水泥混合砂浆、聚合物水泥砂浆、膨胀珍珠岩水泥砂浆、麻刀灰、纸筋灰、石膏灰等材料的抹灰。根据质量要求和主要工序的不同，抹灰一般又分为高级抹灰、中级抹灰和普通抹灰三个级别。其适用范围、主要工序及外观质量要求，如表 2.1 所示。

2. 装饰抹灰

装饰抹灰是指应用不同施工方法和不同面层材料形成不同装饰效果的抹灰。装饰抹灰可分为以下两类。

(1) 水泥石灰类装饰抹灰　水泥石灰类装饰抹灰，主要包括拉毛灰、洒毛灰、搓毛灰、扫毛灰和拉条灰等。

表 2.1　一般抹灰的适用范围、主要工序及外观质量要求

级　别	适用范围	主要工序	外观质量要求
高级抹灰	适用于大型公共建筑、纪念性建筑物(如影剧院、礼堂、宾馆、展览馆和高级住宅等)以及有特殊要求的高级建筑等	一层底层、数层中层和一层面层。阴阳角方正,设置标筋,分层赶平,表面压光	表面光滑、洁净、颜色均匀,无抹纹,灰线平直方正,清晰美观
中级抹灰	适用于一般居住、公共和工业建筑(如住宅、宿舍、办公楼、教学楼等)以及高级建筑物中的附属用房等	一层底层、一层中层和一层面层(或一层底层和一层面层)。阴阳角方正,设置标筋,分层赶平、修整,表面压光	表面光滑、洁净、接槎平整,灰线清晰顺直
普通抹灰	适用于简易住宅、大型设施和非居住性的房屋(如汽车库、仓库、锅炉房等)以及建筑物中的地下室、储藏室等	一层底层和一层面层(或不分层一遍成活)。分层赶平、修整,表面压光	表面光滑、洁净、接槎平整,装饰抹灰

(2)水泥石粒类装饰抹灰　水泥石粒类装饰抹灰,主要包括水刷石、干粘石、斩假石、机喷石等。

3. 抹灰工程的组成

为了使抹灰层与基层黏结牢固,防止产生起鼓、开裂等质量问题,并使抹灰层的表面平整,抹灰应当分层进行涂抹。抹灰一般分为底层、中层和面层。底层为粘接层,主要起到粘接兼初步找平的作用;中层主要起到找平的作用;面层则起到美化装饰的作用。当饰面用其他装饰材料(如瓷砖、金属板等)时,抹灰工程只有底层和中层。抹灰的组成、作用、基层材料和一般做法,如表 2.2 所示。

表 2.2　抹灰的组成、作用、基层材料和一般做法

层次	作　用	基层材料	一　般　做　法
底层	主要起与基层牢固粘接的作用,兼起到初步找平的作用。砂浆稠度为 10~12cm	砖墙基层	室内墙面一般采用石灰砂浆、混合砂浆 室外墙面、门窗洞口的外侧壁、屋檐、勒脚、压檐墙等及湿度较大的房间和车间,宜采用水泥砂浆或水泥混合砂浆
		混凝土基层	宜先刷素水泥浆一道,采用水泥砂浆或水泥混合砂浆打底 高级装饰顶板宜采用乳胶水泥砂浆打底
		加气混凝土基层	宜用水泥混合砂浆或聚合物水泥砂浆打底,打底前先刷一道界面剂
		硅酸盐砌块基层	宜用水泥混合砂浆打底
中层	主要起找平作用,砂浆稠度为 7~8cm		基本与底层相同 根据施工质量要求可以一次抹灰,也可以分次进行
面层	主要起装饰作用,砂浆稠度为 10cm 左右		要求大面平整、无裂纹、颜色均匀 室内一般采用麻刀灰、纸筋灰、玻璃丝灰。高级墙面用石膏灰浆。装饰抹灰采用拉毛灰、拉条灰、扫毛灰等。保温、隔热墙面用膨胀珍珠岩灰 室外常用水泥砂浆、水刷石、干粘石等

抹灰应采用分层分遍涂抹,必须注意控制每遍的厚度。如果一次涂抹太厚,会因为自重和内外收缩快慢不同,使墙面干裂、起鼓和脱落。水泥砂浆和水泥混合砂浆的抹灰层,应在第一层抹灰凝结后,方可涂抹下一层;石灰砂浆抹灰层,应待其达到七八成干后,方可涂抹下一层。

二、抹灰工程施工常用的机具

在抹灰工程正式施工前，应根据工程特点准备好抹灰工具和机械设备。

1. 常用手工工具

抹灰工程常用的手工工具，主要包括各种抹子、辅助工具和刷子等其他工具。

（1）各种抹子　抹灰用的各种抹子主要有：方头铁抹子（用于抹灰）、圆头铁抹子（用于压光罩面灰）、木抹子（用于搓平底灰和搓毛砂浆表面）、阴角抹子（用于压光阴角）、圆弧阴角抹子（用于有圆弧阴角部位的抹灰面压光）和阳角抹子（用于压光阳角）。抹灰用的各种抹子如图 2.1 所示。

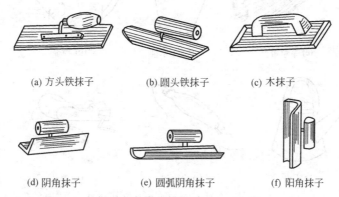

(a) 方头铁抹子　　　　(b) 圆头铁抹子　　　　(c) 木抹子

(d) 阴角抹子　　　　(e) 圆弧阴角抹子　　　　(f) 阳角抹子

图 2.1　抹灰工程用的各种抹子

（2）辅助工具　抹灰工程所用的辅助工具很多，常用的有托灰板、木杠、八字靠尺、钢筋卡子、靠尺板、托线板和线锤等。抹灰用的各种辅助工具如图 2.2 所示。

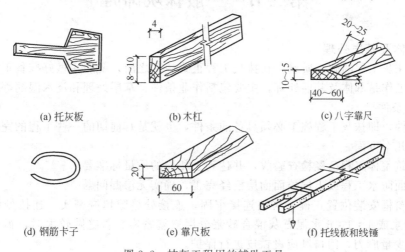

(a) 托灰板　　　　(b) 木杠　　　　(c) 八字靠尺

(d) 钢筋卡子　　　　(e) 靠尺板　　　　(f) 托线板和线锤

图 2.2　抹灰工程用的辅助工具

（3）其他工具　抹灰工程所用的其他工具种类更多，常用的有长毛刷、猪鬃刷、鸡腿刷、钢丝刷、茅草帚、小水桶、喷壶、水壶、粉线包、墨斗等。抹灰工程常用的其他工具如图 2.3 所示。

2. 常用的机械

抹灰工程施工常用的机械，主要包括砂浆搅拌机、纸筋灰搅拌机、粉碎淋灰机和喷浆机等。砂浆搅拌机主要搅拌抹灰的砂浆，常用规格有 200L 和 325L 两种；纸筋灰搅拌机主要用于搅拌纸筋石灰膏、玻璃丝石灰膏或其他纤维石灰膏；粉碎淋灰机主要淋制抹灰砂浆用的石灰膏；喷浆机主要用于喷水或喷浆，有手压和电动两种。

(a) 长毛刷 (b) 猪鬃刷 (c) 鸡腿刷 (d) 钢丝刷

(e) 茅草帚 (f) 小水桶 (g) 喷壶

(h) 水壶 (i) 粉线包 (j) 墨斗

图 2.3 抹灰工程常用的其他工具

第二节 一般抹灰饰面

一、基体及基层处理

为确保抹灰工程的施工质量，在抹灰工程正式施工之前，要切实做好准备工作，其中最关键的准备工作是基体及基层处理，主要包括作业条件、基层处理和浇水湿润等。

1. 作业条件

作业条件，即抹灰工程施工必须具备的条件，也就是其前期的一些工程的完成情况，主要包括以下几个方面。

(1) 建筑主体工程已经检查验收，并达到了相应的质量标准要求。

(2) 屋面防水工程或上层楼面面层已经完工，确实无渗漏问题。

(3) 门窗框安装位置正确，与墙连接牢固，连接处缝隙填嵌密实。连接处缝隙可采用 1∶3 水泥砂浆或 1∶1∶6 水泥石灰混合砂浆分层嵌塞密实。若缝隙较大时，窗口的填塞砂浆中应掺加少量麻刀，门口则应设铁皮进行保护。

(4) 各种管道安装完毕并检查验收合格。管道穿越的墙洞和楼板洞已填嵌密实，散热器和密集管道等背后的墙面抹灰，宜在散热器和管道安装前进行。

(5) 冬季进行施工时，若不采取防冻措施，抹灰的环境温度不宜低于 5℃。

2. 基层处理

对于抹灰工程的基层处理，应当注意以下几个方面。

(1) 砖石、混凝土等基体的表面，应将灰尘、污垢和油渍等清除干净，并洒水湿润。

(2) 对于平整光滑的混凝土表面，如果设计中无要求时，可不进行抹灰，用刮腻子的方法处理。如果设计要求抹灰时，凿毛处理后，才能进行抹灰施工。

(3) 木结构与砖石结构、混凝土结构等相接处基体表面的抹灰，应先铺钉金属网，并绷紧钉牢，金属网与各基体的搭接宽度应不小于100mm，然后再进行抹灰。

（4）预制钢筋混凝土楼板顶棚，在抹灰施工之前，应剔除灌缝混凝土凸出部分及杂物，然后用刷子蘸水把表面残渣和浮灰清理干净，刷掺水10％（质量分数）的107胶水泥浆一道，再用1：0.3：3水泥混合砂浆将顶缝抹平，过厚部分应分层勾抹，每遍厚度宜在5～7mm。

3. 浇水湿润

为确保抹灰砂浆与基体表面粘接牢固，防止干燥的抹灰基体吸水过快而造成抹灰砂浆脱水形成干裂，影响底层砂浆与墙面的粘接力，致使抹灰层出现空鼓、裂缝、脱落等质量问题，在抹灰之前，除对基层进行必要的处理外，还需要进行浇水湿润。

浇水的方法是：将水管对着砖墙上部缓缓左右移动，使水沿砖墙面缓缓流下，渗水深度以8～10cm为宜，厚度12cm以上的砖墙，应在抹灰的前一天浇水。在一般湿度的情况下，12cm厚的砖墙浇水一遍，24cm以上厚的砖墙浇水两遍，6cm厚砖墙用喷壶喷水湿润即可，但一律不准使墙吸水达到饱和状态。

混凝土墙体吸水率低，浇水可以少一些。此外，各种基层的浇水程度，还与施工季节、气候和室内操作环境有关，因此应根据施工环境条件酌情掌握。

二、内墙的一般抹灰

（一）内墙抹灰的工艺流程

内墙抹灰的工艺流程为：交验→基层处理→找规矩→做灰饼→做标筋→抹门窗护角→抹大面（底、中层灰）→面层抹灰。

1. 交验

交验即交接验收。对上一道工序进行检查、验收、交接，检验主体结构表面垂直度、平整度、弦度、厚度、尺寸等，若不符合设计要求，应进行修补。同时，检查门窗框、各种预埋件及管道安装是否符合设计要求。

2. 基层处理

基层处理是为了保证基层与抹灰砂浆的粘接强度，根据情况对基层进行清理、凿毛、浇水等处理。

3. 找规矩

找规矩即将房间找方或找正。找方后将线弹在地面上，然后依据墙面的实际平整度和垂直度及抹灰总厚度规定，与找方线进行比较，决定抹灰的厚度，从而找到一个抹灰的假想平面。将此平面与相邻墙面的交线弹于相邻的墙面上，作为墙面抹灰的基准线和标筋厚度标准。

4. 做灰饼

做灰饼即做抹灰标志块。在距顶棚、墙阴角约20cm处，用水泥砂浆或混合砂浆各做一个标志块，厚度为抹灰层厚度，大小为5cm见方。以这两个标志块为标准，再用托线板靠、吊垂直确定墙下部对应的两个标志块的厚度，其位置在踢脚板上口，使上下两个标志块在一条垂直线上。标准标志块做好后，再在标志块的附近墙面钉上钉子，拉上水平通线，然后按间距1.2～1.5m左右做若干标志块（如图2.4所示）。要注意，凡窗口、垛角处必须做标志块。

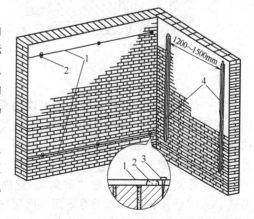

图2.4 挂线做标志块及标筋
1—引线；2—标志块；3—钉子；4—标筋

5. 做标筋

标筋也叫"冲筋"、"出柱头"，就是在上下两个标志块之间先抹出一长条梯形灰埂，其宽度为10cm左右，厚度与标志块相平，作为墙面抹灰填平的标准。其做法是：在上下两个标志块中间先抹一层，再抹第二遍凸出成八字形，要比标志块凸出1cm左右。然后用木杠紧贴标志块上下左右搓，直到把标筋搓得与标志块一样平为止，同时要将标筋的两边用刮尺修成斜面，使其与抹灰面接槎顺平。

标筋所用的砂浆，应与抹灰底层砂浆相同。做完标筋后应检查灰筋的垂直度和平整度，误差在0.5mm以上者，必须重新进行修整。当层高大于3.2m时，要两人分别在架子上下协调操作。抹好标筋后，两人各执硬尺一端保持通平。在操作过程中，应经常检查木尺，防止受潮变形，影响标筋的平整垂直度。

6. 抹门窗护角

室内墙角、柱角和门窗洞口的阳角抹灰要线条清晰、挺直，并应防止碰撞损坏。因此，凡是与人、物经常接触的阳角部位，不论设计有无规定，都需要做护角，并用水泥浆挡出小圆角（如图2.5所示）。

7. 抹大面（底、中层灰）

在标志块、标筋及门窗洞口做好护角后，底层与中层抹灰即可进行。其方法是：将砂浆抹于墙面两条标筋之间，底层要低于标筋的1/3，由上而下抹灰，一手握住灰板，一手握住铁抹子，将灰板靠近墙面，铁抹子横向将砂浆抹在墙面上。灰板要时刻接在铁抹子下边，以便托住抹灰时掉落的灰。

底层灰凝结后再抹中层灰，依灰筋厚度装满砂浆为准，然后用中、短木杠按标筋刮平。用木杠刮砂浆时，双手紧握木杠，均匀用力，由下往上移动，并使木杠前进方向的一边略微翘起。对于凹陷处要补填砂浆，然后再刮，直至刮平为止。紧接着用木抹子搓磨一遍，使表面达到平整密实。

墙体的阴角处，先用方尺上下核对方正，然后用阴角器上下抽动抹平，使室内四角达到方正（如图2.6所示）。

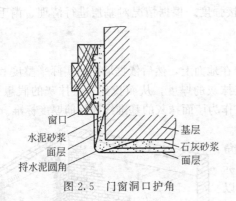

图2.5　门窗洞口护角

窗口
水泥砂浆
面层
挡水泥圆角
基层
石灰砂浆
面层

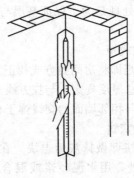

图2.6　阴角的扯平找直

在一般情况下，标筋抹完后就可以刮平，要注意，如果标筋较软，容易将其刮坏产生凸凹不平现象。如果标筋有强度后再刮平，待墙面砂浆收缩后，会使标筋高于墙面，从而产生抹灰面不平的质量通病。

8. 面层抹灰

面层抹灰在工程上俗称"罩面"。室内面层抹灰常用纸筋石灰、石灰砂浆、麻刀石灰、石膏、水泥砂浆和大白腻子等罩面。面层抹灰应在底层灰稍干后进行，底层灰太湿会影响抹灰面的平整度，还可能产生"咬色"现象；底层灰太干则容易使面层脱水太快而影响粘接，造成面层空鼓。

（1）纸筋石灰面层抹灰 纸筋石灰面层抹灰，一般应在中层砂浆六至七成干后进行。如果底层砂浆过于干燥，应先洒水湿润，再抹面层。抹灰操作一般使用钢皮抹子或塑料抹子，两遍成活，厚度为 2~3mm。抹灰习惯由阴角或阳角开始，自左向右依次进行，两人配合操作，一人先竖向（或横向）薄薄抹上一层，要使纸筋石灰与中层紧密结合，另一人横向（或竖向）抹第二遍，两人抹的方向应相互垂直。在抹灰的过程中，要注意抹平、压实、压光。在压平后，可用排笔或扫帚蘸水横扫一遍，使表面色泽一致，再用钢皮抹子压实、揉平、抹光一次，面层会更加细腻光滑。

阴阳角分别用阴阳角抹子捋光，随手用毛刷蘸水将门窗边口阳角、墙裙和踢脚板上口刷净。纸筋石灰罩面的另一种做法是：第二遍抹完后，稍干就用压子式塑料抹子顺抹子纹压光，经过一段时间，再进行认真检查，若出现起泡再重新压平。

（2）麻刀石灰面层抹灰 麻刀石灰面层抹灰的操作方法，与纸筋石灰面层抹灰基本相同。但麻刀与纸筋纤维的粗细有很大区别，纸筋很容易捣烂，能形成纸浆状，故制成的纸筋石灰比较细腻，用它做罩面灰厚度可达到不超过 2mm 的要求。而麻刀的纤维比较粗，且不易捣烂，用它制成的麻刀石灰抹面厚度按要求不得大于 3mm 比较困难。如果面层的厚度过大，容易产生收缩裂缝，严重影响工程质量。

（3）石灰砂浆面层抹灰 石灰砂浆面层抹灰，应在中层砂浆五至六成干时进行。如果中层抹灰较干，必须洒水湿润后再抹灰。石灰砂浆面层抹灰施工比较简单，先用铁抹子抹灰，再用刮尺由下向上刮平，然后用木抹子搓平，最后用铁抹子压光成活。

（4）刮大白腻子 内墙面的面层可以不抹罩面灰，而采用刮大白腻子。其优点是操作简单，节约用工。面层刮大白腻子，一般应在中层砂浆干透，表面坚硬呈灰白色，没有水迹及潮湿痕迹，用铲刀刻画显白印时进行。大白腻子的配合比为：大白粉∶滑石粉∶聚醋酸乙烯乳液∶羧甲基纤维素溶液（含量 5%）＝60∶40∶（2~4）∶75（质量比）。调配时，大白粉、滑石粉、羧甲基纤维素溶液，应提前按配合比搅匀浸泡。

面层刮大白腻子一般不得少于两遍，总厚度在 1mm 左右。头道腻子刮后，在基层已修补过的部位应进行复补找平，待腻子干透后，用 0 号砂纸磨平，扫净浮灰。待头道腻子干燥后，再进行第二遍。

（二）内墙抹灰的分层做法及施工要点

根据墙体基层（基体）的不同，内墙抹灰的分层做法及施工要点如表 2.3 所示。

三、顶棚抹灰施工工艺

（一）施工工艺

顶棚抹灰施工工艺流程为：交验→基层处理→找规矩→抹底、中层灰→抹面层灰。

1. 交验及基层处理

顶棚抹灰的交验及基层处理基本同内墙抹灰，另外需要注意以下几个方面。

（1）屋面防水层与楼面面层已施工完毕，穿过顶棚的各种管道已经安装就绪，顶棚与墙体之间及管道安装后遗留空隙已经清理并填堵严实。

（2）现浇混凝土顶棚表面的油污已经清除干净，用钢丝刷已满刷一遍，凹凸处已经填平或凿去。预制板顶棚除以上工序外，板缝应已清扫干净，并且用 1∶3 水泥砂浆填补刮平。

（3）木板条基层顶棚板条间隙在 8mm 以内，无松动翘曲现象，污物已经清除干净。

（4）板条钉钢丝网基层，应铺钉可靠、牢固、平直。

2. 找规矩

顶棚抹灰通常不做标志块和标筋，而用目测的方法控制其平整度，以无高低不平及接槎痕迹为准。先根据顶棚的水平面确定抹灰厚度，然后在墙面的四周与顶棚交接处弹出水平线，作为抹灰的水平标准。

表 2.3　常见内墙抹灰的分层做法及施工要点

名称	适用范围	项次	分层做法	厚度/mm	施工要点	注意事项
石灰砂浆抹灰	砖墙基层	1	①1:2:8(石灰膏:砂:黏土)砂浆(或1:3石灰黏土草秸灰)抹底层、中层 ②1:(2~2.5)石灰砂浆面层压光(或纸筋石灰)	13(13~15) 6(2或3)	石灰砂浆的抹灰层,应待前一层七至八成干后,方可涂抹后一层	
		2	①1:2.5石灰砂浆抹底层 ②1:2.5石灰砂浆抹底层 ③在中层还潮湿时刮石灰膏	7~9 7~9 1	①中层石灰砂浆用木抹子搓平稍干后,立即用铁抹子来回刮石灰膏,达到表面光滑平整,无砂眼、无裂纹,愈薄愈好 ②石灰膏刮后2h,未干前再压光一次	待底层六七成干后,方可涂抹中层
		3	①1:3石灰砂浆抹底层 ②1:3石灰砂浆抹中层 ③1:1石灰木屑(或谷壳)抹底层	7 7 10	①锯木屑过5mm孔筛,使用前石灰膏与木屑拌和均匀,经钙化24h,使木屑纤维软化 ②适用于有吸声要求的房间	
		4	①1:2石灰砂浆抹底、中层 ②待中层稍干后,用1:1石灰砂浆随抹随搓平	13 6		
	加气混凝土基层	5	①1:3石灰砂浆抹底层 ②1:3石灰砂浆抹中层 ③刮石灰膏	7 7 1	墙面浇水湿润,刷一道107胶:水=1:(3~4)溶液后,随即抹灰	底层灰一定要达到七八成干后,再湿润墙抹中层
水泥混合砂浆抹灰	砖墙基层	6	①1:1:6水泥白灰砂浆抹底层 ②1:1:6水泥白灰砂浆抹中层 ③刮石灰膏	7~9 7~9 1	刮石灰膏见第3项	水泥混合砂浆的抹灰层,应待前一层抹灰层凝结后,方可涂抹后一层
		7	1:1:3:5(水泥:石灰膏:砂:木屑)砂浆分两遍成活,木抹子搓平	15~18	①适用于有吸声要求的房间 ②木屑的要求同第3项	
		8	①1:0.3:3水泥石灰砂浆抹底层 ②1:0.3:3水泥石灰砂浆抹中层 ③1:0.3:3水泥石灰砂浆抹面层	7 7 5	如为混凝土基层,要先刮水泥浆(水灰比为0.37~0.40)或洒水泥砂浆处理,随即抹灰	用于做油漆墙面抹灰
	混凝土基层、石墙基层	9	①1:3水泥砂浆抹底层 ②1:3水泥砂浆抹中层 ③1:2.5水泥砂浆抹罩面层	5~7 5~7 5	①混凝土表面先刮水泥浆(水灰比0.37~0.40)或洒水泥砂浆处理 ②抹灰方法与砖墙基层相同	
水泥砂浆抹灰	砖墙基层	10	①1:3水泥砂浆抹底层 ②1:3水泥砂浆抹中层 ③1:2.5或1:2水泥砂浆罩面	5~7 5~7 5	①适用于潮湿较大的砖墙,如墙裙、踢脚线等 ②底层灰要压实,找平层(中层)表面要扫毛,待中层五六成干时抹面层 ③抹成活后要浇水养护	①水泥砂浆抹灰层应待前一层抹灰层凝结后,方可涂抹后一层

续表

名称	适用范围	项次	分层做法	厚度/mm	施工要点	注意事项
水泥砂浆抹灰	砖墙基层	11	④1∶2.5 水泥砂浆抹底层 ⑤1∶2.5 水泥砂浆抹中层 ⑥1∶2 水泥砂浆罩面	5~7 5~7 5	④适用于水池、窗台等部位抹灰 ⑤水池抹灰要找出泛水 ⑥水池罩面时侧面、底面要同时抹完，阳角要用阳角抹子捋光，阴角要用阴角抹子捋光	②水泥砂浆不得涂抹在石灰砂浆层上
	加气混凝土基层	12	①1∶5＝107胶∶水 ②1∶3 水泥砂浆打底 ③1∶2.5 水泥砂浆罩面	 5 5	①抹灰前墙面要浇水湿润 ②107胶溶液要涂刷均匀 ③薄薄刮一层后再抹底子灰 ④打底后间隔2d后罩面	
聚合物水泥砂浆抹灰	加气混凝土砌块基层	13	①1∶1∶4 水泥石灰砂浆用107胶水溶液拌制聚合物砂浆抹底层、中层 ②1∶3 水泥石灰砂浆用含7％107胶水溶液拌制聚合物砂浆抹面层	10 8	①抹灰前，将加气混凝土表面清扫干净，并涂刷一遍107胶水溶液[胶∶水＝1∶（3~4）]，随即抹灰。涂刷的目的是封闭基层的毛细孔，同时又增强了砂浆抹灰层与加气混凝土表面的粘接能力 ②严格控制抹灰分层厚度，底层灰要先抹薄薄一层，表面应"刮糙"，底层抹后接着抹中层灰，待五至六成干时，再抹罩面，适当干燥后要及时压实压光	加气混凝土基层表面均较干燥且吸水率大，如基层不事先进行处理，不但抹灰操作困难，而且会因砂浆抹灰层早期脱水而产生干缩裂缝，因此凡加气混凝土基层（包括下述加气混凝土条板基层），必须认真涂刷胶水溶液
纸筋灰（或麻刀灰、玻璃丝灰）抹灰	加气混凝土砌块基层或加气混凝土条板基层	14	①1∶3∶9 水泥砂浆抹底层 ②1∶3 水泥砂浆抹中层 ③纸筋石灰或麻刀石灰罩面	3 7~9 2 或 3	①基层处理同第13项 ②抹灰操作时，分层抹灰厚度应严格按左列数值控制，不要过厚，因为砂浆层越厚，产生空鼓、裂缝的可能性越大 ③小拉毛完成后，用喷雾器喷水养护2~3d ④待找平层六七成干后，喷水润湿，进行罩面 ⑤罩面时高级装饰宜分两遍成活	①抹灰砂浆稠度要适宜 ②抹灰后避免风干过快，要将外门窗封闭，加强养护
		15	①1∶0.2∶3 水泥砂浆喷涂成小拉毛 ②1∶3 水泥砂浆抹中层 ③纸筋石灰或麻刀石灰罩面	3~5 7~9 2 或 3		
		16	①1∶3 水泥砂浆抹底层 ②1∶3 水泥砂浆抹中层 ③纸筋石灰或麻刀石灰罩面	4 4 2 或 3		
		17	①1∶3∶9 水泥石灰砂浆找平 ②1∶5(107胶∶水)溶液涂刷表面 ③抹纸筋灰罩面	3~5 2	①用水泥石灰砂浆补好缺棱掉角及不平处 ②将墙面湿润 ③涂刷107胶水，亦可采用将107胶与纸筋灰拌和（掺量为10％）进行打底 ④罩面灰宜分两遍成活，第一遍薄薄刮一遍，第二遍找平压光	
	砖墙基层	18	①1∶2.5 水泥砂浆抹底层 ②1∶2.5 水泥砂浆抹中层 ③纸筋石灰或麻刀石灰罩面	7~9 7~9 2 或 3		
		19	①1∶1∶6 水泥砂浆抹底层 ②1∶1∶6 水泥砂浆抹中层 ③纸筋石灰或麻刀石灰罩面	7~9 7~9 2 或 3		

续表

名称	适用范围	项次	分层做法	厚度/mm	施工要点	注意事项
纸筋灰（或麻刀灰、玻璃丝灰）抹灰	板条苇箔基层	20	①麻刀石灰掺10%水泥打底 ②1:2.5石灰砂浆(砂子过3mm筛)紧压入底灰中(本身无厚度) ③1:2.5石灰砂浆找平层 ④纸筋石灰或麻刀石灰罩面	3 6 2	①板条抹灰时，底子灰要横着板条方向抹。苇箔抹灰时，底子灰要顺着苇箔方向抹，并挤入缝隙中 ②第二道小砂子灰要紧跟头道底子灰抹，并压入底子灰中，无厚度 ③第二道灰六至七成干时，开始抹第三道找平层，顺着板条、苇箔的方向，用软刮尺刮平、冲筋、刮杠 ④第四道灰待第三道六至七成干时，顺着板条苇箔方向抹，接搓平整，抹纹顺直 ⑤在大面积的板条顶棚抹灰时，要加麻钉，即用25cm的麻丝拴在钉子上，每30cm一颗，每两根龙骨麻钉错开15cm，并用砂浆把麻粘成燕尾形	①抹灰砂浆稠度要适宜 ②抹灰后避免风干过快，要将外门窗封闭，加强养护
	混凝土基层	21	①1:0.3:3水泥石灰砂浆抹底层(或用1:3:9，1:0.5:4，1:1:6水泥石灰砂浆视具体情况而定) ②用上述配合比抹中层 ③纸筋或麻刀石灰罩面	7~9 7~9 2或3	①当前混凝土多使用钢模板，尤其大板和大模板混凝土施工时，由于涂刷各种隔离剂，表面光滑而影响抹灰与基层粘接，因此要对基层进行处理，即用107胶水(胶:水=1:20)处理，方法是将基层表面喷匀不漏喷，使胶水渗入基体表面1~1.5mm ②基层处理后再抹灰或用挤压式砂浆泵喷毛打底	
	混凝土大板或模板内墙	22	①聚合物水泥砂浆或水泥混合砂浆喷毛打底 ②纸筋石灰或麻刀石灰罩面	1~3 2或3		
膨胀珍珠岩水泥砂浆抹灰	混凝土大板或模板内墙	23	①聚合物水泥砂浆或水泥混合砂浆喷毛打底 ②水泥石灰膏膨胀珍珠岩用中级粗细颗粒经混合级配，其重力密度为80~150kg/m³罩面	1~3 2		膨胀珍珠岩水泥砂浆要随抹随压，抹灰层要越薄越好，并且用铁压子压至平整光滑为止
大白腻子罩面	混凝土基层、大模板或大板混凝土基层	24	①石膏腻子[石膏:聚醋酸乳液:甲基纤维素溶液(含量为5%)=100:(5~6):60(质量比)]填绽补角 ②大白腻子[大白粉:滑石粉:乳液(含量5%的甲基纤维素溶液=60:40:(2~4):75]	0~1 2~3	①基层处理同第22、23、24项 ②施工流程是：基层处理→基层修补→满刮大白腻子→修补→打磨→腻子成活 ③基层处理后，找补石膏腻子，方法是用钢片刮板或胶皮刮板将基层表面0.5mm以上的蜂窝麻面及高低不平处刮实，再横抹竖起满刮一遍(表面光滑的可以不刮) ④满刮大白腻子时，要用胶皮刮板，分遍刮平，操作时按同一方向往返刮，刮板要拿稳，吃灰量要一致，注意上下左右接搓时，两刮板间要干净，不允许留浮腻子，甩搓要赶到阴角处，且要找直阴角和阳角，要用直尺和方尺检查，不要有小弯 ⑤头道腻子刮后干燥后，要用0号砂纸打磨至平整光滑，两遍腻子同样要磨平	①基层处理时胶水比例要根据基层光滑程度灵活掌握用胶量，即越光滑的基层，用胶量越大 ②刮腻子时要防止粘上或混进砂粒等杂物

续表

名称	适用范围	项次	分 层 做 法	厚度/mm	施 工 要 点	注意事项
大白腻子罩面	砖墙基层	25	①1∶1.5石灰砂浆（或1∶1∶6水泥石灰砂浆）抹底层、中层 ②面层刮大白腻子	10～15 1	①底层和中层抹灰如第3项 ②刮大白腻子如第24项	①基层处理时胶水比例要根据基层光滑程度灵活掌握用胶量，即越光滑的基层，用胶量越大 ②刮腻子时要防止粘上或混进砂粒等杂物
粉刷石膏抹灰	高级装饰墙（顶面）	26	①厚度小于5mm可直接用面层型粉刷石膏 ②厚度为5～20mm时，先用底层型打底，再抹面层型		料浆采用质量比。面层型水灰比为0.40，先搅拌2～5min，静置15min左右，再二次搅拌使用。底层型配合比为：水∶粉刷石膏∶砂＝（0.5～0.6）∶1∶1，先用水与粉刷石膏搅拌均匀，再加砂子搅拌，至完全均匀才能使用	
石膏灰抹灰	高级装饰墙面	27	①1∶（2～3）麻刀石灰抹底层和中层 ②13∶6∶4(石膏粉∶水∶石灰膏)罩面分两遍成活，在第一遍未收水时即进行第二遍抹灰，随即用铁抹子修补压光两遍，最后用铁抹子溜光至表面密实光滑为止	底层6 中层7 面层2～3	①底层、中层抹灰用麻刀石灰，应在20d前化好备用，其中麻刀为白麻丝，石灰宜用2∶8的块灰，配合比为麻刀∶石灰＝7.5∶1300(质量比) ②石膏一般宜用乙级建筑石膏，结硬时间为5min左右，4900孔筛余量不大于10% ③罩面石膏浆配制时，先将石灰膏做缓凝剂加水搅拌均匀，随后按比例加入石膏粉，随加随搅和，稠度为10～12cm即可使用。其缓凝剂为： （a）按石膏质量加入1%～2%硼砂； （b）牛皮胶水溶液:1kg牛皮胶完全溶解后加入70kg水拌匀即可 ④抹灰前，基层表面应清扫并浇水湿润 ⑤石膏浆应随拌随抹、随抹，墙面抹灰要一次成活，不得留接槎 ⑥基层不宜用水泥砂浆或混合砂浆打底，亦不得掺用氯盐，以防泛潮使面层脱落	罩面石膏灰不得涂抹在水泥砂浆层上

3. 底、中层抹灰

一般底层砂浆采用配合比为水泥：石灰膏：砂＝1：0.5：1的水泥混合砂浆，底层抹灰厚度为2mm。底层抹灰后紧跟着就抹中层砂浆，其配合比一般采用水泥：石灰膏：砂＝1：3：9的水泥混合砂浆，抹灰厚度6mm左右。抹后用软刮尺刮平赶匀，随刮随用长毛刷子将抹印顺平，再用木抹子搓平。顶棚管道周围用小工具顺平。

抹灰的顺序一般是由前往后退，并注意其方向必须同基体的缝隙（混凝土板缝）成垂直方向。这样，容易使砂浆挤入缝隙与基底牢固结合。

抹灰时，厚薄应掌握适度，随后用软刮尺赶平。如平整度欠佳，应再涂抹和赶平，但不宜多次修补，否则容易搅动底灰而引起掉灰。如底层砂浆吸水快，应及时洒水，以保证与底层粘接牢固。

在顶棚与墙面的交接处，一般是在墙面抹灰完成后再补做，也可在抹顶棚时，先将距顶棚20～30cm的墙面同时完成抹灰，方法是用铁抹子在墙面与顶棚交角处填上砂浆，然后用木阴角器抹平压直即可。

4. 面层抹灰

待中层抹灰达到六七成干，即用手按不软有指印时（要防止过干，如过干应稍洒水），再开始面层抹灰。如使用纸筋石灰或麻刀石灰时，一般分两遍成活。其涂抹方法及抹灰厚度与内墙抹灰相同。第一遍抹得越薄越好，紧跟着抹第二遍。抹第二遍时，抹子要稍平，抹完后待灰浆稍干，再用塑料抹子或压子顺着抹纹压实压光。

各抹灰层受冻或急剧干燥，都能产生裂纹或脱落，因此需要加强养护。

（二）分层做法及施工要点

根据顶棚基层的不同，顶棚抹灰的分层做法及施工要点见表2.4。

四、外墙的一般抹灰

外墙抹灰施工工艺流程为：交验、基层处理→找规矩→挂线、做灰饼→做标筋→铺抹底、中层灰→弹线粘接分格条→铺面层灰→勾缝。

1. 交验、基层处理

（1）主体结构施工完毕，外墙上所有预埋件、嵌入墙体内的各种管道已安装，并符合设计要求，阳台栏杆已装好。

（2）门窗安装完毕并检查合格，框与墙间的缝隙已经清理，并用砂浆分层分遍堵塞严密。

（3）采用大板结构时，外墙的接缝防水已处理完毕。

（4）砖墙的凹处已用1：3的水泥砂浆填平，凸处已按要求剔凿平整，脚手架孔洞已堵塞填实，墙面污物已经清理，混凝土墙面光滑处已经凿毛。

2. 找规矩

外墙面抹灰与内墙面抹灰一样，也要挂线做标志块、标筋。其找规矩的方法与内墙基本相同，但要在相邻两个抹灰面相交处挂垂线。

3. 挂线、做灰饼

由于外墙抹灰面积大，另外还有门窗、阳台、明柱、腰线等。因此外墙抹灰找规矩比内墙更加重要，要在四角先挂好自上而下的垂直线（多层及高层楼房应用钢丝线垂下），然后根据抹灰的厚度弹上控制线，再拉水平通线，并弹水平线做标志块，然后做标筋。标志块和标筋的做法与内墙相同。

4. 弹线粘接分格条

室外抹灰时，为了增加墙面的美观，避免罩面砂浆收缩而产生裂缝，或大面积膨胀而空

表 2.4 常见的顶棚抹灰的分层做法及施工要点

名称	项次	分层做法	厚度/mm	施工要点	注意事项
现浇混凝土楼板顶棚抹灰	1	①1:0.5:1水泥石灰混合砂浆抹底层	2	纸筋石灰配合比为:白灰膏:纸筋=100:1.2(质量比);麻刀石灰配合比为:白灰膏:细麻刀=100:1.7(质量比)	
		②1:3:9水泥石灰砂浆抹中层	6		
		③纸筋石灰或麻刀石灰抹面层	2		
	2	①1:0.2:4水泥纸筋石灰砂浆抹底层	2~3		
		②1:0.2:4水泥纸筋石灰砂浆抹底层	10		
		③纸筋石灰罩面层	2		
预制混凝土楼板	3	底、中、面层抹灰配合比同第1项	厚度也同第1项	抹前要先将预制板缝勾实勾平	①现浇混凝土楼板顶棚抹头道灰时,必须与模板木纹的方向垂直,并用钢皮抹子用力抹实,越薄越好。底子灰抹完后,紧跟着抹第二遍找平,待六七成干时,即抹罩面 ②无论现浇或预制楼板顶棚,如用人工抹灰,都应进行基层处理
	4	①1:0.5:4水泥石灰混合砂浆抹底层	4	底层与中层抹灰要连续操作	
		②1:0.3:4水泥石灰砂浆抹中层	4		
		③纸筋石灰或麻刀石灰抹面层	2		
	5	①1:1:6水泥纸筋石灰砂浆抹底层和中层	7	适用于机械喷涂抹灰	
		②1:1:6水泥纸筋石灰罩面压光	6		
	6	①1:1水泥砂浆(加水泥质量2%的聚醋酸乙烯乳液)抹底层	2	①适用于高级装饰抹灰 ②底层抹灰需养护2~3d后再做找平层	
		②1:3:9水泥石灰砂浆抹中层	6		
		③纸筋石灰罩面	2		
板条、苇箔、秫秸或金属网顶棚抹灰	7	①纸筋石灰或麻刀石灰砂浆抹底层	3~6	①板条顶棚板条间的缝隙应为7~10mm,板条端面间应有3~5mm空隙,板条应钉牢固,不准活动 ②金属网顶棚的金属网应拉平、拉紧、钉牢 ③抹时应用墨斗在靠近顶棚四周墙面上弹出水平线,板条应洒水湿润,抹灰应从墙角顶棚开始,并沿板条方向抹底层。抹时铁抹子要来回压抹,将砂浆挤入板条缝内,形成转角,紧接着再抹一层并压入底层中去 ④底部两层抹好后,稍停一会,再抹石灰砂浆。用软刮尺前后左右刮平,不必压光,只用木抹子搓平,待六七成干时,方可抹罩面层。抹时用铁抹子顺板条方向进行,要接槎平整、抹纹顺直,揉实压光。一般分两遍活,即头遍薄薄抹一层,二遍抹平压光 ⑤苇箔、秫秸顶棚抹灰时,也要将砂浆抹压挤入苇箔或秫秸缝隙内形成转角,抹时先顺着苇箔或秫秸,然后再横向抹,要比板条抹灰稍微用力 ⑥金属网顶棚抹灰时,底层灰应使劲挤压,把砂浆挤到网眼中	
		②纸筋石灰或麻刀石灰砂浆抹中层	3~6		
		③1:2.5石灰砂浆(少掺些麻刀)找平	2~3		
		④纸筋石灰或麻刀石灰罩面	2或3		

名称	项次	分层做法	厚度/mm	施工要点	注意事项
钢板网顶棚抹灰	8	①1:(1.5~2)石灰砂浆(略掺麻刀)抹底层,灰浆要挤入网眼中 ②挂麻钉,将小束麻丝每隔30cm左右挂在钢板网的网眼上,两端纤维垂下,长25cm ③1:2.5石灰砂浆抹中层,分两遍成活,每遍将挂的麻钉向四周散开1/2,抹入灰浆中 ④纸筋石灰罩面	3 3 2	①抹灰时分两遍将麻丝按放射状梳理进中层砂浆中,麻丝要分布均匀 ②其他分层抹灰方法同第7项	①钢板网吊顶龙骨以40cm×40cm方木为宜 ②为避免木龙骨收缩变形使抹灰层开裂,可使用间距为40cm、直径为6mm的钢筋,拉直钉在木龙骨上,然后用铅丝把钢板网撑紧,绑扎在钢筋上 ③适用于大面积厅、室等高级装饰工程

注:表中所列配合比未注明者,均为体积比。

鼓脱落,要设置分格缝,分格缝处粘贴分格条。分格条在使用前要用水泡透,这样既便于施工粘贴,又能防止分格条在使用中变形,同时也利于本身水分蒸发收缩易于起出。

水平分格条宜粘贴在平线下口,垂直分格条宜粘贴在垂线的左侧。粘接一条横向或竖向分格条后,应用直尺校正平整,并将分格条两侧用水泥浆抹成八字形斜角。当天抹面的分格条,两侧八字斜角可抹成45°。当天不抹面的"隔夜条",两侧八字形斜角应抹得陡一些,可抹成60°。分格条要求横平竖直、接头平整,不得有错缝或扭曲现象,分格缝的宽窄和深浅应均匀一致。

5. 抹灰

外墙抹灰层要求有一定的耐久性。若采用水泥石灰混合砂浆,配合比为:水泥:石灰膏:砂=1:1:6;若采用水泥砂浆,配合比为:水泥:砂=1:3。底层砂浆具有一定强度后,再抹中层砂浆,抹时要用木杠、木抹子刮平压实,扫毛、浇水养护。在抹面层时,先用1:2.5的水泥砂浆薄薄刮一遍;第二遍再与分格条抹齐平,然后按分格条厚度刮平、搓实、压光,再用刷子蘸水按同一方向轻刷一遍,以达到颜色一致,并清刷分格条上的砂浆,以免起条时损坏抹面。起出分格条后,随即用水泥砂浆把缝勾齐。

室外抹灰面积比较大,不易压光罩面层的抹纹,所以一般用木抹子搓成毛面,搓平时要用力均匀,先圆圈形搓抹,再上下抽拉,方向要一致,以使面层纹路均匀。在常温情况下,抹灰完成24h后,开始淋水养护7d为宜。

外墙抹灰时,在窗台、窗楣、雨棚、阳台、檐口等部位应做流水坡度。设计无要求时,流水坡度10%为宜,流水坡下面应做滴水槽,滴水槽的宽度和深度均不应小于10mm。要求棱角整齐、光滑平整,起到挡水的作用。

五、细部一般抹灰

细部抹灰包括的内容很多,室内外的细部抹灰一般有踢脚板、墙裙、窗台、勒脚、压顶、檐口、梁、柱、楼梯、阳台、坡道、散水等。

1. 踢脚板、墙裙及外墙勒脚

内外墙和厨房、厕所的墙脚等部位,易受碰撞和水的侵蚀,要求防水、防潮、防蚀、坚硬。因此,抹灰时往往在室内设踢脚板,厕所、厨房设墙裙,在外墙底部设勒脚。通常用1:3的水泥砂浆抹底层和中层,用1:2或1:2.5的水泥砂浆抹面层。

抹灰时根据墙上施工的水平基线用墨斗或粉线包弹出踢脚板、墙裙或勒脚高度尺寸水平线,并根据墙面抹灰的厚度,决定踢脚板、墙裙或勒脚的厚度。凡是阳角处,用方尺进行规方,最好在阳角处弹上直角线。

规矩找好后，将基层处理干净，浇水湿润。按弹好的水平线，将八字靠尺板粘嵌在上口，靠尺板表面正好是踢脚板、墙裙或勒脚的抹灰面。用1∶3水泥砂浆抹底、中层，再用木抹子搓平、扫毛、浇水养护。待底、中层砂浆六七成干时，就应进行面层抹灰。面层用1∶2.5水泥砂浆先薄刮一遍，再抹第二遍。先抹平八字靠尺、搓平、压光，然后起下八字靠尺，用小阳角抹子捋光上口，再用压子压光。

另一种方法是在抹底层、中层砂浆时，先不嵌靠尺板，而在抹完罩面灰后用粉线包弹出踢脚板、墙裙或勒脚的高度尺寸线，把靠尺板靠在线上口用抹子切齐，再用小阳角抹子捋光上口，然后再压光。

2. 窗台

在建筑房屋工程中，砌砖窗台一般分为外窗台和内窗台，也可分为清水窗台和混水窗台。混水窗台通常是将砖平砌，用水泥砂浆进行抹灰。

抹外窗台一般用1∶2.5的水泥砂浆打底，用1∶2的水泥砂浆罩面。窗台操作难度较大，一个窗台有五个面、八个角、一条凹档、一条滴水线或滴水槽，质量要求比较高。表面要平整光洁，棱角要清晰；与相邻窗台的高度进出要一致，横竖都要成一条线；排水要畅通，不渗水，不湿墙。

外窗台抹灰一般在底面做滴水槽或滴水线，以阻止雨水沿窗台往墙面上淌。滴水槽的做法是：通常在底面距边口2cm处粘分格条（滴水槽的宽度及深度均不小于10mm，并要整齐一致）。窗台的平面应向外呈流水坡度，如图2.7所示。

用水泥砂浆抹内窗台的方法与外窗台一样。抹灰应分层进行。窗台要抹平，窗台两端抹灰要超过窗口6cm，由窗台上皮往下抹4cm。

滴水线的做法是：将窗台下边口的直角改为锐角，并将角往下伸约10mm，形成滴水（如图2.7所示）。

3. 压顶

压顶一般为女儿墙顶现浇的混凝土板带（也可以用砖砌成）。压顶要求表面平整光洁，棱角清晰，水平成线，突出一致。因此抹灰前一定要拉上水平通线，对于高低出进不上线的要凿掉或补齐。但因其两面有檐口，在抹灰时一面要做流水坡度，两面都要设滴水线（如图2.8所示）。

4. 柱子

柱子按材料不同一般可分为砖柱、混凝土柱、钢筋混凝土柱、石柱、木柱等；按其形状不同又可分为方柱、圆柱、多角形柱等。

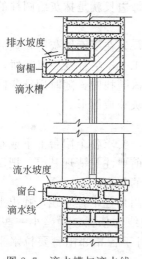

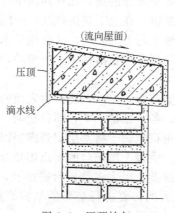

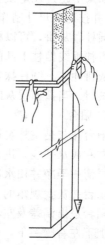

图2.7　滴水槽与滴水线　　　　图2.8　压顶抹灰　　　　图2.9　独立方柱找规矩

室内柱子一般用石灰砂浆或水泥砂浆抹底层和中层，用麻刀石灰或纸筋石灰抹面层，室外柱一般用水泥砂浆抹灰。

（1）方柱　方柱的基层处理首先要将砖柱或钢筋混凝土柱的表面清扫干净，并浇水进行湿润，然后找规矩。如果方柱为独立柱，应按设计图样所标示的柱轴线，测定柱子的几何尺寸和位置，在楼地面上弹上垂直的两条中心线，并弹上抹灰后的柱子边线（注意阳角都要规方），然后在柱顶卡固上短靠尺，拴上线锤往下垂吊，并调整线锤对准地面上的四角边线，检查柱子各方面的垂直度和平整度。如果不超过规定误差，在柱四角距地坪和顶棚各 15cm左右处做灰饼（如图 2.9 所示）。如果超过规定误差，应先进行处理，再找规矩，做灰饼。

当有两根或两根以上的柱子时，应先根据柱子的间距找出各根柱子的中心线，用墨斗在柱子的四个立面弹上中心线，然后在一排柱子最外的两根柱子的正面外边角下，各拉一条水平通线做所有柱子正面上下两边的灰饼，每个柱子正面上下左右共做四个灰饼。

根据下面的灰饼用套板套在两端柱子的反面，再做上边的两个灰饼。根据这个灰饼，上下拉水平通线，做各根柱子反面的灰饼。正面、反面灰饼全部做完后，用套板中心对准柱子正面或中心线，做柱子两侧的灰饼（如图 2.10 所示）。

柱子四面的灰饼做好后，应先在侧面卡固八字靠尺，对正面和反面进行抹灰；再把八字靠尺卡固正反面，对柱两侧面抹灰。底层和中层抹灰要用短木刮平，木抹子搓平。第二天对抹面进行压光。

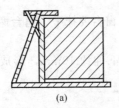

图 2.10　多根方柱找规矩

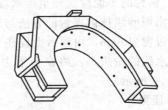

图 2.11　圆柱抹灰套板

（2）圆柱　钢筋混凝土圆柱基础处理的方法同方柱。独立圆柱找规矩，一般也应先找出纵横两个方向设计要求的中心线，并在柱上弹纵横两个方向的四根中心线。按四面中心点，在地面上分别弹出四个点的切线，就形成了圆柱的外切四边线。这个四边线各边长就是圆柱的实际直径。然后用缺口木板方法，由上四面中心线往下吊线锤，检查柱子的尺寸和垂直度。如果不超过规定误差，在地面弹上圆柱抹灰后外切四边线（每边长就是抹灰后圆柱的直径），并按这个尺寸制作圆柱的抹灰套板（如图 2.11 所示）。

圆柱做灰饼，可以根据地面上放好的线，在柱四面中心线处，先在下面做灰饼，然后用缺口板挂垂线做柱上部的四个灰饼。在上下灰饼挂线，中间每隔 1.2m 左右做一组灰饼，再根据灰饼冲筋。圆柱抹灰分层做法与方柱相同，抹时用长木杠随抹随找圆，随时用抹灰圆形套板核对。当抹面层灰时，应用圆形套板沿柱子上下滑动，将抹灰抹成圆形。

5. 阳台

阳台抹灰是室外装饰的重要部分，关系到建筑物表面的美观，要求各个阳台上下成垂直线，左右成水平线，进出一致，各个细部统一，颜色相同。抹灰前要注意清理基层，把混凝土基层清扫干净并用水冲洗，用钢丝刷子将基层刷到露出混凝土的新面。

阳台抹灰找规矩的方法是：由最上层阳台的突出阳角及靠墙阴角往下挂垂线，找出上下各层阳台进出误差及左右垂直误差，以大多数阳台进出及左右边线为依据，误差小一些的，可以上下左右顺一下，误差较大的，要进行必要的结构处理。对于各相邻阳台要拉水平通线，对于进出及高低误差太大的要进行处理。

根据找好的规矩，确定各部位的大致抹灰厚度，再逐层逐个找好规矩，做灰饼进行抹灰。最上层两头抹好后，以下都以这两个挂线为准做灰饼。抹灰还应注意阳台地面排水坡度方向，要顺向阳台两侧的排水孔，不要抹成倒流水。

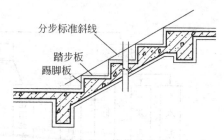

图 2.12 楼梯踏步线

阳台底面抹灰与顶棚抹灰相同。主要工序包括清理基层、浇水湿润、刷素水泥浆、分层抹底层和中层水泥砂浆、面层抹灰。阳台上面用 1:3 水泥砂浆做面层抹灰，并注意留好排水坡度。

阳台挑梁和阳台梁，也要按规矩抹灰，高低进出要整齐一致，棱角清晰。

6. 楼梯

楼梯在正式抹灰前，除将楼梯踏步、栏板等清理刷净外，还要将安装的栏杆、扶手等预埋件用细石混凝土灌实。然后根据休息平台的水平线（标高）和楼面标高，按上下两头踏步口，在楼梯侧面墙上和栏板上弹出一道踏步标准线（如图 2.12 所示）。抹灰时，将踏步角对在斜线上，或者弹出踏步的宽度与高度再抹灰。

在抹灰前，先浇水进行湿润，并抹一遍水泥浆（刮涂也可以），随即抹 1:3 的水泥砂浆（体积比），底层灰厚约 15mm。抹灰时，应先抹踢脚板（立面），再抹踏板（平面），逐步由上向下做。

抹踢板时，先用八字靠尺压在上面，一般用砖压尺，按尺寸留出灰口。依着靠尺进行抹灰，然后用木抹子搓平。再把靠尺支在立面上抹平面灰，也用木抹子搓平（如图 2.13 所示）。做棱角，把底层灰划出麻面，再第二遍罩面。

罩面灰用体积比 1:2 或 1:2.5 的水泥砂浆，罩面厚约 8mm。根据砂浆干湿情况抹几步楼梯后，再返上去压光，并用阴阳角抹子将阴阳角捋光。24h 后开始浇水养护，时间为一周。

若踏步有防滑条，在底子灰抹完后，先在离踏步口 40mm 处，用素水泥浆粘分格条。如防滑条采用铸铁或铜条等材料，应在罩面前，将铸铁条或铜条按要求安稳粘好，再抹罩面灰。金属条可粘两条或三条，间距为 25～30mm，比踏板突出 3～4mm（如图 2.14 所示）。

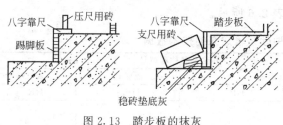

图 2.13 踏步板的抹灰

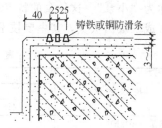

图 2.14 金属防滑条镶嵌

如果踏步板、踢脚板均为水泥砂浆，为保护踏步角免受损坏，可以在角部镶嵌直径为 12mm 的钢筋或小规格的角钢。

六、机械喷涂抹灰

机械喷涂抹灰是把搅拌好的砂浆，经振动筛后倾倒入灰浆输送泵，通过管道和喷枪把灰浆连续均匀地喷涂于墙面和顶棚上，再经过找平搓实，完成抹灰饰面。机械喷涂抹灰工艺流程如图 2.15 所示。

机械喷涂适用于内外墙和顶棚石灰砂浆、混合砂浆和水泥砂浆的底层和中层抹灰。近年

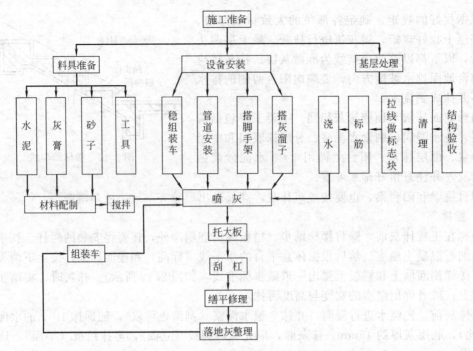

图 2.15 机械喷涂抹灰工艺流程图

来，"小容量三级出灰量挤压泵"的问世，为实现抹灰工程的全面机械化创造了条件。

（一）机械喷涂抹灰的机具设备

机械喷涂抹灰所用的机具设备有砂浆输送泵、组装车、管道、喷枪及常用抹灰工具等。

1. 砂浆输送泵

砂浆输送泵是机械喷涂抹灰最主要的施工机械，由于采用了砂浆输送泵输送砂浆，因此劳动组织、生产效率、应用范围等，均与所选择的砂浆输送泵的性能有很大关系。常用的砂浆输送泵，按结构特征的不同可分为柱塞式砂浆输送泵、隔膜式砂浆输送泵、灰气联合砂浆输送泵和挤压式砂浆输送泵等。柱塞式、隔膜式和灰气联合砂浆输送泵俗称为"大泵"，其技术性能如表 2.5 所示。"小容量三级出灰量挤压泵"是近几年问世的新型砂浆输送泵，一般称为"小泵"。这种泵的特点是：配套电动机变换不同位置可使挤压管变换挤压次数，从而形成三级出灰量，其主要技术参数如表 2.6 所示。

表 2.5 各种砂浆输送泵的技术数据

技术数据		砂浆泵名称和型号			
		柱塞直给式		隔膜式	灰气联合
		HB_{6-3}	HP_{-013}	HP_{8-3}	$HK_{-3.5-74}$
输送量/(m^3/h)		3	3	3	3.5
垂直输送距离/m		40	40	40	25
水平输送距离/m		150	150	100	150
工作压力/MPa		1.5	1.5	1.2	
配套电动机	型号	JQ_4-41-4	JQ_2-52-4	JQ_2-42-4	
	功率/kW	4	7	2.8	5.5
	转速/(r/min)	1440	1440	1400	1450
进浆口胶管内径/mm		64			50
排浆口胶管内径/mm		51	50.4	38	0.24
外形尺寸(长×宽×高)/mm		1033×474×890	1825×610×1075	1350×444×760	1500×720×550
机器质量/kg		250	650		293

表 2.6　挤压式砂浆输送泵技术数据

型　　号	UBJ0.8 型	UBJ1.2 型	UBJ1.8 型
输送量/(m³/h)	0.2、0.4、0.8	0.3、0.6、1.2	0.3、0.4、0.6、0.9、1.2、1.8
垂直输送距离/m	25	25	30
水平输送距离/m	80	80	100
额定工作压力/MPa	1.0	1.2	1.5
主电动机功率/kW	0.4/1.1/1.5	0.6/1.5/2.2	1.3/1.5/2.0
外形尺寸(长×宽×高)/mm	1220×662×960	1220×662×1035	1220×896×990
机器质量/kg	175	185	300

2. 组装车

组装车是把砂浆搅拌机、砂浆输送泵、空气压缩机、砂浆斗、振动筛和电气设备等组装成为一个整体，成为喷灰作业的一种车辆，既便于移动，又便于操作。根据采用的砂浆输送泵种类不同，组装车也不相同。

（1）采用柱塞泵、隔膜泵或灰气联合泵　采用这三种砂浆输送泵，由于它们出灰量比较大，效率比较高，机械喷涂劳动组织强度较大，因而其设备比较复杂（如图 2.16 所示）。

（2）采用挤压式砂浆输送泵　因其出灰量小，设备比较简单，又因其输送距离短，在多层建筑物内喷涂作业时，可逐层移动泵体，施工比较灵活，因此可不设组装车。

3. 管道

管道是输送砂浆的主要设备。室外管道一般多采用钢管，在管道的最低处安装三通，以便冲洗灰浆泵及管道时，打开三通阀门使污水排出。室外管道的连接采用法兰盘，接头处垫上橡胶垫以防止漏水。室内管道采用胶管，胶管连接采用铸铁卡具。从空气压缩机到枪头也用胶管连接，以输送压缩空气。在靠近操作地点的胶管，使用分岔管分成两股，以使两个枪头同时喷灰。

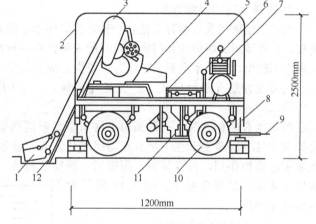

图 2.16　组装车示意图

1—上料斗；2—防护棚；3—砂浆机；4—储浆槽；5—振动筛；
6—压力表；7—空气压缩机；8—支腿；9—牵引架；
10—行走轮；11—砂浆泵；12—滑道

4. 喷枪

喷枪是喷涂机具设备中的重要组成部分，是能否顺利施工的关键。喷枪头用钢板或铝合金焊成，气管用铜管制成。插在喷枪头上的进气口用螺栓固定，要求操作灵活省力，喷出的砂浆均匀细长且落地灰少。

（二）机械喷涂抹灰的施工要点

1. 合理布置机具和使用喷嘴

根据施工现场的实际情况，管路布置应尽量缩短，橡胶管道也要避免弯曲太多，拐弯半径越大越好，以防管道堵塞。正确掌握喷嘴距墙面、顶棚的距离和选择压力的大小。喷射力一般为 0.15~0.2MPa，压力过大，射出速度快，会使砂子弹回，增大消耗；压力过小，冲击力不足，会降低灰浆与墙面的粘接力，造成砂浆流淌。持枪角度、喷枪口与墙面的距离，见表 2.7。

表 2.7　持枪角度、喷枪口与墙面的距离

序号	喷灰部位	持枪角度	喷枪口与墙面距离/cm
1	喷上部墙面	45°→35°	30→45
2	喷下部墙面	70°→80°	25→30
3	喷门窗角(离开门窗框4cm)	30°→40°	6→10
4	喷窗下墙面	45°	5～7
5	喷吸水性较强或较干燥的墙面,或灰层厚的墙面	90°	10～15
6	喷吸水性较弱或较潮湿的墙面,或灰层薄的墙面	65°	15～30

注:1. 表中持枪角度与距离栏中带有"→"符号的系指随着往上喷涂而逐渐改变角度或距离。

2. 喷枪口移动速度应按出灰量和喷灰厚度而定。

2. 严格砂浆配合比和稠度

喷涂抹灰所用灰浆稠度为9～11cm,石灰浆配比为石灰膏:砂=1:(3～3.5),混合砂浆配比以水泥:石灰膏:砂=1:1:4最为适宜。掺适量塑化剂可改善砂浆的和易性。应保持砂浆有充分的搅拌时间。

3. 选择合适的喷涂方法

内墙面喷底子灰有两种工艺:一种是先做墙裙、踢脚线和门窗护角,后喷灰;另一种是先喷灰,后做墙裙、踢脚线和门窗护角。前一种比后一种容易保证砂浆与墙面基层的粘接质量,清理用工较少,但技术上要求较高,且要做好成品保护。实际工程中采用前一种流程的较多。

内墙面冲筋有两种形式:一种是冲横筋,上下间距2m左右;另一种是冲立筋,间距1.2～1.5m左右。

喷灰也有两种方法:一种是由上往下呈S形巡回喷法,可使表面较平整,灰层均匀,但易掉灰;另一种是由下往上呈S形巡回喷法,在喷涂过程中,已喷在墙上的灰浆对正喷涂的灰浆可起截挡作用,减少掉灰,因而后一种喷法较前一种喷法好。但这两种喷法都要重复两次以上才能满足厚度要求。图2.17所示为内墙喷涂路线。

4. 特别注意管路的清洗

喷涂必须分层连续进行,喷涂前应先进行运转、疏通和清洗管道,然后压入少量的石灰膏润滑管道,以保证畅通。每次喷涂接近结束时,也要加入少量石灰膏,再压送清水冲洗管道内残留砂浆,以保持

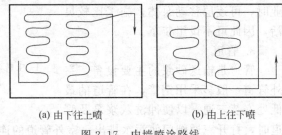

(a) 由下往上喷　　　(b) 由上往下喷

图 2.17　内墙喷涂路线

管道内壁光滑。最后送入气压约0.4MPa的空气吹干,以免影响下次使用。

第三节　装饰抹灰饰面

装饰抹灰是指利用材料的特点和工艺处理,使饰面具有不同的质感、纹理及色泽效果的抹灰类型和施工方式。装饰抹灰饰面种类很多,目前装饰工程中常用的主要有水刷石、斩假石、干粘石、假面砖等。装饰抹灰饰面若处理得当、制作精细,其抹灰层既能保持抹灰的相同功能,又可取得独特的装饰艺术效果。

根据当前国内建筑装饰装修的实际情况,国家标准中已经删除了传统装饰抹灰工程的拉毛灰、洒毛灰、喷砂、彩色抹灰和仿石抹灰等做法,工程实践证明,它们的装饰效果可以由涂料涂饰以及新型装饰品所取代。对于较大规模的饰面工程,应综合考虑其用工用料和节约

能源、环境保护等经济效益与社会效益多方面的重要因素，由设计者确定取舍，例如水刷石装饰抹灰，虽然其装饰效果好、施工较简单，但由于其浪费水资源并对环境有污染，应尽量减少使用。

一、装饰抹灰的一般要求

装饰抹灰工程施工的检查与交接、基体和基层处理等，同一般抹灰的要求基本相同，针对装饰抹灰的一些特殊之处，应注意以下要点。

1. 对所用材料的要求

装饰抹灰所采用的材料，必须符合设计要求并经验收和试验确定合格方可使用；同一墙面或设计要求为同一装饰组成范围的砂浆（色浆），应使用同一产地、同一品种、同一批号，并采用同一配合比、同一搅拌设备及专人操作，以保证色泽一致、装饰效果相同。

2. 对基层处理的要求

抹灰前基层表面的尘土、污垢、油渍等应清除干净，并应洒水润湿。装饰抹灰面层应做在已经硬化、较为粗糙并平整的中层砂浆面上；面层施工前检查中层抹灰的施工质量，经验收合格后洒水湿润。

3. 对分格缝的要求

装饰抹灰面层有分格要求时，分格条应宽窄厚薄一致，粘贴在中层砂浆上应横平竖直，交接严密，完工后应全部取出。

4. 对施工缝的要求

装饰抹灰面层的施工缝，应留在分格缝、墙面阴角、落水管背后或是独立装饰组成部分的边缘处。

5. 对施工分段的要求

对于高层建筑的外墙装饰抹灰，应根据建筑物实际情况，划分若干施工段，其垂直度可用经纬仪控制，水平通线可用常规做法。

6. 对抹灰厚度的要求

由于材料特点，装饰抹灰饰面的总厚度通常要大于一般抹灰，当抹灰总厚度≥35mm时，应按设计要求采取加强措施（包括不同材料基体交接处的防开裂加强措施）。当采用加强网时，加强网与各基体的搭接宽度≥100mm。

二、水刷石装饰抹灰

1. 对材料的要求

（1）对水泥的要求　水泥宜用强度不低于 32.5MPa 的矿渣硅酸盐水泥或普通的硅酸盐水泥，应用颜色一致的同批产品。超过三个月保存期的水泥应经实验合格后方能使用。

（2）对砂子的要求　砂子宜采用中砂，使用前应用 5mm 筛孔过筛，含泥量不大于 3%（质量分数）。

（3）对石子的要求　石子要求采用颗粒坚硬的石英石（俗称水晶石子），不含针片状和其他有害物质，粒径规格约为 4mm。如采用彩色石子应分类堆放。

（4）石粒浆配合比　水泥石粒浆的配合比，依石粒粒径的大小而定。大体上为水泥：大八厘石粒（粒径 8mm）：中八厘石粒（粒径 6mm）：小八厘石粒（粒径 4mm）＝1∶1∶1.25∶1.5（体积比），稠度为 5~7cm。如饰面采用多种彩色石子级配，按统一比例掺量搅抹均匀，所用石子应淘洗干净。

2. 水刷石的分层做法

水刷石装饰抹灰一般做在砖墙、混凝土墙、加气混凝土墙等基体上。为使基体与底中层砂浆、底中层砂浆与面层砂浆牢固地结合，按基体的种类不同，有很多种分层做法，其中常见的几种做法如表 2.8 所示。

表 2.8　水刷石分层做法

基体	分 层 做 法	厚度/mm
砖墙基层	①1∶3水泥砂浆抹底层	5～7
	②1∶3水泥砂浆抹中层	5～7
	③刮水灰比为0.37～0.40水泥浆一遍	
	④1∶1.25水泥中八厘石粒浆(或1∶0.5∶2水泥石灰膏石粒浆)或1∶1.5水泥小八厘石粒浆(或1∶0.5∶2.25水泥石灰膏石粒浆)	8～10
混凝土墙基层	①刮水灰比为0.30～0.40水泥浆或洒水泥砂浆	0～7
	②1∶0.5∶3水泥混合砂浆抹底层	5～6
	③1∶3水泥砂浆抹中层	10
	④刮水灰比为0.37～0.40水泥浆一遍	
	⑤1∶1.25水泥中八厘石粒浆(或1∶0.5∶2水泥石灰膏石粒浆)或1∶1.5水泥小八厘石粒浆(或1∶0.5∶2.25水泥石灰膏石粒浆)	8～10
加气混凝土基层	①涂刷一遍界面剂	
	②2∶1∶8水泥混合砂浆抹底层	7～9
	③1∶3水泥砂浆抹中层	5～7
	④刮水灰比为0.37～0.40水泥浆一遍	
	⑤1∶1.25水泥中八厘石粒浆(或1∶0.5∶2水泥石灰膏石粒浆)或1∶1.5水泥小八厘石粒浆(或1∶0.5∶2.25水泥石灰膏石粒浆)	8～10

3. 水刷石的施工工艺

水刷石施工的工艺流程为：基层处理→底、中层灰搓毛验收→弹线、粘分格条→抹面层石粒浆→刷洗面层→勾缝及浇水养护。

(1) 基层处理　水刷石装饰抹灰基层处理方法与一般抹灰基层处理方法相同。但因水刷石装饰抹灰底、中层及面层总的平均厚度较一般抹灰为厚，且比较重，若基层处理不好，抹灰层极易产生空鼓或坠裂，因此要认真将基层表面酥松部分去掉再洒水润墙。

(2) 抹底层灰、中层灰　抹底层灰前为增加粘接牢度，先在基层刷上一遍黏结剂，1∶2水泥砂浆。稍收水后将其表面刮毛。再找规矩，先做上排灰饼，再吊垂直线和横向拉通线，补做中间和下排的灰饼和冲筋。

按冲筋标准抹中层找平砂浆。通常配合比为1∶(3～2.5)。找平层必须刮平搓毛，并且用托线板检查平整度，因为找平层的平整度直接影响饰面层的质量。

(3) 弹线及粘贴分格条　水刷石的分格是避免施工接槎的一种措施，同时便于面层分块分段进行操作。粘贴用素水泥浆，水泥浆不宜超过分格条，超出的部分要刮掉。

(4) 抹面层石粒浆　先刷水灰比为0.37～0.40的素水泥浆一道，随即抹面层石粒浆，石粒浆稠度以5～7cm为宜。石粒应颗粒均匀、坚硬，色泽一致、洁净。抹面层时，应一次成活，随抹随用铁抹子压紧、揉实，但不要把石粒压得过死。每一块方格内应自下而上进行，抹完一块后，用直尺检查其平整度，不平处应及时修补并压实平整。同一平面的面层要求一次完成，不宜留施工缝，如必须留施工缝，应留在分格条的位置上。

(5) 刷洗面层　待面层六七成干时，即可刷洗面层。冲洗是确保水刷石质量的重要环节之一，冲洗不净会使毛刷石表面颜色发暗或明暗不一。

喷刷分两遍进行：第一遍先用软毛刷蘸水刷掉面层水泥浆露出石渣，第二遍紧跟用手压喷浆机或喷雾器将四周相邻部位喷湿，然后按由上往下的顺序喷水，使石渣露出表面1/3～1/2粒径，达到清晰可见、分布均匀即可。

喷水要快慢适度，过快水泥浆冲不净，表面易呈现花斑；过慢则会出现塌坠现象。喷水时，要及时用软毛刷将水吸去，防止石粒脱落。分格缝处也要及时吸去滴挂的浮水，以防止分格缝不干净。门窗框应先刷底部后刷大面，以保证大面清洁美观。如果水刷石面层超过终凝进行喷刷时开始硬结，要先用3%～5%（质量分数）盐酸稀释溶液洗刷，然后再用清水冲净，否则，会将面层腐蚀成黄色斑点。

（6）养护　水刷石抹完第二天起要洒水养护，养护时间不少于 7d。在夏季酷热天施工时，应考虑搭设临时遮阳棚，防止阳光直接辐射，致水泥早期脱水影响强度，削弱粘接力。

三、干粘石装饰抹灰

干粘石是将彩色石粒直接粘在砂浆层上的一种饰面做法，也是由水刷石演变而来的一种装饰新工艺。其外观效果与水刷石相近。干粘石的施工操作比水刷石简单，工效高，造价低，又能减少湿作业，因而对于一般装饰要求的建筑均可以采用。干粘石的适用范围与水刷石相同，但是，房屋底层不宜采用干粘石。

1. 干粘石对材料的要求

（1）对石子的要求　干粘石所用石子的粒径以小一点为好，但也不宜过小或过大，太小则容易脱落泛浆，过大则需要增加粘接层厚度。粒径以 5～6mm 或 3～4mm 为宜。

使用时，将石子认真淘洗，晾晒后放于干净房间或以袋装。

（2）对水泥的要求　干粘石所用的水泥，必须用同一品种，其强度等级不低于32.5MPa，凡是过期的水泥一律不准使用。

（3）对砂子的要求　干粘石最好用中砂或粗砂与中砂混合掺用。中粒平均粒径为0.35～0.50mm，要求颗粒坚硬洁净，含泥量不得超过 3%（质量分数）。砂子在使用前应过筛，一般不要用细砂、粉砂，以免影响粘接强度。

（4）对石灰膏的要求　干粘石应控制石灰膏的含量，一般石灰膏的掺量为水泥用量的1/3～1/2。因为石灰膏用量过大，会降低面层砂浆的强度。合格的石灰膏中不得含有未熟化的颗粒。

（5）对颜料粉的要求　干粘石应使用矿物质的颜料粉，如铬黄、铬绿、氧化铁红、氧化铁黄、炭黑、黑铅粉等。不论用哪种颜色粉，进场后都要经过试验。颜色粉的品种、货源、数量，要根据工程需要一次进够，否则无法保证色调一致。

2. 干粘石的分层做法

表 2.9 为不同墙面干粘石分层做法的步骤及基本要求。

表 2.9　干粘石的分层做法

基层	分层做法	厚度/mm
砖墙基层	①1:3 水泥砂浆抹底层	5～7
	②1:3 水泥砂浆中层	5～7
	③刷水灰比 0.40～0.50 水泥浆一遍	
	④抹水泥:石灰膏:砂子:胶黏剂=100:50:200:（5～15）聚合物水泥砂浆粘接层	5～6
	⑤4～6mm(中小八厘)彩色石粒	
混凝土墙基层	①刮水灰比为 0.37～0.40 水泥浆或洒水泥砂浆	
	②1:0.5:3 水泥混合砂浆抹底层	5～7
	③1:3 水泥砂浆抹中层	5～6
	④刷水灰比为 0.45～0.50 水泥浆一遍	
	⑤抹水泥:石灰膏:砂子:胶黏剂=100:50:200:（5～15）聚合物水泥砂浆粘接层	5～6
	⑥4～6mm(中小八厘)彩色石粒	
砖块墙基层	①涂刷一遍界面剂	
	②2:1:8 水泥混合砂浆抹底层	7～9
	③2:1:8 水泥混合砂浆抹中层	5～7
	④刷水灰比为 0.4～0.5 水泥浆一遍	
	⑤抹水泥:石灰膏:砂子:胶黏剂=100:50:200:（5～15）聚合物水泥砂浆粘接层	4～5
	⑥4～6mm(中小八厘)彩色石粒	

3. 干粘石的施工工艺

干粘石的施工工艺流程为：基层处理→抹底、中层灰→弹线、粘贴分格条→抹粘接层砂浆→撒石粒、压平→勾缝、修整。

干粘石的基层处理和底层抹灰、中层抹灰与水刷石相同。

（1）抹粘接层　待中层抹灰六至八成干时，经验收合格后，应按设计要求弹线，粘贴分格条（方法同外墙抹灰），然后洒水润湿，刷素水泥浆一道，接着抹水泥砂浆粘接层。粘接层砂浆稠度以 6～8cm 为宜。

粘接层很重要，抹前用水湿润中层，粘接层的厚度取决于石子的大小，当石子为小八厘时，粘接层厚 4mm；为中八厘时，粘接层厚度为 6mm；为大八厘时，粘接层厚度为 8mm。湿润后，还应检查干湿情况，对于干得快的地方，用排刷补水到适度，方能开始抹粘接层。粘接层不宜上下同一厚度，更不宜高于嵌条。一般在下部约 1/3 的高度范围内要比上面薄些；整个分块表面又要比嵌条薄 1mm 左右。撒上石子压实后，不但平整度可靠，而且能避免下部鼓包、皱皮现象发生。

（2）撒石拍平　粘接层抹完后，待干湿情况适宜时即可手甩石粒，然后随即用铁抹子将石子拍入粘接层。甩石粒应遵循"先边角后中间，先上面后下面"的原则。阳角处甩石粒时应两侧同时进行，以避免两边收水不一而出现明显接槎。甩石粒时，用力要平稳有劲，方向应于墙面垂直，使石粒均匀地嵌入粘接砂浆中，然后用铁抹子或胶辊滚压坚实。拍压时，用力要合适，一般以石粒嵌入砂浆的深度不小于粒径的 1/2 为宜。对于墙面石粒过稀或过密处，一般不宜甩补，应将石粒用抹子（或手）直接补上或适当剔除。

（3）进行修整　墙面达到表面平整、石粒饱满时，对局部有石粒下坠、不均匀、外露尖角太多或表面不平整等不符合质量要求的地方要立即修整、拍平，分格条处应重新勾描，以达到表面平整、色泽均匀、线条顺直清晰。

（4）加强养护　干粘石的面层施工应加强养护。在 24h 后，应洒水养护 2～3d。夏季日照强，气温高，要求有适当的遮阳条件，避免阳光直射，使干粘石凝结有一段养护时间，以提高强度。砂浆强度未达到足以抵抗外力时，应注意防止脚手架、工具等撞击、触动，以免石子脱落，还要注意防止涂料和砂浆等污染墙面。

四、斩假石装饰抹灰

斩假石又称"剁斧石"，是用水泥和白石屑加水拌和抹在建筑物或构件表面，待硬化后用斩斧（剁斧）、单刃或多刃斧、凿子等工具剁成像天然石那样有规律的石纹的一种人造装饰石料。

1. 斩假石对材料的要求

（1）对骨料的要求　斩假石所用的骨料（石子、玻璃、粒砂等）应颗粒坚硬，色泽一致，不含杂质，使用前必须过筛、洗净、晾干，防止污染。

（2）对水泥的要求　斩假石应采用强度等级为 32.5MPa 的普通硅酸盐水泥、矿渣硅酸盐水泥，所用水泥应是同一强度等级、同一批号、同一厂家、同一颜色、同一性能。

（3）对颜料的要求　对有颜色要求的墙面，应挑选耐碱、耐光的矿物颜料，并与水泥一次干拌均匀，过筛装袋备用。

2. 斩假石的分层做法

斩假石的分层做法，如表 2.10 所示。

3. 斩假石的施工工艺

斩假石的施工工艺流程为：中层灰搓毛验收→弹线、粘贴分格条→抹面层水泥浆→养护→试剁→斩剁。除了抹面水泥石粒浆和斩剁面层外，其余均同水刷石抹灰。

表 2.10　斩假石的分层做法

基层	分层做法（体积比）	厚度/mm	适用范围
砖墙基层	①1∶3水泥砂浆抹底层	5～7	同水刷石
	②1∶2水泥砂浆抹中层	5～7	
	③刮水灰比0.37～0.40的水泥浆一遍		
	④1∶1.25水泥石粒（中八厘中掺30％石屑）浆	10～11	
混凝土墙基层	①刮水灰比为0.37～0.40的水泥浆或洒水泥浆	0～7	
	②1∶0.5∶3水泥石灰砂浆抹底层	5～7	
	③1∶2水泥砂浆抹中层		
	④刮水灰比0.37～0.40的水泥浆一遍	10～11	
	⑤1∶1.25水泥石粒（中八厘中掺30％石屑）浆		

五、机喷石装饰抹灰

干粘石人工甩石粒，劳动强度大，效率低。为了改善劳动条件，近几年又发展了机喷石、机喷石屑，以代替手工操作。机喷石的材料要求同干粘石。

1. 机喷石的施工工具

喷斗（见图2.18）；空气压缩机（排气量6m³/min，工作压力0.6～0.8MPa），一台空气压缩机可带两个喷斗；喷气输送管，即采用内径为8mm的聚乙烯胶管（长度按需要）；其他工具，如装石粒簸箕、橡胶辊、接石粒的钢筋粗布盛料盘等。

2. 机喷石的分层做法

机械抹灰分层做法见表2.11。

3. 机喷石的施工工艺

机喷石、机喷石屑的施工工艺流程为：基层处理→浇水湿润→分格弹线→刮素水泥浆粘布条→涂抹粘接层砂浆→喷石→滚压→揭布条→修理。

在墙面基层处理、浇水湿润、分格弹线后，以弹好的线为准，抹素水泥浆，然后将浸泡湿透的布条平直地粘贴在抹平压光的素水泥浆上，并按分格布条分出的区格，先满刮素水泥浆一遍（水灰比为0.37～0.40），接着涂抹粘接层砂浆。为了有充足的时间操作，砂浆中最好掺加水泥质量0.03％的木质素磺酸钙缓凝剂，砂浆厚度为4～5cm。抹好的粘接砂浆，应不留下抹子的痕迹。

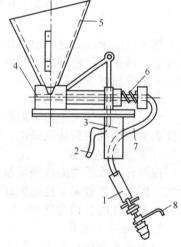

图 2.18　喷斗示意图
1—皮线；2—扳机；3—手柄；4—喷嘴；5—白铁皮漏斗；6—顶簧器；7—输气管；8—转芯阀（调气量用）

表 2.11　机械抹灰分层做法

基层	分层做法	厚度/mm	适用范围
砖墙基层	①②③同干粘石（砖墙） ④抹水泥∶石灰膏∶砂子∶胶黏剂＝100∶50∶200∶（5～10）聚合物水泥砂浆粘接层 ⑤机械喷粘小八厘石粒、米粒石或石屑、粗砂	5～5.5（小八厘石粒） 2.5～3.0（米粒石） 2.0～2.5（石屑）	同干粘石
混凝土基层	①②③④同干粘石（混凝土墙） ⑤抹水泥∶石灰膏∶砂子∶胶黏剂＝100∶50∶200∶（5～10）聚合物水泥砂浆粘接层 ⑥机械喷粘小八厘石粒、米粒石或石屑、粗砂	5～5.5（小八厘石粒） 2.5～3.0（米粒石） 2.0～2.5（石屑）	

粘接砂浆抹完一个区格后，即可喷射石粒，一人手持喷枪，一人不断向喷枪的漏斗装石粒，先喷边角，后喷大面。喷大面时应自下而上进行，以免砂浆流坠。在喷射施工时，喷嘴应垂直于墙面，距墙面的距离为15～25cm。喷完石粒，待砂浆刚刚出现收水时，用橡胶辊

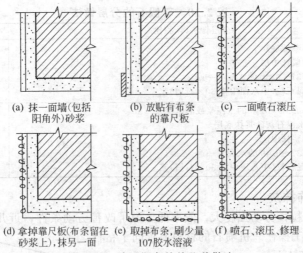

| (a) 抹一面墙(包括 | (b) 放贴有布条 | (c) 一面喷石滚压 |
| 阳角外)砂浆 | 的靠尺板 | |

| (d) 拿掉靠尺板(布条留在 | (e) 取掉布条,刷少量 | (f) 喷石、滚压、修理 |
| 砂浆上),抹另一面 | 107胶水溶液 | |

图 2.19　墙面阳角处的几种做法

从上往下轻轻滚压一遍。阳角处,为了防止出现黑边及不规则现象,可采取如图 2.19 所示的方法,以保证阳角的施工质量。滚压完毕后,即可揭掉布条,然后修理分格缝两边的飞粒,并随手勾好分格缝。

六、假面砖装饰抹灰

假面砖装饰抹灰是指采用彩色砂浆和相应的工艺处理,将抹灰面制成陶瓷饰面砖分块形式及表面效果的装饰抹灰做法。假面砖装饰抹灰的施工工艺主要包括以下几个方面。

1. 配制彩色砂浆

按设计要求的饰面色调配制出多种彩色砂浆,并做出样板与设计对照,以确定合适的配合比。配制彩色砂浆,这是保证假面砖装饰抹灰表面效果的基础,既要满足设计的装饰性,又要满足设计的其他功能性。

2. 准备施工工具

假面砖装饰抹灰施工,除了拌制彩色砂浆的工具外,其操作工具主要有靠尺板(上面划出面砖分块尺寸的刻度)、划缝用的铁皮刨、铁钩、铁梳子或铁辊等。用铁皮刨或铁钩划制模仿饰面砖墙面的宽缝效果,用铁梳子或铁辊划出或滚压出饰面砖的密缝效果。

3. 假面砖的施工

假面砖装饰抹灰的底层和中层,一般采用 1∶3 的水泥砂浆,其表面要达到平整、粗糙的要求。待中层凝结硬化后洒水湿润养护,并可进行弹线。先弹出宽缝线,用以控制面层划沟(面砖凹缝)的顺直度;然后抹 1∶1 的水泥砂浆垫层,厚度为 3mm;紧接着抹面层彩色砂浆,厚度 3～4mm。

待面层彩色砂浆稍微收水后,即用铁梳子沿靠尺板划纹,纹深 1mm 左右,划纹方向与宽缝线相互垂直,作为假面砖的密缝;然后用铁皮刨或铁钩沿靠尺板划沟(也可采用铁辊进行滚压划纹),纹路凹入深度以露出垫层为准,随手扫净飞边砂粒。

复习思考题

1. 抹灰工程根据装饰效果可分为哪几种?
2. 一般抹灰分为哪几个类别?各适用的范围及主要工序是什么?
3. 装饰抹灰的组成、作用和一般做法各是什么?
4. 一般抹灰中的内墙、顶棚、外墙、细部施工工艺主要包括哪些方面?
5. 装饰抹灰的一般要求是什么?
6. 机械喷涂抹灰机具的组成、施工要点是什么?
7. 水刷石、干粘石、斩假石、机喷石、假面砖装饰抹灰的施工工艺分别是什么?

第三章

吊顶工程施工

本章介绍了吊顶工程的基本知识、木龙骨吊顶、轻钢龙骨吊顶、金属装饰面板吊顶和开敞式吊顶等的构件组成和所用构件的形式，重点介绍了以上各种龙骨吊顶在施工中的材料选择、施工方法、施工工艺、注意事项和验收质量标准。通过对本章内容的学习，重点掌握目前在吊顶装饰工程中常用吊顶的施工工艺和施工质量要求。

第一节　吊顶工程基本知识

吊顶又称顶棚、天棚、天花板，是位于建筑物楼屋盖下表面的装饰构件，也是室内空间重要的组成部分，其组成了建筑室内空间三大界面的顶界面，在室内空间中是十分显要的位置。它是指在室内空间的上部通过不同的构造做法，将各种材料组合成不同的装饰组成形式，是室内装饰工程施工的重点。

一、吊顶的基本功能

（一）装饰美化室内空间

吊顶是室内装饰中的重要组成部分，不同形式的造型、丰富多彩的光影、绚丽多姿的材质，为整个室内空间增强了视觉感染力，使顶面处理富有个性，烘托了整个室内环境气氛。

吊顶选用不同的造型及处理方法，会产生不同的空间感觉，有的可以延伸和扩大空间感，有的可以使人感到亲切和温暖，从而满足人们不同的生理和心理方面的需求；同样，也可以通过吊顶来弥补原建筑结构的不足。如果建筑的层高过高，会给人感觉房间比较空旷，可以用吊顶来降低高度；如果建筑的层高过低，会使人感到非常压抑，也可以通过吊顶不同的处理方法，利用视觉上产生的误差，使房间"变"高。

吊顶也能够丰富室内的光源层次，产生多变的光影形式，达到良好的照明效果。有些建筑的空间原照明线路单一，照明灯具简陋，无法创造理想的光照环境。通过吊顶的处理，能产生点光、线光和面光相互辉映的光照效果及丰富的光影形式，有效地增添了室内空间的装饰性；在材质的选择上，可选用一些不同色彩、不同纹理质感的材料搭配，从而会增加室内空间的美观。

（二）满足室内功能要求

现代建筑吊顶处理不仅要考虑室内的装饰效果及艺术要求，也要综合考虑室内不同的使用功能需求，对吊顶进行综合处理，如照明、保温、隔热、通风、吸声、反射、音箱、防火等功能的需求。

在进行吊顶设计和施工时，要结合实际需求综合考虑进去，如顶楼的住宅无隔温层，夏季阳光直射屋顶，室内的温度会很高，可以通过吊顶设置一个隔温层，夏季起到隔热降温的作用，冬季则成为保温层，使室内的热量不易通过屋顶流失。如影剧院的吊顶，不仅要考虑其外表美观，更要考虑声学、光学、通风等方面的需求，通过不同形式的吊顶造型，满足声音反射、吸收和混响方面的要求，从而达到良好的视听观感效果。

（三）可以安装设备管线

随着科学技术水平的进步，各种电气、通信等设备日益增多，室内空间的装饰要求也趋向多样化，相应的设备管线也大大增加。吊顶为这些设备管线的安装提供了良好的条件，它可以将许多外露管线隐藏起来，保证室内顶面的平整、干净、美观。

二、吊顶种类

吊顶的形式和种类繁多。按骨架材料不同，可分为木龙骨吊顶、轻钢龙骨吊顶和铝合金龙骨吊顶等；按罩面材料的不同，可分为抹灰吊顶、纸面石膏板吊顶、纤维板吊顶、胶合板吊顶、塑料板吊顶和金属板吊顶等；按设计功能不同，可分为艺术装饰吊顶、吸声吊顶、隔声吊顶、发光吊顶等；按安装方式不同，可分为直接式吊顶、悬吊式吊顶和配套组装式吊顶等。在吊顶装饰工程施工中，主要是按安装方式不同进行分类的。

1. 直接式吊顶

直接式吊顶是指在屋面板或楼板结构基层上，直接进行抹灰、喷刷、裱糊等装饰处理形成的顶棚饰面。所以直接式吊顶按照施工方法和装饰材料不同，可以分为直接刷（喷）浆顶棚、直接抹灰顶棚和直接粘贴式顶棚。

这种安装方式施工简便、比较经济，也不会影响室内原有的净高。但是，这种形式的顶棚处理对设备管线的敷设、艺术造型的表现等不能满足相应的要求。

2. 悬吊式吊顶

悬吊式吊顶，又称为天花板、天棚、平顶等，具有保温、隔热、隔声和吸声作用，既可以增加室内的亮度和美观，又能达到节约能耗的目的，为满足不同使用功能要求创造了较为宽松的前提条件，是现代装饰设计中所提倡的。

悬吊式吊顶要结合灯具、通风口、音响、消防设施等进行整体设计。但是，这种吊顶施工工期长、工程造价高，且要求建筑空间较大的层高。在进行悬吊式吊顶装饰设计时，应结合空间的尺度大小、装饰要求、经济因素等来综合考虑。一般来说，悬吊式吊顶的装饰效果较好，形式变化丰富，适用于中、高档次的建筑顶棚装饰。

3. 配套组装式吊顶

配套组装式吊顶由两部分组成，一部分是饰面部分，如面板和面板配套的龙骨，以及组装时配套的连接件，基本上是由厂家配套生产；另一部分是吊装部分，可以吊装龙骨架，施工是在现场进行组合拼装即可。

第二节　木龙骨吊顶施工

木龙骨吊顶为传统的悬吊式顶棚做法，当前依然被广泛应用于较小规模且造型较为复杂多变的室内装饰工程。其中最常见的是木龙骨木质胶合板钉装式封闭型罩面的吊顶工程，其施工工艺较为简单，不需要太高的操作技术水平，按设计要求将木龙骨骨架安装合格后，即可用射钉枪打钉固定胶合板面层。普通的罩面胶合板可作为进一步完成各种饰面的基面，如涂刷油漆涂料、裱糊壁纸墙布、钉装或粘贴玻璃镜面等。

木龙骨木方型材的选用，其材质和规格应符合设计要求；吊顶木龙骨的安装，应执行国家现行标准《木结构工程施工质量验收规范》（GB 50206—2002）等有关规定。当采用马尾松、木麻黄、桦木、杨木等易腐朽和虫蛀的树材时，整个构件应做防腐及防虫处理，并应根据《建筑设计防火规范》（GB 50016—2006）、《建筑内部装修设计防火规范》（GB 50222—95）（2001 年版）和《高层民用建筑设计防火规范》（GB 50045—95）（2005 年版）等国家现行标准的相关规定，按设计要求选用难燃木材成品或对龙骨构件进行涂刷防火剂等处理措施，必须使顶棚装饰装修材料达到 A 级或 B$_1$ 级。

图 3.1 为木龙骨双层骨架构造的吊顶设置平面图示，图 3.2 为木龙骨双层骨架吊顶构造的做法示意，图 3.3 为木龙骨吊顶以胶合板做基面粘贴玻璃镜面或其他可粘接的装饰板。

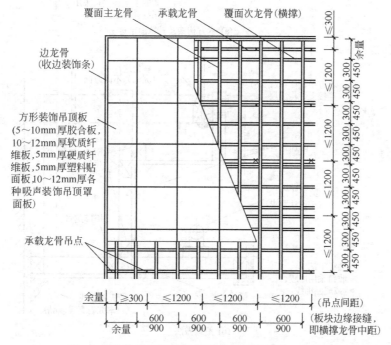

图 3.1　木龙骨双层骨架构造的吊顶设置平面布置

一、胶合板罩面吊顶施工

（一）胶合板材的质量要求

加工胶合板的主要阔叶树种有荷木、水曲柳、核桃楸、黄菠萝、榆木、椴木、拟赤杨、枫香、杨木、桦木、泡桐、柞木、槭木等；加工胶合板的主要针叶树种有樟子松、马尾松、云南松、思茅松、高山松、云杉等。根据国家标准 GB 9846.1—2004 及国际标准 ISO 1096—1975《胶合板分类》的规定，按胶合板材的结构区分，有胶合板、夹芯胶合板、复合胶合板。按板的胶黏性能，分为室外胶合板——具有耐火、耐水和耐高湿度的胶合板；室内胶合板——不具有长期经受水浸或高湿度的胶黏性能的胶合板。按板材的表面加工情况分，有砂光胶合板、刮光胶合板、贴面胶合板、预饰面胶合板。按板材产品的处理情况分，有未处理过的胶合板、处理过（浸渍防腐剂或阻燃剂等）的胶合板。按制品形状，分为平面胶合

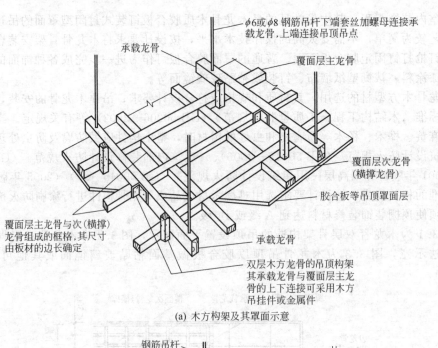

φ6或φ8钢筋吊杆下端套丝加螺母连接承载龙骨,上端连接吊顶吊点

承载龙骨

覆面层主龙骨

覆面层次龙骨
(横撑龙骨)

胶合板等吊顶罩面层

承载龙骨

覆面层主龙骨与次(横撑)龙骨组成的框格,其尺寸由板材的边长确定

双层木方龙骨的吊顶构架其承载龙骨与覆面层主龙骨的上下连接可采用木方吊挂件或金属件

(a) 木方构架及其罩面示意

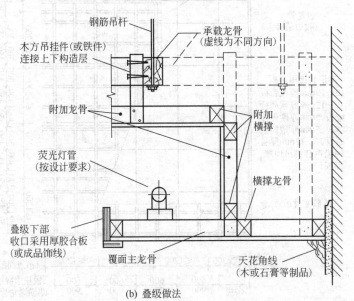

钢筋吊杆

承载龙骨
(虚线为不同方向)

木方吊挂件(或铁件)连接上下构造层

附加龙骨

附加横撑

荧光灯管
(按设计要求)

横撑龙骨

叠级下部收口采用厚胶合板
(或成品饰线)

覆面主龙骨

天花角线
(木或石膏等制品)

(b) 叠级做法

图 3.2　木龙骨双层骨架吊顶构造的做法示意

板及成型胶合板;按板材用途,可分为普通胶合板和特种胶合板。

根据国家标准 GB 9846.5—2004《胶合板　普通胶合板外观分等技术条件》及国际标准 ISO 2426—1974《胶合板　普通胶合板外观分等通用规则》,普通胶合板按加工后板材上可见的材质缺陷和加工缺陷分成 4 个等级:特等、一等、二等、三等。其中,特等板适用于做高级建筑装饰、高级家具及其他特殊需要的制品;一等板适用于做较高级建筑装饰、高中级家具、各种电器外壳等制品;二等板适用于做家具,普通建筑、车辆、船舶等装修;三等板适用于低级建筑装修及包装材料等。

1. 胶合板的规格尺寸

根据 GB 9846.3—2004《胶合板　普通胶合板尺寸和公差技术条件》的规定,胶合板的厚度为 2mm, 3mm, 3.5mm, 4mm, 5mm, 5.5mm, 6mm, 7mm⋯,自 6mm 起按 1mm

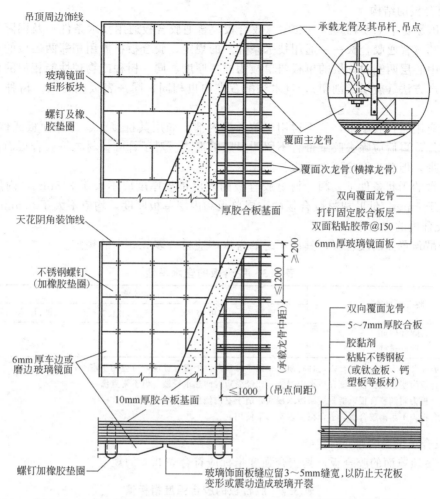

图 3.3　木龙骨吊顶以胶合板做基面粘贴玻璃镜面或其他可粘接的装饰板

递增。胶合板的幅面尺寸按表 3.1 的规定，如经供需双方协议，胶合板厚度＞4mm 的及胶合板幅面尺寸不限。胶合板两对角线长度之差，不得超过表 3.2 的规定。公称厚度 6mm 以上的胶合板的翘曲度（以板材对角线最大弦高与对角线长度之比来表示），特等板应不大于 0.5%，一、二等板应不大于 1%，三等板应不大于 2%。

表 3.1　胶合板的幅面尺寸/mm

宽　　度	长　　　　　度				
	915	1220	1830	2135	2440
915	915	1222	1830	2135	—
1220	—	1220	1830	2135	2440

注：符合本表幅面尺寸的胶合板，其长度和宽度公差为 5mm，负偏差不许有。

表 3.2　胶合板两对角线长度允许误差/mm

公　称　长　度	两对角线长度之差	公　称　长　度	两对角线长度之差
≤1220	3	1830～2135	5
1220～1830	4	＞2135	6

2. 胶合板的结构

根据国家标准 GB 9846.4—2004《胶合板　普通胶合板通用技术条件》及国际标准 ISO 1098—1975《普通胶合板——通用技术条件》的规定，胶合板材通用相邻两层板的木纹应互相垂直；中心层两侧对称层的单板与单板为同一厚度、同一树种或物理性能相似的树种，并用同一生产方法（旋切或刨切），且木纹配置方向也相同；同一表板应为同一树种，表板应面朝外。

拼缝应用无孔胶纸带，但不得用于胶合板内部。如用其拼接一、二等面板或修补裂缝，除不修饰外，事后应除去胶纸带且不留明显胶纸痕迹。对于针叶树材二等胶合板面板，允许留有胶纸带，但总长度应不大于板长的 15%。

在正常的干状条件下，阔叶树材胶合板的表层单板厚度应不大于 3.5mm，内层单板厚度应不大于 5mm；针叶树材胶合板的表层单板和内层单板厚度，均应不大于 6.5mm。

3. 胶合板的含水率

用于吊顶罩面的胶合板，其出厂时的含水率应符合表 3.3 中的规定。

表 3.3　胶合板的含水率值

胶合板材种	含水率/%	
	Ⅰ、Ⅱ 类	Ⅲ、Ⅳ 类
阔叶树材 针叶树材	6～14	8～16

注：Ⅰ 类胶合板为耐气候胶合板，具有耐久、耐煮沸或蒸汽处理等性能，可应用于室外；

Ⅱ 类胶合板为耐水胶合板，能在冷水中浸渍，或经受短时间热水浸渍，但不耐煮沸；

Ⅲ 类胶合板为耐潮胶合板，能耐短缺冷水浸渍，适于室内使用；

Ⅳ 类胶合板为不耐潮胶合板，适合在室内常态下使用。

4. 胶合板的胶合强度

用于吊顶罩面的胶合板，其胶合强度指标应符合表 3.4 的规定。

表 3.4　胶合板的胶合强度指标值

胶合板材树种	单个试件的胶合强度/MPa	
	Ⅰ、Ⅱ 类	Ⅲ、Ⅳ 类
椴木、杨木、拟赤杨	≥0.70	
水曲柳、荷木、枫香、槭木、榆木、柞木	≥0.80	≥0.70
桦木	≥1.00	
马尾松、云南松、落叶松、云杉	≥0.80	

注：1. 对于用不同树种搭配制成的胶合板的胶合强度指标值，应取各树种胶合强度指标值要求最小的指标值。

2. 泡桐制成的胶合板的胶合强度指标值，可比照本表所规定的杨木指标值；其他国产阔叶树材或针叶树材制成的胶合板，其胶合强度指标值可根据其密度分别比照本表所规定的椴木、水曲柳或马尾松的指标值。

3. 以进口柳安树种为内层单板时，其胶合强度指标值应符合本表对椴木胶合板的要求。

4. 以阿比东、克隆、山樟等硬阔叶树材单板为内层单板时，其胶合程度指标值应符合本表中对水曲柳胶合板的要求。

5. 确定厚芯单板结构（通常夹芯胶合板或复合胶合板的中心层，其厚度大于其他各层）的胶合板强度换算系数时，应根据单板的名义厚度。

（二）木龙骨的吊装施工

木龙骨吊装施工工艺顺序为：放线→木龙骨处理→龙骨拼装→安装吊点、吊筋→固定沿墙龙骨→龙骨吊装固定。

1. 放线

放线是吊顶施工的标准，放线的内容主要包括：标高线、造型位置线、吊点布置线、大中型灯位线等。放线的作用：一方面使施工有了基准线，便于下一道工序确定施工位置；另一方面能检查吊顶以上部位的管道等对标高位置的影响。

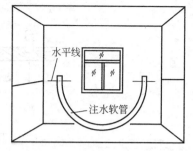

图 3.4　水平标高线的做法

（1）确定标高线　首先定出地面基准线，如果原地坪无饰面要求，则原地坪线为基准线；如果原地坪有饰面要求，则饰面后的地坪线为基准线。

以地坪基准线为起点，根据设计要求在墙（柱）面上量出吊顶的高度，并在该点画出高度线（作为吊顶的底标高）。

用一条灌满水的透明软管，一端水平面对准墙（柱）面上的高度线，另一端在同侧墙（柱）面上找出另一点，当软管内水平面静止时，画下该点的水平面位置，连接两点即得吊顶高度水平线。这种放线的方法称为"水柱法"，简单易行，比较准确。确定标高线时，应注意一个房间的基准高度线只能用一个（如图 3.4 所示）。

（2）确定造型位置线　对于规则的建筑空间，应根据设计的要求，先在一个墙面上量出吊顶造型位置距离，并按该距离画出平行于墙面的直线，再从另外三个墙面，用同样的方法画出直线，便可得到造型位置外框线，再根据外框线逐步画出造型的各个局部的位置。

对于不规则的建筑空间，可根据施工图纸测出造型边缘距墙面的距离，运用同样的方法，找出吊顶造型边框的有关基本点，将各点连线形成吊顶造型线。

（3）确定吊点位置　在一般情况下，吊点按每平方米一个均匀布置，灯位处、承载部位、龙骨与龙骨相接处及叠级吊顶的叠级处应增设吊点。

2. 木龙骨处理

对装饰工程中所用的木龙骨，要进行筛选并进行防火处理，一般将防火涂料涂刷或喷涂于木材的表面，也可以把木材放在防火涂料溶液槽内浸渍。所选用的防火涂料应符合表 3.5 中的规定。

表 3.5　对选择及使用防火涂料的规定

项次	防火涂料种类	每米木材表面所用防火涂料的数量（以 kg 计）不得小于	特　征	基本用途	限制和禁止的范围
1	硅酸盐涂料	0.50	无抗水性，在二氧化碳的作用下分解	用于不直接受潮湿作用的构件上	—
2	可塞喂（酪素）涂料	0.70	—	用于不直接受潮湿作用的构件上	不得用于露天构件
3	掺有防火剂的油质涂料	0.60	抗水性良好	用于露天构件上	—
4	氯乙烯涂料和其他以氯化碳化氢为主的涂料	0.60	抗水性良好	用于露天构件上	—

注：允许采用根据专门规范指示而试验合格的其他防火剂。

3. 龙骨拼装

吊顶的龙骨架在吊装前，应在楼（地）面上进行拼装，拼装的面积一般控制在 $10m^2$ 以内，否则不便吊装。拼装时，先拼装大片的龙骨骨架，再拼装小片的局部骨架，拼装的方法常采用咬口（半榫扣接）拼装法，具体做法为：在龙骨上开出凹槽，槽深、槽宽以及槽与槽之间的距离应符合有关规定。然后，将凹槽与凹槽进行咬口拼装，凹槽处应涂胶并用钉子固定（如图 3.5 所示）。

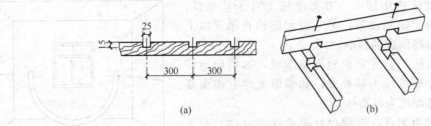

图 3.5　木龙骨利用槽口拼接示意图

4. 安装吊点、吊筋

吊点安装常采用膨胀螺栓、射钉、预埋铁件等方法，具体安装方法如图 3.6 所示。

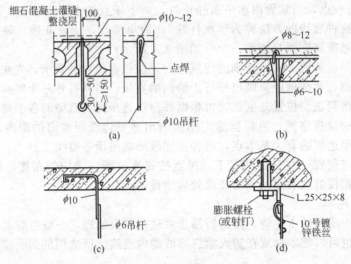

图 3.6　木质装饰吊顶的吊点固定形式

(a) 预制楼板内浇筑细石混凝土时，埋设 $\phi 10\sim 12$mm 短钢筋，另设吊筋将一端打弯勾于水平钢筋，
另一端从板缝中抽出；(b) 预制楼板内埋设通长钢筋，另一端系其上一端从板缝抽出；
(c) 预制楼板内预埋钢筋弯钩；(d) 用膨胀螺栓或射钉固定角钢连接件

(1) 用冲击电钻在建筑结构面上打孔，然后放入膨胀螺栓。用射钉将角铁等固定在建筑结构底面。

(2) 当在装配式预制空心楼板顶棚底面采用膨胀螺栓或射钉固定吊点时，其吊点必须设置在已灌实的楼板板缝处。

吊筋安装常采用钢筋、角钢、扁铁或方木，其规格应满足承载要求，吊筋与吊点的连接可采用焊接、钩挂、螺栓或螺钉的连接等方法。吊筋安装时，应做防腐、防火处理。

5. 固定沿墙龙骨

沿吊顶标高线固定沿墙龙骨，一般是用冲击钻在标高线以上 10mm 处墙面打孔，孔深 12mm，孔距 0.5～0.8m，孔内塞入木楔，将沿墙龙骨钉固在墙内木楔上，沿墙木龙骨的截面尺寸与吊顶次龙骨尺寸一样。沿墙木龙骨固定后，其底边与其他次龙骨底边标高一致。

6. 龙骨吊装固定

木龙骨吊顶的龙骨架有两种形式，即单层网格式木龙骨架及双层木龙骨架。

(1) 单层网格式木龙骨架的吊装固定

① 分片吊装　单层网格式木龙骨架的吊装一般先从一个墙角开始，将拼装好的木龙骨架托起至标高位，对于高度低于 3.2m 的吊顶骨架，可在高度定位杆上临时支撑，如图 3.7 所示。高度超过 3.2m 时，可用铁丝在吊点临时固定。然后，用棒线绳或尼龙线沿吊

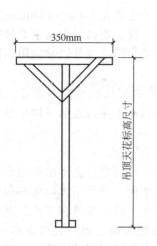

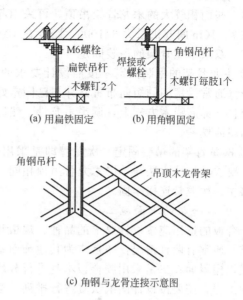

图 3.7 吊顶高度临时定位杆　　　　　　　图 3.8 木龙骨架与吊筋的连接

顶标高线拉出平行或交叉的几条水平基准线,作为吊顶的平面基准。最后,将龙骨架向下慢慢移动,使之与基准线平齐,待整片龙骨架调正调平后,先将其靠墙部分与沿墙龙骨钉接,再用吊筋与龙骨架固定。

②龙骨架与吊筋固定　龙骨架与吊筋的固定方法有多种,视选用的吊杆材料和构造而定,常采用绑扎、钩挂、木螺钉固定等(如图 3.8 所示)。

③龙骨架分片连接　龙骨架分片吊装在同一平面后,要进行分片连接形成整体,其方法是:将端头对正,用短方木进行连接,短方木钉于龙骨架对接处的侧面或顶面,对于一些重要部位的龙骨连接,可采用铁件进行连接加固(如图 3.9 所示)。

④叠级吊顶龙骨架连接　对于叠级吊顶,一般是从最高平面(相对可接地面)吊装,其高低面的衔接,常用做法是先以一条方木斜向将上下平面龙骨架定位,然后用垂直的方木把上下两个平面龙骨架连接固定,如图 3.10 所示。

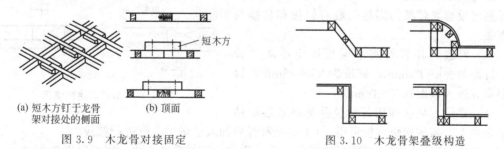

图 3.9 木龙骨对接固定　　　　　　　图 3.10 木龙骨架叠级构造

⑤龙骨架调平与起拱　各个分片连接加固后,在整个吊顶面下拉出十字交叉的标高线,来检查并调整吊顶平整度,使得误差在规定的范围内(见表 3.6)。

表 3.6　木吊顶格栅(龙骨)平整度要求

面积/m²	允许误差值/mm		面积/m²	允许误差值/mm	
	上凹(起拱)	下凸		上凹(起拱)	下凸
20 内	3	2	100 内	3~6	
50 内	2~5		100 以上	6~8	

对一些面积较大的木龙骨架吊顶，可采用起拱的方法来平衡吊顶的下坠，一般情况下，跨度在 7～10m 间起拱量为 3/1000，跨度在 10～15m 间起拱量为 5/1000。

(2) 双层木龙骨架的吊装固定

① 主龙骨架的吊装固定　按照设计要求的主龙骨间距（通常为 1000～1200mm）布置主龙骨（通常沿房间的短向布置）并与已固定好的吊杆间距一致。连接时先将主龙骨搁置在沿墙龙骨（标高线木方）上，调平主龙骨，然后与吊杆连接并与沿墙龙骨钉接或用木楔将主龙骨与墙体楔紧。

② 次龙骨架的吊装固定　次龙骨即是采用小木方通过咬口拼接而成的木龙骨网格，其规格、要求及吊装方法与单层木龙骨吊顶相同。将次龙骨吊装至主龙骨底部并调平后，用短木方将主、次龙骨连接牢固。

(三) 胶合板的罩面施工

胶合板的选用应按设计要求的品种、规格和尺寸，并符合顶棚装饰艺术的拼接分格图案的要求。通常有两种情况：一是作为其他饰面基层的胶合板罩面，可采用大幅面整板钉固作封闭式顶棚罩面；二是采用胶合板本身进行分块、设缝、利用木纹拼花等在罩面后即形成顶棚饰面工程，需要按设计图纸认真进行排列。当前，此类顶棚装饰工程一般均按实际需要，从龙骨骨架装设到板材的罩面方式统一进行设计，确保每一块胶合板安装时均不出现悬空，板块的图案拼缝处准确落在覆面龙骨的中线位置。

1. 基层板的接缝处理

基层板的接缝形式，常见的有对缝、凹缝和盖缝三种。

(1) 对缝（密缝）　板与板在龙骨上对接，此时板多为粘、钉在龙骨上，缝处容易产生变形或裂缝，可用纱布或棉纸粘贴缝隙。

(2) 凹缝（离缝）　在两板接缝处做成凹槽，凹槽有 V 形和矩形两种。凹缝的宽度一般不小于 10mm。

(3) 盖缝（离缝）　板缝不直接暴露在外，而是利用压条盖住板缝，这样可以避免缝隙宽窄不均的现象，使板面线型更加强烈。基层板的接缝构造如图 3.11 所示。

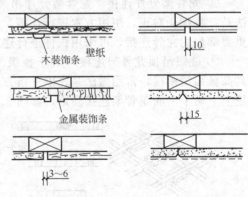

图 3.11　吊顶面层接缝图

2. 基层板的固定

基层板与龙骨架的固定一般有钉接和粘接两种方法。

(1) 钉接　用铁钉将基层板固定在木龙骨上，钉距为 80～150mm，钉长为 25～35mm，钉帽砸扁并进入板面 0.5～1mm。

(2) 粘接　粘接即用各种胶黏剂将基层板粘接于龙骨上，如矿棉吸声板可用 1∶1 水泥石膏粉加入适量 107 胶进行粘接。

工程实践证明，对于基层板的固定，若采用粘、钉结合的方法，则固定更为牢固。

(四) 木龙骨吊顶节点处理

1. 木吊顶各面之间节点处理

(1) 阴角节点　阴角是指两面相交内凹部分，其处理方法通常是用角木线钉压在角位上（如图 3.12 所示）。固定时用直钉枪，在木线条的凹部位置打入直钉。

(2) 阳角节点　阳角是指两相交面外凸的角位，其处理方法也是用角木线钉压在角位上，将整个角位包住（如图 3.13 所示）。

(3) 过渡节点　过渡节点是指两个落差高度较小的面接触处或平面上，两种不同材料的

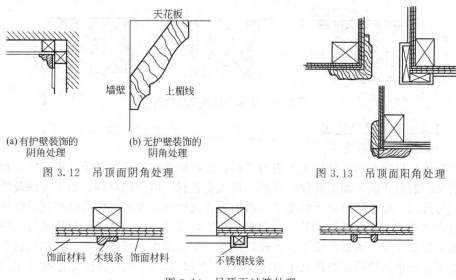

图 3.12　吊顶面阴角处理　　　　图 3.13　吊顶面阳角处理

图 3.14　吊顶面过渡处理

对接处。其处理方法通常用木线条或金属线条固定在过渡节点上。木线条可直接钉在吊顶面上，不锈钢等金属条则用粘贴法固定（如图 3.14 所示）。

2. 木吊顶与设备之间节点处理

（1）吊顶与灯光盘节点　灯光盘在吊顶上安装后，其灯光片或灯光格栅与吊顶之间的接触处需做处理。其方法通常用木线条进行固定（如图 3.15 所示）。

（2）吊顶与检修孔节点处理，通常是在检修孔盖板四周钉木线条，或在检修孔内侧钉角铝（如图 3.16 所示）。

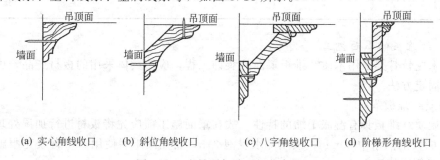

图 3.15　灯光盘节点处理　　　　图 3.16　检修孔与吊顶处理

3. 木吊顶与墙面间节点处理

木吊顶与墙面间节点，通常采用固定木线条或塑料线条的处理方法，线条的式样及方法多种多样，常用的有实心角线、斜位角线、八字角线及阶梯形角线等，如图 3.17 所示。

4. 木吊顶与柱面间的节点处理

木吊顶面与柱面间的节点处理方法，与木吊顶与墙面间节点处理的方法基本相同，所用材料有木线条、塑料线条、金属线条等，如图 3.18 所示。

(a) 实心角线收口　　(b) 斜位角线收口　　(c) 八字角线收口　　(d) 阶梯形角线收口

图 3.17　木吊顶与墙面间节点处理

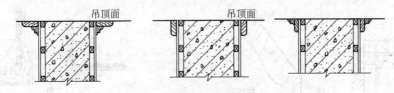

图 3.18　吊顶与柱体节点处理

二、纤维板罩面吊顶施工

（一）对纤维板材的要求

木质纤维板材指利用木材加工的边角废料，或将植物的枝杈、基干、皮、叶、根等纤维进行重新交织胶合压制等加工处理制成的一种人造板材。由于原材料、加工方法及饰面处理的不同，可分为一面光普通硬质纤维板、两面光普通硬质纤维板、穿孔吸声硬质纤维板、钻孔纸面吸声装饰软质纤维板、不钻孔纸面吸声装饰软质纤维板、纸面针孔软质纤维图案装饰板、新型无胶纤维板、耐磨彩漆饰面木质纤维板、中密度木质纤维板等不同的板材产品。

根据国家标准《硬质纤维板技术要求》（GB/T 12626.2—90）及国际标准《建筑纤维板通用硬质或中密度纤维板　质量规格　外观　形状和尺寸公差》（ISO 2695—1976）的规定，普通硬质纤维板的名义尺寸与极限偏差应符合表 3.7 中的规定；其产品分级及各级板材的物理力学性能应符合表 3.8 中的规定；其外观质量应符合表 3.9 中的规定。

表 3.7　普通硬质纤维板的名义尺寸与极限偏差/mm

幅面尺寸	板材厚度	极限偏差		
		长度	宽度	厚度
610×1220 915×1830 1000×2000 915×2136 1220×1830 1220×2440	2.50,3.00,3.20,4.00,5.00	±5.0	±3.0	0.30

注：1. 硬质纤维板板面对角线之差，每米板长≤2.5mm；对边长度之差每米≤2.5mm。

2. 板边不直度每米≤1.5mm。

3. 板材缺棱掉角的程度，以长宽极限偏差为限。

表 3.8　硬质纤维板的物理力学性能

指标项目	特级	一级	二级	三级
密度/(g/cm³)	>0.80			
静曲强度/MPa	≥49.0	≥39.0	≥29.0	≥20.0
吸水率/%	≤15.0	≤20.0	≤30.0	≤35.0
含水率/%	3.0～10.0			

（二）纤维板的罩面施工

吊顶木龙骨骨架采用木质纤维板罩面的装饰工程，应按具体采用的板材产品，由设计确定其安装固定方法。

1. 硬质纤维板罩面

普通硬质纤维板具有湿胀干缩的特性，故在罩面施工前应先将板材进行加湿处理，即把板块浸入 60℃ 的热水中 30min，或用冷水浸泡 24h，自然阴干后使用，可有效克服施工后板面起鼓、翘角的弊病。

表 3.9　硬质纤维板的外观质量

缺陷名称	计量方法	允许限度			
		特级	一级	二级	三级
水渍	占板面积的百分比/%	不许有	≤2	≤20	≤40
污点	直径/mm	不许有		≤15	≤30（<15 不计）
	每平方米个数/(个/m²)	不许有		≤2	≤2
斑纹	占板面积的百分比/%	不许有			≤5
黏痕	占板面积的百分比/%	不许有			≤1
压痕	深度或高度/mm	不许有		≤0.4	≤0.6
	每个压痕的面积/mm²	不许有		≤20	≤40
	任意每平方米个数/(个/m²)	不许有		≤2	≤2
分层、鼓泡、裂痕、水湿、炭化、边角松软	—	不许有			

注：1. 表中缺陷"水渍"，指由于热压工艺掌握不当，以及在湿板坯或板面溅水等原因造成板面颜色有深有浅的缺陷。

2. "污点"指油污和斑点。油污指由于浆料中混入腐浆或其他污物，或板面直接沾染油或污物造成板面出现的深色印痕；斑点指板表面出现的胶点、蜡点，其中树皮造成的斑点不计。

3. "斑纹"又称"志虎皮"，指板面出现的颜色深浅相同的条纹；如斑纹伴随有内部结构不均匀而造成静曲强度明显下降者，应以"裂痕"计。

4. "粘痕"指纤维板与衬板粘接造成板面脱皮或起毛的缺陷。

5. "压痕"指由于各种原因造成板面有局部凹凸不平的缺陷。

6. "分层"指不加外力，板侧边即见裂缝的缺陷。"鼓泡"指由于热压工艺掌握不当，板内部出现空穴，造成板表面局部有凸起的缺陷。"裂痕"指由于板坯内部结构不均匀，造成板表面有裂纹，强度明显下降的缺陷。"水湿"指生产过程中由于水汽、水等原因造成板面鼓起、结构松软的缺陷。"炭化"指由于纤维组分的过度降解，使板局部呈棕黑色并引起强度明显下降的缺陷。"边角松软"指板边角部分粗糙松软，强度明显下降的缺陷。

普通平板在木龙骨上用钉子固定时，钉距为 80～120mm，钉长为 20～30mm，钉帽进入板面 0.5mm，钉眼用油性腻子抹平。带饰面的或穿孔吸声装饰板，可用普通木螺钉或配有装饰帽等类的金属螺钉进行固定，钉距≤120mm。明露的钉件在板面的排列应整齐、美观；普通木螺钉的钉帽应与板面齐平，并用与板面相同颜色的涂料涂饰。

2. 软质纤维板罩面

软质（针孔或不钻孔、贴钛白纸或贴纸印花及静电植绒产品）吸声装饰纤维板，其大幅面板材一般规格尺寸（长×宽）为 1050mm×2420mm，1220mm×2440mm，方形板多为 305mm×305mm，500mm×500mm，610mm×610mm；板块厚度通常为 12～13mm。生产厂家一般会提供配套的塑料花托或金属花托（或称托花、托脚、装饰小花）及垫圈等安装配件，在吊顶木龙骨上安装板材时，于板块的交角处采用花托和钉件即能固定板块，又使顶棚饰面具有特殊的装饰效果。

3. 压条固定罩面板

在板与板接缝处设压条一道固定罩面板（木压条、金属压条或硬塑压条），适用于固定式封闭型罩面的多种板材木龙骨装饰顶棚。压条用钉固定要先拉通线，确保将压条装钉于覆面龙骨底面中心线上，安装后应平直，接口严密。

纤维板（或胶合板）用木条固定时，钉距≤200mm，钉帽应打扁，并进入木压条表面 0.5～1.0mm，钉眼用油性腻子抹平。

三、塑料板罩面吊顶施工

可用于木龙骨吊顶罩面的塑料类板材主要有钙塑泡沫装饰吸声板、聚苯乙烯泡沫塑料装饰吸声板、聚氯乙烯塑料装饰天花板以及塑料条形装饰扣板。

1. 钙塑泡沫装饰吸声板

钙塑装饰板系以聚乙烯树脂加入无机填料轻质碳酸钙、发泡剂、交联剂、润滑剂和颜料等经混炼、模压、发泡成型等加工而成，具有重量轻、吸声、保温、隔热、耐水及施工方便等优点。分为一般板和加入阻燃剂的难燃板，表面有各种凹凸图案，也有穿孔图案。常用规格尺寸（长 × 宽）300mm × 300mm，400mm × 400mm，500mm × 500mm，600mm × 600mm；板块厚度为 4～7mm。

（1）钙塑装饰板可用木螺钉固定于吊顶木龙骨，钉距≤150mm。帽与板面应齐平，排列规整，并用与板面相同颜色的涂料涂饰。

（2）钙塑装饰板也可采用塑料花托（塑料装饰托角）在板的交角处固定于木龙骨，应使用木螺钉，并在花托之间沿板边按等距离加钉固定。

（3）钙塑装饰板亦可采用压条固定，压条应平直、接口严密，不得翘曲。

2. 聚苯乙烯泡沫塑料装饰吸声板

以可挥发性聚苯乙烯泡沫塑料加工而成，有各种凹凸型花纹及钻孔图案，具有质轻、隔热、自熄、色白等优点。板块规格常用尺寸（长 × 宽）300mm × 300mm，500mm × 500mm，600mm × 600mm，1200mm × 600mm；板块厚度有 3mm、10mm、15mm、20mm 等。采用此类板材产品作顶棚罩面时，可用聚醋酸乙烯乳液或其他胶黏剂，将板块直接黏结在吊顶木龙骨上，施工人员应戴洁净手套进行操作。

3. 聚氯乙烯塑料装饰天花板

聚氯乙烯塑料天花板以聚氯乙烯树脂为基料，加入抗老化剂、改性剂等助剂，经混炼、压延、真空吸塑等工艺制成的凹凸浮雕型装饰天花板。有乳白、米黄、湖蓝等色及各种题材的立体图案和拼花，分为单层板及复合板；具有质轻、隔热、难燃、耐潮湿、不吸尘、不破裂、可自行涂饰、安装简单且价格低廉等优点。常用单层板产品的规格为 500mm × 500mm × （0.4～0.6）mm 薄型片材，其塑料贴面复合板产品的厚度为 14～16mm。

聚氯乙烯塑料天花板在粘贴施工中，应当注意以下几个方面。

（1）聚氯乙烯塑料天花板的薄片产品可直接用胶黏剂粘贴于平整、洁净、含水率≤8％的水泥砂浆基层。当基层表面有麻面时，可用乳胶腻子修补后再涂刷一遍乳胶水溶液，以增强天花板与基层的粘接力。在正式铺贴前，先在基层上按分块尺寸弹线预排，铺贴时涂胶面积不宜过大，厚度应均匀；粘贴后应采取临时固定措施，并及时擦去挤出的胶液。

（2）当采用薄片产品作木龙骨吊顶罩面时，可用压条纵横固定于覆面龙骨底面，或先用较薄的木条按板块尺寸组成方格，固定成天花单元，再分别就位与木龙骨钉固；最后采用涂饰钉眼或加设压条的做法处理饰面接缝。

（3）当采用其塑料贴面复合板产品作为木龙骨吊顶罩面时，应预先进行钻孔，然后用木螺钉和垫圈或金属压条固定。用木螺钉时，木螺钉的钉距一般为 400～500mm，钉帽应排列整齐。如果采用金属压条时，先用钉将塑料贴面复合板做临时固定，然后加盖金属压条，压条应平直，接口应严密。

第三节　轻钢龙骨吊顶施工

轻钢龙骨是轻金属龙骨的其中一个品种，它是以镀锌钢板（带）或彩色喷塑钢板（带）

及薄壁冷轧钢板（带）等薄质轻金属材料，经冷弯或冲压等加工而成的顶棚装饰支撑材料。此类龙骨具有自重轻、强度高、防火性好、耐蚀性高、抗震性强、安装方便等优点。它可以使龙骨规格标准化，有利于大批量生产，使吊顶工程实现装配化，可由大、中、小龙骨与其相配套的吊件、连接件、挂件、挂插件及吊杆等进行灵活组装，能有效地提高施工效率和装饰质量。

　　轻钢龙骨的分类方法也较多，按其承载能力大小，可分为轻型、中型和重型三种，或者上人吊顶龙骨和不上人吊顶龙骨；按其型材断面形状，可分为 U 形吊顶、C 形吊顶、T 形吊顶和 L 形吊顶及其略变形的其他相应形式；按其用途及安装部位，可以分为承载龙骨、覆面龙骨和边龙骨等。

一、吊顶轻钢龙骨的主、配件

（一）吊顶轻钢龙骨的主件

　　根据国家标准《建筑用轻钢龙骨》（GB/T 11981—2008）的规定（同时参考德国 DIN 标准及美国 ASTM 标准），建筑用轻钢龙骨型材制品是以冷轧钢板（或冷轧钢带）、镀锌钢板（带）或彩色涂层钢板（带）作原料，采用冷弯工艺生产的薄壁型钢。用作吊顶的轻钢龙骨，其钢板厚度为 0.27～1.5mm；将吊顶轻钢龙骨骨架及其装配组合，可以归纳为 U 形、T 形、H 形和 V 形四种基本类型，如图 3.19～图 3.22 所示。其龙骨主体的断面形状及规格尺寸见表 3.10。

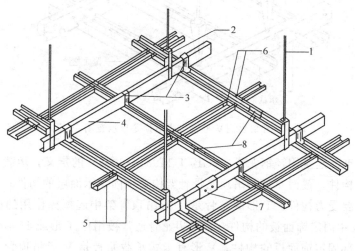

图 3.19　U 形吊顶龙骨示意图

1—吊杆；2—吊件；3—挂件；4—承载龙骨；5—覆面龙骨；
6—挂插件；7—承载龙骨连接件；8—覆面龙骨连接件

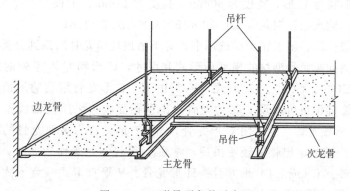

图 3.20　T 形吊顶龙骨示意图

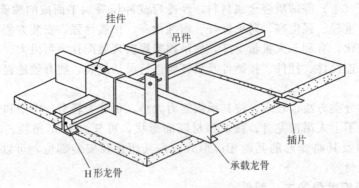

图 3.21　H 形吊顶龙骨示意图

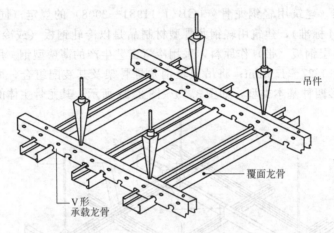

图 3.22　V 形直卡式吊顶龙骨示意图

根据国家标准《建筑用轻钢龙骨》（GB/T 11981—2008）的定义，承载龙骨是吊顶龙骨骨架的主要受力构件，覆面龙骨是吊顶龙骨骨架构造中固定罩面层的构件；T 形主龙骨是 T 形吊顶骨架的主要受力构件，T 形次龙骨是 T 形吊顶骨架中起横撑作用的构件；H 形龙骨是 H 形吊顶骨架中固定饰面板的构件；L 形边龙骨通常被用作 T 形或 H 形吊顶龙骨中与墙体相连，并于边部固定饰面板的构件；V 形直卡式承载龙骨是 V 形吊顶骨架的主要受力构件；V 形直卡式覆面龙骨是 V 形吊顶骨架中固定饰面板的构件。其产品标记顺序为：产品名称→代号→断面形状宽度→高度→钢板厚度→标记号。

例如，断面形状为 U 形、宽度为 50mm、高度为 15mm、钢板带厚度为 1.2mm 的吊顶承载龙骨标记为：建筑用轻钢龙骨 DU 50×15×1.2 GB/T 11981。

目前装饰装修设计、施工在产品选用中，对于吊顶轻钢龙骨的系列分类及其吊顶骨架的称谓较为复杂。例如按龙骨型材的横截面形式和尺寸，U 形和 C 形系列的龙骨通常被称为 UC 形龙骨，如 UC60、UC50、UC38 等；一般由 U、C 形龙骨组装的吊顶骨架，靠顶棚四周墙（柱）的边缘部位也可不设 L 形边龙骨，吊顶罩面收边采用装饰线条。当吊顶龙骨骨架由 U 形龙骨作承载龙骨（也可用 C 形龙骨），以 T 形龙骨为覆面龙骨的吊顶骨架，以及由轻钢 T 形龙骨组装的单层骨架轻便吊顶，常用 L 形轻钢龙骨作边龙骨，故被称为 U 形、C 形、T 形及 L 形、T（或 LT）形龙骨。H 形龙骨、V 形直卡式（直卡式吊顶龙骨符号为 ZD）龙骨以及 Z 形吊顶龙骨等使用较少。

表 3.10 吊顶轻钢龙骨断面形状及规格尺寸

龙骨名称		断面形状	规格尺寸/mm
U形龙骨	承载龙骨		$A \times B \times t$ $38 \times 12 \times 1.0$ $45 \times 15 \times 1.2$ $50 \times 15 \times 1.2$ $60 \times B \times 1.2$ $(B = 24 \sim 30)$
	覆面龙骨		$A \times B \times t$ $25 \times 19 \times 0.5$ $50 \times 19 \times 0.5$ $50 \times 20 \times 0.6$ $60 \times 27 \times 0.6$
T形龙骨	主龙骨		$A \times B \times t_1 \times t_2$ $24 \times 38 \times 0.3 \times 0.27$ $24 \times 32 \times 0.3 \times 0.27$ $14 \times 32 \times 0.3 \times 0.27$ $16 \times 40 \times 0.36$
	次龙骨		$A \times B \times t_1 \times t_2$ $24 \times 28 \times 0.3 \times 0.27$ $24 \times 25 \times 0.3 \times 0.27$ $14 \times 25 \times 0.3 \times 0.27$
	边龙骨		$A \times B \times t$ $A = B > 22$ $t \geqslant 0.4$
H形龙骨			$A \times B \times t$ $20 \times 20 \times 0.3$
V形龙骨	承载龙骨		$A \times B \times t$ $20 \times 37 \times 0.8$
	覆面龙骨		$A \times B \times t$ $49 \times 19 \times 0.45$

(二) 吊顶轻钢龙骨的配件

轻钢龙骨配件根据国家标准《建筑用轻钢龙骨》(GB/T 11981—2008) 和建材行业标准《建筑用轻钢龙骨配件》(JC/T 558) 的规定,用于吊顶轻钢龙骨骨架组合和悬吊的配件,主要有吊件、挂件、连接件及挂插件等 (如图 3.23~图 3.25 所示)。

吊顶轻钢龙骨配件的常用类型及其在吊顶骨架的组装和悬吊结构中的用途,如表 3.11 所示。

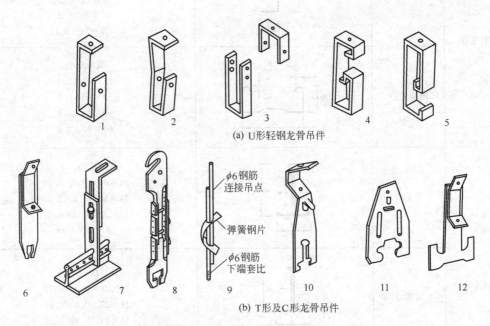

图 3.23 吊顶金属龙骨的常用吊件

1~5—U 形承载龙骨吊件 (普通吊件);6—T 形主龙骨吊件;7—穿孔金属带吊件 (T 形龙骨吊件);
8—游标吊件 (T 形龙骨吊件);9—弹簧钢片吊件;10—T 形龙骨吊件;11—C 形主龙骨直
接固定式吊卡 (CSR 吊顶系统);12—槽形主龙骨吊卡 (C 形龙骨吊件)

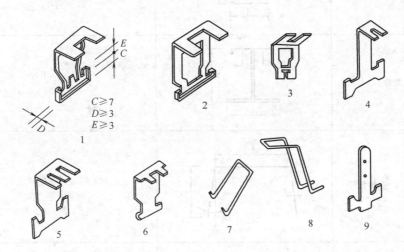

图 3.24 吊顶金属龙骨挂件

1,2—压筋式挂件 (下部勾挂 C 形覆面龙骨);3—压筋式挂件 (下部勾挂 T 形覆面龙骨);
4,5,6—平板式挂件 (下部勾挂 C 形覆面龙骨);7,8—T 形覆面龙骨挂
件 (T 形龙骨连接钩、挂钩);9—快固挂件 (下部勾挂 C 形龙骨)

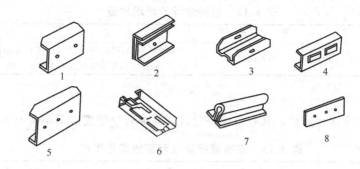

(a) 轻钢龙骨连接件(接长件)

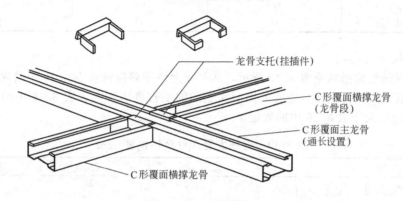

(b) C形龙骨挂插件

图 3.25　吊顶轻钢龙骨连接件及挂插件

1，2，4，5—U形承载龙骨连接件；3，6—C形覆面龙骨连接件；7，8—T形龙骨连接件

表 3.11　吊顶轻钢龙骨配件

配 件 名 称	用 途
普通吊件	用于承载龙骨和吊杆之间的连接
弹簧卡吊件	
V形直卡式龙骨吊件及其他特制吊件	用于各种配套承载龙骨和吊杆之间的连接
压筋式挂件	用于双层骨架构造吊顶的覆面龙骨和承载龙骨之间的连接，又称吊挂件,俗称"挂搭"
平板式挂件	
承载龙骨连接件	用于U形承载龙骨加长时的连接,又称接长件、接插件
覆面龙骨连接件	用于C形覆面龙骨加长时的连接,又称接长件、接插件
挂插件	用于C形覆面在吊顶水平面的垂直相接,又称支托、水平件
插件	用于H形龙骨(及其他嵌装暗式吊顶龙骨)中起横撑作用
吊杆	用于吊件和建筑结构的连接

（三）吊顶轻钢龙骨的技术要求

吊顶轻钢龙骨的技术要求，主要包括外观质量、表面防锈、形状尺寸、角度偏差、力学性能和配件要求。

1. 外观质量

龙骨外形要平整、棱角清晰，切口不允许有毛刺和变形。镀锌层不许有起皮、起瘤、脱落等缺陷。对于腐蚀、损伤、黑斑、麻点等缺陷，按规定方法检测时，应符合表3.12中的要求。

表 3.12　轻钢龙骨的外观质量

缺陷种类	优等品	一等品	合格品
腐蚀、损伤、黑斑、麻点	不允许	无较严重的腐蚀、损伤、黑斑、麻点等缺陷。面积小于或等于 1cm² 的黑斑每米长度内不多于 3 处	

2. 表面防锈

轻钢龙骨表面应镀锌防锈，其双面镀锌量或双面镀锌层厚度应不小于表 3.13 中的规定。

表 3.13　双面镀锌量或双面镀锌层厚度

项目	优等品	一等品	合格品
镀锌量/(g/m³)	120	100	80
镀锌层厚度/μm	16	14	12

3. 形状尺寸

轻钢龙骨的断面形状见表 3.10 所示，其尺寸允许偏差应符合表 3.14 中的规定，若有其他要求由供需双方协商确定；龙骨的侧面和底面的平直度应不大于表 3.15 中的规定；弯曲内角半径 R 应不大于表 3.16 中的规定。

表 3.14　轻钢龙骨尺寸允许偏差/mm

项目		优等品	一等品	合格品
长度 L	C、U、V、H 形		+20 −10	
	T 形孔距		±0.30	
覆面龙骨 断面尺寸	尺寸 A		±1.00	
	尺寸 B	±0.30	±0.40	±0.50
其他龙骨 断面尺寸	尺寸 A	±0.30	±0.40	±0.50
	尺寸 B		±1.00	
厚度 t		公差应符合相应材料的国家标准要求		

表 3.15　吊顶轻钢龙骨侧面和底面的平直度/(mm/1000)

品种	检测部位	优等品	一等品	合格品
承载龙骨和覆面龙骨	侧面和底面	1.0	1.5	2.0
T 形龙骨和 H 形龙骨	底面		1.3	

表 3.16　轻钢龙骨的弯曲半径 R/mm

钢板厚度	≤0.70	≤1.00	≤1.20	≤1.50
弯曲内角半径 R	1.50	1.75	2.00	2.25

注：本表不包括 T 形、H 形和 V 形龙骨。

4. 角度偏差

轻钢龙骨的角度偏差应符合表 3.17 中的规定。

表 3.17　轻钢龙骨的角度偏差

成型角较短边尺寸	优等品	一等品	合格品
10～18mm	±1°15′	±1°30′	±2°00′
＞18mm	±1°00′	±1°15′	±1°30′

注：本表不包括 T 形、H 形龙骨。

5. 力学性能

吊顶轻钢龙骨组件的力学性能应符合表 3.18 中的规定。

表 3.18　吊顶轻钢龙骨组件的力学性能

类　　别	项　　　目		要　　　求
U 形、V 形吊顶	静载试验	覆面龙骨	加载挠度≤10.0mm 残余变形量≤2.0mm
		承载龙骨	加载挠度≤5.0mm 残余变形量≤2.0mm
T 形、H 形吊顶		主龙骨	加载挠度≤2.8mm

6. 配件要求

轻钢龙骨配件的外观质量应符合表 3.19 中的规定；吊顶轻钢龙骨吊顶和挂件的力学性能应符合表 3.20 中的规定。

表 3.19　轻钢龙骨配件的外观质量要求

外观缺陷	优　等　品	一　等　品	合　格　品
切口毛刺、变形	不允许	不影响使用	不影响使用
腐蚀、损伤、黑斑、麻点	不允许	不允许	弯角处不允许，其他的部位允许有少量轻微的腐蚀点、损伤和斑点、麻点

表 3.20　吊顶轻钢龙骨吊顶和挂件的力学性能

名　　称	被吊挂龙骨类别	荷载/N	指　　　标
吊件	上人承载龙骨	2000	3 个试件残余变形量平均值≤2.0mm,最大值≤2.5mm
	不上人承载龙骨	1200	
挂件	覆面龙骨	600	挂件两角部允许有变形

二、轻钢龙骨的安装施工

（一）轻钢龙骨吊顶的施工工艺

轻钢龙骨吊顶的安装施工还是比较复杂的，现以轻钢龙骨纸面石膏板吊顶安装为例，说明轻钢龙骨吊顶的安装施工工艺（轻钢龙骨纸面石膏板吊顶组成及安装示意图见图 3.26）。轻钢龙骨的施工工艺主要包括：交验→找规矩→弹线→复检→吊筋制作安装→主龙骨安装→调平龙骨架→次龙骨安装→固定→质量检查→安装面板→质量检查→缝隙处理→饰面。

1. 交接验收

在正式安装轻钢龙骨吊顶之前，对上一步工序进行交接验收，如结构强度、设备位置、防水管线的敷设等，均要进行认真检查，上一步工序必须完全符合设计和有关规范的标准，否则不能进行轻钢龙骨吊顶的安装。

2. 找规矩

根据设计和工程的实际情况，在吊顶标高处找出一个标准基平面与实际情况进行对比，核实存在的误差并对误差进行调整，确定平面弹线的基准。

3. 弹线

弹线的顺序是先竖向标高、后平面造型细部，竖向标高线弹于墙上，平面造型和细部弹于顶板上，主要应当弹出以下基准线。

（1）弹顶棚标高线　在弹顶棚标高线前，应先弹出施工标高基准线，一般常用 0.5m 为基线，弹于四周的墙面上。以施工标高基准线为准，按设计所定的顶棚标高，用仪器或量具

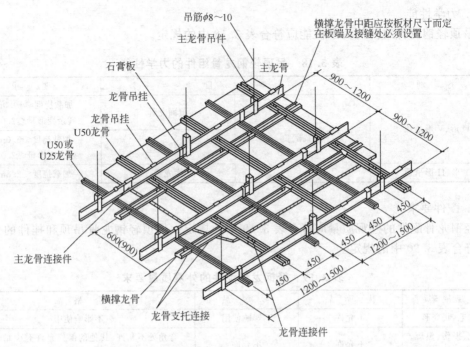

图 3.26　轻钢龙骨纸面石膏板吊顶组成及安装示意图

沿室内墙面将顶棚高度量出，并将此高度用墨线弹于墙面上，其水平允许偏差不得大于5mm。如果顶棚有叠级造型者，其标高均应弹出。

（2）弹水平造型线　根据吊顶的平面设计，以房间的中心为准，将设计造型按照先高后低的顺序，逐步弹在顶板上，并注意累计误差的调整。

（3）吊筋吊点位置线　根据造型线和设计要求，确定吊筋吊点的位置，并弹于顶板上。

（4）弹吊具位置线　所有设计的大型灯具、电扇等的吊杆位置，应按照具体设计测量准确，并用墨线弹于楼板的板底上。如果吊具、吊杆的锚固件必须用膨胀螺栓固定者，应将膨胀螺栓的中心位置一并弹出。

（5）弹附加吊杆位置线　根据吊顶的具体设计，将顶棚检修走道、检修口、通风口、柱子周边处及其他所有必须加"附加吊杆"之处的吊杆位置一一测出，并弹于混凝土楼板板底。

4. 复检

在弹线完成后，对所有标高线、平面造型线、吊杆位置线等进行全面检查复核，如有遗漏或尺寸错误，均应及时补充和纠正。另外，还应检查所弹顶棚标高线与四周设备、管线、管道等有无矛盾，对大型灯具的安装有无妨碍，应当确保准确无误。

5. 吊筋制作安装

吊筋应用钢筋制作，吊筋的固定做法视楼板种类不同而不同。具体做法如下。

（1）预制钢筋混凝土楼板设吊筋，应在主体施工时预埋吊筋。如无预埋时应用膨胀螺栓固定，并保证连接强度。

（2）现浇钢筋混凝土楼板设吊筋，一是预埋吊筋，二是用膨胀螺栓或用射钉固定吊筋，保证强度。

无论何种做法均应满足设计位置和强度要求。

6. 安装轻钢龙骨架

（1）安装轻钢主龙骨　主龙骨按弹线位置就位，利用吊件悬挂在吊筋上，待全部主龙骨安装就位后进行调直调平定位，将吊筋上的调平螺母拧紧，龙骨中间部分按具体设计起拱

（一般起拱高度不得小于房间短向跨度的 3/1000）。

（2）安装副龙骨　主龙骨安装完毕即可安装副龙骨。副龙骨有通长和截断两种。通长者与主龙骨垂直，截断者（也叫横撑龙骨）与通长者垂直。副龙骨紧贴主龙骨安装，并与主龙骨扣牢，不得有松动及歪曲不直之处。副龙骨安装时应从主龙骨一端开始，高低叠级顶棚应先安装高跨部分后安装低跨部分。副龙骨的位置要准确，特别是板缝处，要充分考虑缝隙尺寸。

（3）安装附加龙骨、角龙骨、连接龙骨等　靠近柱子周边，增加"附加龙骨"或角龙骨时，按具体设计安装。凡高低叠级顶棚、灯槽、灯具、窗帘盒等处，根据具体设计应增加"连接龙骨"。

7. 骨架安装质量检查

上列工序安装完毕后，应对整个龙骨架的安装质量进行严格检查。

（1）龙骨架荷重检查　在顶棚检修孔周围、高低叠级处、吊灯吊扇等处，根据设计荷载规定进行加载检查。加载后如龙骨架有翘曲、颤动立处，应增加吊筋予以加强。增加的吊筋数量和具体位置，应通过计量而定。

（2）龙骨架安装及连接质量检查　对整个龙骨架的安装质量及连接质量进行彻底检查。连接件应错位安装，龙骨连接处的偏差不得超过相关规范规定。

（3）各种龙骨的质量检查　对主龙骨、副龙骨、附加龙骨、角龙骨、连接龙骨等进行详细质量检查。如发现有翘曲或扭曲之处以及位置不正、部位不对等处，均应彻底纠正。

8. 安装纸面石膏板

（1）选板　普通纸面石膏板在上顶以前，应根据设计的规格尺寸、花色品种进行选板，凡有裂纹、破损、缺棱、掉角、受潮以及护面纸损坏者均应一律剔除不用。选好的板应平放于有垫板的木架上，以免沾水受潮。

（2）纸面石膏板安装　在进行纸面石膏板安装时，应使纸面石膏板长边（即包封边）与主龙骨平行，从顶棚的一端向另一端开始错缝安装，逐块排列，余量放在最后安装。石膏板与墙面之间应留 6mm 间隙。板与板之间的接缝宽度不得小于板厚。每块石膏板用 3.5mm×25mm 自攻螺钉固定在次龙骨上，固定时应从石膏板中部开始，向两侧展开，螺钉间距 150～200mm，螺钉距纸面石膏板板边（面纸包封的板边）不得小于 10mm，不得大于 15mm；距切割后的板边不得小于 15mm，不得大于 20mm。钉头应略低于板面，但不得将纸面钉破。钉头应做防锈处理，并用石膏腻子抹平。

9. 石膏板安装质量检查

纸面石膏板装钉完毕后，应对其安装质量进行检查。如整个石膏板顶棚表面平整度偏差超过 3mm、接缝平直度偏差超过 3mm、接缝高低度偏差超过 1mm，石膏板有钉接缝处不牢固，应彻底纠正。

10. 缝隙处理

纸面石膏板安装质量检查合格或修理合格后，根据纸面石膏板板边类型及嵌缝规定进行嵌缝。但要注意，无论使用什么腻子，均应保证有一定的膨胀性。施工中常用石膏腻子。一般施工做法如下。

（1）直角边纸面石膏板顶棚嵌缝　直角边纸面石膏板顶棚之缝，均为平缝，嵌缝时应用刮刀将嵌缝腻子均匀饱满地嵌入板缝之内，并将腻子刮平（与石膏板面齐平）。石膏板表面如需进行装饰时，应在腻子完全干燥后施工。

（2）楔形边纸面石膏板顶棚嵌缝　楔形边纸面石膏板顶棚嵌缝，一般应采用三道腻子。

第一道腻子：应用刮刀将嵌缝腻子均匀饱满地嵌入缝内，将浸湿的穿孔纸带贴于缝处，用刮刀将纸带用力压平，使腻子从孔中挤出，然后再薄压一层腻子。用嵌缝腻子将石膏板上所有钉孔填平。

　　第二道腻子：第一道嵌缝腻子完全干燥后，再覆盖第二道嵌缝腻子，使之略高于石膏板表面，腻子宽 200mm 左右，另外在钉孔上亦应再覆盖腻子一道，宽度较钉孔扩大出 25mm 左右。

　　第三道腻子：第二道嵌缝腻子完全干燥后，再薄压 300mm 宽嵌缝腻子一层，用清水刷湿边缘后用抹刀拉平，使石膏板面交接平滑，钉孔第二道腻子上再覆盖嵌缝腻子一层，并用力拉平使与石膏板面交接平滑。

　　上述第三道腻子完全干燥后，用 2 号砂纸安装在手动或电动打磨器上，将嵌缝腻子打磨光滑，打磨时不得将护纸磨破。

　　嵌缝后的纸面石膏板顶棚应妥善保护，不得损坏、碰撞，不得有任何污染。如石膏板表面另有饰面时，应按具体设计进行装饰。

　　(二) 轻钢龙骨吊顶施工注意事项

　　(1) 顶棚施工前，顶棚内所有管线，如智能建筑弱电系统工程全部线路（包括综合布线、设备自控系统、保安监控管理系统、自动门系统、背景音乐系统等）、空调管道、消防管道、供水管道等必须全部安装就位并基本调试完成。

　　(2) 吊筋、膨胀螺栓应当全部做防锈处理。

　　(3) 为保证吊顶骨架的整体性和牢固性，龙骨接长的接头应错位安装，相邻三排龙骨的接头不应接在同一直线上。

　　(4) 顶棚内的灯槽、斜撑、剪刀撑等，应按具体设计施工。轻型灯具可吊装在主龙骨或附加龙骨上，重型灯具或电扇则不得与吊顶龙骨连接，而应另设吊钩吊装。

　　(5) 嵌缝石膏粉（配套产品）系以精细的半水石膏粉加入一定量的缓凝剂等加工而成，主要用于纸面石膏板嵌缝及钉孔填平等处。

　　(6) 温度变化对纸面石膏板的线膨胀系数影响不大，但空气湿度则对纸面石膏板的线性膨胀和收缩产生较大影响。为了保证装修质量，避免干燥时出现裂缝，在湿度特大的环境下一般不宜嵌缝。

　　(7) 大面积的纸面石膏板吊顶，应注意设置膨胀缝。

三、轻钢龙骨纸面石膏板吊顶施工示意图

　　图 3.27～图 3.30 所示为轻钢龙骨纸面石膏板吊顶施工示意图。

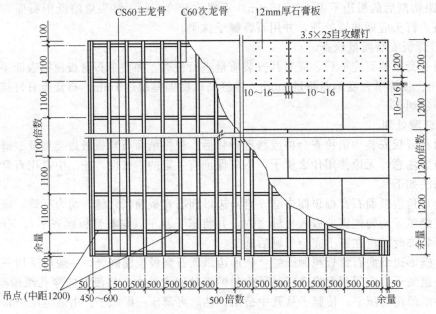

图 3.27　轻钢龙骨纸面石膏板顶棚施工示意图

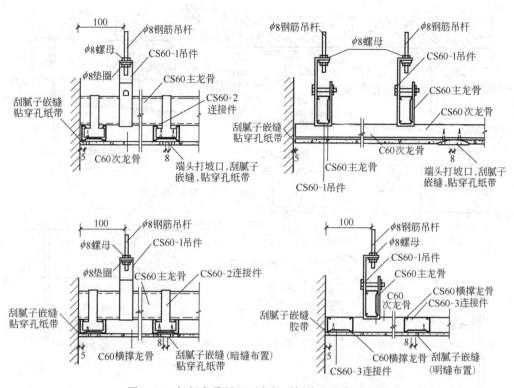

图 3.28 轻钢龙骨纸面石膏板顶棚构造节点示意图

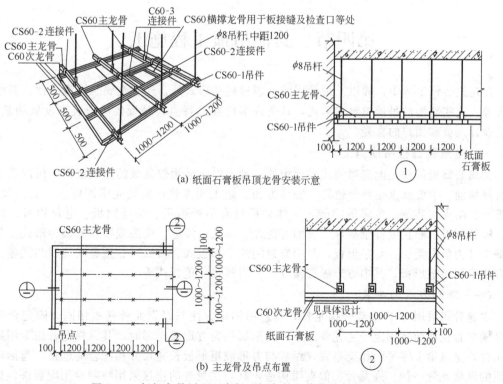

(a) 纸面石膏板吊顶龙骨安装示意

(b) 主龙骨及吊点布置

图 3.29 轻钢龙骨纸面石膏板顶棚龙骨安装及吊点布置示意图

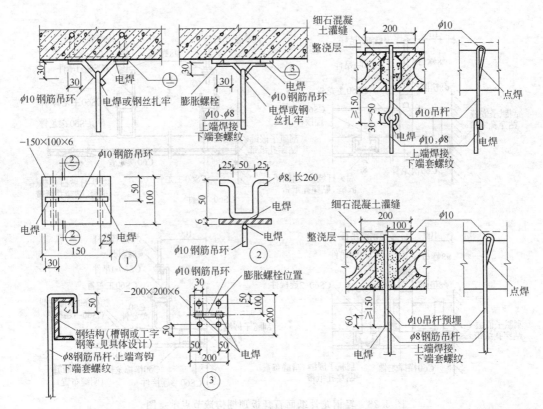

图 3.30　轻钢龙骨纸面石膏板顶棚吊杆锚固节点示意图

第四节　其他吊顶工程施工

在建筑装饰工程中，除以上最常用的吊顶材料和形式外，还有金属装饰板吊顶、开敞式吊顶等。这些新型的吊顶材料和形式，具备许多优异的特点，是现代吊顶装饰发展的趋势，深受设计人员和用户的喜爱。

一、金属装饰板吊顶施工

金属装饰板吊顶是配套组装式吊顶中的一种，由于采用较高级的金属板材，所以属于高级装修顶棚。主要特点是重量较轻、安装方便、施工速度快，安装完毕即可达到装修效果，集吸声、防火、装饰、色彩等功能于一体。板材有不锈钢板、防锈铝板、电化铝板、镀铝板、镀锌钢板、彩色镀锌钢板等，表面有抛光、亚光、浮雕、烤漆或喷砂等多种形式。其类型基本分为两大类：一是条形板，其中有封闭式、扣板式、波纹式、重叠式、凹凸式等；二是方块形板或矩形板，其中方形板有藻井式、内圆式、龟板式等。

（一）吊顶龙骨的安装

主龙骨仍采用 U 形承载轻钢龙骨，其悬吊固定方法与轻钢龙骨基本相同，固定金属板的纵横龙骨也如前述固定于主龙骨之下。当金属板为方形或矩形时，其纵横龙骨用专用特制嵌龙骨，呈纵横十字平面相交布置，组成与方形或矩形板长宽尺寸相配合的框格，与活动式吊顶的纵横龙骨一样。嵌龙骨类似夹钳构造，其与主龙骨的连接采用特制专用配套件，如表3.21所示。

表 3.21 方形金属吊顶板的安装配套材料

名 称	形 式/mm	用 途
嵌龙骨		用于组装成龙骨骨架的纵向龙骨,用于卡装方形金属吊顶板
半嵌龙骨		用于组装成龙骨骨架的边缘龙骨,用于卡装方形金属吊顶板
嵌龙骨挂件		用于嵌龙骨和 U 形吊顶轻钢龙骨(承载龙骨)的连接
嵌龙骨连接件		用于嵌龙骨的加长连接
U 形吊顶轻钢龙骨(承载龙骨)及其吊件和吊杆		

当金属板为条形时,其纵向龙骨用普通 U 形或 C 形轻钢龙骨或专用特制带卡口的槽形龙骨,并垂直于主龙骨安装固定。因条形金属板有褶边,本身有一定的刚度,所以只需与条形互相垂直布置纵龙骨,纵龙骨的间距不大于 1500mm。用带卡口的专用槽形龙骨,为使龙骨卡在下平面,按卡口式龙骨间距钉上小钉,制成"卡规",安装龙骨时将其卡入"卡规"的钉距内。"卡规"垂直于龙骨,在其两端经抄平后,临时固在墙面上,并从"卡规"两端的第一个钉上斜拉对角线,使两根"卡规"本身既相互平行又方正,然后再拉线将所有龙骨卡口棱边调整至一直线上,再与主龙骨最后逐点连接固定。这样,当金属条形板安装时,才能很容易地将板的褶边嵌卡入龙骨卡口内。

(二)吊顶层面板安装

1. 方形金属板安装

方形金属饰面板有两种安装方法:一种是搁置式安装,与活动式吊顶顶棚罩面安装方法相同;一种是卡入式安装,只需将方形板向上的褶边(卷边)卡入嵌龙骨的钳口,调平调直即可,板的安装顺序可任意选择 [如图 3.31(a) 所示]。

2. 长条形金属板安装

长条形金属板沿边分为"卡边"与"扣边"两种。

卡边式长条形金属板安装时,只需直接利用板的弹性将板沿按顺序卡入特制的带夹齿状的龙骨卡口内,调平调直即可,不需要任何连接件。此种板形有板缝,故称为"开敞式"(敞缝式)吊顶顶棚。板缝有利于顶棚通风,可以不进行封闭,也可按设计要求加设配套的嵌条予以封闭。

扣边式长条金属板,可与卡边型金属板一样安装在带夹齿状龙骨卡口内,利用板本身的弹性相互卡紧。由于此种板有一平伸出的板肢,正好把板缝封闭,故又称封闭式吊顶顶棚。另一种扣边式长条形金属板即常称的扣板,则采用 C 形或 U 形金属龙骨,用自攻螺钉将第一块板的扣边固定于龙骨上,将此扣边调平调直后,再将下一块板的扣边压入已先固定好的前一块的扣槽内,依此顺序相互扣接即可。长条形金属板的安装均应从房间的一边开始,按顺序一块板接一块板进行安装。

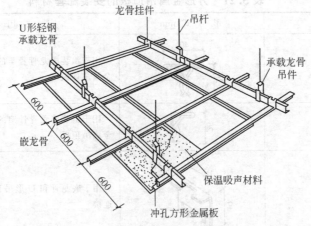

(a) 有主龙骨的吊顶装配形式

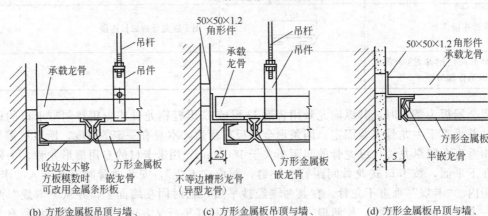

(b) 方形金属板吊顶与墙、柱等的连接节点构造示例

(c) 方形金属板吊顶与墙、柱等的连接节点构造示例

(d) 方形金属板吊顶与墙、柱等的连接节点构造示例

图 3.31　方形金属吊顶板卡入式安装示例

（三）吊顶的细部处理

1. 墙柱边部连接处理

方形板或条形金属板，其与墙柱面连接处可以离缝平接，也可以采用 L 形边龙骨或半嵌龙骨同平面搁置搭接或高低错落搭接［如图 3.31(b)、(c)、(d) 所示］。

2. 与隔断的连接处理

隔断沿顶龙骨必须与其垂直的顶棚主龙骨连接牢固。当顶棚主龙骨不能与隔断沿顶龙骨相垂直布置时，必须增设短的主龙骨，此短的主龙骨再与顶棚承载龙骨连接固定。总之，隔断沿顶龙骨与顶棚骨架系统连接牢固后，再安装罩面板。

3. 变标高处连接处理

方形金属板可按图 3.32 所示进行处理。

当为条形板时，亦可参照图 3.32 处理，关键是根据变标高的高度设置相应的竖立龙骨，此竖立龙骨必须分别与不同标高主龙骨连接可靠（每节点不少于两个自攻螺钉或铝铆钉或小螺栓连接，使其不会变

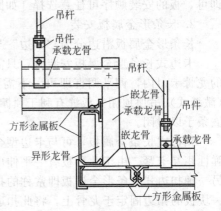

图 3.32　方形金属吊顶板变标高构造做法示例

形，或焊接）。在主龙骨和竖立龙骨上安装相应的覆面龙骨及条形金属板。如采用卡边式条形金属板，则应安装专用特制的带夹齿状的龙骨（卡条式龙骨）作覆面龙骨，如果用扣板式条形金属板，则可采用普通 C 形或 U 形轻钢做覆面龙骨，以自攻螺钉固定在覆面龙骨上。

4. 窗帘盒等构造处理

以方形金属板为例，可按图 3.33 所示对窗帘盒及送风口的连接进行处理。当采用长条形金属板时，换上相应的龙骨即可。

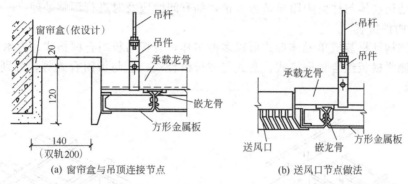

(a) 窗帘盒与吊顶连接节点　　　　　　　　(b) 送风口节点做法

图 3.33　方形金属板吊顶窗帘盒与送风口构造做法示意图

5. 吸声或隔热材料布置

当金属板为穿孔板时，在穿孔板上铺壁毡，再将吸声隔热材料（如玻璃棉、矿棉等）满铺其上，以防止吸声材料从孔中漏出。当金属板无孔时，可将隔热材料直接满铺在金属板上。在铺时应边安装金属板边铺吸声隔热材料，最后一块则先将吸声隔热材料铺在金属板上后再进行安装。

（四）金属装饰板施工注意事项

（1）龙骨框格必须方正、平整，框格尺寸必须与罩面板实际尺寸相吻合。当采用普通 T 形龙骨直接搁置时，T 形龙骨中至中的框格尺寸，应比方形板或矩形板尺寸稍大些，以每边留有 2mm 间隙为准；当采用专用特制嵌龙骨时，龙骨中至中的框格尺寸，应与方形板或矩形板尺寸相同，不再留间隙。无论何种龙骨均应先试装一块板，最后确定龙骨的准确安装尺寸。

（2）龙骨弯曲变形者不能用于工程，特别是专用特制嵌龙骨的嵌口弹性不好、弯曲变形不直时不得使用。

（3）纵横龙骨十字交叉处必须连接牢固、平整、交角方正。

二、开敞式吊顶的施工工艺

开敞式吊顶棚是通过一定数量的标准化定型单体构件相互组合成单元体，再将单元体拼排，通过龙骨或不通过龙骨而直接悬吊在结构基体下，形成既遮又透，有利于建筑通风及声学处理，还起到装饰效果的一种新型吊式顶棚。如果再嵌装一些高雅的灯饰，能使整个室内显出光彩和韵味，这种吊顶特别适用于大厅、大堂。

标准化定型单体构件，一般多用木材、金属、塑料等材料制造。由于金属单元构件重量轻耐用、防火防潮、色彩鲜艳，是最常用的材料，主要有铝合金、彩色镀锌钢板、镀锌钢板等。金属单元构件又分为格片型和格栅型两类。

（一）木质开敞式吊顶施工工艺

1. 安装准备工作

安装准备工作除与前边的吊顶相同外，还需对结构基底底面及顶棚以上墙柱面进行涂黑处理，或按设计要求涂刷其他深色涂料。

2. 弹线定位工作

由于结构基底及吊顶以上墙柱面部分已先进行涂黑或其他深色涂料处理，所以弹线应采用白色或其他反差强烈的色液。根据吊顶顶棚标高，用"水柱"法在墙柱面部位测出标高，弹出各安装件水平控制线，再根据顶棚设计平面布置图，将单元体吊点位置及分片安装布置线弹到结构上。分片布置线一般先从顶棚一个直角位置开始排布，逐步展开。

在正式弹线前应核对顶棚结构基体实际尺寸，与吊顶顶棚设计平面布置图所注尺寸是否相符，顶棚结构基体与柱面阴阳角是否方正，如有问题应及时进行调整处理。

3. 单体构件拼装

木质单体构件拼装成单元体形式可以多种多样，有板与板组合框格式、方木骨架与板组合框格式、侧平横板组合柜框格式、盒式与方板组合式、盒与板组合式等，分别如图 3.34、图 3.35 所示。

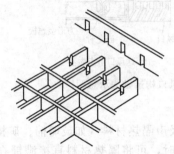
图 3.34　木板方格式单体拼装

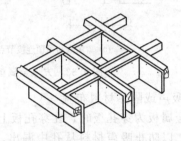
图 3.35　木骨架与木单板方格式单体拼装

木质单体构件所用板条规格通常为厚 9～15mm、宽 120～200mm，长按设计定；方木一般规格为 50mm×50mm。一般均为优质实木板或胶合板。板条及方木均需干燥，含水量不大于 8%（质量分数），不得使用易变形翘曲的树种加工的板条及方木。板条及方木均需经刨平、刨光、砂纸打磨，使规格尺寸一致后方能开始拼装。拼装后的吊顶形式如图3.36～图 3.38 所示。

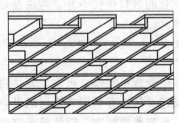
图 3.36　盒子板与方板拼装的吊顶形式

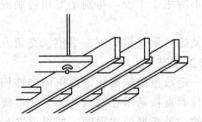
图 3.37　木条板拼装的开敞吊顶

图 3.38　多边形与方形单体组合构造示意图

木质单体构件拼装方法可按一般木工操作方法进行，即开槽咬接、加胶钉接、开槽开榫加胶拼接或配以金属连接件加木螺钉连接等。拼装后的木质单元体的外表应平整光滑、连接牢固、棱角顺直、不显接缝、尺寸一致，并在适当位置留出单元体与单元体连接用的直角铁或异形连接件，连接件的形式如图 3.39 所示。其中盒板组装时应注意四角方正、对缝严密、接头处胶结牢固，对缝处最好采用加胶加钉的固定连接方式，使其不易产生变形（如图3.40）所示。

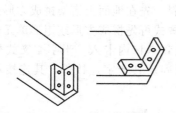

图 3.39　分片组装的端头连接件

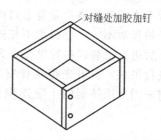

图 3.40　矩板对缝固定示意图

　　单元体的大小以方便安装而又能减少安装接头为准。木质单元体在地面组装成型后，宜逐个按设计要求做好防腐、防火的表面涂饰工作，并对外露表面面层按设计要求进行刮腻子、刷底层油、中层油等工作，最后一道饰面层待所有单元体拼装完成后，统一进行施工。

　　4. 单元安装固定

　　（1）吊杆固定　吊点的埋设方法与前面各类吊顶原则上相同，但吊杆必须垂直于地面，且能与单元体无变形的连接，因此吊杆的位置可移动调整，待安装正确后再进行固定。吊杆左右位置调整构造如图 3.41 所示，吊杆高低位置调整构造如图 3.42 所示。

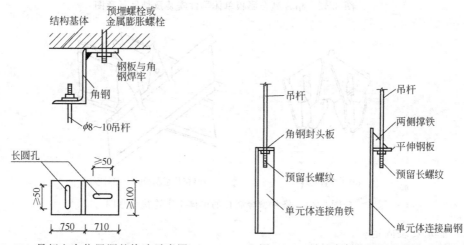

图 3.41　吊杆左右位置调整构造示意图　　　　图 3.42　吊杆高低位置调整构造示意图

　　（2）单元体安装固定　木质单元体之间的连接，可在其顶面加铁板或角部加角钢，以木螺钉进行固定。安装悬吊方式可视实际情况选择间接安装或直接安装。间接安装是将若干个（片）单元体在地面通过卡具和钢管临时组装成整体，将组装的整体全部举起穿上吊杆螺栓调平后固定。直接安装是举起单元体，直接一个一个地穿上吊杆并进行调平固定。单元体的安装应从一角边开始，循序安装到最后一个角边为止。较难安装的最后一个单元体，事先预留几块单体构件不拼装，留一定空间将一个单元体或预留的几块单体构件用钉加胶补上，最后将整个吊顶顶棚沿墙柱面连接固定，防止产生晃动。

　　5. 饰面成品保护

　　木质开敞式吊顶需要进行表面终饰。终饰一般是涂刷高级清漆，露出自然木纹。当完成终饰后安装灯饰等物件时，工人必须戴干净的手套仔细进行操作，对成品进行认真保护，以防止污染终饰面层。必要时应覆盖塑料布、编织布加以保护。

　　（二）金属格片型开敞式吊顶施工

　　1. 单体构件拼装

　　格片型金属单体构件拼装方式较为简单，只需将金属格片按排列图案先裁锯成规定长度，然后卡入特制的格片龙骨卡口内即可，如图 3.43 所示。需要注意的是格片斜交布置式的龙骨必须长短不一，每根均不相同，宜先放样后下料，先在地面上搭架拼成方形或矩形单元体，然后进行吊装；格片纵横布置式及十字交叉布置式可先拼成方形或矩形单元体，然后一块块进行吊装，也可先将龙骨安装好，一片片往龙骨卡口内卡入。十字交叉式格片安装时，必须采用专用特制的十字连接件，并用龙骨骨架固定其十字连接件，其连接示意图见图 3.44。

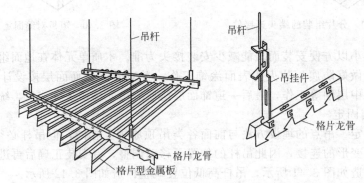

图 3.43　格片型金属板单体构件安装及悬吊示意图

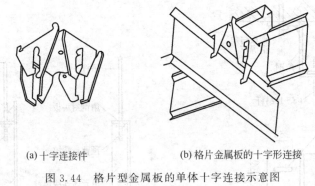

(a) 十字连接件　　　　　　　(b) 格片金属板的十字形连接

图 3.44　格片型金属板的单体十字连接示意图

2. 单元安装固定

格片型金属单元体安装固定一般用圆钢吊杆及专门配套的吊挂件（参见图 3.43）与龙骨连接。此种吊挂件可沿吊杆上下移动（压紧两片簧片即松、放松簧片即卡紧），对调整龙骨平整度十分方便。安装时可先组成单元体（圆形、方形或矩形体），再用吊挂件将龙骨与吊杆连接固定并调平即可。也可将龙骨先安装好，一片片单独卡入龙骨口内。无论采用何种方法安装，均应将所有龙骨相互连接成整体，且龙骨两端应与墙柱面连接固定，避免整个吊顶棚晃动。安装宜从角边开始，最后一个单元体留下数个格片先不勾挂，待固定龙骨后再挂。

（三）金属复合单板网络格栅型开敞式吊顶施工

1. 单体构件拼装

复合单板网络格栅型金属单体构件拼装一般都是以金属复合吸声单板（参见图 3.44），通过特制的网络支架嵌插组成不同的平面几何图案，如三角形、纵横直线形、四边形、菱形、工字形、六角形等，或将两种以上几何图形组成复合图案（如图 3.45～图 3.48 所示）。

2. 单元安装固定

（1）吊顶吊杆固定　此种吊顶顶棚吊点位置即吊杆位置需十分准确，参见图 3.41 所示方法。网络支架所用吊杆两端均应有螺纹，上端用于和结构基体上连接件固定，下端用于和网络支架连接，吊杆规格按网络体单位面积重量经计算确定，一般可用 ϕ10mm 左右圆钢制成。

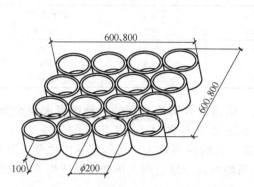

图 3.45 铝合金圆筒形天花板构造示意图

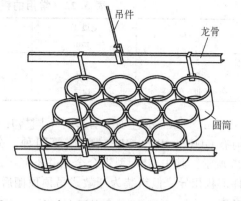

图 3.46 铝合金圆筒形天花板吊顶基本构造示意图

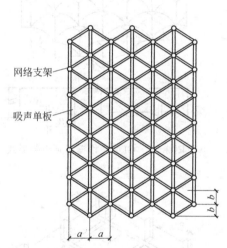

图 3.47 网络格栅型吊顶平面效果示意图
（*a*、*b* 尺寸由设计决定）

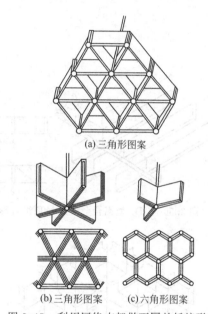

图 3.48 利用网络支架做不同的插接形式

（2）单元安装固定 此种网络格栅单元体整体刚度较好，一般可以逐个单元体直接用人力抬举至结构基体上进行安装。安装时应从一角边开始，循序展开。应注意控制调整单元体与单元体之间的连接板，接头处的间距及方向应准确，否则将插不到网络支架插槽内。具体操作时，可先将第一个网络单元体按弹线位置安装固定，而后先临时固定第二个网络单元体的中间一个网络支架，下面用人扶着，使其可稍作转动和移动；同时将数块接头板往第一个单元体及第二个单元体相连接的两个网络支架槽插口内由下往上插入，边插边调平第二个单元体并将之固定好；随之将此数块接头板往上推到位，再分别安装上连接件及下封盖，并补上其他接头板。

（四）铝合金格栅型开敞式吊顶施工

金属格栅型开敞式吊式顶棚施工中应用较广泛的铝合金格栅，系用双层 0.5mm 厚的薄铝板加工而成，其表面色彩多种多样，形式如图 3.49 所示，规格尺寸见表 3.22。单元体组合尺寸一般

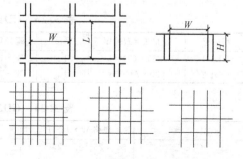

图 3.49 常用的铝合金格栅形式

表 3.22　常用的铝合金格栅单体构件尺寸

规　　格	宽度 W /mm	长度 L /mm	高度 H /mm	体积质量 /(kg/m³)
Ⅰ	78	78	50.8	3.9
Ⅱ	113	113	50.8	2.9
Ⅲ	143	143	50.8	2.0

为 610mm×610mm 左右。有多种不同格片形状，但组成开敞式吊顶的平面图案大同小异，目前有 GD1、GD2、GD3、GD4 等四种，分别如图 3.50～图 3.53 及相应的表 3.23～表 3.25 所示。其中 GD1 型铝合金条并不能组成吊顶顶棚的网格效果，又与前述格片金属单体构件形状相异，但组装为开敞式吊顶顶棚后仍呈格栅形式，故也列入格栅型单体构件组合类别之中。

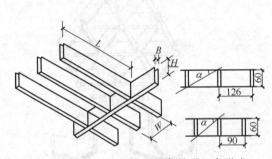

图 3.50　GD1 型铝合金格条吊顶组合形式

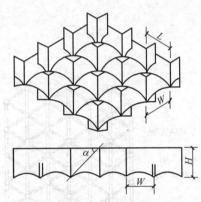

图 3.51　GD2 型格栅吊顶组装形式

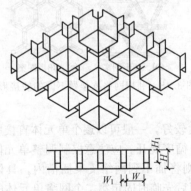

图 3.52　GD3 型格栅吊顶组装形式

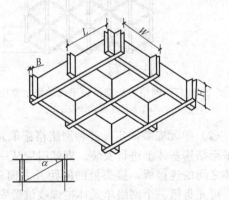

图 3.53　GD4 型格栅吊顶组装形式

表 3.23　GD1 格条式顶棚规格/mm

型　号	规格 $L×H×W$	厚度	遮光角 α	型　号	规格 $L×H×W$	厚度	遮光角 α
GD1-1	1260×60×90	10	3°～37°	GD1-3	1260×60×126	10	3°～27°
GD1-2	630×60×90	10	5°～37°	GD1-4	630×60×126	10	5°～27°

表 3.24　GD2 格条式顶棚规格/mm

型　　号	规格 $W×L×H$	遮光角 α	厚　　度	分　　格
GD2-1	25×25×25	45°	0.80	600×1200
GD2-2	40×40×40	45°	0.80	600×600

表 3.25　GD3、GD4 格条式顶棚规格/mm

型　号	规格 $W \times H \times W_1 \times H_1$	分　格	型　号	规格 $W \times L \times H$	厚　度	遮光角 α
GD3-1	$26 \times 30 \times 14 \times 22$	600×600	GD4-1	$90 \times 90 \times 60$	10	$37°$
GD3-2	$48 \times 50 \times 14 \times 36$		GD4-2	$125 \times 125 \times 60$	10	$27°$
GD3-3	$62 \times 60 \times 18 \times 42$	1200×1200	GD4-3	$158 \times 158 \times 60$	10	$22°$

1. 施工准备工作

与前述各类开敞式吊顶顶棚施工准备工作相同。由于铝合金格栅型单元比前述木质、格片质、网络型单元体整体刚度较差，故吊装时多用通长钢管和专用卡具，或不用卡具而采用带卡口的吊管，或预先加工好悬吊骨架，将多个单元体组装在一起吊装。此时吊点位置及相应吊杆数量较少，所以，应按事先选定的吊装方案设计好吊点位置，并埋设或安装好吊点连接件。

2. 单体构件拼装

当格栅型铝合金板采用标准单体构件（普通铝合金板条）时，其单体构件之间的连接拼装，采用与网络支架作用相似的托架及专用十字连接件连接，如图 3.54 所示。当采用如表 3.22～表 3.25 所示铝合金格栅式标准单体构件时，通常是采用插接、挂接或榫接的方法，如图 3.55 所示。

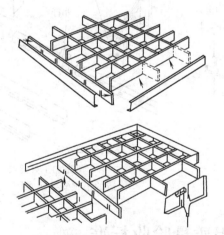 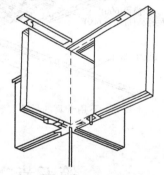

图 3.54　铝合金格栅以十字连接件进行组装示意图　　图 3.55　铝合金格栅型吊顶板拼装示意图

3. 单元安装固定

（1）吊杆固定　按图 3.41 所示方法安装吊杆，此种方法可以调准吊杆位置。

（2）单元体安装　铝合金格栅型吊顶顶棚安装，一般有两种方法：第一种是将组装后的格栅单元体直接用吊杆与结构基体相连，不另设骨架支撑。此种方法使用吊杆较多，施工速度较慢。第二种是将数个格栅单元体先固定在骨架上，并相互连接调平形成一局部整体，再整个举起，将骨架与结构基体相连。第二种方法使用吊杆较少，施工速度较快，使用专门卡具先将数个单元体连成整体，再用通长的钢管将其与吊杆连接固定，如图 3.56 所示；再用带卡口的吊管及插管，将数个单元体担住，连成整体，用吊杆将吊管固定于结构的基体下，如图 3.57 所示。单体构件拼装时即把悬吊骨架与其连成局部整体，而后悬吊固定于结构基体下，如图 3.58 所示。不论采用何种安装方式，均应及时与墙柱面连接。

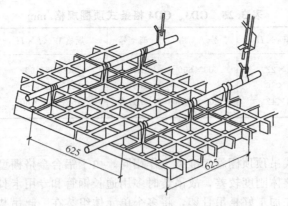

图 3.56　使用卡具和通长钢管安装示意图

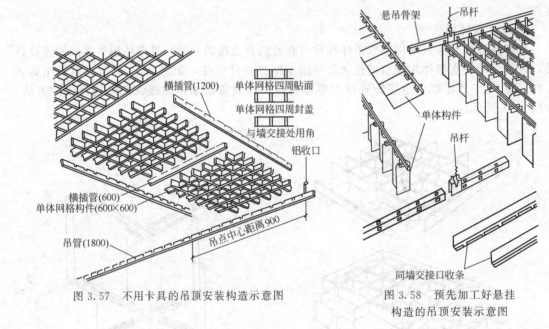

图 3.57　不用卡具的吊顶安装构造示意图

图 3.58　预先加工好悬挂
构造的吊顶安装示意图

第五节　吊顶工程质量验收标准

　　质量验收是指对建筑装饰工程产品，按照国家现行标准，使用规定的检验方法，对规定的验收项目，进行质量检测和质量等级评定等工作。

　　检验的方法有观察、触摸、听声等方式，常用的检测工具有钢尺、卷尺、塞尺、靠尺或靠板、托线板、直角卡尺及水平尺等。

　　根据国家标准《建筑装饰装修工程质量验收规范》（GB 50210—2001）中的有关规定，吊顶工程应按明龙骨吊顶和暗龙骨吊顶等分项工程进行验收。

一、一般规定

　　（1）本节适用于暗龙骨吊顶、明龙骨吊顶等分项工程的质量验收。

　　（2）吊顶工程验收时应检查下列文件和记录：①吊顶工程的施工图、设计说明及其他设计文件；②材料的产品合格证书、性能检测报告、进场验收记录和复验报告；③隐藏工程验收记录；④施工记录。

（3）吊顶工程应对人造木板的甲醛含量进行复验。

（4）吊顶工程应对下列隐蔽工程项目进行验收：①吊顶内管道、设备的安老及水管试压；②木龙骨防火、防腐处理；③预埋件或拉结筋；④吊杆的安装；⑤龙骨的安装；⑥填充材料的设置。

（5）各分项工程的检验批应按规定划分：同一品种的吊顶工程每 50 间（大面积房间和走廊按吊顶面积 30m² 为一间）应划为一个检验批；不足 50 间也应划分一个检验批。

（6）检查数量应符合规定：每个检验批应至少抽查 10%，并不得少于 3 间；不足 3 间时应全数检查。

（7）安装龙骨前，应按设计要求对房间的净高、洞口标高和吊顶内管道、设备及其支架的标高进行交接检验。

（8）吊顶工程的木吊杆、木龙骨和木饰面板必须进行防火管理，并应符合有关设计防火规范的规定。

（9）吊顶工程中的预埋件、钢筋吊杆和型钢吊杆应进行防锈处理。

（10）安装饰面板前，应完成吊顶内管道和设备的调试及试验。

（11）吊杆距主龙骨端部距离不得大于 300mm，当大于 300mm 时，应增加吊杆。当吊杆长度大于 1.5m 时，应设置反支撑。当吊杆与设备相遇时，应调整并增设吊杆。

（12）重型的灯具、电扇及其他重型的设备，严禁安装在吊顶工程的龙骨上。

二、暗龙骨吊顶工程

本节适用于以轻钢龙骨、铝合金龙骨、木龙骨等为骨架，以石膏板、金属板、矿棉板、木板、塑料板或格栅等为饰面材料的暗龙骨吊顶工程的质量验收，其验收质量要求和检验方法见表 3.26。暗龙骨吊顶工程安装允许偏差和检验方法见表 3.27。

表 3.26 暗龙骨吊顶工程验收质量要求和检验方法

项目	项次	质量要求	检验方法
主控项目	1	吊顶标高、尺寸、起拱和造型应符合设计要求	观察；尺量检查
	2	饰面材料的材质、品种、规格、图案和颜色应符合设计要求	观察；检验产品合格证书、性能检测报告、进场验收记录和复验报告
	3	暗龙骨吊顶工程的吊杆、龙骨和饰面材料的安装必须牢固	观察；手扳检查；检查隐蔽工程的验收记录和施工记录
	4	吊杆、龙骨的材质、规格、安装间距及连接方式应符合设计要求。金属吊杆、龙骨应经过表面防腐处理；木吊杆、龙骨应进行防腐、防火处理	观察；尺量检查；检验产品合格证书、性能检测报告、进场验收记录和隐蔽工程验收记录
	5	石膏板的连接缝应按其施工工艺标准进行板缝防裂处理。安装双层石膏板时，面层板与基层的接缝应错开，并不得在同一根龙骨上	观察
一般项目	6	饰面材料表面应洁净、色泽一致，不得有翘曲、裂缝及缺损。压条应平直、宽窄一致	观察；尺量检查
	7	饰面板上的灯具、烟感器、喷淋头、风口箅子等设备的位置应合理、美观，与饰面板的交接应吻合、严密	观察
	8	金属吊杆、龙骨的接缝应均匀一致，角缝应吻合，表面应平整，无翘曲、锤印。木质吊杆、龙骨应顺直，无劈裂、变形	检查隐蔽工程的验收记录和施工记录
	9	吊顶内填充吸声材料的品种和铺设厚度应符合设计要求，并应有防止散落的措施	检查隐蔽工程的验收记录和施工记录
	10	暗龙骨吊顶工程安装的允许偏差和检验应符合表 3.27 的要求	

表 3.27　暗龙骨吊顶工程安装允许偏差和检验方法

项次	项　目	允许偏差/mm				检验方法
		石膏板	金属板	矿棉板	木板、塑料板、玻璃板	
1	表面平整度	3.0	2.0	2.0	2.0	用 2m 靠尺进行检查
2	接缝直线度	3.0	1.5	3.0	3.0	拉 5m 线,不足 5m 拉通线,用钢直尺进行检查
3	接缝高低差	1.0	1.0	1.5	1.0	用钢直尺和塞尺进行检查

三、明龙骨吊顶工程

本节适用于以轻钢龙骨、铝合金龙骨、木龙骨等为骨架,以石膏板、金属板、矿棉板、木板、塑料板或格栅等为饰面材料的明龙骨吊顶工程的质量验收,其验收质量要求和检验方法见表 3.28。明龙骨吊顶工程安装允许偏差和检验方法见表 3.29。

表 3.28　明龙骨吊顶工程验收质量要求和检验方法

项目	项次	质 量 要 求	检 验 方 法
主控项目	1	饰面材料的材质、品种、规格、图案和颜色应符合设计要求。当饰面材料为玻璃板时,应使用安全玻璃或采取可靠的安全措施	观察;检验产品合格证书、性能检测报告、进场验收记录
	2	饰面材料的安装应稳固严密。饰面材料与龙骨的搭接宽度应大于龙骨受力面宽度的 2/3	观察;手扳检查;尺量检查
	3	吊杆、龙骨的材质、规格、安装间距及连接方式应符合设计要求。金属吊杆、龙骨应经过表面防腐处理;木吊杆、龙骨应进行防腐、防火处理	观察;尺量检查;检验产品合格证书、性能检测报告、进场验收记录和隐蔽工程验收记录
	4	暗龙骨吊顶工程的吊顶和龙骨安装必须牢固	手扳检查;检查隐蔽工程的验收记录和施工记录
一般项目	5	饰面材料表面应洁净、色泽一致,不得有翘曲、裂缝及缺损。压条应平直、宽窄一致	观察;尺量检查
	6	饰面板上的灯具、烟感器、喷淋头、风口篦子等设备的位置应合理、美观,与饰面板的交接应吻合、严密	观察
	7	金属龙骨的接缝应平整、吻合、颜色一致,不得有划伤、擦伤等表面缺陷。木质龙骨应顺直,无劈裂	观察
	8	吊顶内填充吸声材料的品种和铺设厚度应符合设计要求,并应有防止散落的措施	检查隐蔽工程的验收记录和施工记录
	9	暗龙骨吊顶工程安装的允许偏差和检验应符合表 3.29 的要求	

表 3.29　明龙骨吊顶工程安装允许偏差和检验方法

项次	项　目	允许偏差/mm				检验方法
		石膏板	金属板	矿棉板	木板、塑料板、玻璃板	
1	表面平整度	3.0	2.0	3.0	2.0	用 2m 靠尺进行检查
2	接缝直线度	3.0	2.0	3.0	3.0	拉 5m 线,不足 5m 拉通线,用钢直尺进行检查
3	接缝高低差	1.0	1.0	2.0	1.0	用钢直尺和塞尺进行检查

复习思考题

1. 吊顶的基本功能有哪些方面?

2. 如何对吊顶进行分类? 直接式吊顶、悬吊式吊顶和配套组装式吊顶各具有什么特点?

3. 木龙骨吊顶在设计与施工中主要应当遵循哪些方面的国家标准?

4. 木龙骨罩面对所用胶合板有哪些质量要求？各适用于什么场合？

5. 简述木龙骨吊顶的安装施工工艺。

6. 轻钢龙骨有哪些主、配件组成？各有什么技术要求？

7. 简述轻钢龙骨的安装施工工艺。

8. 轻钢龙骨施工中应当注意的事项有哪些？

9. 简述金属装饰板吊顶的安装施工工艺。施工中的注意事项有哪些？

10. 简述各种材料的开敞式吊顶的安装施工工艺。

11. 吊顶工程的质量验收有哪些一般规定？

12. 暗龙骨吊顶工程的验收质量要求和检验方法是什么？其安装的允许偏差和检验方法是什么？

13. 明龙骨吊顶工程的验收质量要求和检验方法是什么？其安装的允许偏差和检验方法是什么？

第四章 室内隔墙与隔断的施工

本章简单介绍了室内隔墙与隔断的作用、种类，重点介绍了骨架隔墙工程、板材隔墙工程、玻璃隔墙工程、活动隔墙工程的构造和施工工艺，介绍了各种轻质隔墙工程质量验收标准。通过对本章内容的学习，掌握常见隔墙与隔断的施工方法，掌握轻质隔墙工程的施工质量标准。

在室内装饰装修施工中，为了建筑物室内空间的划分，既要满足功能要求，又要满足现代人们的生活和审美的需求，主要采用各种玻璃或罩面板与龙骨骨架组成隔墙或隔断。这些结构虽然不能承重，但由于其墙身薄、自重小，可以提高平面利用系数，增加使用面积，拆装非常方便，还具有隔声、防潮、防火等功能，在室内装修中经常采用。

隔墙的种类非常多。隔墙按其使用状况可分为永久性隔墙、可拆装隔断墙和可折叠隔断墙三种形式；按其构造方式不同，可分为砌块式隔断墙、主筋式隔断墙和板材式隔断墙；隔断按照其外部形式不同，可分为空透式、移动式、屏风式、帷幕式和家具式。

随着施工技术及材料科技的发展，推柱式隔断和多功能活动半隔断墙也是近年发展的新型隔断形式。像多功能活动半隔断由许多矮隔断板进行拼装而组成的一种新型办公设施，主要适用于大型开放式办公空间等。

第一节　骨架隔墙工程施工

骨架隔墙工程包括以轻钢龙骨、木龙骨、石膏龙骨等为骨架，以纸面石膏板、人造木板、水泥纤维板等为墙面板的隔墙工程。在实际工程中最常用的是轻钢龙骨隔墙和木龙骨隔墙。

一、轻钢龙骨纸面石膏板隔墙施工

轻钢龙骨纸面石膏板隔墙，是机械化施工程度较高的一种干作业墙体，具有操作比较方便、施工速度快、工程成本低、劳动强度小、装饰美观、防火性强、隔声性能好等特点，是目前应用较为广泛的一种隔墙。它的施工方法不同于传用传统材料，应合理地使用材料，正确使用施工机具，以达到高效率、高质量的目的。

（一）轻钢龙骨隔墙材料及工具

1. 轻钢龙骨隔墙材料

（1）龙骨材料：轻钢隔墙龙骨按其截面形状的不同，可以分为 C 形和 U 形两种；按其使用功能不同，可分为横龙骨、竖龙骨、通贯龙骨和加强龙骨四种；按其规格尺寸不同，主要可分为 C50 系列、C75 系列和 C100 系列等。用于层高 3.5m 以下的隔墙，可采用 C50 系列；对于施工要求及使用需求较高的空间，可以采用 C70 或 C100 系列。

（2）紧固材料：主要通过射钉、膨胀螺钉、自攻螺钉、普通螺钉等进行连接加固，紧固材料的质量、规格、数量等应符合设计要求。

（3）垫层材料：轻钢龙骨隔墙安装所用的垫层材料，主要有橡胶条、填充材料等，垫层材料的质量、规格、数量等应符合设计要求。

（4）面板材料：轻钢龙骨隔墙的面板材料，一般宜选用纸面石膏板。纸面石膏板分为普通纸面石膏板和防水纸面石膏板两类，它们具有轻质、高强、抗震、防火、防蛀、隔热保温、隔声性能好、可加工性良好等特点。干燥的空间宜采用普通纸面石膏板，潮湿和有防水要求的空间宜采用防水纸面石膏板。

2. 轻钢龙骨隔墙工具

在轻钢龙骨隔墙施工中，常用的施工机具有气钉枪、电钻、墨斗、空气压缩机、木锯等。

（二）轻钢龙骨隔墙的施工工艺

1. 施工条件

（1）轻钢龙骨石膏罩面板隔墙在施工前，应先完成墙体的基本验收工作，石膏罩面板安装应待屋面、顶棚和墙抹灰完成后进行。

（2）设计要求隔墙有地枕带时，应待地枕带施工完毕，并达到设计要求的强度后，方可进行轻钢龙骨的安装。

（3）当主体结构墙、柱为砖砌体时，应在隔墙的交接处，按 1000mm 的间距预埋防腐木砖，以便进行连接。

2. 施工工艺

轻钢龙骨纸面石膏板隔墙的施工工艺流程为：基层处理与清理→墙位放线→墙垫施工→轻钢龙骨安装→铺设活动地板面层→安装石膏板→暗接缝处理。

（1）墙位放线。根据设计图纸，在室内地面确定隔墙的位置线，并将引至顶棚和侧墙。在地上放出的墙线应为双线，即隔墙两个垂面在地面上的投影线。

（2）墙垫施工。当设计要求设置墙垫时，应先对楼地面基层进行清理，并涂刷 YJ302 型界面处理剂一遍，然后再浇筑 C20 素混凝土墙垫。墙垫的上表面应平整，两侧面应垂直。墙垫内是否配置构造钢筋或埋设预埋件，应根据设计要求确定。

（3）安装沿地、沿顶及沿边龙骨。固定沿地、沿顶及沿边龙骨，可采用射钉或钻孔用膨胀螺栓，中距一般以 900mm 为宜，最大不应超过 1000mm。轻钢龙骨与建筑基体表面的接触处，一般要求在龙骨接触面的两边各粘贴一根通长的橡胶密封条，以起防水和隔声作用。射钉的位置应避开已敷设的暗管。沿地、沿顶及沿边龙骨的固定方法，如图 4.1 所示。

（4）轻钢竖龙骨的安装。轻钢竖龙骨的安装，应按下列要求进行。

① 竖龙骨按设计确定的间距就位，通常根据罩面板的宽度尺寸而定。对于罩面板材较宽者，需在其中间加设一根竖龙骨，竖龙骨中距最大不应超过 600mm。对于隔断墙的罩面层较重时（如表面贴瓷砖）的竖龙骨中距，应以不大于 420mm 为宜；当隔断墙体的高度较大时，其竖龙骨布置应适当加密。

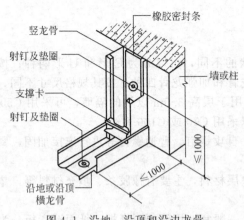

图 4.1　沿地、沿顶和沿边龙骨
固定示意图（单位：mm）

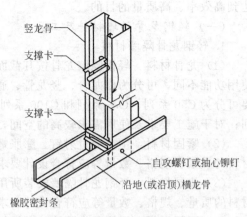

图 4.2　竖龙骨与沿地、沿顶
横龙骨的固定示意图

② 竖龙骨安装时应由隔断墙的一端开始排列，设有门窗的要从门窗洞口开始分别向两侧展开。当最后一根竖龙骨距离沿墙（柱）龙骨的尺寸大于设计规定的龙骨中距时，必须增加一根竖龙骨。将预先截好长度的竖龙骨推向沿顶、沿地龙骨之间，翼缘朝罩面板方向就位。龙骨的上、下端如为刚性连接，均用自攻螺钉或抽心铆钉与横龙骨固定，如图 4.2所示。

当注意采用有冲孔的竖龙骨时，其上下方向不能颠倒。竖龙骨现场截断时，应一律从其上端切割，并应保证各条龙骨的贯通孔高度必须在同一水平面上。

门窗洞口处的竖龙骨安装应按照设计要求进行，采用双根并用或扣盒子加强龙骨。如果门的尺寸较大且门扇较重时，应在门框外的上下左右增设斜撑。在安装门窗洞口竖龙骨的同时，应将门口与竖龙骨一并就位固定。

（5）水平龙骨的连接。当隔墙的高度超过石膏板的长度时，应适当增设水平龙骨。水平龙骨的连接方式：可采用沿地、沿顶龙骨与竖龙骨连接方法，或采用竖龙骨用卡托连接，或采用角托连接于竖龙骨等方法。连接龙骨与龙骨的连接卡件，如图 4.3所示。

（6）安装通贯龙骨。通贯横撑龙骨的设置，一种是低于 3m 的隔断墙安装 1 道；另一种是高 3～5m 的隔断墙安装 2～3 道。通贯龙骨横穿各条竖龙骨上的贯通冲孔，需要接长时使用其配套的连接件。在竖龙骨开口面安装卡托或支撑卡与通贯横撑龙骨连接锁紧，根据需要在竖龙骨背面可加设角托与通贯龙骨固定。采用支撑卡系列的龙骨时，应先将支撑卡安装于竖龙骨开口面，卡距为 400～600mm，距龙骨两端的距离为 20～25mm。

（7）固定件的安装。当隔墙中设置配电盘、消火栓、脸盆、水箱时，各种附墙的设备及吊挂件，均应按设计要求在安装骨架时预先将连接件与骨架连接牢固。

（8）安装纸面石膏板

① 石膏板安装应用竖向排列，龙骨两侧的石膏板错缝排列。石膏板宜采用自攻螺钉固定，顺序是从板的中间向两边进行固定。

② 12mm 厚的石膏板用长 25mm 螺钉、两层 12mm 厚的石膏板用长 35mm 螺钉。自攻螺钉在纸面石膏板上的固定位置：离纸包边的板边大于 10mm，小于 16mm，离切割边的板边至少 15mm。板边的螺钉距 250mm，边中的螺钉距 300mm。螺钉帽略埋入板内，并不得损坏纸面。

③ 隔墙下端的石膏板不应直接与地面接触，应留出 10～15mm

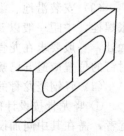

图 4.3　连接龙骨与
龙骨的连接卡件

的缝隙，缝用密封膏嵌严。

④ 卫生间及湿度较大的房间隔墙，应设置墙垫并采用防水石膏板。石膏板下端与墙垫间留出缝5mm，并用密封膏嵌严。

⑤ 纸面石膏板上开孔处理。开圆孔较大时应用由花钻开孔，开方孔时应用钻钻孔后再用锯条修边。

（9）暗接缝的处理。暗接缝的处理采用嵌接腻子方法，即将缝中浮尘和杂物清理干净，用小开刀将腻子嵌入缝内与板缝取平。待嵌入腻子凝固后，刮约1mm厚的腻子并粘贴玻璃纤维接缝带，再在开刀处往下一个方向施压、刮平，使多余的腻子从接缝带网眼中挤出。随即用大开刀刮腻子，将接缝带埋入腻子中，此遍腻子应将石膏板的楔形棱边填满找平。

二、木龙骨轻质隔墙施工

在室内隔断墙的设计和施工中，木龙骨轻质隔断墙也是广泛应用的一种形式。这种隔断墙主要采用木龙骨和木质罩面板、石膏板及其他一些板材组装而成，其具有安装方便、成本较低、使用价值高等优点，可广泛用于家庭装修及普通房间。

（一）木龙骨架结构形式

木龙骨隔断墙的木龙骨由上槛、下槛、主柱（墙筋）和斜撑组成。按立面构造，木龙骨隔断墙分为全封隔断墙隔、有门窗隔断墙和半高隔断墙三种类型。不同类型的隔断墙，其结构形式也不尽相同。

1. 大木方结构

如图4.4所示，这种结构的木隔断墙，通常用50mm×80mm或50mm×100mm的大木方制作主框架，框体的规格为500mm×500mm左右的方框架或5000mm×800mm左右的长方框架，再用4～5mm厚的木夹板作为基面板。

这种结构多用于墙面较高、较宽的木龙骨隔断墙。

2. 小木方双层结构

如图4.5所示，为了使木隔断墙有一定的厚度，常用25mm×30mm的带凹槽木方做成两片龙骨的框架，每片为规格300mm×300mm或400mm×400mm的框架，再将两个框架用木方横杆相连接，这种结构适用于宽度为150mm左右的木龙骨隔断墙。

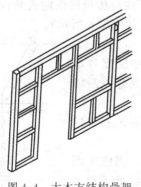

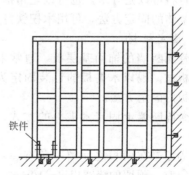

图 4.4　大木方结构骨架　　　　　　图 4.5　短隔断墙的固定

3. 小木方单层结构

这种结构常用25mm×30mm的带凹槽木方组装，常用的框架规格为300mm×300mm。此种结构的木隔断墙多用于高度在3m以下的全封隔断或普通半高矮隔断。

（二）隔墙木龙骨架的安装

隔墙木龙骨架所用木材的树种、材质等级、含水率以及防腐、防虫、防火处理，必须符合设计要求和《木结构工程施工质量及验收规范》（GB 50206—2002）的有关规定。接触砖、石、混凝土的骨架和预埋木砖，应经防腐处理，连接用的铁件必须经镀锌防锈处理。

1. 弹线打孔

根据设计图纸的要求，在楼地面和墙面上弹出隔墙的位置线（中心线）和隔墙厚度线（边线）。同时按300～400mm的间距确定固定点的位置，用直径7.8mm或10.8mm的钻头在中心线上打孔，孔深45mm左右，向孔内放入M6或M8的膨胀螺栓。注意打孔的位置与骨架竖向木方错开。如果用木楔铁钉固定，就需打出直径20mm左右的孔，孔深50mm左右，再向孔内打入木楔。

2. 固定木龙骨

固定木龙骨的方式有多种。为保证装饰工程的结构安全，在室内装饰工程中，通常遵循不破坏原建筑结构的原则进行龙骨的固定。木龙骨的固定一般按以下步骤进行。

（1）固定木龙骨的位置，通常是在沿地、沿墙、沿顶等处。

（2）在固定木龙骨前，应按对应地面和顶面的隔墙固定点的位置，在木龙骨架上画线，标出固定点位置，进而在固定点打孔，打孔的直径略微大于膨胀螺栓的直径。

（3）对于半高矮隔墙来说，主要靠地面固定和端头的建筑墙面固定。如果矮隔断墙的端头处无法与墙面固定，常采用铁件来加固端头处。加固部分主要是地面与竖向木方之间（如图4.5所示）。

3. 木龙骨架与吊顶的连接

在一般情况下，隔墙木龙骨架的顶部与建筑楼板底的连接可有多种选择，采用射钉固定连接件，采用膨胀螺栓，或采用木楔圆钉等做法均可。若隔墙上部的顶端不是建筑结构，而是与装饰吊顶相接触时，其处理方法需要根据吊顶结构而确定。

对于不设开启门扇的隔墙，当其与铝合金或轻钢龙骨吊顶接触时，只要求与吊顶面间的缝隙要小而平直，隔墙木骨架可独自与吊顶内建筑楼板以木楔圆钉固定。当其与吊顶的木龙骨接触时，应将吊顶木龙骨与隔墙木龙骨的沿顶龙骨钉接起来，如果两者之间有接缝，还应垫实接缝后再钉钉子。

对于设有开启门扇的隔墙，考虑到门的启闭震动及人的往来碰撞，其顶端应采取较牢靠的固定措施，一般做法是使竖向龙骨穿过吊顶面与建筑楼板底面固定，需采用斜角支撑。斜角支撑的材料可以是方木，也可以是角钢，斜角支撑杆件与楼板底面的夹角以60°为宜。斜角支撑与基体的固定方法，可用木楔铁钉或膨胀螺栓（如图4.6所示）。

（三）固定板材

木龙骨隔断墙的饰面基层板，通常采用木夹板、中密度纤维板等木质板材。现以木夹板的钉装固定为例，介绍木龙骨隔断墙饰面基层板的固定方法。

木龙骨隔断墙上固定木夹板的方式，主要有明缝固定和拼缝固定两种。

明缝固定是在两板之间留一条有一定宽度的缝隙，当施工图无明确规定时，预留的缝宽以8～10mm为宜。如果明缝处不用垫板，则应将木龙骨面刨光，使明缝的上下宽度一致。在锯割木夹板时，用靠尺来保证锯口的平直度与尺寸的准确性，锯完后用0号木砂纸打磨修边。

拼缝固定时，要对木夹板正面四边进行倒角处理（边倒角为45°），以便在以后的基层处理时可将木夹板之间的缝隙补平。钉板的方法是用25mm枪钉或铁钉，把木夹板固定在木龙骨上。要求布钉均匀，钉距掌握在100mm左右。通常5mm厚以下的木夹板

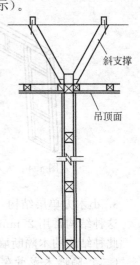

斜支撑

吊顶面

图4.6 带木门隔墙与建筑顶面的连接固定

用 25mm 钉子固定，9mm 厚左右的木夹板用 30～35mm 的钉子固定。

对钉入木夹板的钉头，有两种处理方法。一种是先将钉头打扁，再将钉头打入木夹板内；另一种是先将钉头与木夹板钉平，待木夹板全部固定后，再用尖头冲子逐个将钉头冲入木夹板平面以内 1mm。枪钉的钉头可直接埋入木夹板内，所以不必再处理。

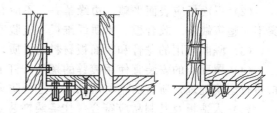

(a) 用胀铆螺栓固定　　　　(b) 用螺钉固定

图 4.7　木隔墙门框采用铁件加固的构造做法

但在用枪钉时，要注意把枪钉嘴压在板面上后再扣动扳机打钉，以保证钉头埋入木夹板内。

（四）木隔墙门窗的构造做法

1. 门框构造

木隔墙的门框是以门洞口两侧的竖向木龙骨为基体，配以挡位框、饰边板或饰边线组合而成的。传统的大木方骨架的隔墙门洞竖龙骨断面大，其挡位框的木方可直接固定于竖向木龙骨上。对于小木方双层构架的隔墙，由于其木方断面较小，应该先在门洞内侧钉固 12mm 厚的胶合板或实木板之后，才可在其上固定挡位框。如若对木隔墙门的设置要求较高，其门框的竖向木方应具有较大断面，并采取铁件加固法（图 4.7），这样做可以保证不会由于门的频繁启闭震动而造成隔墙的颤动或松动。

木质隔墙门框在设置挡位框的同时，为了收边、封口和装饰美观，一般都采取包框饰边的结构形式，常见的有厚胶合板加木线包边、阶梯式包边、大木线条压边等。安装固定时可使用胶黏剂钉合，装设牢固，注意铁钉应冲入面层。

2. 窗框构造

木隔断中的窗框是在制作木隔断时预留出的，然后用木夹板和木线条进行压边或定位。木隔断墙的窗有固定式和活动窗扇式，固定式是用木条把玻璃定位在窗框中，活动窗扇式与普通活动窗基本相同。

（五）饰面

在木龙骨夹板墙身基面上，可进行的饰面种类有：涂料饰面、裱糊饰面、镶嵌各种罩面板等。其施工工艺详见相关章节内容。

第二节　板材隔墙工程的施工

板式隔墙是隔墙与隔断中最常用的一种形式，常用的条板材料有加气混凝土条板、石膏条板、石膏复合条板、石棉水泥板面层复合板、压型金属板面层复合板、泰柏板及各种面层的蜂窝板等。板式隔墙的特点是：不需要设置墙体龙骨骨架，采用高度等于室内净高的条形板材进行拼装。安装条板的方法，一般有上加楔和下加楔两种，通常采用下加楔比较多。下加楔的具体做法是：先在板顶和板侧浇水，满足其吸水性的要求，再在其上涂抹胶黏剂，使条板的顶面与平顶顶紧，下面用木楔从板底两侧打进，调整板的位置达到设计要求，最后用细石混凝土灌缝。

一、板材隔墙工程材料质量要求

板材隔墙工程的质量如何，关键在于选择符合设计质量要求的材料。材料的质量要求主要包括以下几个方面。

（1）复合轻质墙板、石膏空心板、预制钢丝网水泥板等板材，采购及验收时应检查出厂合格证，并按其产品质量标准进行验收，不合格的板材不得用于工程。

（2）罩面板应表面平整、边缘整齐，不应有污垢、裂纹、缺角、翘曲、起皮、色差、图案不完整等缺陷。胶合板、木质纤维板不应脱殿、变色和腐朽。

（3）隔断墙用的龙骨和罩面板材料的材质，均应符合现行国家标准和行业标准的规定。

（4）罩面板的安装宜使用镀锌的螺丝、钉子。接触砖石、混凝土的木龙骨和预埋的木砖应进行防腐处理，所有的木材制品均应进行防火处理。

（5）人造板及其制品应符合《住宅装饰装修工程施工规范》（GB 50327—2001）和《民用建筑工程室内环境污染控制规范》（GB 50325—2001）中的规定，甲醛释放试验方法及限量值见表4.1。

表 4.1　人造板及其制品甲醛释放试验方法及限量值

产品名称	试验方法	甲醛限量值	使用范围	限量标志
中密度纤维板、高密度纤维板、刨花板、定向刨花板等	穿孔萃取法	≤9mg/100g	可直接用于室内	E_1
		≤30mg/100g	必须饰面处理后可允许用于室内	E_2
胶合板、装饰单板贴面胶合板、细木工板等	干燥器法	≤1.5mg/L	可直接用于室内	E_1
		≤5.0mg/L	必须饰面处理后可允许用于室内	E_2
饰面人造板（包括浸渍纸层压木质地板、实木复合地板、竹地板、浸渍胶膜纸饰面人造板等）	气候箱法	≤0.12mg/m³	可直接用于室内	E_1
	干燥器法	≤1.5mg/L		

注：1. 仲裁机关在仲裁工作中需要做试验时，可采用气候箱法。

2. E_1 为可直接用于室内的人造板，E_2 为必须饰面处理后允许用于室内的人造板。

二、加气混凝土条板隔墙施工

1. 条板构造及规格

加气混凝土条板是以钙质材料（水泥、石灰）、含硅材料（石英砂、尾矿粉、粉煤灰、粒化高炉矿渣、页岩等）和加气剂作为原料，经过磨细、配料、搅拌、浇注、切割和压蒸养护［8或15个大气压（1标准大气压＝101.325kPa）下养护6～8h］等工序制成的一种多孔轻质墙板。条板内配有适量的钢筋，钢筋宜预先经过防锈处理，并用点焊加工成网片。

加气混凝土条板可以做室内隔墙，也可作为非承重的外墙板。由于加气混凝土能利用工业废料，产品成本比较低，能大幅度降低建筑物的自重，生产效率较高，保温性能较好，因此具有较好的技术经济效果。

加气混凝土条板按其原材料不同，可分为水泥-矿渣-砂、水泥-石灰-砂和水泥-石灰-粉煤灰加气混凝土条板；加气混凝土隔墙条板的规格有：厚度75mm、100mm、120mm、125mm；宽度一般为600mm；长度根据设计要求而定。条板之间粘接砂浆层的厚度，一般为2～3mm，要求饱满、均匀，以使条板与条板粘接牢固。条板之间的接缝可做成平缝，也可做成倒角缝。

2. 加气混凝土条板的安装

加气混凝土条板隔墙一般采用垂直安装，板的两侧应与主体结构连接牢固，板与板之间用粘接砂浆粘接，沿板缝上下各1/3处按30°角钉入金属片，在转角墙和丁字墙交接处，在板高上下1/3处，应斜向钉入长度不小于200mm、直径8mm的铁件（如图4.8～图4.10所示）。加气混凝土条板上下部的连接，一般采用刚性节点做法：即在板的上端抹粘接砂浆，与梁或楼板的底部粘接，下部两侧用木楔顶紧，最后在下部的缝隙用细石混凝土填实（如图4.11所示）。

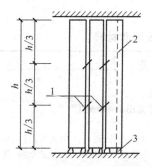

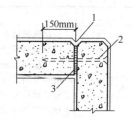

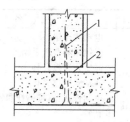

图 4.8　加气混凝土条板用铁 　　图 4.9　转角墙节点构造 　　图 4.10　丁字墙节点构造
销、铁钉横向连接示意图 　1—八字缝；2—用直径 8mm 钢筋打尖； 　1—用直径 8mm 钢筋打尖；
1—铁销；2—铁钉；3—木楔 　　　　3—粘接砂浆 　　　　2—粘接砂浆

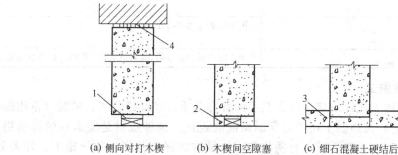

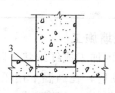

(a) 侧向对打木楔　　(b) 木楔间空隙塞　　(c) 细石混凝土硬结后
　　　　　　　　　　豆石混凝土　　　　取出木楔，做地面

图 4.11　隔墙板上下连接构造方法
1—木楔；2—豆石混凝土；3—地面；4—粘接砂浆

　　加气混凝土条板内隔墙安装顺序，应从门洞处向两端依次进行，门洞两侧宜用整块条板。无门洞时，应按照从一端向另一端的顺序安装。板间粘接砂浆的灰缝宽度以 2～3mm 为宜，一般不得超过 5mm。板底木楔需要经过防腐处理，顺板宽方向楔紧。门洞口过梁块连接如图 4.12 所示。

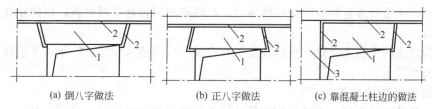

(a) 倒八字做法　　(b) 正八字做法　　(c) 靠混凝土柱边的做法

图 4.12　门洞口过梁块的连接构造做法
1—过梁楔（用墙板楔紧）；2—粘接砂浆；3—钢筋混凝土柱

　　加气混凝土条板隔墙安装，要求墙面垂直，表面平整，用 2m 靠尺检查其垂直度和平整度，偏差最大不应超过规定的 4mm。隔墙板的最小厚度不得小于 75mm；当厚度小于 125mm 时，其最大长度不应超过 3.5m。对双层墙板的分户墙，两层墙板的缝隙应相互错开。

　　加气混凝土墙板上不宜吊挂重物，否则易损坏墙板，如确实需要，则应采取有效的措施进行加固。

　　装卸加气混凝土板材应使用专用工具，运输时应对板材做好绑扎措施，避免松动、碰撞。板材的堆放点应靠近施工现场，避免二次搬运。堆放场地应坚实、平坦、干燥，不得使板材直接接触地面。堆放时宜侧立放置，注意采取覆盖保护措施，避免雨淋。

主要机具及主要配套材料，见表 4.2 所示。

表 4.2　加气混凝土条板隔墙施工主要机具及主要配套材料

项目	名　　称	用　　途
主要施工机具	电动式台锯	板材纵横切锯
	锋钢锯和普通手锯	局部切锯或异形构件切锯
	固定式摩擦夹具	吊装横向墙板、窗过梁(主要用于外墙施工)
	转动式摩擦夹具	吊装竖向墙板(用于外墙)
	电动慢速钻(按钻杆和钻头分扩孔钻、直孔钻、大孔钻)	钻墙面孔穴：扩孔钻用于埋设铁件、暖气片挂钩等；直孔钻用于穿墙铁件或管道敷设；大孔钻用于预埋锚固铁件的垫板、螺栓或接线盒及电开关盒等调整、挪动墙板位置
	撬棍	
	镂槽器	墙面上镂槽
主要配套材料	塑料胀管	用于固定挂衣钩、壁柜搁板、木护墙龙骨以及木门窗框等
	尼龙胀管	
	钢胀管	
	铝合金钉	用于隔墙板之间的连接
	铁销	
	螺栓夹板	用于隔墙板悬挂重物，如厕所水箱、配电箱、洗脸盆支架等

三、纤维板隔墙施工

纤维板是由碎木加工成纤维状，除去其中的有害杂质，经纤维分离、喷胶（常用酚醛树脂胶）、成型、干燥后，在高温下用压力压制而成的板材。这种板材是废木料的再利用，具有节省木材、面大规整、无缝无节、材质均匀、纵横方向强度相同、便于施工、外表美观、装饰性好、应用面广等优点。

纤维板隔墙安装施工的要点如下：

（1）采用普通钉子固定时，硬质纤维板的钉距为 80～120mm，钉长为 20～30mm，钉帽打扁后要钉入板面 0.5mm，钉眼要用油性腻子将其抹平。这样不仅可使板面平整、不使钉帽生锈，而且可防止板面产生空鼓、翘曲。

如果采用木压条固定时，钉距一般不应大于 200mm，钉帽打扁后要钉入板面 0.5～1.0mm，钉眼要用油性腻子将其抹平。

（2）采用硬质纤维板罩面装饰或隔断时，在隔断的阳角处应做护角，以防止在使用过程中损坏墙角。

（3）为防止产生较大变形，硬质纤维板在安装前应用清水浸透，晾干后才能使用，不得直接进行安装固定。

四、石膏板隔墙施工

随着科学技术的发展，石膏板在建筑装饰工程应用越来越广泛，品种也越来越多。如纸面石膏板、装饰石膏板、石膏空心条板、纤维石膏板和石膏复合墙板等。其中应用最广泛的是石膏空心条板和石膏复合墙板。

（一）石膏板隔墙施工

石膏板是以建筑石膏（$CaSO_4 \cdot 1/2H_2O$）为主要原料生产制成的一种重量轻、强度高、厚度薄、加工方便、隔声、隔热和防火性能较好的建筑材料。石膏板有纸面石膏板、无面纸纤维石膏板、装饰石膏板、石膏空心条板等多种。

我国常用石膏空心条板，是以天然石膏或化学石膏为主要原料，掺加适量水泥或石灰、粉煤灰为辅助胶结料，并加入少量增强纤维（也可加进适量膨胀珍珠岩），经加水搅拌制成料浆，再经浇注成型，抽芯、干燥而成。

石膏空心条板的一般规格，长度为 2500～3000mm，宽度为 500～600mm，厚度为 60～

90mm。石膏空心条板表面平整光滑，且具有质轻（表观密度 600～900kg/m³）、比强度高（抗折强度 2～3MPa）、隔热 [热导率为 0.22W/(m·K)]、隔声（隔声指数＞300dB）、防火（耐火极限 1～2.25h）、加工性好（可锯、刨、钻）、施工简便等优点。其品种按原材料分，有石膏粉煤灰硅酸盐空心条板、磷石膏空心条板和石膏空心条板，按防潮性能可分为普通石膏空心条板和防潮空心条板。

1. 石膏条板隔墙 - 般构造

石膏空心条板一般用单层板作分室墙和隔墙，也可用双层空心条板，内设空气层或矿棉组成分户墙。单层石膏空心板隔墙，也可用割开的石膏板条做骨架，板条宽为 150mm，整个条板的厚度约为 100mm，墙板的空心部位可穿电线，板面上固定开关及插销等，可按需要钻成小孔，塞粘圆木固定于上。石膏空心条板隔墙板与梁（板）的连接，一般采用下楔法，即下部与木楔楔紧后，灌填干硬性混凝土。其上部固定方法有两种：一种为软连接，另一种为直接顶在楼板或梁下。为施工方便较多采用后一种方法。墙板之间，墙板与顶板以及墙板侧边与柱、外墙等之间均用 108 胶水泥砂浆粘接。凡墙板宽度小于条板宽度时，可根据需要随意将条板锯开再拼装粘接。

空心板隔墙的隔声性能及外观和尺寸允许偏差分别见表 4.3 和表 4.4。

表 4.3　石膏珍珠岩空心条板隔墙隔声性能

构　　造	厚度/mm	单位面积质量/(kg/m²)	隔声性能/dB	
			指数	平均值
单层石膏珍珠岩空心板	60	38	31	31.35
双层石膏珍珠岩空心板,中间加空气层	60＋50＋60	76	40	40.76
双层石膏珍珠岩空心板,中间填棉毡	60＋50＋60	83	46	46.95

表 4.4　石膏空心条板外观和尺寸允许偏差

项次	项　　目	指　　标
1	对角线偏差/mm	＜5
2	抽空中心线位移/mm	＜3
3	板面平整度	长度 2mm、翘曲不大于 3mm
4	掉角	所掉之角两直角边长度不得同时大于 60mm×40mm,若小于 60mm×40mm,同板面不得有两处
5	裂纹	裂纹长度不得大于 100mm,若小于 100mm,在同一板面不得有两处
6	气孔	不得有大于 10mm 气孔三个以上

2. 石膏条板隔墙的施工工艺

石膏空心板隔墙的施工顺序为：墙位放线→立墙板→墙底缝填塞混凝土→嵌缝。

安装墙板时，应按照放线的位置，从门口通天框旁开始，最好使用定位木架。安装前在板的顶面和侧面刷 108 胶水泥砂浆，先推紧侧面，再顶牢顶面，板下两侧 1/3 处垫两组木楔并用靠尺检查，然后下端浇注细石混凝土，或者先在地面上浇制或放置混凝土条块，也可以砌砖，然后粘上石膏空心条板。为防止安装时石膏空心条板底端吸水，应先涂刷甲基硅醇钠溶液做防潮处理。

踢脚线施工比较简单，先用稀 108 胶水刷一遍，再用 108 胶水泥浆刷至踢脚线部位，待初凝后用水泥砂浆抹实压光。

石膏空心条板隔墙的墙板与墙板的连接、墙板与地面的连接、墙板与门口的连接、墙板与柱子的连接、墙板与顶板的连接，分别见图 4.13～图 4.17。

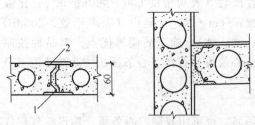
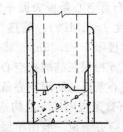

图 4.13　墙板与墙板的连接　　　　　　　　　图 4.14　墙板与地面的连接
1—108 胶水泥砂浆粘接；2—石膏腻子嵌缝

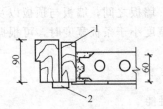
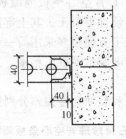
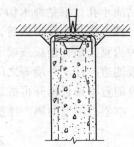

图 4.15　墙板与门口的连接　　　　图 4.16　墙板与柱的连接　　　图 4.17　墙板与顶板的
1—通天板；2—木压条　　　　　　　　　　　　　　　　　　　　　　　连接（软节点）

　　板缝一般采用不留明缝的做法，其具体做法是：在涂刷防潮涂料之前，先刷水湿润两遍，再抹石膏膨胀珍珠岩腻子，进行勾缝、填实、刮平。

　　（二）石膏复合墙板隔墙的施工

　　1. 石膏复合墙板一般构造

　　石膏面层的复合墙板，一般是指用两层纸面石膏板或纤维石膏板和一定断面的石膏龙骨或木龙骨、轻钢龙骨，经粘接、干燥而制成的轻质复合板材。常用石膏板复合墙板如图 4.18 所示。

　　石膏板复合墙板按其面板不同，可分为纸面石膏板与无纸面石膏复合板；按其隔声性能不同，可分为空心复合板与填心复合板；按其用途不同，可分为一般复合板与固定门框复合

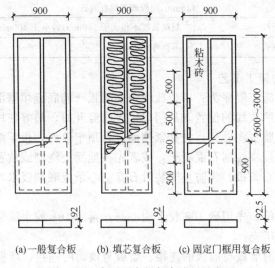

(a)一般复合板　　　　(b)填芯复合板　　　(c)固定门框用复合板

图 4.18　常用石膏板复合墙板示意图

板。纸面石膏复合板的一般规格为：长度 1500～3000mm，宽度 800～1200mm，厚度 50～200mm。无纸面石膏复合板的一般规格为：长度 3000mm，宽度 800～900mm，厚度 74～120mm。石膏板复合墙板的尺寸允许偏差，如表 4.5 所示。

表 4.5　石膏板复合墙板的尺寸允许偏差

项　目		指　标	
		北京市石膏板厂	四川大邑县建筑材料厂
尺寸允许偏差/mm	长度	±5	±6
	宽度	±3	±5
	厚度	±1	±1

2. 石膏复合墙板的安装施工

石膏板复合板一般用作分室墙或隔墙，也可用两块复合板中设空气层组成分户墙。隔墙墙体与梁或楼板连接，一般常采用下楔法，即墙板下端垫木楔，填干硬性混凝土。隔墙下部构造，可根据工程需要做墙基或不做墙基，墙体和门框的固定，一般选用固定门框用复合板，钢木门框固定于预埋在复合板的木砖上，木砖的间距为 500mm，可采用粘接和钉接的固定方法。墙体与门框的固定如图 4.19～图 4.22 所示。石膏板复合墙的隔声标准要按设计要求选定隔声方案。墙体中应尽量避免设电门、插座、穿墙管等，如必须设置时，则应采取相应的隔声构造，见表 4.6 所示。

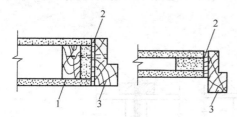

图 4.19　石膏板复合板墙与木门框的固定
1—固定门框用复合板；2—粘接料；3—木门框

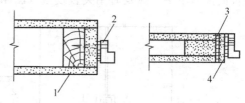

图 4.20　石膏板复合板墙与钢门框的固定
1—固定门框用复合板；2—钢门框；3—粘接料；4—水泥刨花板

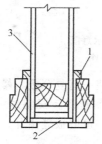

图 4.21　石膏板复合板墙端部与木门框固定
1—用 108 胶水泥砂浆粘贴木门口并用铁钉固牢；
2—贴厚石膏板封边；3—固定门框用复合板

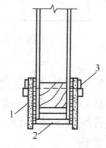

图 4.22　石膏板复合板墙端部与钢门框固定
1—用粘接料贴 12×105 水泥刨花板，并用螺丝固定；
2—贴厚石膏板封边；3—用木螺丝固定钢门框

表 4.6　石膏板复合墙体的隔声、防火和限制高度

类别	墙厚/mm	单位面积质量/(kg/m²)	隔声指数/dB	耐火极限/h	墙体限制高度/mm
非隔声墙	50	26.6	—	—	—
	92	27～30	35	0.25	3000
隔声墙	150	53～60	42	1.5	3000
	150	54～61	49	＞1.5	3000

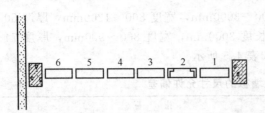

图 4.23　石膏板复合板隔墙安装次序示意图
1，3—整板（门口板）；2—门口；4，5—整板；6—补板

石膏板复合板隔墙的安装施工顺序为：墙位放线→墙基施工→安装定位架→复合板安装、立门窗口→墙底缝隙填塞干硬性细石混凝土。

在墙位放线以后，先将楼地面适度凿毛，将浮灰清扫干净，洒水湿润，然后现浇混凝土墙基；复合板安装宜由墙的一端开始排放，按排放顺序进行安装，最后剩余宽度不足整板时，必须按所缺尺寸补板，补板宽度大于 450mm 时，在板中应增设一根龙骨，补板时在四周粘贴石膏板条，再在板条上粘贴石膏板；隔墙上设有门窗口时，应先安装门窗口一侧较短的墙板，随即立口，再安装门窗口的另一侧墙板。

一般情况下，门口两侧墙板宜使用边角比较方正的整板，在拐角两侧的墙板也应使用整板（如图 4.23 所示）。

在复合板安装时，在板的顶面、侧面和门窗口外侧面，应清除浮土后均匀涂刷胶黏剂成"∧"状，安装时侧面要严密，上下要顶紧，接缝内胶黏剂要饱满（要凹进板面 5mm 左右）。接缝宽度为 35mm，板底空隙不大于 25mm，板下所塞木楔上下接触面应涂抹胶黏剂。为保证位置和美观，木楔一般不撤除，但不得外露于墙面。

第一块复合板安装后，要检查垂直度，顺序往后安装时，必须上下横靠检查尺找平，如发现板面接缝不平，应及时用夹板校正（图 4.24）。

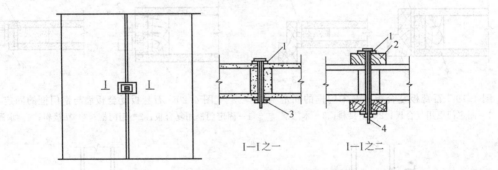

图 4.24　复合板墙板/板面接缝夹板校正示意图
1—垫圈；2—木夹板；3—销子；4—M6 螺栓

双层复合板中间留空气层的墙体，其安装要求为：先安装一道复合板，暴露于房间一侧的墙面必须平整；在空气层一侧的墙板接缝，要用胶黏剂勾严密封。安装另一面复合板前，插入电气设备管线的安装工作，第二道复合板的板缝要与第一道墙板缝错开，并使暴露于房间一侧的墙面平整。

第三节　玻璃隔墙工程施工

玻璃是一种透明、强度及硬度颇高，不透气的物料。玻璃在日常环境中呈化学惰性，亦不会与生物起作用，故玻璃的用途非常广泛。在建筑装饰工程中，玻璃常用于门窗、内外墙饰面、隔墙等部位，利用它作为围护结构，如门窗、屏风、隔墙及玻璃幕墙等。从装饰的角度来讲，大多数玻璃品种用于建筑工程，在满足使用要求的前提下，都具有一定的艺术装饰效果。

一、玻璃板隔墙施工

玻璃板隔墙主要用骨架来镶嵌玻璃。玻璃板隔墙按照骨架材料不同，一般可分为木骨架和金属骨架两种类型；隔墙按玻璃所占比例不同，一般可分为半玻型和全玻型。

玻璃板隔墙所用的玻璃应符合设计要求，一般有钢化玻璃、平板玻璃、磨砂玻璃、压花玻璃和彩色玻璃等。在施工中常用的机具有电焊机、冲击电钻、切割机、手枪钻、玻璃吸盘、直尺、水平尺、注胶枪等。

玻璃板隔墙的施工工艺流程：弹线放样 ➤木龙骨或金属龙骨下料组装→固定框架→安装玻璃→嵌缝打胶→清理墙面。

（1）弹线放样。先按照图纸弹出玻璃板隔墙的地面位置线，再用垂直法弹出墙（柱）上的位置线、高度线和沿顶位置线。

（2）木龙骨或金属龙骨下料组装。按照施工图尺寸和实际情况，用专业工具对木龙骨或金属龙骨进行切割与组装。

（3）固定框架。木质框架与墙和地面的固定，可通过预埋木砖或安装木楔使框架与之固定。铝合金框架与墙和地面的固定，可通过铁脚件完成。

（4）安装玻璃。用玻璃吸盘把玻璃吸牢，并将玻璃插入框架的上框槽口内，然后轻轻地落下放入下框槽口内。如果为多块玻璃组装，玻璃之间接缝时应留 2～3mm 缝隙，或留出与玻璃肋厚度相同的缝。

（5）嵌缝打胶、清理墙面。玻璃就位后，应校正其平整度、垂直度，同时用聚苯乙烯泡沫条嵌入槽口内，使玻璃与金属槽结合平顺、紧密，然后在缝隙处打硅酮结构胶。在结构胶达到一定强度后，应将玻璃表面上的杂物清除干净。

二、空心玻璃砖隔墙施工

目前，在装饰装修工程中，正在大力推广空心玻璃砖隔墙，这种隔墙具有强度很高、外观整洁、清洗方便、防火性好、光洁明亮、透光不透明等特点。玻璃砖主要用于室内隔墙或其他局部墙体，它不仅能分割室内空间，而且还可以作为一种采光的墙壁，具有较强的装饰效果。尤其是玻璃砖隔墙透光与散光现象，使装饰部位具有别具风格的视觉效果。

（一）隔墙施工材料与施工机具

玻璃砖有实心砖和空心砖之分，当前应用最广泛的是空心玻璃砖。空心玻璃砖是采用箱式模具压制而成的两块凹形玻璃熔接或胶结成整体的具有一个或两个空腔的玻璃制品，空腔中充以干燥空气或其他绝热材料，经退火后涂饰侧面而成。

空心玻璃砖的规格很多，装饰工程中常见的有 115mm×115mm×95mm、140mm×140mm×95mm、190mm×190mm×95mm、240mm×240mm×95mm 等，有白、茶、蓝、绿、灰等色彩及各种精美条纹图案。

在空心玻璃砖隔墙施工中，常用的施工机具有电钻、水平尺、靠尺、橡胶榔头、砌筑和勾缝用的工具等。

（二）空心玻璃砖隔墙施工要点

（1）固定金属型材框用的镀锌钢膨胀螺栓的直径不得小于 8mm，间距不得大于500mm。用于厚度 95mm 厚的空心玻璃砖的金属型材框，最小截面应为 100mm×50mm×3.0mm；用于厚度 100mm 厚的空心玻璃砖的金属型材框，最小截面应为 108mm×50mm×3.0mm。

（2）空心玻璃砖隔墙的砌筑砂浆等级为 M5，一般宜采用 42.5 的白色硅酸盐水泥和粒径小于 3mm 洁净砂子拌制。

（3）室内空心玻璃砖隔墙的高度和长度均超过 1.5m 时，应在垂直方向上每 2 层空心玻璃砖水平设置 2 根直径为 6mm 的钢筋；当只有隔墙的高度超过 1.5m 时，水平设置 2 根直径。当不采用错缝砌筑方式时，在水平方向上每 3 个缝至少垂直设置 1 根钢筋，钢筋每端伸入金属型材框的尺寸不得小于 35mm。最上层的空心玻璃砖应深入顶部的金属型材框中，深入尺寸不得小于 10mm，且不得大于 25mm。

（4）各空心玻璃砖之间应留有适宜的缝隙，许可的情况下要尽量均匀，接缝的最小不得小于 10mm，同时也不得大于 30mm。

（5）空心玻璃砖与金属型材框两翼接触的部位应留有滑缝，缝宽不得小于 4mm，腹面接触的部位应留有胀缝，缝宽不得小于 10mm。滑缝和胀缝应用沥青毡和硬质泡沫塑料填充。金属型材框与建筑墙体和屋顶的结合部，以及空心玻璃砖砌体与金属型材框翼端的结合部位应用弹性密封材料封闭。

（6）如果空心玻璃砖墙没有外框，应根据装饰效果要求设置饰边。饰边通常有木质饰边和不锈钢饰边。木质饰边可根据设计要求做成各种线型，常见的形式如图 4.25 所示。不锈钢饰边常用的有单柱饰边、双柱饰边、不锈钢板槽饰边等，常见的形式如图 4.26 所示。

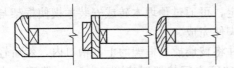

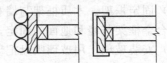

图 4.25　玻璃砖墙常见的木质饰边　　　　图 4.26　玻璃砖墙常见的不锈钢饰边

第四节　其他隔断工程施工

隔断除了具有分割空间的功能外，还具有很强的装饰性。它不受隔声和遮透的限制，可高可低、可空可透、可虚可实、可静可动、选材多样、效果甚佳。与隔墙相比，隔断更具有灵活性，更能增加室内空间的层次和深度，用隔断来划分室内空间，可以产生灵活而丰富的空间效果，显得室内更加活泼而典雅。

现风建筑隔断的类型很多，按照隔断的固定方式分，有固定式隔断和活动式隔断；按隔断的开启方式分，有推拉式隔断、折叠式隔断、直滑式隔断和拼装式隔断；按隔断的材料不同分，有木隔断、竹隔断、玻璃隔断等；按隔断装饰形式分，有花格空透式隔断和其他装饰隔断。在室内隔断应用上，常见的有活动式隔断和空透式隔断。

一、空透式隔断施工

所谓空透式隔断主要是指那些以限定空间为主，以隔声、隔视线为辅，甚至不隔声、不隔视线的隔断，其形式多呈花格状。在室内设置的空透式隔断，主要包括花格、落地罩、隔扇和博古架等各种花格隔断。这类隔断有水泥制品花格空透式隔断、竹木花格空透式隔断和金属花格空透式隔断。

1. 水泥制品花格空透式隔断

水泥制品组成的隔断可分为两大类：一类是由各种形状小型花格组成，另一类是由条板和小花格或其他花饰组成。在设计小型花格时首先要明确隔断的用途和性质，并以此为据确定花格的封闭、空透、轻盈、厚重的程度。为此，基本型要具有可变性，辅助型要与基本的尺寸相协调。

2. 竹木花格空透式隔断

竹、木花格空透式隔断是仿中国传统室内装饰的一种隔断形式，竹、木花格空透式隔断具有自重较轻、制作容易、玲珑剔透、格调清新，运用传统图案可雕刻成各种花纹，并容易与绿化、水体相配合，从而形成一种自然古朴的风格，如图 4.27 和图 4.28 所示。

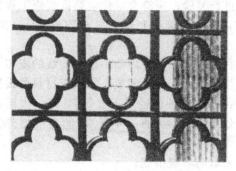 

图 4.27　木质花格空透式隔断　　　　　图 4.28　竹质花格空透式隔断

3. 金属花格空透式隔断

金属花格的成型方法有两种：一种为浇铸成型，即利用设计好的模型浇铸出铁、铜、铝等花格，另一种是弯曲成型，即用扁钢、钢管、钢筋等弯曲成各种花格。花格与花格、花格与边框可以焊接、铆接或螺栓连接而组成空透式隔断。隔断上可另加有机玻璃等装饰件，由于金属花格成型方法多，其品种繁多、图案丰富、变化无穷、坚固耐久、造型美观，深受人们的喜爱，尤其是容易形成圆润、流畅的曲线，使隔断显得更活泼。

二、活动式隔断施工

活动式隔断又叫活动隔墙、隔断、活动展板、活动屏风、移动隔断、移动屏风、移动隔声墙，源于德国技术。其最大的特点是使用时灵活多变，可以随时打开和关闭，使相邻的空间形成不同的空间。根据使用和装配方法的不同，常见的主要有拼装式活动隔断、折叠式隔断和帷幕式隔断等。

（1）拼装式活动隔断。拼装式活动隔断是用可装拆的壁板或隔扇拼装而成，不需要设置滑轮和轨道。为了装卸方便，在隔断的上、下设长槛。

（2）折叠式隔断。折叠式隔断是将拼装式隔断独立扇用滑轮挂置在轨道上，是一种可沿轨道推拉移动折叠的隔断。下部一般不宜安装导轨和滑轮，以防止垃圾堵塞导轨。隔断板的下部可用弹簧卡顶着地板，以防止产生晃动。

活动式隔断具有稳定安全、隔声环保、隔热节能、高效防火、美观大方、收放灵活、收藏方便、应用广泛等优点，极适合星级酒店宴会厅、高档酒楼包间、高级写字楼会议室等场所进行空间间隔的使用。目前，活动式隔断系列产品已经广泛适用在酒店、宾馆、多功能厅、会议室、宴会厅、写字楼、展厅、金融机构、医院、工厂等多种场合。

第五节　轻质隔墙工程质量验收标准

根据国家标准《建筑装饰装修工程质量验收规范》（GB 50210—2001）中的规定，轻质隔墙工程质量验收应当符合下列标准。

一、质量验收一般规定

（1）本验收标准适用于板材隔墙、骨架隔墙、活动隔墙、玻璃隔墙等分项工程的质量验收。

（2）轻质隔墙工程验收时应检查下列文件和记录：①轻质隔墙工程的施工图、设计说明及其他设计文件；②材料的产品合格证书、性能检测报告、进场验收记录和复验报告；③隐蔽工程验收记录；④施工记录。

（3）轻质隔墙工程应对人造木板的甲醛含量进行复验，应符合《住宅装饰装修工程施工规范》（GB 50327—2001）和《民用建筑工程室内环境污染控制规范》（GB 50325—2001）中的规定。

（4）轻质隔墙工程应对下列隐蔽工程项目进行验收：①骨架隔墙中设备管线的安装及水管试压；②木龙骨防火、防腐处理；③预埋件或拉结筋；④龙骨安装；⑤填充材料的设置。

（5）各分项工程的检验批应按下列规定划分：同一品种的轻质工程每 50 间（大面各房间和走廊按轻质隔墙的墙面 30m² 为一间）应划分为一个检验批，不足 50 间也应划分为一个检验批。

（6）轻质隔墙与顶棚和其他墙体的交接处应采取防开裂措施。

（7）民用建筑轻质隔墙工程的隔声性能应符合现行国家标准《民用建筑隔声设计规范》（GB/J 118—88）的规定。

二、板材隔墙质量标准

（1）本节适用于复合轻质墙板、石膏空心板、顶制或现制和钢丝网水泥板等板材隔墙工程的质量验收。

（2）板材隔墙工程的检查数量应符合下列规定：每个检验批至少抽查 10%，并不得少于 3 间；不足 3 间时应全数检查。

板材隔墙工程的质量要求及检验方法，见表 4.7；板材隔墙安装的允许偏差和检验方法，见表 4.8。

表 4.7　板材隔墙工程的质量要求及检验方法

项目	项次	质 量 要 求	检 验 方 法
主控项目	1	隔墙板材的品种、规格、性能、颜色应符合设计要求。有隔声、隔热、阻燃、防潮等特殊要求的工程，板材应有相应性能等级的检测报告	观察；检查产品合格证书、进场验收记录和性能检测报告
	2	安装隔墙板材所需预埋件、连接件的位置、数量及连接方法应符合设计要求	观察；尺量检查；检查隐蔽工程验收记录
	3	隔墙板材安装必须牢固。现制钢丝网水泥隔墙与周边墙体的连接方法应符合设计要求，并应连接牢固	观察；手扳检查
	4	隔墙板材所用接缝材料的品种及接缝方法应符合设计要求	观察；检查产品合格证书和施工记录
一般项目	5	隔墙板材安装应垂直、平整、位置正确，板材不应有裂缝或缺损	观察；尺量检查
	6	板材隔墙表面应平整光滑、色泽一致、洁净、接缝均匀、顺直	观察；手摸检查
	7	隔墙上的孔洞、槽、盒应位置正确、套割方正、边缘整齐	观察
	8	板材隔墙安装的允许偏差和检验方法应符合表 4.8 的规定	

表 4.8　板材隔墙安装的允许偏差和检验方法

项次	项目	允许偏差/mm				检验方法
		复合轻质墙板		石膏空心板	钢丝网水泥板	
		金属夹心板	其他复合板			
1	立面垂直度	2	3	3	3	用 2m 垂直检测尺检查
2	表面平整度	2	3	3	3	用 2m 靠尺和塞尺检查
3	阴阳角方正	3	3	3	4	用直角检测尺检查
4	接缝高低差	1	2	2	3	用钢直尺和塞尺检查

三、骨架隔墙质量标准

（1）本节适用于以轻钢龙骨、木龙骨等为骨架，以纸面石膏板、人造木板、水泥纤维板等为墙面板的隔墙工程的质量验收。

（2）骨架隔墙工程的检查数量应符合下列规定：每个检验批应至少抽查10％，并不得少于3间；不足3间时应全数检查。

骨架隔墙工程的质量要求及检验方法，见表4.9；骨架隔墙安装的允许偏差和检验方法，见表4.10。

表4.9　骨架隔墙工程的质量要求及检验方法

项目	项次	质量要求	检验方法
主控项目	1	骨架隔墙所用龙骨、配件、墙面板、填充材料及嵌缝材料的品种、规格、性能和木材含水率应符合设计要求。有隔声、隔热、阻燃、防潮等特殊要求的工程，材料应有相应性能等级检测报告	观察；检查产品合格证书、进场验收记录、性能检测报告和复验报告
	2	骨架隔墙工程边框龙骨必须与基体结构连接牢固，并应平整、垂直、位置正确	手扳检查；尺量检查；尺量检查；检查隐蔽工程验收记录
	3	骨架隔墙中龙骨间距和构造连接方法应符合设计要求。骨架内设备管线的安装、门窗洞口等部位加强龙骨应安装牢固、位置正确，填充材料的设置应符合设计要求	检查隐蔽工程验收记录
	4	木龙骨及木墙面板的防火和防腐处理必须符合设计要求	检查隐蔽工程验收记录
	5	骨架隔墙的墙面板应安装牢固，无脱层、翘曲、折裂及缺损	观察；手扳检查
	6	墙面板所用接缝材料的接缝方法应符合设计要求	观察
一般项目	7	骨架隔墙表面应平整光滑、色泽一致、洁净、无裂缝，接缝应均匀、顺直	观察；手摸检查
	8	骨架隔墙上的孔洞、槽、盒应位置正确、套割吻合、边缘整齐	观察
	9	骨架隔墙内的填充材料应干燥，填充应密实、均匀、无下坠	轻敲检查；检查隐蔽工程验收记录
	10	骨架隔墙安装的允许偏差和检验方法应符合表4.10的规定	

表4.10　骨架隔墙安装的允许偏差和检验方法

项次	项目	允许偏差/mm 板面石膏板	人造木板、水泥纤维板	检验方法
1	立面垂直度	3	4	用2m垂直检测尺检查
2	表面平整度	3	3	用2m靠尺和塞尺检查
3	阴阳角方正	3	3	用直角检测尺检查
4	接缝直线度	—	3	拉5m线，不足5m拉通线，用钢直尺检查
5	压条直线度	—	3	拉5m线，不足5m拉通线，用钢直尺检查
6	接缝高	1	1	用钢直尺和塞尺检查

四、活动隔墙质量标准

（1）本节适用于各种活动隔墙工程的质量验收。

（2）活动隔墙工程的检查数量应符合下列规定：每个检验批应至少抽查20％，并不得少于6间；不足6间时应全数检查。

活动隔墙工程的质量要求及检验方法，见表4.11；活动隔墙安装的允许偏差和检验方法，见表4.12。

表 4.11　活动隔墙工程的质量要求及检验方法

项目	项次	质量要求	检验方法
主控项目	1	活动隔墙所用墙板、配件等材料的品种、规格、性能和木材的含水率应符合设计要求。有阻燃、防潮等特性要求的工程,材料应有相应性能等级的检测报告	观察;检查产品合格证书、进场验收记录、性能检测报告和复验报告
	2	活动隔墙轨道必须与基体结构连接牢固,并应位置正确	尺量检查;手扳检查
	3	活动隔墙用于组装、推拉和制动的构配件必须安装牢固、位置正确,推拉必须安全、平稳、灵活	尺量检查;手扳检查;推拉检查
	4	活动隔墙制作方法、组合方式应符合设计要求	观察
一般项目	5	活动隔墙表面应色泽一致、平整光滑、洁净、线条应顺直、清晰	观察;手摸检查
	6	活动隔墙上的孔洞、槽、盒应位置正确、套割吻合、边缘整齐	观察;尺量检查
	7	活动隔墙推拉应无噪声	观察
	8	活动隔墙安装的允许偏差和检验方法应符合表 4.12 的规定	

表 4.12　活动隔墙安装的允许偏差和检验方法

项次	项　目	允许偏差/mm	检验方法
1	立面垂直度	3	用 2m 垂直检测尺检查
2	表面平整度	2	用 2m 靠尺和塞尺检查
3	接缝直线度	3	拉 5m 线,不足 5m 拉通线,用钢直尺检查
4	接缝高低差	2	用钢直尺和塞尺检查
5	接缝宽度	2	用钢直尺检查

五、玻璃隔墙质量标准

(1) 本节适用于玻璃砖、玻璃板隔墙工程的质量验收。

(2) 玻璃墙工程的检查数量应符合下列规定:每个检验批至少抽查 20%,并不得少于 6 间;不足 6 间时应全数检查。

玻璃隔墙工程的质量要求及检验方法,见表 4.13;玻璃隔墙安装的允许偏差和检验方法,见表 4.14。

表 4.13　玻璃隔墙工程的质量要求及检验方法

项目	项次	质量要求	检验方法
主控项目	1	玻璃隔墙工程所用材料的品种、规格、性能、图案和颜色应符合设计要求。玻璃板隔墙应使用安全玻璃	观察;检查产品合格证书、进场验收记录、性能检测报告
	2	玻璃砖隔墙的砌筑或玻璃板隔墙的安装方法应符合设计要求	观察
	3	玻璃砖隔墙砌筑中埋设的拉结筋必须与基体结构连接牢固,并应位置正确	手扳检查;尺量检查;检查隐蔽工程验收记录
	4	玻璃隔墙的安装必须牢固。玻璃板隔墙胶垫的安装应正确	观察;手推检查;检查施工记录
一般项目	5	玻璃隔墙表面应色泽一致、平整洁净、清晰美观	观察
	6	玻璃隔墙接缝应横平竖直,玻璃应无裂痕、缺损和划痕	观察
	7	玻璃板隔墙嵌缝及安装玻璃砖墙勾缝应密实平整、均匀顺直、深浅一致	观察
	8	玻璃隔墙安装的允许偏差和检验方法应符合表 4.14 的规定	

表 4.14　玻璃隔墙安装的允许偏差和检验方法

项次	项　目	允许偏差/mm		检 验 方 法
		玻璃砖	玻璃板	
1	立面垂直度	3	2	用 2m 垂直检测尺检查
2	表面平整度	3	—	用 2m 靠尺和塞尺检查
3	阴阳角方正	—	2	用直角检测尺检查
4	接缝直线度	—	2	拉 5m 线,不足 5m 拉通线,用钢直尺检查
5	接缝高低差	3	2	用钢直尺和塞尺检查
6	接缝宽度	—	1	用钢直尺检查

复习思考题

1. 室内隔墙与隔断有什么作用？怎样对隔墙与隔断进行分类？

2. 轻钢龙骨纸面石膏板隔墙有何特点？对材料有什么要求？施工中常用哪些机具？

3. 轻钢龙骨纸面石膏板隔墙施工应具备哪些条件？其具体的施工工艺是什么？

4. 木龙骨轻质隔墙的骨架结构形式有哪几种？木龙骨轻质隔墙的具体的施工工艺是什么？

5. 板材隔墙对材料质量有哪些要求？

6. 加气混凝土板隔墙所有条板的构造及规格是什么？加气混凝土板隔墙的具体的施工工艺是什么？

7. 纤维板隔墙安装施工的要点是什么？

8. 石膏条块隔墙的一般构造是什么？石膏条块隔墙的具体的施工工艺是什么？

9. 石膏复合板隔墙的一般构造是什么？石膏复合板隔墙的具体的施工工艺是什么？

10. 玻璃板隔墙的具体的施工工艺是什么？

11. 玻璃砖隔墙的具体的施工工艺是什么？

12. 轻质隔墙工程质量验收的一般规定包括哪些方面？

13. 板材隔墙工程的质量要求及验收方法是什么？其安装的允许偏差及检验方法是什么？

14. 骨架隔墙工程的质量要求及验收方法是什么？其安装的允许偏差及检验方法是什么？

15. 活动隔墙工程的质量要求及验收方法是什么？其安装的允许偏差及检验方法是什么？

16. 玻璃隔墙工程的质量要求及验收方法是什么？其安装的允许偏差及检验方法是什么？

第五章

楼地面装饰工程施工

　　本章介绍了楼地面的基本功能、组成和装饰的一般要求，重点介绍了目前在地面装饰中整体地面、块料地面、塑料地面、木地板地面、地毯地面和活动地板的施工工艺。通过对本章内容的学习，主要掌握以上不同材料地面的施工方法，以及各种地面的质量标准和验收方法。

第一节　楼地面装饰工程概述

一、楼地面的功能

　　楼地面是房屋建筑底层地坪与楼层地坪的总称，它必须满足使用要求，同时满足一定的装饰要求。

　　建筑物的楼地面所应满足的基本使用要求是具有必要的强度，耐磨、耐磕碰，以及表面平整光洁，便于清扫等。首层地坪必须具有一定的防潮性能，楼面必须保证一定的防渗漏能力。对于标准比较高的建筑，还必须考虑以下各方面的使用要求。

　　1. 隔声要求

　　这一使用要求包括隔绝空气声和隔绝撞击声两个方面。空气声的隔绝主要与楼地面的质量有关；对撞击声的隔绝，效果较好的是弹性地面。

　　2. 吸声要求

　　这一要求对控制室内噪声具有积极意义。一般硬质楼地面的吸声效果较差，而各种软质楼地面有较大的吸声作用，例如化纤地毯的平均吸声系数达到 55%。

　　3. 保温性能要求

　　一般石材楼地面的热传导性较高，而木地板之类的热传导性较低，宜结合材料的导热性能和人的感受等综合因素加以考虑。

　　4. 弹性要求

　　弹性地面可以缓冲地面反力，让人感到舒适，一般装饰标准高的建筑多采用弹性地面。

　　楼地面的装饰效果是整个室内装饰效果的重要组成部分，要结合室内装饰的整体布局和要求加以综合考虑。

二、楼地面的组成

　　楼地面按其构造由面层、垫层和基层等部分组成。

地面的基层多为土。地面下的填土应采用合格的填料分层填筑与夯实，土块的粒径不宜大于 50mm，每层虚铺厚度：机械压实厚度不大于 300mm，人工夯实厚度不大于 200mm。回填土的含水量应按最佳含水量控制，太干的土要洒水湿润，太湿的土应晾干后使用，每层夯实后的干密度应符合设计要求。

楼面的基层为楼板，垫层施工前应做好板缝的灌浆、堵塞工作和板面的清理工作。

基层施工应抄平弹线，统一标高。一般在室内四壁上弹离地面高 500mm 的标高线作为统一控制线。

垫层有刚性垫层、半刚性垫层及柔性垫层。

刚性垫层是指水泥混凝土、碎砖混凝土、水泥矿渣混凝土和水泥灰炉渣混凝土等各种低强度等级混凝土。刚性垫层厚度一般为 70～100mm，混凝土强度等级不宜低于 C10，粗骨料的粒径不应超过 50mm。施工方法与一般混凝土施工方法相近，工艺过程为清理基层→检测弹线→基层洒水湿润→浇筑混凝土垫层→养护。

半刚性垫层一般有灰土垫层、碎砖三合土垫层和石灰炉渣垫层等。灰土垫层由熟石灰、黏土拌制而成，比例为 3：7，铺设时，应分层铺设、分层夯实拍紧，并应在其晾干后，再进行面层施工；碎砖三合土垫层，采用石灰、碎砖和砂（可掺少量黏土）按比例配制而成，铺设时，应拍平夯实，硬化期间应避免受水浸湿；石灰炉渣层是用石灰、炉渣拌和而成，炉渣粒径不应大于 40mm，且不超过垫层厚的 1/2。粒径在 5mm 以下者，不得超过总体积的 40%，炉渣施工前应用水闷透，拌和时严格控制加水量，分层铺筑，夯实平整。

柔性垫层包括用土、砂石、炉渣等散状材料经压实的垫层。砂垫层厚度不小于 60mm，适当浇水后用平板振动器振实。砂石垫层厚度不小于 100mm，要求粗细颗粒混合摊铺均匀，浇水使砂石表面湿润，碾压或夯实不少于三遍，至不松动为止。

各种不同的基层和垫层都必须具备一定的强度及表面平整度，以确保面层的施工质量。

三、楼地面面层的分类

楼地面按面层结构分为整体式地面（如灰土、菱苦土、水泥砂浆、混凝土、现浇水磨石、三合土等）、块材地面（如缸砖、釉面砖、陶瓷锦砖、拼花木板花砖、预制水磨石块、大理石板材、花岗石板材、硬质纤维板等）和涂布地面。

四、楼地面装饰的一般要求

（1）楼面与地面各层所用的材料和制品，其种类、规格、配合比、强度等级、各层厚度、连接方式等，均应根据设计要求选用，并应当符合国家和行业的有关现行标准及地面、楼面施工验收规范的规定。

（2）位于沟槽、暗管上面的地面与楼面工程的装饰，应当在以上工程完工经检查合格后方可进行。

（3）铺设各层地面与楼面工程时，应在其下面一层经检查符合规范的有关规定后，方可继续施工，并应做好隐蔽工程验收记录。

（4）铺设的楼地面的各类面层，一般宜在其他室内装饰工程基本完工后进行。当铺设菱苦土、木地板、拼花木地板和涂料类面层时，必须待基层干燥后进行，尽量避免在气候潮湿的情况下施工。

（5）踢脚板宜在楼地面的面层基本完工、墙面最后一遍抹灰前完成。木质踢脚板，应在木地面与楼面刨（磨）光后进行安装。

（6）当采用混凝土、水泥砂浆和水磨石面层时，同一房间要均匀分格或按设计要求进行分缝。

（7）在钢筋混凝土板上铺设有坡度的地面与楼面时，应用垫层或找平层找坡。

（8）铺设沥青混凝土面层及用沥青玛琋脂作结合层铺设块料面层时，应将下一层表面清扫干净，并涂刷同类冷底子油。结合层、块料面层填缝和防水层，应采用同类沥青、纤维和填充材料配制。纤维、填充料一般采用6级石棉和锯木屑。

（9）凡用水泥砂浆作为结合层铺砌的地面，均应在常温下养护，一般不得少于10d。菱苦土面层的抗压强度达到不少于设计强度的70%、水泥砂浆和混凝土面层强度达到不低于5.0MPa。当板块面层的水泥砂浆结合层的强度达到1.2MPa时，方可在其上面行走或进行其他轻微动作的作业。达到设计强度后，才可投入使用。

（10）用胶黏剂粘贴各种地板时，室内的施工温度不得低于10℃。

第二节　整体地面的施工

整体地面主要是指混凝土地面、水泥砂浆地面、现浇水磨石地面和菱苦土地面等。这是一种应用较为广泛、具有传统做法的地面，其基层和垫层的做法相同，仅面层所用材料和施工方法有所区别。绝大部分工程的基层和垫层在土建工程中完成，在装饰工程中仅进行面层的施工。由于在实际工程中应用水泥砂浆地面和现浇水磨石地面较多，所以本节重点介绍这两种地面的施工工艺。

一、水泥砂浆地面的施工

水泥砂浆地面面层是以水泥作胶凝材料，以砂作骨料，按配合比配制抹压而成。其构造及做法如图5.1所示。水泥砂浆地面的优点是造价较低、施工简便、使用耐久，但容易出现起灰、起砂、裂缝、空鼓等质量问题。

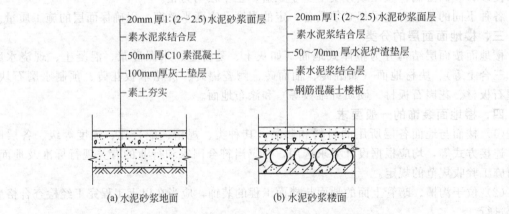

图5.1　水泥砂浆（楼）地面组成示意图

（一）对组成材料的要求

1. 胶凝材料

水泥砂浆（楼）地面所用的胶凝材料为水泥，应优先选择硅酸盐水泥、普通硅酸盐水泥，其强度等级一般不得低于32.5MPa。以上品种的水泥与其他品种水泥相比，具有早期强度高、水化热较高、干缩性较小等优点。如果采用矿渣硅酸盐水泥，其强度等级应大于32.5MPa，在施工中要严格按施工工艺操作，并且要加强养护，这样才能保证工程质量。

2. 细骨料

水泥砂浆面层所用的细骨料为砂，一般多采用中砂和粗砂，含泥量不得大于3%（质量分数）。因为细砂的级配不好，拌制的砂浆强度比中砂、粗砂拌制的强度约低25%～35%，不仅耐磨性较差，而且干缩性较大，容易产生收缩裂缝等质量问题。

（二）水泥砂浆地面的施工工艺

水泥砂浆地面的施工比较简单，其施工工艺流程为：基层处理→弹线、找规矩→水泥砂浆抹面→养护。

1. 基层处理

水泥砂浆面层多铺抹在楼地面混凝土垫层上，基层处理是防止水泥砂浆面层发生空鼓、裂纹、起砂等质量通病的关键工序。因此，要求基层具有粗糙、洁净、潮湿的表面，必须仔细清除一切浮灰、油渍、杂质，否则形成一层隔离层，会使面层结合不牢。表面比较光滑的基层，应进行凿毛，并用清水冲洗干净，冲洗后的基层，最好不要上人。在现浇混凝土或水泥砂浆垫层、找平层上做水泥砂浆地面面层时，其抗压强度达到 1.2MPa，才能铺设面层，这样不致破坏其内部结构。

2. 弹线、找规矩

（1）弹基准线　地面抹灰前，应先在四周墙上弹出一道水平基准线，作为确定水泥砂浆面层标高的依据。做法是以地面±0.00 为依据，根据实际情况在四周墙上弹出 0.5m 或 1.0m 作为水平基准线。据水平基准线量出地面标高并弹于墙上（水平辅助基准线），作为地面面层上皮的水平基准（如图 5.2 所示）。要注意按设计要求的水泥砂浆面层厚度弹线。

（2）做标筋　根据水平辅助基准线，从墙角处开始沿墙每隔 1.5～2.0m 用 1∶2 水泥砂浆抹标志块；标志块大小一般是 8～10cm 见方。待标志块结硬后，再以标志块的高度做出纵横方向通长的标筋以控制面层的标高（如图 5.3 所示）。地面标筋用 1∶2 水泥砂浆，宽度一般为 8～10cm。做标筋时，要注意控制面层标高与门框的锯口线吻合。

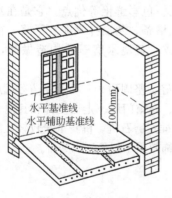

图 5.2　弹基准线

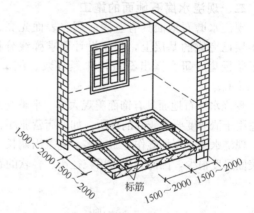

图 5.3　做标筋

（3）找坡度　对于厨房、浴室、厕所等房间的地面，要找好排水坡度。有地漏的房间，要在地漏四周做出不小于 5％的泛水，以避免地面"倒流水"或产生积水。找平时要注意各室内地面与走廊高度的关系。

（4）校核找正　地面铺设前，还要将门框再一次校核找正。其方法是先将门框锯口线抄平找正，并注意当地面面层铺设后，门扇与地面的间隙应符合规定要求，然后将门框固定，防止松动、位移。

3. 水泥砂浆抹面

面层水泥砂浆的配合比应符合有关设计要求，一般不低于 1∶2，水灰比为 1∶（0.3～0.4），稠度不大于 3.5cm。水泥砂浆要求拌和均匀，颜色一致。

铺抹前，先将基层浇水湿润，第二天先刷一道水灰比为 0.4～0.5 的素水泥浆结合层，随即进行面层铺抹。如果素水泥浆结合层过早涂刷，则起不到与基层和面层两者粘接的作用，反而易造成地面空鼓，所以，一定要随刷随抹。

地面面层的铺抹方法是：在标筋之间铺上砂浆，并随铺随用木抹子拍实，用短木杠按标筋标高刮平。在刮平时要从室内由里往外刮到门口，符合门框锯口线的标高，然后再用木抹子搓平，并用铁皮抹子紧跟着压光一遍。压光时用力要轻一些，使抹子的纹浅一些，以压光后表面不出现水纹为宜。如果面层上有多余的水分，可根据水分的多少适当均匀撒一层干水泥或干拌水泥砂浆来吸收面层上多余的水分，再压实压光。但是，当表层无多余水分时，不得撒干水泥。

当水泥砂浆开始初凝时，即人踩上去有脚印但不塌陷，即可开始用铁皮抹子压第二遍。这一遍是确保面层质量最关键的环节，一定要压实、压光、不漏压，并要把死坑、砂眼和脚印全部压平，要做到清除气泡、孔隙、平整光滑。待水泥砂浆达到终凝前，即人踩上去有细微脚印，抹子抹上去不再有纹时，再用铁皮抹子压第三遍。抹压时用力要稍微大一些，并把第二遍留下的抹子纹、毛细孔压平、压实、压光。

水泥地面压光要三遍成活，每遍抹压的时间要掌握适当，以保证工程质量。压光过早或过迟，都会造成地面起砂的质量问题。

4. 养护

面层抹压完毕后，在常温下铺盖草垫或锯木屑进行洒水养护，使其在湿润的状态下进行硬化。养护洒水要适时，如果洒水过早容易起皮，过晚则易产生裂纹或起砂。一般夏天在24h后进行养护，春秋季节应在48h后进行养护。当采用硅酸盐水泥和普通硅酸盐水泥时，养护时间不得少于7d；当采用矿渣硅酸盐水泥时，养护时间不得少于14d。面层强度达到5MPa以上后，才允许人在地面上行走或进行其他作业。

二、现浇水磨石地面的施工

现浇水磨石地面具有坚固耐用、表面光亮、外形美观、色彩鲜艳等优点。它是在水泥砂浆垫层已完成的基层上，根据设计要求弹线分格，镶贴分格条，然后抹水泥石子浆，待水泥石子浆硬化后研磨露出石渣，并经补浆、细磨、打蜡制成。现浇水磨石的构造做法，如图5.4所示。

现浇水磨石地面具有饰面美观大方、平整光滑、整体性好、坚固耐久、易于保洁等优点，主要适用于清洁度要求较高的场所，如商店营业厅、医院病房、宾馆门厅、走道楼梯和其他公共场所。现浇水磨石现场湿作业工序多，施工周期长。采用的手推式磨石机，机身重量较轻，能磨去的表面厚度很少，因此只能采用粒径小、轻软的石粒，其装饰效果不如预制水磨石。

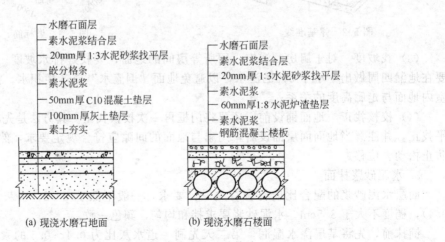

(a) 现浇水磨石地面　　　　　　　　(b) 现浇水磨石楼面

图 5.4　现浇水磨石地面的构造

（一）对组成材料的要求

1. 胶凝材料

现浇水磨石地面所用的水泥与水泥砂浆地面不同，白色或浅色的水磨石面层，应采用白色硅酸盐水泥；深色的水磨石地面，应采用硅酸盐水泥和普通硅酸盐水泥。无论白色水泥还是深色水泥，其强度均不得低于 32.5MPa。对于未超期而受潮的水泥，当用手捏无硬粒，色泽比较新鲜时，可考虑降低强度 5％使用；肉眼观察存有小球粒，但仍可散成粉末者，则可考虑降低强度的 15％左右使用；对于已有部分结成硬块者则不能再使用。

2. 石粒材料

水磨石石粒应采用质地坚硬、比较耐磨、洁净的大理石、白云石、方解石、花岗石、玄武岩、辉绿岩等，要求石粒中不得含有风化颗粒和草屑、泥块、砂粒等杂质。石粒的最大粒径以比水磨石面层厚度小 1～2mm 为宜，如表 5.1 所示。

表 5.1　石粒粒径要求

水磨石面层厚度/mm	10	15	20	25
石子最大粒径/mm	9	14	18	23

工程实践证明：普通水磨石地面宜采用 4～12mm 的石粒，而粒径石子彩色水磨石地面宜采用 3～7mm、10～15mm、20～40mm 三种规格的组合。现浇彩色水磨石参考配比，如表 5.2 所示。

表 5.2　彩色水磨石参考配比

彩色水磨石名称	主 要 材 料/kg			颜料占水泥的质量分数/%	
赭色水磨石	紫红石子	黑石子	白水泥	红色	黑色
	160	40	100	2	4
绿色水磨石	绿石子	黑石子	白水泥	绿色	
	160	40	100	0.5	
浅粉红色水磨石	红石子	白石子	白水泥	红色	黄色
	140	60	100	适量	适量
浅黄绿色水磨石	绿石子	黄石子	白水泥	黄色	绿色
	100	100	100	4	1.5
浅橘黄色水磨石	黄石子	白石子	白水泥	黄色	红色
	140	60	100	2	适量
木色水磨石	白石子	黄石子	425 水泥	—	
	60	140	100	—	
白色水磨石	白石子	黑石子	黄石子	白水泥	
	140	40	20	100	

石粒粒径过大则不易压平，石粒之间也不容易挤压密实。各种石粒应按不同的品种、规格、颜色分别存放，千万不能互相混杂，使用时按适当比例进行配合。除了石渣可作水磨石的骨料外，质地坚硬的螺壳、贝壳也是很好的骨料，这些产品沿海地区资源丰富，它们在水磨石中经研磨后，可闪闪发光，显示出珍珠般的光彩。

3. 颜料材料

颜料在水磨石面层中虽然用量很少，但对于面层质量和装饰效果，却起着非常重要的作用。用于水磨石的颜料，一般应采用耐碱、耐光、耐潮湿的矿物颜料。要求呈粉末状，不得有结块，掺入量根据设计要求并做样板确定，一般不大于水泥质量的 12％，并以不降低水泥的强度为宜。

4. 分格条

分格条也称嵌条，为达到理想的装饰效果，通常选用黄铜条、铝条和玻璃条三种，另外也有不锈钢、硬质聚氯乙烯制品。

5. 其他材料

（1）草酸　它是水磨石地面面层抛光材料。草酸为无色透明晶体，有块状和粉末状两种。由于草酸是一种有毒的化工原料，不能接触食物，对皮肤有一定的腐蚀性，因此在施工中应注意劳动保护。

（2）氧化铝　它呈白色粉末状，不溶于水，与草酸混合，可用于水磨石地面面层抛光。

（3）地板蜡　它用于水磨石地面面层磨光后做保护层。地板蜡有成品出售，也可根据需要自配蜡液，但应注意防火工作。

（二）现浇水磨石的施工工艺

水磨石面层施工一般在完成顶棚、墙面抹灰后进行，也可以在水磨石磨光两遍后，进行顶棚、墙面的抹灰，然后进行水磨石面层的细磨和打蜡工作，但水磨石半成品必须采取有效的保护措施。

水磨石面层的施工工艺流程为：基层处理→抹找平层→弹线、嵌分格条→铺抹面层石粒浆→养护→磨光→涂草酸→抛光上蜡。

1. 基层处理

将混凝土基层上的浮灰、污物清理干净。

2. 抹找平层

在进行抹底灰前，地漏或安装管道处要做临时堵塞。先刷素水泥浆一遍，随即做灰饼、标筋，养护好后抹底、中层灰，用木抹子搓实、压平，至少两遍，找平层24h后洒水养护。

3. 弹线、嵌分格条

先在找平层上按设计要求弹上纵横垂直水平线或图案分格墨线，然后按墨线固定铜条或玻璃嵌条，并埋牢，作为铺设面层的标志。水磨石分格条的嵌固是一项非常重要的工序，应特别注意水泥浆的粘嵌高度和角度。图5.5是一种错误的粘嵌方法，它使面层水泥石粒浆的石粒不能靠近分格条，磨光后将会出现一条明显的纯水泥斑带，俗称"秃斑"，影响装饰效果。分格条正确的粘嵌方法是粘嵌高度略大于分格条高度的1/2，水泥浆斜面与地面夹角以30°为准（如图5.6所示）。这样，在铺设面层水泥石粒浆时，石粒就能靠近分格条，磨光后分格条两边石粒密集，显露均匀、清晰，装饰效果好。

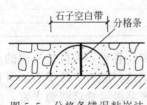

图5.5　分格条错误粘嵌法

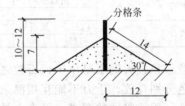

图5.6　分格条正确粘嵌法

分格条交接处粘嵌水泥浆时，应各留出2～3cm的空隙（如图5.7所示）。如不留空隙，则在铺设水泥石粒浆时，石粒就不可能靠近交叉处（如图5.8所示）。磨光后，亦会出现没有石粒的纯水泥斑，影响美观。正确的做法应按图5.7所示粘嵌，即在十字交叉的周围，留出20～30mm的空隙，以确保铺设水泥石粒浆饱满，磨光后外形美观。

分格条间距按设计设置，一般不超过1m，否则砂浆收缩会产生裂缝。故通常间距以90cm左右为标准。分格条粘嵌好后，经24h后可洒水养护，一般养护3～5h。

4. 铺设面层

分格条粘嵌养护后，清除积水浮砂，刷素水泥浆一道，随刷随铺设面层水泥石粒浆。水泥石粒浆调配时，应先按配合比将水泥和颜料干拌均匀，过筛后装袋备用。铺设前，再将石

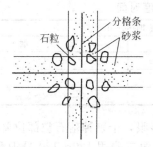

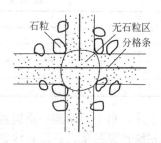

图 5.7　分格条交叉处正确粘嵌法　　　　　　图 5.8　分格条交叉处错误粘嵌法

料加入彩色水泥粉中，石粒和水泥干拌 2～3 遍，然后加水湿拌。一般情况下，水泥石粒浆的稠度为 60cm 左右，施工配合比为 1：(1.5～2.0)。同时，在按施工配合比备好的材料中取出 1/5 石粒，以备撒石用，然后将拌和均匀的石粒浆按分格顺序进行铺设，其厚度应高于分格条 12mm，以防在滚压时，压弯铜条或压碎玻璃条。

铺设时，先用木抹子将分格条两边约 10cm 内的水泥石粒浆轻轻拍紧压实，以免分格条被撞坏。水泥石粒浆铺设后，应在表面均匀地撒一层预先取出的 1/5 石粒，用木抹子或铁抹子轻轻拍实、压平，但不得用刮尺进行刮平，以防将面层高凸部分的石粒刮出，只留下水泥浆，影响装饰效果。如果局部铺设太厚，则应当用铁抹子挖去，再将周围的水泥石粒浆拍实、压平。铺设时，一定要使面层平整，石粒分布均匀。

如果在同一平面上有几种颜色的水磨石，应当先做深色后做浅色，先做细部后做大面，待前一种色浆凝固后，再铺设另一种色浆。两种颜色的色浆不能同时铺设，以免形成串色及界线不清而影响质量。但铺设的间隔时间也不宜过长，以免两种石粒色浆的软硬程度不同，一般隔日即可铺设，但应注意在滚压或抹拍过程中，不要触动前一种石粒浆。面层铺设时，操作人员应穿软底、平根的鞋操作，以防踩踏留下较深的脚印。石粒浆铺设好以后，用钢筒或混凝土辊筒压实。第一次先用较大辊筒压实，纵横方向各滚压一次，对于缺石粒的部位要填补平整。待间隔 2h 左右，再用小辊筒进行第二次压实，直至压出水泥浆为止，再用木抹子或铁抹子抹平，次日开始养护。

水磨石面层另一种铺设方法是干撒滚压施工法。其具体做法是：当分格条经养护镶嵌牢固后，刷素水泥浆一道，随即用 1：3 水泥砂浆进行二次找平，上部留出 8～10mm，待二次找平砂浆达终凝后，开始抹彩色水泥浆（水灰比为 0.45），厚度为 4mm。坐浆后将彩色石粒均匀地撒在坐浆上，用软刮尺刮平，接着用滚筒纵横反复滚压，直至石粒被压平、压实为止，且要求底浆返上 60%～80%，再往上浇一遍彩色水泥浆（水灰比为 0.65），浇时用水壶往辊筒上浇，边浇边压，直至上下层彩色水泥浆结合为止，最后用铁抹子压一遍，于次日洒水养护。这种方法的主要优点是：面层石粒密集、美观，特别对于掺有彩色石粒的美术水磨石地面，不仅能清楚地观察彩色石粒的分布是否均匀，而且能节约彩色石粒，降低工程成本。

5. 面层磨光

面层磨光是水磨石地面质量好坏最重要的环节，必须加以足够的重视。开磨的时间应以石粒不松动为准。大面积施工宜采用磨石机，小面积、边角处的水磨石，可使用小型湿式磨光机，当工程量不大或无法使用机械时，可采用手工研磨。在正式开磨前应试磨，试磨成功才能大面积研磨，一般开磨的时间见表 5.3。

在研磨过程中，应确保磨盘下经常有水，并及时清除磨出的石浆。如果开磨时间过晚，则面层过硬难磨，严重影响工效。一般采用"二浆三磨"法，即整个磨光过程为补浆二次、磨光三遍。第一遍先用 60～80 号粗磨石磨光，要磨匀磨平，使全部分格条外露，磨后要将

表 5.3　现浇水磨石地面的开磨时间

平均温度/℃	开磨时间/d	
	机磨	人工磨
20～30	2～3	1～2
10～20	3～4	1.5～2.5
5～10	5～6	2～3

泥浆冲洗干净，稍干后涂擦一道同色水泥浆，用以填补砂眼，个别掉落石粒部位要补好，不同颜色应先涂补深色浆，后涂补浅色浆，并养护 4～7d。第二遍用 120～180 号细磨石磨光，操作方法与第一遍相同，主要是磨去凹痕，磨光后再补上一道色浆。第三遍用 180～240 号油磨石磨光，磨至表面石粒均匀显露、平整光滑、无砂眼细孔为止，然后用清水冲洗、晾干。

6. 抛光上蜡

在抛光上蜡之前，涂草酸溶液（热水∶草酸为 1∶0.35，溶化冷却后使用）一遍，然后用 280～320 号油石研磨出白浆、表面光滑为止，再用水冲洗干净并晾干。也可以将地面冲洗干净，浇上草酸溶液，用布包在磨石机上研磨，磨至表面光滑，再用水冲洗干净并晾干。上述工序完成后，可进行上蜡工序，其具体方法是：在水磨石面层上薄薄涂一层蜡，稍干后用磨光机进行研磨，或用钉有细帆布（或麻布）的木块代替油石，装在磨石机上研磨出光亮后，再上蜡研磨一遍，直至表面光滑亮洁，然后铺上锯末进行养护。

第三节　块料地面铺贴施工

块料地面是指用天然大理石板、花岗石板、预制水磨石板、陶瓷锦砖、墙地砖、镭射玻璃砖及钛金不锈钢复面墙地砖等装饰板材，铺贴在楼面或地面上。块料地面铺贴材料花色品种多样，能满足不同的装饰要求。

一、块料材料的种类与要求

1. 陶瓷锦砖与地砖

陶瓷锦砖与地砖均为高温烧制而成的小型块材，表面致密、耐磨、不易变色，其规格、颜色、拼花图案、面积大小和技术要求均应符合国家有关标准，也应符合设计规定。

2. 大理石与花岗石板材

大理石和花岗石板材是比较高档的装饰材料，其品种、规格、外形尺寸、平整度、外观及放射性物质含量应符合设计要求。

3. 混凝土块与水泥砖

混凝土块和水泥砖是采用混凝土压制而成的一种普通地面材料，其颜色、尺寸和表面形状应根据设计要求确定，其成品要求边角方正，无裂纹、掉角等缺陷。

4. 预制水磨石平板

预制水磨石平板是用水泥、石粒、颜料、砂等材料，经过选配制坯、养护、磨光、打蜡而制成，其色泽丰富、品种多样、价格较低，其成品质量标准及外观要求应符合设计规定。

二、天然大理石与花岗石地面铺贴施工

1. 施工准备工作

大理石、花岗石板材楼地面施工，为避免产生二次污染，一般是在顶棚、墙面饰面完成后进行，先铺设楼地面，后安装踢脚板。施工前要清理现场，检查施工部位有没有水、电、暖等工种的预埋件，是否会影响板块的铺贴，要检查板块材料的规格、尺寸和外观要求，凡有翘曲、歪斜、厚薄偏差过大以及裂缝、掉角等缺陷的应予剔除，同一楼地面工程采用同一厂家、同一批号的产品，不同品种的板块材料不得混杂使用。

（1）**基层处理**　板块地面铺贴之前，应先挂线检查楼地面垫层的平整度，然后，清扫基层并用水冲刷干净。如果是光滑的钢筋混凝土楼面，应凿毛，凿毛深度一般为 5～10mm，间距为 30mm 左右。基层表面应提前 1d 浇水湿润。

（2）**找规矩**　根据设计要求，确定平面标高位置。对于结合层的厚度，水泥砂浆结合层应控制在 10～15mm，沥青玛碲脂结合层应控制在 2～5mm。平面标高确定之后，在相应的立面墙上弹线。

（3）**初步试拼**　根据标准线确定铺贴顺序和标准块的位置。在选定的位置上，按图案、色泽和纹理进行试拼。试拼后按两边方向编号排列，然后按编号码放整齐。

（4）**铺前试排**　在房间的两个垂直方向，按标准线铺两条干砂，其宽度大于板块。根据设计图要求把板块排好，以便检查板块之间的缝隙。平板之间的缝隙如果无设计规定时，大理石与花岗石板材一般不大于 1mm。根据试排结果，在房间主要部位弹上互相垂直的控制线，并引到墙面的底部，用以检查和控制板块的位置。

2. 铺贴施工工艺

大理石与花岗石板材楼地面的铺贴，其构造做法基本相同（如图 5.9 所示）。

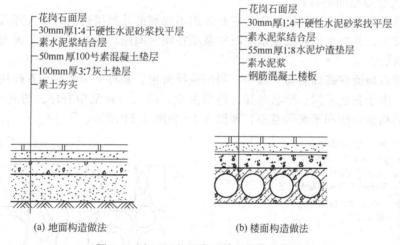

（a）地面构造做法　　　　（b）楼面构造做法

图 5.9　大理石与花岗石楼地面构造做法

（1）**板块浸水预湿**　为保证板块的铺贴质量，板块在铺贴之前应先浸水湿润，晾干后擦去背面的浮灰方可使用。这样可以保证面层与板材粘接牢固，防止出现空鼓和起壳等质量通病，影响工程的正常使用。

（2）**铺砂浆结合层**　水泥砂浆结合层也是基层的找平层，关系到铺贴工程的质量，应严格控制其稠度，既要保证粘接牢固，又要保证平整度。结合层一般应采用干硬性水泥砂浆，因这种砂浆含水量少、强度较高、变形较小、成型较早，在硬化过程中很少收缩。干硬性水泥砂浆的配合比常用（1∶1）～（1∶3）（体积比），水泥的强度等级不低于 32.5MPa。铺抹时砂浆的稠度以 2～4cm 为宜，或以手捏成团颠后即散为度。摊铺水泥砂浆结合层前，还应在基层上刷一遍水灰比为 0.4～0.5 的水泥浆，随刷随摊铺水泥砂浆结合层。待板块试铺合格后，还应在干硬性水泥砂浆上再浇一薄层水泥浆，以保证上下层之间结合牢固。

（3）**进行正式铺贴**　石材楼地面的铺贴，一般由房间中部向两侧退步进行。凡有柱子的大厅宜先铺柱子与柱子的中间部分，然后向两边展开。砂浆铺设后，将板块安放在铺设位置上，对好纵横缝，用橡皮锤轻轻敲击板块，使砂浆振实振平，待到达铺贴标高后，将板块移至一旁，再认真检查砂浆结合层是否平整、密实，如有不实之处应及时补抹，最后浇上很薄的一层水灰比为 0.4～0.5 的水泥浆，正式将板块铺贴上去，再用橡皮锤轻轻敲击至平整。

（4）对缝及镶条　在板块安放时，要将板块四角同时平稳下落，对缝轻敲振实后用水平尺进行找平。对缝要根据拉出的对缝控制线进行，注意板块尺寸偏差必须控制在 1mm 以内，否则后面的对缝越来越难。在锤击板块时，不要敲击边角，也不要敲击已铺贴完毕的板块，以免产生空鼓的质量问题。

对于要求镶嵌铜条的地面，板块的尺寸要求更精确。在镶嵌铜条前，先将相邻的两块板铺贴平整，其拼接间隙略小于镶条的厚度，然后向缝隙内灌抹水泥砂浆，灌满后将表面抹平，而后将镶条嵌入，使外露部分略高于板面（手摸水平面稍有凸出感为宜）。

（5）水泥浆灌缝　对于不设置镶条的大理石与花岗石地面，应在铺贴完毕 24h 后洒水养护，一般 2d 后无板块裂缝及空鼓现象，方可进行灌缝。素水泥灌缝应为板缝高度的 2/3，溢出的水泥浆应在凝结之前清除干净，再用与板面颜色相同的水泥浆擦缝，待缝内水泥浆凝结后，将面层清理干净，并对铺贴好的地面采取保护措施，一般在 3d 内禁止上人及进行其他工序操作。

三、碎拼大理石地面铺贴施工

1. 碎拼大理石地面的特点

碎拼大理石地面也称冰裂纹地面，它是采用不规则的并经挑选的碎块大理石，铺贴在水泥砂浆结合层上，并用水泥砂浆或水泥石粒浆填补块料间隙，最后进行磨平抛光而成为碎拼大理石地面面层。

碎拼大理石地面在高级装饰工程中，利用色泽鲜艳、品种繁多的大理石碎块，无规则地拼镶在一起，由于花色不同、形状各异、造型多变，给人一种乱中有序、清新自然的感受。碎拼大理石的构造做法和平面示意图，如图 5.10 和图 5.11 所示。

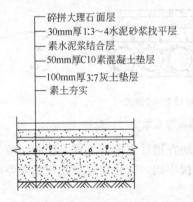
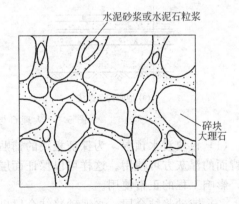

图 5.10　碎拼大理石地面构造做法　　　图 5.11　碎拼大理石地面平面示意图

2. 碎拼大理石的基层处理

碎拼大理石的基层处理比较简单，先将基层进行湿润，再在基层上抹 1∶3 水泥砂浆（体积比）找平层，厚度掌握在 20～30mm。

3. 碎拼大理石的施工工艺

（1）在找平层上刷素水泥浆一遍，用 1∶2 的水泥砂浆（体积比）镶贴大理石块标筋，间距一般为 1.5m，然后铺贴碎大理石块，用橡皮锤轻轻敲击大理石面，使其与水泥砂浆粘接牢固，并与标筋面平齐，随时用靠尺检查表面平整度。

（2）在铺贴施工中要留足碎块大理石间的缝隙，并将缝内挤出的水泥砂浆及时剔除。

（3）碎块大理石之间的缝隙，如无设计要求，又为碎块状材料时，一般控制不太严格，可大可小，互相搭配成各种图案。

（4）如果缝隙间灌注石渣浆时，应将大理石缝间的积水、浮灰消除后，刷素水泥浆一遍，缝隙可用同色水泥浆嵌抹做成平缝，也可嵌入彩色水泥石渣浆，嵌抹应凸出大理石面2mm，抹平后撒一层石渣，用钢抹子拍平压实，次日养护。

（5）碎拼大理石面层的磨光一般分为四遍完成，即分别采用80～100号金刚砂、100～160号金刚砂、240～280号金刚砂和750号以上金刚砂进行研磨。

（6）待研磨完毕后，将其表面清理干净，便可进行上蜡抛光工作。

四、预制水磨石板地面铺贴施工

1. 施工准备工作

（1）材料准备　铺贴前应检查预制水磨石板的制作质量，主要包括规格、尺寸、颜色、边角缺陷等，将挑出的板块分类码放。

（2）基层处理　在进行基层处理时，先挂线检查楼地面的平整度，做到对基层情况心中有数。然后清扫基层并用水刷净，表面光滑的楼面应凿毛处理，并提前10h浇水湿润基层表面，以保证砂浆与地面牢固粘接，以防止出现空鼓的质量问题。

（3）找规矩　根据设计要求确定平面标高位置，一般水泥砂浆结合层厚度控制在10～15mm，砂结合层厚度为20～30mm，沥青玛瑞脂结合层厚度为2～5mm。将确定的地面标高位置线弹在墙立面下部。根据板块的规格尺寸进行挂线找中，与走廊直接相通的地面应与走廊拉通线，考虑整体装饰效果。

（4）铺前试排　在房间两个垂直方向，按照标准线铺干砂带进行试排，以检查板块间的缝隙，如果设计上对缝隙无具体要求，一般不应大于6mm。根据试排结果，在房间主要部位弹上互相垂直的控制线并引到墙上，以便施工中检查和控制板块的位置。

2. 铺贴施工工艺

预制水磨石楼地面的构造做法，如图5.12和图5.13所示。

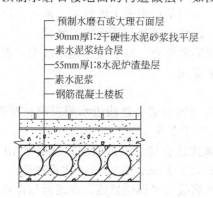

图5.12　预制水磨石楼面构造做法

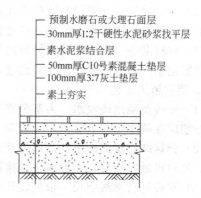

图5.13　预制水磨石地面构造做法

（1）板块浸水。为防止水磨石板从结合层水泥砂浆中吸收大量的水分，而影响砂浆的正常凝结硬化，在铺贴前应对板块进行浸水，浸透后取出晾干，以内湿面干为宜。

（2）摊铺砂浆找平层。为保证地面的平整度和粘接强度，找平层砂浆应采用配合比为1∶2干硬性水泥砂浆（体积比），铺设时砂浆稠度以2～4cm为宜，即手握成团落地开花。摊铺砂浆找平层前，为保证粘接强度，还应刷一遍水灰比为0.4～0.5的水泥浆，并随刷随铺。砂浆应从室内向门口铺抹，用木杠刮平、拍实，用木抹子找平。最后浇一层水灰比为0.4～0.5的水泥浆，正式铺贴水磨石板块。

（3）对缝及镶条。在正式铺贴时，板块要四角同时下落，对准纵横缝后，用橡皮锤轻轻敲击，并用水平尺进行找平。对于有镶条要求的地面，板块的规格尺寸要求准确。镶条前先将两块板铺贴平整，两块板块之间的缝隙略小于镶条的厚度，然后向缝内灌抹水泥砂浆，最后用木锤将镶条嵌入缝内。

（4）当板块间无镶条要求时，应在铺贴 24h 后进行灌缝处理，即用稀水泥浆或水泥细砂浆将板缝灌到 2/3 高度处，剩余部分再用与板块颜色相同色水泥抹缝。

（5）待镶条固定或水泥抹缝完成后，将其表面清理干净，便可进行上蜡工作。

五、踢脚板的镶贴施工

预制水磨石、大理石和花岗石的踢脚板，是楼地面与墙面连接的装饰部位，对于工程的整体装饰效果起着重要的作用。踢脚板的高度一般为 100～150mm，厚度为 15～20mm，一般可采用粘贴法和灌浆法施工。

1. 施工准备工作

在踢脚板正式施工前，应认真清理墙面，提前浇水湿润，按需要将阳角处踢脚板一端锯切成 45°角。镶贴时从阳角处开始向两侧试贴，并检查是否平直，缝隙是否严密，合格后才能实贴。无论采用何种方法铺贴，均应在墙面两端先各镶贴一块踢脚板，作为其他踢脚板铺贴的标准，然后在上面拉通线以控制上沿平直和平整度。

2. 镶贴施工工艺

（1）粘贴法　粘贴法是用配合比为（1∶2）～（1∶2.5）（体积比）的水泥砂浆打底，并用木抹子将表面搓成毛面。待底层砂浆干硬后，将已润湿的踢脚板抹上 2～3mm 厚的素水泥浆进行粘贴，并用橡皮锤敲实平整，注意随时用水平靠尺找直，10h 后用同色水泥浆擦缝。

（2）灌浆法　灌浆法是将踢脚板先固定在安装位置上，用石膏将相邻两块板及板与地面之间稳固，然后用稠度为 10～15cm 的 1∶2 的水泥浆灌缝，并随时把溢出的水泥砂浆擦除。待灌入的水泥砂浆终凝后，把稳固用的石膏铲掉，用与板面同色水泥浆擦缝。

六、瓷砖与地砖地面铺贴施工

1. 施工准备工作

（1）基层处理　在瓷砖与地砖正式铺贴施工前，应将基层表面上的砂浆、油污、垃圾等清除干净，对表面比较光滑的楼面应进行凿毛处理，以便使砂浆与楼面牢固粘接。

（2）材料准备　主要是检查材料的规格尺寸、缺陷和颜色。对于尺寸偏差过大，表面残缺的材料应剔除，对于表面色泽对比过大的材料不能混用。

2. 铺贴施工工艺

（1）瓷砖及墙地砖浸水　为避免瓷砖及墙地砖从水泥砂浆中过快吸水而影响粘接强度，在铺贴前应在清水中充分浸泡，一般为 2～3h，然后晾干备用。

（2）铺抹结合层的砂浆　基层处理完毕后，在铺抹结合层水泥砂浆前，应提前 1d 浇水湿润，然后再做结合层，一般做法是摊铺一层厚度不大于 10mm 的 1∶3.5 水泥砂浆。

（3）对砖进行弹线定位　根据设计要求的地面标高线和平面位置线，在墙面标高点上拉出地面标高线及垂直交叉定位线。

（4）设置标准高度面　根据墙面标高线以及垂直交叉定位线铺贴瓷砖或地砖。铺贴时用 1∶2 水泥砂浆摊抹在瓷砖、地砖的背面，再将瓷砖、地砖铺贴在地面上，用橡皮锤轻轻敲实，并且标高与地面标高线吻合。一般每贴 8 块砖用水平尺检校一次，发现质量问题及时纠正。铺贴的程序：对于小房间来说，一般做成 T 形标准高度面，对于较大面积的房间，通常按房间中心做十字形标准高度面，以便扩大施工面，使多人同时施工（如图 5.14 所示）。有地漏和排水孔的部位，应做放射状标筋，其坡度一般为 0.5%～1.0%。

（5）进行大面积铺贴　在大面积铺贴时，以铺好的标准高度面为基准进行，紧靠标准高度面向外逐渐延伸，并用拉出的对缝控制线使对缝平直。铺贴时水泥砂浆应饱满地抹于瓷

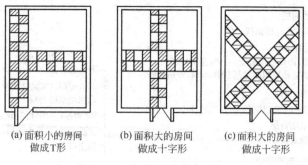

(a) 面积小的房间　　　(b) 面积大的房间　　　(c) 面积大的房间
　　做成T形　　　　　　做成十字形　　　　　　做成十字形

图 5.14　标准高度面的做法

砖、地砖的背面，放入铺贴位置后用橡皮锤轻轻敲实。要边铺贴边用水平尺检校。整幅地面铺贴完毕后，养护 2d 再进行抹缝施工。抹缝时，将白水泥调成干性团在缝隙上擦抹，使缝内填满白水泥，最后将施工面擦洗干净。

七、陶瓷锦砖地面铺贴施工

（一）施工准备工作

1. 基层处理

陶瓷锦砖地面基层处理与瓷砖、地砖相同。

2. 材料准备

对所用陶瓷锦砖进行检查，校对其规格、颜色，对掉块的锦砖用胶水补贴，将选用的锦砖按房间部位分别存放，铺贴前在背面刷水湿润。

3. 铺抹水泥砂浆找平层

陶瓷锦砖地面铺抹水泥砂浆找平层，是对不平基层处理的关键工序，一般先在干净湿润的基层上刷上一层水灰比为 0.5 的素水泥砂浆（不得采用干撒水泥洒水扫浆的办法）。然后及时铺抹 1∶3 干硬性水泥砂浆，大杠刮平，木抹子搓毛。找平层厚度根据设计地面标高确定，一般为 25～30mm。有泛水要求的房间应事先找出泛水坡度。

4. 弹线分格

陶瓷锦砖地面找平层砂浆养护 2～3d 后，根据设计要求和陶瓷锦砖规格尺寸，在找平层上用墨线弹线。

（二）陶瓷锦砖铺贴

1. 陶瓷锦砖楼地面构造做法

如图 5.15 所示。

2. 铺贴施工

（1）铺贴前首先湿润找平层砂浆，刮一遍水泥浆，随即抹 3～4mm 厚 1∶1.5 水泥砂浆，随刮随抹随铺陶瓷锦砖。

（2）按弹线对位后铺上，用木拍板拍实，使锦砖粘接牢固并且与其他锦砖平齐。

（3）揭纸拨缝。铺砖铺完后 20～30min，即可用水喷湿面纸，面纸湿透后，手扯纸边把面纸揭去，不可提拉以防锦砖松脱。洒水应适量，过多则易使锦砖浮起，过少则不易揭起。揭纸后，用开刀将缝隙调匀，不平部分再行揩平拍实，用 1∶1 水泥细砂灌缝，适当淋水后，再次调缝拍实。

（4）擦缝。用白水泥素浆嵌缝擦实，同时将表面灰痕用锯末或棉纱擦干净。

（5）养护。陶瓷锦砖地面铺贴 24h 后，铺锯木屑等养护，3～4d 后方准上人。

八、镭射玻璃砖楼地面施工

（一）施工准备

（1）用水泥砂浆安装固定镭射玻璃地砖时，其基层处理的做法与陶瓷锦砖的做法相同。

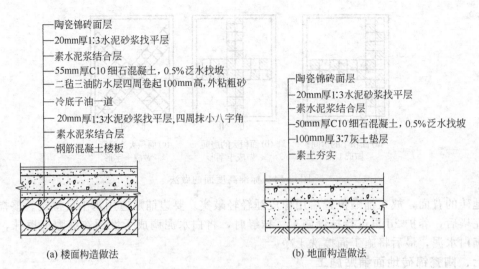

(a) 楼面构造做法 　　　　(b) 地面构造做法

图 5.15　陶瓷锦砖楼地面构造做法

（2）用玻璃胶铺贴固定时，应先将铺贴镭射玻璃地砖的地面用水泥砂浆抹平，做成平整的水泥基面，然后铺上 5~9mm 厚的木夹板，用水泥钢钉将木夹板固定在水泥地面上。水泥钢钉的间距为 400mm，并钉入木夹板 2~3mm（如图 5.16 所示）。然后在木夹板上按镭射玻璃砖的尺寸打十字墨线，作为铺贴的基准线。

（二）镭射玻璃地面铺贴施工

（1）用水泥砂浆固定镭射玻璃地砖的方法，与陶瓷锦砖的施工方法相同。

（2）玻璃胶铺贴固定法

① 将待铺贴的镭射玻璃地砖的背面，离边沿 20mm 左右的四周打上玻璃胶，涂胶的面积占地砖面积的 5%~8%。

② 按已弹好的十字墨线，对正铺贴镭射玻璃地砖，每块镭射玻璃地砖之间的接缝，先用厚度为 2.6~3.0mm、长 40mm 的定位条块夹在砖缝间，作为地砖缝隙宽度的标准（如图 5.17 所示）。

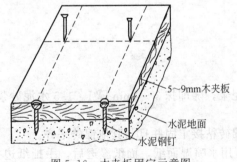

图 5.16　木夹板固定示意图

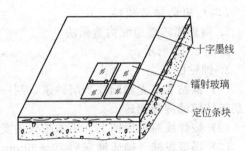

图 5.17　定位条块固定示意图

③ 待镭射玻璃地砖全部铺贴完毕 5~8h，玻璃胶干后，取下定位条块，并在镭射玻璃地砖边沿贴上 20mm 宽的保护胶带。

④ 在镭射玻璃地砖间缝中打上玻璃胶，也可用厚 2~3mm 的有机塑料或铜条加玻璃胶嵌入缝中，还可以有意将镭射玻璃地砖的缝隙留大，嵌入彩色走灯作装饰，最后将保护胶带揭除。

九、钛金复面墙地砖地面施工

（一）材料及其特点

钛金复面墙地砖，也称钛金不锈钢复面墙地砖，是由镜面不锈钢板用多弧离子氮化钛镀膜和掺金属离子镀涂层加工而成。氮化钛膜层不仅具有极强的结合力，而且表面硬度高、耐磨和耐蚀性能好，在自然风化的条件下，可保持 30～40 年不脱落、不变色，色泽鲜艳，光亮如新。钛金不锈钢复面墙地砖有方形、条形、钻石形、叠框形、满天星形等多种，并有七彩色、金黄色、宝石蓝色等多种色彩。用于地面装饰呈现出金碧辉煌的效果，属于超豪华地面装修之一。

钛金不锈钢复面墙地砖装饰地面，基本上起到画龙点睛的作用，使用于楼地面的局部点缀，极少有满堂铺者。

（二）铺贴施工工艺

1. 基本构造

由于钛金不锈钢复面墙地砖地面装饰，多用于整个楼地面局部重点部位的点缀，不可能进行满堂铺贴，因此，钛金不锈钢复面墙地砖地面装饰的基本构造，应与某一主体地面的基本构造完全相同。但应当注意，由于钛金不锈钢复面墙地砖的厚度较薄，所以在施工时应将钛金不锈钢复面墙地砖下面底层（如毛地板、找平层等）的厚度适当加厚，使其与地面主体标高相平。

2. 基层处理

在钛金不锈钢复面墙地砖装饰地面铺贴前，应将地面进行硬化防潮处理，如素土夯实后做灰土垫层，然后再做水泥砂浆或混凝土层。在进行楼面铺设时，应对楼板的缝进行处理，然后做水泥砂浆找平层和防水防潮层。

3. 有地垄墙的高架钛金不锈钢复面墙地砖地板铺贴

（1）地垄墙砌筑　用 M5 水泥砂浆砌筑厚为 120mm 的实砖地垄墙，如果地垄墙的高度超过 600mm，厚度应改为 240mm。

（2）压沿木　地垄墙砌筑完毕达到设计强度后，清扫墙的顶面，抹 20mm 厚 1∶3 的水泥砂浆找平层，待彻底干燥后再涂上一道热沥青，放置 50mm×100mm 玻璃防火通长压沿木，用 8 号铁丝与地垄墙绑牢。

（3）铺钉地板格栅　在压沿木上钉 70mm×50mm 木格栅，顶面刨光刨平。

（4）铺钉毛地板　木格栅找平检查合格后，可以铺钉毛地板。铺钉时毛地板的对缝应在木格栅的中心线上，但钉子的钉位应相互错开，不要在一条直线上。

（5）粘铺钛金不锈钢复面墙地砖

① 弹线。根据设计要求，将每块钛金不锈钢复面墙地砖的具体位置在毛地板上用墨线弹出，作为铺贴的标准。

② 裁板。根据设计要求和弹线位置，将钛金不锈钢复面墙地砖进行试铺，然后对钛金板画线裁切，并进行编号，备用。

③ 铺纸。在毛地板上面钛金不锈钢复面墙地砖底下，干铺一层沥青油纸，对于涂大力胶的地方应将沥青油纸剪去。

④ 毛地板表面与钛金不锈钢复面墙地砖背面涂胶处，应预先清理干净，以便于粘接。

⑤ 清扫。将毛地板、沥青油纸及钛金不锈钢复面墙地砖的各边各面均清扫干净，以便进行铺贴。

⑥ 调胶。钛金不锈钢复面墙地砖装饰地面铺贴，一般采用大力胶，在铺贴前应按大力胶产品说明进行调胶。

⑦ 涂胶。按规定在钛金不锈钢复面墙地砖的背面进行均匀点涂，涂胶的厚度为 3～4mm。

⑧ 钛金不锈钢复面墙地砖就位粘铺。按设计和弹线的位置，将钛金不锈钢复面墙地砖按编号顺序水平就位进行粘铺。利用钛金砖背面中间的快干型大力胶，使钛金不锈钢复面墙

地砖临时固定，然后迅速将钛金不锈钢复面墙地砖与相邻各砖调直调平，务必达到对缝严密、横平竖直，各砖与毛地板粘接牢固，板面标高一致，不得有空鼓不实之处，也不准有板面不平之处，砖面沾污之处应随时进行清除。

（6）检查校正。若有表面不平、粘接不牢、标高不一致、对缝不严密、空鼓、沾污的地方等，应立即进行纠正，以免时间过长难以改变。

（7）清理嵌缝。待全面检查合格后，将板面彻底清理干净。板缝应根据设计进行预留，若为宽缝则用胶料加颜料将缝嵌平勾实。

（8）打蜡防滑。以上各工序完成后，再一次进行清理，涂防滑蜡两道，并磨出光亮。

4. 无地垄墙的空铺钛金不锈钢复面墙地砖地板铺贴

无地垄墙的空铺钛金不锈钢复面墙地砖地板铺贴，是直接将木格栅钉牢在木垫块上，木垫块直接固定在地面上，其他施工工序与有地垄墙相同。

5. 实铺钛金不锈钢复面墙地砖地板铺贴

（1）在防水防潮层上铺钉毛地板。由于钛金不锈钢复面墙地砖仅适用于主体地面一部分的局部点缀，所以其铺贴施工与主体地面不同，应先铺钉毛地板。具体的施工工艺如下。

① 弹线。根据设计要求，将钛金不锈钢复面墙地砖每块砖板的具体位置全部弹出。

② 锯裁阻燃型胶合板。将这种胶合板按钛金不锈钢复面墙地砖地面部分的规格范围进行锯裁。胶合板的厚度一般为 18～20mm。为了使钛金不锈钢复面墙地砖的表面标高和主体楼地面的标高一致，施工时应注意找平层的厚度。

③ 铺钉毛地板。将裁好的毛地板用水泥钢钉按照钛金不锈钢复面墙地砖的定位线，直接钉于混凝土垫层上，钉长为毛地板的 2.5 倍，钉距为 150mm 左右。钉钉时不得将毛地板钉裂，必要时应先在毛地板上钻眼，相邻的钉子应相互错开，不要在一条直线上。

（2）粘铺钛金不锈钢复面墙地砖。其施工方法同高架钛金不锈钢复面墙地砖的铺设。

（3）检查、校正、清理、嵌缝、打蜡、防滑等工序，与高架钛金不锈钢复面墙地砖铺设完全相同。

十、幻影玻璃地砖楼地面施工

1. 材料及其特点

幻影玻璃地砖是当代最新型装饰材料之一，是将钢化玻璃通过特殊工艺加工而成，具有闪光及镭射反光性能，主要用来装饰地面。在光的照射下，幻影缤纷，产生一种特殊的效果。幻影玻璃地砖有金、银、红、紫、玉、绿、宝蓝、七彩珍珠等色。幻影玻璃的规格尺寸有：400mm×400mm、500mm×500mm、600mm×600mm 等多种，单层玻璃厚度一般为 5mm 和 8mm 两种，夹层玻璃厚度一般为（8+5）mm。

2. 幻影玻璃铺贴施工

幻影玻璃地砖楼地面的构造做法及铺贴方法，与镭射玻璃地砖基本相同。

第四节　木地面铺贴施工

木地板面层是指采用木板铺设，再用地板漆饰面的木板地面，具有重量轻、弹性好、热导率低、易于加工、脚感舒适等优点，但也有容易随环境中的温度与湿度变化而变化，易产生裂缝、翘曲变形等缺点，易燃、不耐火是其最大缺陷。

木地板面层一般可分为普通木地板、硬木地板和复合木地板三大类。普通木地板一般是指用松木、杉木等木材制成的板材，其质地较软、易于加工，不易开裂和变形；硬木地板一般是指用水曲柳、柞木、柚木、榆木、核桃木等木材制成的板材，其质地坚硬、耐磨，不易加工，易开裂和变形，施工要求高；复合木地板又称层压木地板，是近年来发展起来的一种新型铺地材料。

一、木地面的铺贴种类

木地面铺贴可分为空铺式木地板、实铺式木地板、硬木锦砖地面和实铺式复合木地板。

1. 空铺式木地板

一般用于底层，其龙骨两端搁在基础墙挑台上，龙骨下放通长的压沿木。当木龙骨跨度较大时，在跨中设地垄墙或砖墩。木龙骨上铺设双层木地板或单层木地板。为解决木地板的通风，在地垄墙和外墙上设 180mm×180mm 通风洞（如图 5.18 所示）。

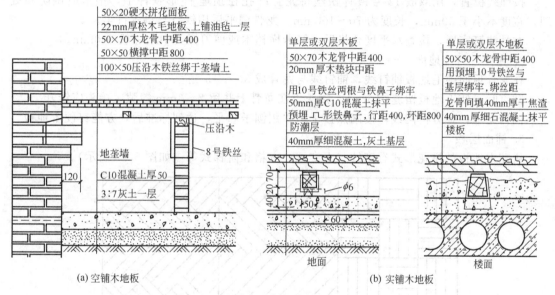

图 5.18　空铺木地板与实铺木地板的做法

2. 实铺式木地板

是直接在实体基层上铺设的地板，分为有龙骨式与无龙骨式两种。有龙骨式实铺木地板将木龙骨直接放在结构层上，由预埋铁件固定在基层上。在底层地面，为了防潮，须在结构层上涂刷冷底子油和热沥青各一道。无龙骨式实铺木地板采用粘贴式做法，将木地板直接粘贴在结构层的找平层上，实铺式木地板的拼缝形式如图 5.19 所示。

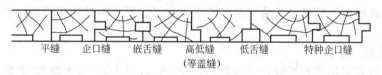

图 5.19　实铺式木地板的拼缝形式

3. 硬木锦砖地面

其做法是将硬木制成厚度为 8～15mm 的小薄片，形状有正方形、六角形、菱形、长条形等形状，规格分为 35mm×35mm、40mm×40mm、45mm×45mm、50mm×50mm、55mm×55mm、60mm×60mm、65mm×65mm、70mm×70mm 以及长 150～200mm、宽40～50mm、厚 8～14mm 木长条等规格，可在工厂拼成方联，也可在散装现场拼方联，再采用胶黏剂直接铺在找平层上。

4. 实铺式复合木地板

在结构找平层上先铺上一层泡沫塑料，上铺复合木地板，采用企口抹缝，抹白乳胶或配套胶拼接，板底面不铺胶。

二、木地板施工工艺

有龙骨实铺式木地板的施工工艺流程为：基层处理→弹线、找平→修理预埋铁件→安装木龙骨、剪刀撑→弹线、钉毛地板→找平、刨平→墨斗弹线→钉硬木面板→找平、刨平→弹线、钉踢脚板→刨光、打磨→油漆。

无龙骨实铺式木地板的施工工艺流程为：基层处理→弹线、试铺→铺贴→面层刨光打磨→安装踢脚板→刮腻子→油漆。

1. 实铺木地板龙骨安装

按弹线位置，用双股 12 号镀锌铁丝将龙骨绑扎在预埋 ⅃ 形铁件上，垫木应做防腐处理，宽度不小于 50mm，长度为 70～100mm。龙骨调平后用铁钉与垫木钉牢。

龙骨铺钉完毕，检查水平度合格后，钉卡横档木或剪刀撑，中距一般 600mm。

2. 弹线、钉毛地面

在龙骨顶面弹毛地板铺钉线，铺钉线与龙骨成 30°～45°角。

铺钉时，使毛地板留缝约 3mm。接头设在龙骨上并留 2～3mm 缝隙，接头应错开。

铺钉完毕，弹方格网线，按网点抄平，并用刨子修平，达到标准后，方能钉硬木地板。

3. 铺面层板

拼花木地板的拼花形式有席纹、人字纹、方格和阶梯式等（如图 5.20 所示）。

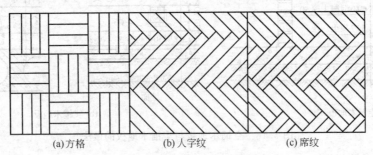

（a）方格　　　　　　　　（b）人字纹　　　　　　　　（c）席纹

图 5.20　拼花木地板的拼花形式

铺钉前，在毛地板弹出花纹施工线和圈边线。

铺钉时，先拼缝铺钉标准条，铺出几个方块或几档作为标准。再向四周按顺序拼缝铺钉。每条地板钉 2 颗钉子。钉孔预先钻好。每钉一个方块，应找方一次。中间钉好后，最后圈边。末尾不能拼接的地板应加胶钉牢。

粘贴式铺设地板，拼缝可为裁口接缝或平头接缝，平头接缝施工简单，更适合沥青胶和胶黏剂铺贴。

4. 面层刨光、打磨

拼花木地板宜采用刨光机刨光（转速在 5000r/min 以上），与木纹成 45°角斜刨。边角部分用手刨。刨平后用细刨净面，最后用磨地板机装砂布磨光。

5. 油漆

将地板清理干净，然后补凹坑，刮批腻子、着色，最后刷清漆（详见地面涂料施工）。

木地板用清漆，有高档、中档、低档三类。高档地板漆是日本水晶油和聚酯清漆。其漆膜强韧，光泽丰富，附着力强、耐水、耐化学腐蚀，不需上蜡。中档清漆为聚氨酯，低档清漆为醇酸清漆、醇醛清漆等。

6. 上软蜡

当木地板为清漆罩面时，可上软蜡进行装饰。软蜡一般有成品供应，只需要用煤油调制成糨糊状后便可使用。小面积的一般采用人工涂抹，大面积可采用抛光机上蜡抛光。

三、木拼锦砖施工工艺

木拼锦砖是用高级木材经工厂精加工制成$(150\sim200)$mm$\times(40\sim50)$mm$\times(8\sim14)$mm的木条，侧面和端部的企口缝用高级细钢丝穿成方联。这样可组成席纹地板，每联四周均可以用企口缝相连接，然后用白乳胶或强力胶直接粘贴在基层上。

（一）木拼锦砖施工工艺

木拼锦砖的施工工艺比较简单，其主要的施工工艺流程为：基层清理→弹线→刷胶黏剂→铺木拼锦砖（插两边企口缝）→铺木踢脚板→打蜡上光。

（二）具体操作技术

1. 基层清理

在铺贴木拼锦砖之前，应对基层进行认真处理和清理。基层表面必须抄平找直，其表面的积灰、油渍、杂物等均需清除干净，以保证锦砖与基层粘接牢固。

2. 弹线

弹线是铺贴的依据和标准，先从房间中点弹出十字中心线，再按木拼锦砖方联尺寸弹出分格线。

3. 刷胶黏剂

刷胶黏剂是铺贴木拼锦砖的关键工序，直接影响铺贴质量。刷胶厚度一般掌握在$1\sim1.5$mm左右，不宜过厚或过薄，刷胶靠线要齐，随刷随贴，要掌握好铺贴火候。

4. 铺木拼锦砖

按弹出的分格线在房间中心先铺贴一联木拼锦砖，经找平找直并压实粘牢，作为铺贴其他木拼锦砖的基准。然后再插好方联四边锦砖，企口缝和底面均涂胶黏剂，校正找平及铺贴顺序，如图 5.21 所示。

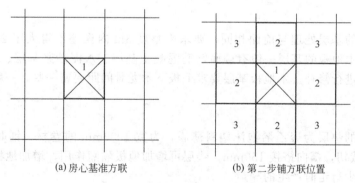

(a) 房心基准方联　　　　(b) 第二步铺方联位置

图 5.21　木拼锦砖铺贴顺序示意图

木拼锦砖的另一种铺贴顺序是：从房间短向墙面开始，两端先铺基准锦砖，拉线控制铺贴面的水平，然后从一端开始，第二联锦砖转 $90°$ 方向拼接，如此相间铺贴，待一行铺完后校正平直，再进行下一行，铺贴 $3\sim4$ 行后用 3m 直尺校平。

5. 铺木踢脚板

木拼锦砖地面一般应铺贴木踢脚板或仿木塑料踢脚板。固定的方法是用木螺丝固定在墙中预埋木砖上，木踢脚板下皮平直与木拼锦砖表面压紧，缝隙严密。

6. 打蜡上光

在铺完木拼锦砖和踢脚板后，立即将木拼锦砖地面的杂物等彻底清理干净，待木拼锦砖粘贴 48h 以上时，即可用磨光机砂轮先磨一遍，再用布轮磨一遍，擦洗干净后便可刷漆打蜡。如果木拼锦砖表面已刷涂料，铺贴后就不必磨光，只打一遍蜡即可。

四、复合木地板施工工艺

复合木地板是用原木经粉碎、添加胶黏剂、防腐处理、高温高压制成的中密度板材，表面刷涂高级涂料，再经过切割、刨槽刻榫等工序加工制成拼块复合木地板。地板规格比较统一，安装极为方便，是国内目前较为广泛应用的地板装饰材料，在国外已有 20 多年的应用历史。

（一）复合地板规格与品种

1. 复合地板的规格

目前，在市场上销售的复合木地板无论国产或进口产品，其规格都是统一的，宽度为120mm、150mm 和 195mm；长度为 1500mm 和 2000mm；厚度为 6mm、8mm 和 14mm；所用的胶黏剂有白乳胶、强力胶、立时得等。

2. 复合地板的品种

（1）以中密度板为基材，表面贴天然薄木片（如红木、橡木、桦木、水曲柳等），并在其表面涂结晶三氧化二铝耐磨涂料。

（2）以中密度板为基材，底部贴硬质 PVC 薄板作为防水层，以增强防水性能，在表面涂结晶三氧化二铝耐磨涂料。

（3）表面为胶合板，中间设塑料保温材料或木屑，底层为硬质 PVC 塑料板，经高压加工制成地板材料，表面涂耐磨涂料。

上述三种板材按标准规格尺寸裁切，经刨槽、刻榫后制成地板块，每 10 块为一捆，包装出厂销售。

（二）复合木地板施工工艺

复合木地板铺贴和普通企口缝木地板铺贴基本相同，只是其精度更高一些。复合木地板的施工工艺流程为：基层处理→弹线、找平→铺设垫层→试铺预排→铺木地板→铺踢脚板→清洗表面。

1. 基层处理

复合木地板的基层处理与前面相同，要求平整度 3m 内误差不得大于 2mm，基层应当干燥。铺贴复合木地板的基层一般有楼面钢筋混凝土基层、水泥砂浆基层、木地板基层等，不符合要求的要进行修补。木地板基层要求毛板下木龙骨间距要密一些，一般情况下不得大于 300mm。

2. 铺设垫层

复合木地板的垫层为聚乙烯泡沫塑料薄膜，为宽 1000mm 的卷材，铺时按房间长度净尺寸加 100mm 裁切，横向搭接 150mm。垫层可增加地板隔潮作用，增加地板的弹性并增加地板稳定性，减少行走时产生的噪声。

3. 试铺预排

在正式铺贴复合木地板前，应进行试铺预排。板的长缝应顺入射光方向沿墙铺放，槽口对墙，从左至右，两板端头企口插接，直到第一排最后一块板，切下的部分若大于300mm，可以作为第二排的第一块板铺放，第一排最后一块的长度不应小于 500mm，否则可将第一排第一块板切去一部分，以保证最后的长度要求。木地板与墙留 8～10mm 缝隙，用木楔进行调直，暂不涂胶。拼铺三排进行修整，检查平整度，符合要求后，按排编号拆下放好。

4. 铺木地板

按照预排板块的顺序，对缝涂胶拼接，用木锤敲击挤紧。复验平直度，横向用紧固卡带将三排地板卡紧，每 1500mm 左右设一道卡带，卡带两端有挂钩，卡带可调节长短和松紧度。从第四排起，每拼铺一排卡带移位一次，直至最后一排。每排最后一块地板端部与墙仍留 8～10mm 缝隙。在门的洞口，地板铺至洞口外墙皮与走廊地板平接。如果为不同材料时，留出 5mm 缝隙，用卡口盖缝条盖缝。

5. 清扫擦洗

每铺贴完一个房间并待胶干燥后，对地板表面进行认真清理，扫净杂物、清除胶痕，并用湿布擦净。

6. 安装踢脚板

复合木地板可选用仿木塑料踢脚板、普通木踢脚板和复合木踢脚板。在安装踢脚板时，先按踢脚板高度弹水平线，清理地板与墙缝隙中杂物，标出预埋木砖的位置，按木砖位置在踢脚板上钻孔，孔径应比木螺丝直径小 1～1.2mm，用木螺丝进行固定。踢脚板的接头尽量设在不明显的地方。

（三）复合木地板施工注意事项

（1）按照设计要求购进复合木地板，放入准备铺装的房间，在适应铺贴环境 48h 后方可拆包铺贴。

（2）复合木地板与四周墙之间必须留缝，以备地板伸缩变形，地板面积如果超过 30m²，中间也需要留缝。

（3）如果木地板底面基层有微小的不平，不必用水泥砂浆进行修补，可用橡胶垫垫平。

（4）拼装木地板从缝隙中挤出的余胶，应随时擦净，不得遗漏。

（5）复合木地板铺完后不能立即使用，在常温下 48h 后方可使用。

（6）预排时要计算最后一排板的宽度，如果小于 50mm，应削减第一排板的宽度，以使二者均等。

（7）铺装预排时应将所需用的木地板混放一起，搭配出最佳效果的组合。

（8）铺装时要用 3m 直尺按要求随时找平找直，发现问题及时纠正。

（9）铺装时板缝涂胶，不能涂在企口槽内，要涂在企口舌部。

五、可拆装木地板施工工艺

近几年，市场上出现了可拆装式木地板，产品有复合木地板和实木拼块木地板，施工方法与复合木地板相同，并可省去涂胶工序，特别是实木拼块木地板，木质坚硬、耐磨性好、色泽鲜艳、装饰性强、施工简单、维修方便，深受用户的喜爱，已成为当前地面装饰首选的材料。

实木拼块木地板采用实心板经过干燥处理，裁割成地板块，其长度为 600mm、900mm、1200mm，宽度为 80mm、100mm、120mm。其拼装方法与复合木地板相同，但可免去涂胶工序。

可拆装式木地板的优点是：施工简便、拼装速度快、耐磨性好、防虫蛀、造价低；其缺点是：由于不需要涂胶，板块之间不黏合，不能组成一个整体，人行走时有轻微的响声，不宜铺装在有龙骨的地板上。

第五节　塑料楼地面的施工

由于众多现代建筑物楼地面的特殊使用需求，塑料类装饰地板材料的应用日益广泛。产品种类及材料品质不断发展，已成为不可缺少的当代建筑楼地面铺装材料。无论是用于现代办公楼及大型公共建筑物（如宾馆、医院、商场等），还是用于有防尘超净、降噪超静、防静电等要求的室内楼地面（如电教室、实验室、影剧院等），不仅在艺术效果方面富有高雅的质感，而且可以最大可能地节约自然资源，促进环境保护。

塑料地板以其脚感舒适、不易沾尘、噪声较小、防滑耐磨、保温隔热、色彩鲜艳、图案多样、施工方便等优点，在世界各国得到广泛应用。据日本有关测试资料表明，塑料地板的耐磨性仅次于花岗石和瓷质地砖。可以通过彩色照相制版技术印制出各种色彩丰富的图案，各种仿花岗石、大理石、天然木纹、锦缎等花纹的塑料地板，可以达到以假乱真的效果。在装饰工程中常用的塑料地板有半硬质聚氯乙烯地板（简称 PVC 塑料地板）、氯乙烯-醋酸乙烯塑料地板（简称 EAV 塑料地板）、聚氯乙烯卷材（简称 PVC 卷材）、氯化聚乙烯地板（简称 CPE 橡胶地板）、塑胶地板等。

一、半硬质聚氯乙烯地板铺贴

半硬质聚氯乙烯地板产品，是以聚氯乙烯共聚树脂为主要原料，加入适量的填料、增塑剂、稳定剂、着色剂等辅料，经压延、挤出或热压工艺所生产的单层和复合半硬质 PVC 铺地装饰材料。

（一）品种与规格

根据国家标准《半硬质聚氯乙烯块状地板》（GB/T 4085—2005）的规定，其品种可分为单层和同质复合地板。半硬质聚氯乙烯地板的厚度为 1.5mm，长度为 300mm，宽度为 300mm，也可由供需双方议定其他规格产品。

（二）技术性能要求

1. 外观要求

半硬质聚氯乙烯地板的产品外观要求，应符合表 5.4 中的规定。

2. 尺寸偏差

半硬质聚氯乙烯塑料地板产品的尺寸偏差，应符合表 5.5 中的规定。

表 5.4　半硬质聚氯乙烯地板的产品外观要求

外观缺陷的种类	规定指标
缺口、龟裂、分层	不可有
凹凸不平、纹痕、光泽不均、色调不匀、污染、伤痕、异物	不明显

表 5.5　半硬质聚氯乙烯地板产品的尺寸偏差/mm

厚度极限偏差	长度极限偏差	宽度极限偏差
±0.15	±0.30	±0.30

3. 垂直度

半硬质聚氯乙烯地板产品的垂直度，是指试件边与直角尺边的差值，其最大公差值应小于 0.25mm［如图 5.22(b) 所示］。

4. 物理性能

半硬质聚氯乙烯地板产品的物理性能，必须符合表 5.6 中规定的指标。

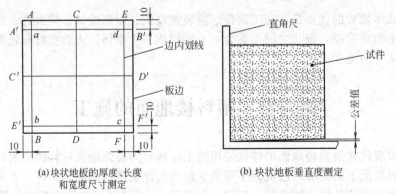

(a)块状地板的厚度、长度和宽度尺寸测定　　(b)块状地板垂直度测定

图 5.22　半硬质聚氯乙烯塑料地板的尺寸及垂直度测定方式

表 5.6　半硬质聚氯乙烯地板产品的物理性能

物理性能项目	单层地板	同质复合地板	物理性能项目	单层地板	同质复合地板
热膨胀系数/℃⁻¹	$\leqslant1.0\times10^{-4}$	$\leqslant1.2\times10^{-4}$	23℃凹陷度/mm	$\leqslant0.30$	$\leqslant0.30$
加热质量损失率/%	$\leqslant0.50$	$\leqslant0.50$	45℃凹陷度/mm	$\leqslant0.60$	$\leqslant1.00$
加热长度变化率/%	$\leqslant0.20$	$\leqslant0.25$	残余凹陷度/mm	$\leqslant0.15$	$\leqslant0.15$
吸水长度变化率/%	$\leqslant0.15$	$\leqslant0.17$	磨耗量/(g/cm²)	$\leqslant0.020$	$\leqslant0.015$

（三）施工工艺

1. 料具的准备

（1）材料的准备　半硬质聚氯乙烯地板铺贴施工常用的主要材料有：塑料地板、塑料踏脚以及适用于板材的胶黏剂。

① 塑料地板　可以选用单层板或同质复合地板，也可以选用由印花面层和彩色基层复合成的彩色印花塑料地板，它不但具有普通塑料地板的耐磨、耐污染等性能，而且图案多样，高雅美观。

② 胶黏剂　胶黏剂的种类很多，但性能各不相同，因此在选择胶黏剂时要注意其特性和使用方法。常用胶黏剂的特点如表 5.7 所示。

表 5.7　常用胶黏剂的特点

胶黏剂名称	性 能 特 点
氯丁胶	需双面涂胶、速干、初黏力大、有刺激性挥发气味，施工现场要注意防毒、防燃
202胶	速干、黏结强度大，可用于一般耐水、耐酸碱工程，使用双组分要混合均匀，价格较贵
JY-7胶	需双面涂胶、速干、初黏力大、毒性低、价格相对较低
水乳型氯乙胶	不燃、无味、无毒、初黏力大、耐水性好，对较潮湿基层也能施工，价格较低
聚醋酸乙烯胶	使用方便、速干、黏结强度好，价格较低，有刺激性，必须防燃，耐水性差
405聚氨酯胶	固化后有良好的黏结力，可用于防水、耐酸碱等工程，初黏力差，黏结时必须防止位移
6101环氧胶	有很强的黏结力，一般用于地下室、地下水位高或人流量大的场合，黏结时要预防胺类固化剂对皮肤的刺激，其价格较高
立时得胶	日本产，黏结效果好，干燥速度快
VA黄胶	美国产，黏结效果好

胶黏剂在使用前必须经过充分拌和，均匀后才能使用。对双组分胶黏剂要先将各组分分别搅拌均匀，再按规定的配合比准确称量，然后将两组分混合，再次搅拌均匀后才能使用。胶黏剂不用时，千万不能打开容器盖，以防止溶剂挥发，影响其质量。使用时每次取量不宜过多，特别是双组分胶黏剂配量要严格掌握，一般使用时间不超过 2～4h。另外，溶剂型胶黏剂易燃且带有刺激性气味，所以在施工现场严禁明火和吸烟，并要求有良好的通风条件。

（2）施工工具准备　塑料地板的施工工具主要有涂胶刀、划线器、橡胶辊筒、橡胶压边辊筒（如图 5.23 所示）。另外还有裁切刀、墨斗线、钢直尺、皮尺、刷子、磨石、吸尘器等。

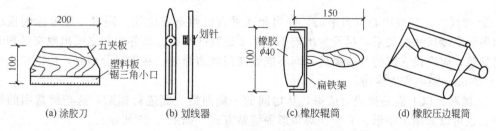

（a）涂胶刀　　　　（b）划线器　　　　（c）橡胶辊筒　　　　（d）橡胶压边辊筒

图 5.23　塑料地板施工工具

2. 基层处理

基层不平整、含水率过高、砂浆强度不足或表面有油迹、尘灰、砂粒等，均会产生各种质量弊病。塑料地板最常见的质量问题有地板起壳、翘边、鼓泡、剥落及不平整等。因此，要求铺贴的基层平整、坚固、有足够的强度，各阴阳角必须方正，无污垢灰尘和砂粒，含水率不得大于 8%。不同的材料的基层，要求是不同的。

（1）水泥砂浆和混凝土基层　在水泥砂浆和混凝土基层上铺贴塑料地板，基层表面用2m 直尺检查，允许空隙不得超过 2mm。如果有麻面、孔洞等质量缺陷，必须用腻子进行修补，并涂刷乳液一遍，腻子应采用乳液腻子，其配合比可参考表 5.8。

表 5.8　乳液及腻子配合比

名　　称	配 合 比 例（质量比）						
	聚醋酸乙烯乳液	108 胶	水泥	水	石膏	滑石粉	土粉	羧甲基纤维素
108 胶水泥乳液		0.5～0.8	1.0	6～8				
石膏乳液腻子	1.0			适量	2.0		2.0	
滑石粉乳液腻子	0.20～0.25			适量		1.0		0.10

修补时，先用石膏乳液腻子嵌补找平，然后用 0 号钢丝纱布打毛，再用滑石粉腻子刮第二遍，直至基层完全平整、无浮灰后，刷 108 胶水泥乳液，以增加胶结层的粘接力。

（2）水磨石和陶瓷锦砖基层　水磨石和陶瓷锦砖基层的处理，应先用碱水洗去其表面污垢，再用稀硫酸腐蚀表面或用砂轮进行推磨，以增加此类基层的粗糙度。这种地面宜用耐水胶黏剂铺贴。

（3）木质地板基层　木板基层的木格栅应坚实，地面突出的钉头应敲平，板缝可用胶黏剂加老粉配制成腻子，进行填补平整。

3. 塑料地板的铺贴工艺

（1）弹线分格　按照塑料地板的尺寸、颜色、图案进行弹线分格。塑料地板的铺贴一般有两种方式：一种是接缝与墙面成 45°角，称为对角定位法；另一种是接缝与墙面平行，称为直角定位法（如图 5.24 所示）。

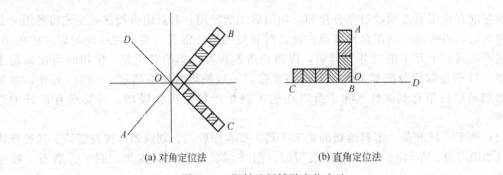

(a) 对角定位法　　　　　(b) 直角定位法

图 5.24　塑料地板铺贴定位方法

① 弹线。以房间中心点为中心，弹出相互垂直的两条定位线。同时，要考虑到板块尺寸和房间实际尺寸的关系，尽量少出现小于 1/2 板宽的窄条。相邻房间之间出现交叉和改变面层颜色，应当设在门的裁口线处，而不能设在门框边缘处。在进行分格时，应距墙边留出200～300mm 距离作为镶边。

② 铺贴。以上面的弹线为依据，从房间的一侧向另一侧进行铺贴，这是最常用的铺贴顺序。也可以采用十字形、T 形、对角形等铺贴方式（如图 5.25 所示）。

（2）裁切试铺　为确保地板粘贴牢固，塑料地板在裁切试铺前，应首先进行脱脂除蜡处

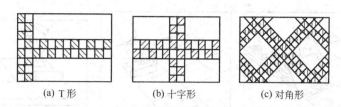

(a) T形　　　　　(b) 十字形　　　　　(c) 对角形

图 5.25　塑料地板的铺贴方式

理，将其表面的油蜡清除干净。

① 将每张塑料板放进 75℃ 左右的热水中浸泡 10～20min，然后取出晾干，用棉丝蘸溶剂（丙酮：汽油＝1：8 的混合溶液）进行涂刷，脱脂除蜡，以保证塑料地板在铺贴时表面平整，不变形和粘贴牢固。

② 塑料地板铺贴前，对于靠墙处不是整块的塑料板应加以裁切，其方法是在已铺好的塑料板上放一块塑料板，再用一块塑料板的右边与墙紧贴，沿另一边在塑料板上划线，按线裁下的部分即为所需尺寸的边框。

③ 塑料板脱脂除蜡并裁切以后，即可按弹线进行试铺。试铺合格后，应按顺序编号，以备正式铺贴。

（3）刮胶　塑料地板铺贴刮胶前，应将基层清扫干净，并先涂刷一层薄而匀的底子胶。涂刷要均匀一致，越薄越好，且不得漏刷。底子胶干燥后，方可涂胶铺贴。

① 应根据不同的铺贴地点选用相应的胶黏剂。如象牌 PVA 胶黏剂，适宜于铺贴二层以上的塑料地板；而耐水胶黏剂，则适用于潮湿环境中塑料地板的铺贴，也可用于 −15℃ 的环境中。不同的胶黏剂有不同的施工方法。

如用溶剂型胶黏剂，一般应在涂布后晾干到手触不粘手，再进行铺贴。用 PVA 等乳液型胶黏剂时，则不需要晾干过程，最后将塑料地板的粘接面打毛，涂胶后即可铺贴。用 E-44 环氧树脂胶黏剂时，则应按配方准确称量固化剂（常用乙二胺）加入调和，涂布后即可铺贴。若采用双组分胶黏剂，如聚氨酯和环氧树脂等，要按组分配比正确称量，预先进行配制，并即时用完。

② 通常施工温度应在 10～35℃ 范围内，暴露时间为 5～15min。低于或高于此温度，不能保证铺贴质量，最好不进行铺贴。

③ 若采用乳液型胶黏剂，应在塑料地板的背面刮胶。若采用溶剂型胶黏剂，只在地面上刮胶即可。

④ 聚醋酸乙烯溶剂胶黏剂，甲醇挥发速度快，故涂刮面不能太大，稍加暴露就应马上铺贴。聚氨酯和环氧树脂胶黏剂都是双组分固化型胶黏剂，即使有溶液也含量很少，可稍加暴露再铺贴。

（4）铺贴　铺贴塑料地板主要控制三个方面的问题：一是塑料地板要粘贴牢固，不得有脱胶、空鼓现象；二是缝格顺直，避免发生错缝；三是表面平整、干净，不得有凹凸不平及破损与污染。在铺贴中注意以下几个方面。

① 塑料地板接缝处理，粘接坡口做成同向顺坡，搭接宽度不小于 300mm。

② 铺贴时，切忌整张一次贴上，应先将边角对齐粘合，轻轻地用橡胶辊筒将地板平伏地粘贴在地面上，在准确就位后，用橡胶辊筒压实将气赶出（如图 5.26 所示），或用锤子轻轻敲实。用橡胶锤子敲打应从一边向另一边依次进行，或从中心向四边敲打。

③ 铺贴到墙边时，可能会出现非整块地板，应准确量出尺寸后，现场裁割。裁割后再按上述方法一并铺贴。

（5）清理　铺贴完毕后，应及时清理塑料地板表面，特别是施工过程中因手触摸留下的

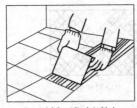

(a) 地板一端对齐粘合

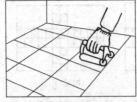
(b) 用橡胶辊筒赶压气泡

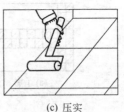
(c) 压实

图 5.26 铺贴及压实示意图

胶印。对溶剂胶黏剂用棉纱蘸少量松节油或 200 号溶剂汽油擦去从缝中挤出来的多余胶，对水乳胶黏剂只需要用湿布擦去，最后上地板蜡。

（6）养护 塑料地板铺贴完毕，要有一定的养护时间，一般为 1～3d。养护内容主要有两个方面：一是禁止行人在刚铺过的地面上大量行走；二是养护期间避免沾污或用水清洗表面。

二、软质聚氯乙烯地板铺贴

软质聚氯乙烯地面用于需要耐腐蚀、有弹性、高度清洁的房间，这种地面造价高、施工工艺复杂。软质塑料地板可以在多种基层材料上粘贴，基层处理、施工准备和施工程序基本上与半硬质塑料地面相同。

（一）料具准备工作

（1）根据设计要求和国家的有关质量标准，检验软质聚氯乙烯地板的品种、规格、颜色与尺寸。

（2）胶黏剂。胶黏剂应根据基层材料和面层的使用要求，通过试验确定胶黏剂的品种，通常采用 401 胶黏剂比较适宜。

（3）焊枪。焊枪是塑料地板连接的机具，其功率一般为 400～500W，枪嘴的直径宜与焊条直径相同。

（4）鬃刷。鬃刷是涂刷胶黏剂的专用工具，其规格为 5.0cm 或 6.5cm。

（5）V 形缝切口刀。V 形缝切口刀是切割软质塑料地板 V 形缝的专用刀具。

（6）压辊。压辊是用以推压焊缝的工具。

（二）地板铺贴施工

1. 分格弹线

基层分格的大小和形状，应根据设计图案、房间面积大小和塑料地板的具体尺寸确定。在确定分格弹线时应当考虑以下主要因素。

① 分格时应当尽量减少焊缝的数量，兼顾分格的美观和装饰效果。因此，一般多采用软质聚氯乙烯塑料卷材。

② 从房间的中央向四周分格弹线，以保证分格的对称和美观。房间四周靠墙处不够整块者，尽量按镶边进行处理。

2. 下料及脱脂

将塑料地板平铺在操作平台上，按基层上分格的大小和形状，在板面上画出切割线，用 V 形缝切口刀进行切割。然后用湿布擦洗干净切好的板面，再用丙酮涂擦塑料地板的粘贴面，以便脱脂去污。

3. 预铺

在塑料面板正式粘贴的前一天，将切割好的板块运入待铺设的房间内，按分格弹线进行预铺。预铺时尽量照顾色调一致、厚薄相同。铺好的板块一般不得再搬动，待次日粘贴。

4. 粘贴

① 将预铺好的塑料地板翻开，先用丙酮或汽油把基层和塑料板粘贴面满刷一遍，以便更彻底脱脂去污。待表面的丙酮或汽油挥发后，将瓶装的 401 胶黏剂按 $0.8kg/m^2$ 的 2/3 量倒在基层和塑料板粘贴面上，用鬃刷纵横涂刷均匀，待 3～4min 后，将剩余的 1/3 胶液，以同样的方法涂刷在基层和塑料板上。待 5～6min 后，将塑料地板四周与基线分格对齐，调整拼缝至符合要求后，再在板面上施加压力，然后由板中央向四周来回滚压，排出板下的全部空气，使板面与基层粘贴紧密，最后排放砂袋进行静压。

② 对有镶边者，应当先粘贴大面，后粘贴镶边部分。对无镶边者，可由房间最里侧往门口粘贴，以保证已粘贴好的板面不受人行走的干扰。

③ 塑料地板粘贴完毕后，在 10d 内施工地点的温度要保持在 10～30℃，环境湿度不超过 70%，在粘贴后的 24h 内不能在其上面走动和进行其他作业。

5. 焊接

为使焊缝与板面的色调一致，应使用同种塑料板上切割的焊条。

① 粘贴好的塑料地板至少要经过 2d 的养护，才能对拼缝施焊。在施焊前，先打开空压机，用焊枪吹去拼缝中的尘土和砂粒，再用丙酮或汽油将表面清洗干净，以便施焊。

② 施焊前应检查压缩空气的纯度，然后接通电源，将调压器调节到 100～200V，压缩空气控制在 0.05～0.10MPa，热气流温度一般为 200～250℃，这样便可以施焊。施焊时按 2 人一组进行组合，1 人持枪施焊，1 人用压辊推压焊缝。施焊者左手持焊条，右手握焊枪，从左向右依次施焊，持压辊者紧跟施焊者施压。

③ 为使焊条、拼缝同时均匀受热，必须使焊条、焊枪喷嘴保持在拼缝轴线方向的同一垂直面内，且使焊枪喷嘴均匀上下撬动，撬动次数为 1～2 次/s，幅度为 10mm 左右。持压辊者同时在后边推压，用力和推进速度应均匀。

（三）PVC 卷材的铺贴

1. 材料准备

根据房间尺寸大小，从 PVC 卷材上切割料片，由于这种材料切割后会发生纵向收缩，因此下料时应留有一定余地。将切割下来的料片依次编号，以备在铺设时按次序进行铺贴，这样相邻料片之间的色差不会太明显。对于切割下来的料片，应在平整的地面上静置 3～6d，使其充分收缩，以保证铺贴质量。

2. 定位裁切

堆放并静置后的塑料片，按照编号顺序放在地面上，与墙面接触处应翻上去 2～3cm。为使卷材平伏便于裁边，在转角（阴角）处切去一角，遇阳角时用裁刀在阴角位置切开。裁切刀必须锐利，使用过程中要注意及时磨快，以免影响裁边的质量。裁切刀既要有一定的刚性，又要有一定的弹性，在切墙边部位时可以适当弯曲。

卷材与墙面的接缝有两种做法：如果技术熟练、经验丰富，可直接用切刀沿墙线把翻上去的多余部分切去；如果技术不熟练，最好采用先划线、后裁切的做法。料片之间的接缝一般采用对接法。对无规则花纹的卷材比较容易，对有规则图案的卷材，应先把两片边缘的图案对准后再裁切。对要求无接缝的地面，接缝处可采用焊接的方法，即先用坡口直尺切出 V 形接缝，熔入同质同色焊条，表面再加以修整，也可以用液体嵌缝料使接缝封闭。

3. 铺贴施工

粘贴的顺序一般是从一面墙开始粘贴。粘贴的方法有两种：一种是横叠法，即把料片横向翻起一半，用大涂胶刮刀进行刮胶，接缝处留下 50cm 左右暂不涂胶，以留做接缝。粘贴好半片后，再将另半片横向翻起，以同样方法涂胶粘贴。另一种是纵卷法，即纵向卷起一半先粘贴，而后再粘贴另一半。卷材地面接缝裁切如图 5.27 所示，卷材粘贴方法如图 5.28 所示。

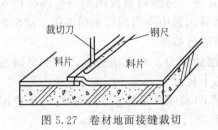

图 5.27 卷材地面接缝裁切

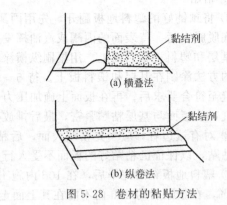

图 5.28 卷材的粘贴方法

(四) 氯化聚乙烯卷材地面铺贴

(1) 铺贴前应根据房间尺寸及卷材的长度，决定卷材是纵铺还是横铺，决定的原则是卷材的接缝越少越好。

(2) 基层按要求处理后，必须用湿布将表面的尘土清除干净，然后用二甲苯涂刷基层，清除不利于粘接的污染物。如果没有二甲苯，可用汽油加少量 404 胶（约 10%～20%）搅拌均匀后涂刷，这样不仅可以清除杂物，还能使基层渗入一定量的胶液，起到底胶的作用，使粘接更加牢固。

(3) 基层和卷材涂胶后要晾干，以手摸胶面不黏为度，否则地面卷材粘接不牢。在常温下，一般不少于 20min。

(4) 铺贴时四人分四边同时将卷材提起，按预定弹好的线进行搭接。先将一端放下，再逐渐顺线将其余部分铺贴，离线时应立即掀起调整。铺贴位置准确后，从中间向两边用手或胶辊赶压铺平，切不可先赶压四周，这样不易铺贴平伏且气体不易赶出，严重影响粘贴质量。如果还有未赶出的气泡，应将卷材前端掀起重新铺贴，也可以采用前面所述 PVC 卷材的铺贴方法。

(5) 卷材接缝处搭接宽度至少 20mm，并要居中弹线，用钢尺压线后，用裁切刀将两片叠合的卷材一次切割断，裁刀要非常锋利，尽量避免出现重刀切割。扯下断开的边条，将接缝处的卷材压紧贴牢，再用小铁滚紧压一遍，保证接缝严密。卷材接缝可采用焊接或嵌缝封闭的方法。

三、塑胶地板的施工工艺

(一) 材料及其特点

塑胶地板也称塑胶地砖，是以 PVC 为主要原料，加入其他材料经特殊加工制成的一种新型塑料。其底层是一种高密度、高纤维网状结构材料，坚固耐用，富有弹性。表面为特殊树脂，纹路逼真，超级耐磨，光而不滑。这种塑料地板具有耐火、耐水、耐热胀冷缩等特点，用其装饰的地面脚感舒适、富有弹性、美观大方、施工方便、易于保养，一般用于高档地面装饰。

(二) 施工准备工作

1. 基层准备工作

在地面上铺设塑胶地板时，应在铺贴之前将地面进行强化硬化处理，一般是在素土夯实后做灰土垫层，然后在灰土垫层上做细石混凝土基层，以保证地面的强度和刚度。细石混凝土基层达到一定强度后，再做水泥砂浆找平层和防水防潮层。在楼地面上铺设塑胶地板时，首先应在钢筋混凝土预制楼板上做混凝土叠合层，为保证楼面的平整度，在混凝土叠合层上做水泥砂浆找平层，最后做防水防潮层。

2. 铺贴准备工作

铺贴准备工作主要包括弹线、试铺和编号。

（1）弹线　根据具体设计和装饰物的尺寸，在楼地面防潮层上弹出互相垂直，并分别与房间纵横墙面平行的标准十字线，或分别与同一墙面成45°角且互相垂直交叉的标准十字线。根据弹出的标准十字线，从十字线中心开始，将每块（或每行）塑胶地板的施工控制线逐条弹出，并将塑胶楼地面的标高线弹于两边墙面上。弹线时还应将楼地面四周的镶边线一并弹出（镶边宽度应按设计确定，设计中无镶边者不必弹此线）。

（2）试铺和编号　按照弹出的定位线，将预先选好的塑胶地板按设计规定的组合造型进行试铺，试铺成功后逐一进行编号，堆放在合适位置备用。

（三）塑胶地板的铺贴工艺

1. 清理基层

基层表面在正式涂胶前，应将其表面的浮砂、垃圾、尘土、杂物等清理干净，待铺贴的塑胶地板也要清理干净。

2. 试胶黏剂

在塑胶地板铺贴前，首先要进行试胶工作，确保采用的胶黏剂与塑胶地板相适应，以保证粘贴质量。试胶时一般取几块塑胶地板用拟采用的胶黏剂涂于地板背面和基层上，待胶稍干后（以不粘手为准）进行粘铺。在粘铺 4h 后，如果塑胶地板无软化、翘边或粘接不牢等现象，则认为这种胶黏剂与塑胶地板相容，可以用于铺贴，否则应另选胶黏剂。

3. 涂胶黏剂

用锯齿形涂胶板将选用的胶黏剂涂于基层表面和塑胶地板背面，注意涂胶的面积不得少于总面积的 80%。涂胶时应用刮板先横向刮涂一遍，再竖向刮涂一遍，必须刮涂均匀。

4. 粘铺施工

在涂胶稍停片刻后，待胶膜表面稍干些，将塑胶地板按试铺编号水平就位，并与所弹定位线对齐，把塑胶地板放平粘铺，用橡胶辊将塑胶地板压平粘牢，同时将气泡赶出，并与相邻各板抄平调直，彼此不得有高度差。对缝应横平竖直，不得有不直之处。

5. 质量检查

塑胶地板粘铺完毕后，应进行严格的质量检查。凡有高低不平、接槎不严、板缝不直、粘接不牢及整个楼地面平整度超过 0.50mm 者，均应彻底进行修正。

6. 镶边装饰

设计有镶边者应进行镶边，镶边材料及做法按设计规定办理。

7. 打蜡上光

塑胶地板在铺贴完毕经检查合格后，应将表面残存的胶液及其他污迹清理干净，然后用水蜡或地板蜡打蜡上光。

第六节　地毯地面铺设施工

一、地毯铺贴的施工准备

1. 材料的准备工作

（1）地毯材料　地毯是一种现代建筑地面高级装饰材料，具有隔声、隔热、保温、柔软舒适、色泽艳丽和施工方便等优点。地毯的规格与种类繁多，价格和效果差异也很大，因此正确选择地毯十分重要。根据材质不同进行分类，可分为羊毛地毯、混纺地毯、化纤地毯、塑料地毯和剑麻地毯等；根据使用场合及性能不同分类，可分为轻度家用级、中度家用级（轻度专业使用级）、一般家用级（一般专业使用级）、重度家用级（中度专业使用级）、重度专业使用级及豪华级6个等级。在一般情况下，应根据铺贴部位、使用要求及装饰等级进行综合选择。选择得当不仅可以更好地满足地毯的使用功能，同时也能延长地毯的使用寿命。

（2）垫料材料 对于无底垫的地毯，如果采用倒刺板固定，应当准备垫料材料。垫料一般采用海绵材料作为底垫料，也可以采用杂毛毡垫。

（3）地毯胶黏剂 地毯在固定铺设时，需要用胶黏剂的地方通常有两处：一处是地毯与地面黏结时用；另一处是地毯与地毯连接拼缝用。地毯常用的胶黏剂有两类：一类是聚醋酸乙烯胶黏剂；另一类是合成橡胶胶黏剂。这两类胶黏剂中均有很多不同品种，在选用时宜参照地毯厂家的建议，采用与地毯背衬材料配套的胶黏剂。

（4）倒刺钉板条 倒刺钉板条简称倒刺板，是地毯的专用固定件，板条尺寸一般为6mm×24mm×1200mm，板条上有两排斜向铁钉，为钩挂地毯之用，每一板条上有9枚水泥钢钉，以打入水泥地面起固定作用，钢钉的间距为35～40mm。

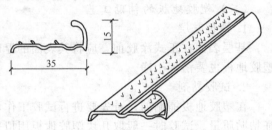

图5.29 "L"形铝合金收口条示意图

（5）铝合金收口条 铝合金收口条用于地毯端头露明处，以防止地毯外露毛边影响美观，同时也起到固定作用。在地面有高差的部位，如室内卫生间或厨房地面，一般均低于室内房间地面20mm左右，在这样的两种地面的交接处，地毯收口多采用"L"形铝合金收口条（如图5.29所示）。

2. 基层的准备工作

对于铺设地毯的基层要求是比较高的，因为地毯大部分为柔性材料，有些是价格较高的高级材料，如果基层处理不符合要求，很容易造成对地毯的损伤。对基层的基本要求有以下方面。

（1）铺设地毯的基层要求具有一定的强度，待基层混凝土或水泥砂浆层达到强度后才能进行铺设。

（2）基层表面必须平整，无凹坑、麻面、裂缝，并保持清洁。如果有油污，用丙酮或松节油擦洗干净。对于高低不平处，应预先用水泥砂浆抹平。

（3）在木地板上铺设地毯时，应注意钉头或其他凸出物，以防止损坏地毯。

3. 地毯铺设的机具准备

地毯铺设的专用工具和机具，主要有裁毯刀、张紧器、扁铲、墩拐和裁边机等。

（1）张紧器 即地毯撑子（如图5.30所示），分大小两种。大撑子用于大面积撑紧铺毯，操作时通过可伸缩的杠杆撑头及铰链承脚将地毯张拉平整，撑头与承脚之间可加长连接管，以适应房间尺寸，使承脚顶住对面墙。小撑子用于墙角或操作面狭窄处，操作者用膝盖顶住撑子尾部的空心橡胶垫，两手自由操作。地毯撑子的扒齿长短可调，以适应不同厚度的地毯，不用时可将扒齿缩回。

（2）裁毯刀 有手握裁刀和手推裁刀，如图5.31所示。手握裁刀用于地毯铺设操作时的少量裁割；手推裁刀用于施工前较大批量的剪裁下料。

（3）扁铲 扁铲主要用于墙角处或踢脚板下端的地毯掩边，其形状如图5.32（a）所示。

（4）墩拐 用于钉固倒刺钉板条，如果遇到障碍不易敲击，即可用墩拐垫砸。墩拐的形状如图5.32（b）所示。

（5）裁边机 裁边机用于施工现场的地毯裁边，可以高速转动并以3m/min的速度向前推进。地毯裁边机使用非常方便，裁割时不会使地毯边缘处的纤维硬结而影响拼缝连接。

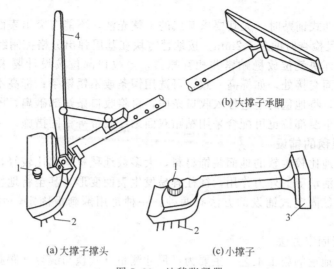

(b)大撑子承脚

(a)大撑子撑头　　　　(c)小撑子

图 5.30　地毯张紧器

1—扒齿调节钮；2—扒齿；3—空心橡胶垫；4—杠杆压柄

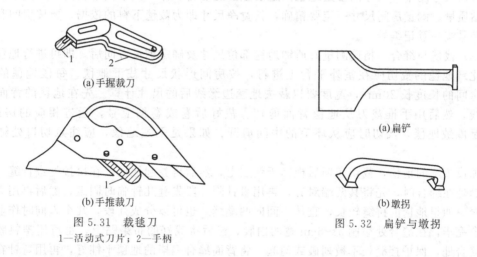

(a)手握裁刀

(a)扁铲

(b)手推裁刀

(b)墩拐

图 5.31　裁毯刀　　　　图 5.32　扁铲与墩拐

1—活动式刀片；2—手柄

二、活动式地毯的铺设

所谓活动式地毯的铺设，是指将地毯明摆浮搁在地面基层上，不需要将地毯同基层固定的一种铺设方式。这种铺设方式施工简单，容易更换，但其应用范围有一定的局限性，一般适用于以下几种情况：①装饰性工艺地毯。装饰性工艺地毯主要是为了装饰，铺置于较为醒目部位，以烘托气氛，显示豪华气派，因此需要随时更换；②在人活动不频繁的地方，或四周有重物压住的地方可采用活动式铺设；③小型方块地毯一般基底较厚，重量较大，人在其上面行走不易卷起，同时也能加大地毯与基层接触面的滞性，承受外力后会使方块地毯间更为密实，因此也可采用活动式铺设。

根据《建筑地面工程施工质量验收规范》（GB 50209—2010）的规定，活动式地毯铺设应符合下列规定。

1. 规范规定

① 地毯拼成整块后直接铺在洁净的地面上，地毯周边应塞入踢脚线下。

② 与不同类型的建筑地面连接时，应按照设计要求做好收口。

③ 小方块地毯铺设，块与块之间应当挤紧贴牢。

2. 施工操作

地毯在采用活动式铺贴时，尤其要求基层的平整光洁，不能有突出表面的堆积物，其平整度要求用 2m 直尺检查时偏差≤2mm。按地毯方块在基层弹出分格控制线，宜从房间中央向四周展开铺排，逐块就位放稳贴紧并相互靠紧，至收口部位按设计要求选择适宜的受口条。与其他材质地面交接处，如标高一致，可选用铜条或不锈钢条；标高不一致时，一般应采用铝合金收口条，将地毯的毛边伸入收口条内，再将收口条端部砸扁，即起到收口和边缘固定的双重作用。重要部位也可配合采用粘贴双面黏结胶带等稳固措施。

三、固定式地毯的铺设

地毯是一种质地比较柔软的地面装饰材料，大多数地毯材料都比较轻，将其平铺于地面时，由于受到行人活动等的外力作用，往往容易发生表面变形，甚至将地毯卷起，因此常采用固定式铺设。地毯固定式铺设的方法有两种：一种是用倒刺板固定，另一种是用胶黏剂固定。

1. 地毯倒刺板固定方法

用倒刺板固定地毯的施工工艺，主要为：尺寸测量→裁毯与缝合→踢脚板固定→倒刺板条固定→地毯拉伸与固定→清扫地毯。

（1）尺寸测量　尺寸测量是地毯固定前重要的准备工作，关系到下料的尺寸大小和房间内铺贴质量。测量房间尺寸一定要精确，长宽净尺寸即为裁毯下料的依据，要按房间和所用地毯型号统一登记编号。

（2）裁毯与缝合　精确测量好所铺地毯部位尺寸及确定铺设方向后，即可进行地毯的裁切。化纤地毯的裁切应在室外平台上进行，按房间形状尺寸裁下地毯。每段地毯的长度要比房间的长度长 20mm，宽度要以裁去地毯边缘线后的尺寸计算。先在地毯的背面弹出尺寸线，然后用手推裁刀从地毯背面剪切。裁好后卷成卷编上号，运进相应的房间内。如果是圈绒地毯，裁切时应从环毛的中间剪开；如果是平绒地毯，应注意切口处绒毛的整齐。

加设垫层的地毯，裁切完毕后虚铺于垫层上，然后再卷起地毯，在拼接处进行缝合。地毯接缝处在缝合时，先将其两端对齐，再用直针隔一段先缝几针临时固定，然后再用大针进行满缝。如果地毯的拼缝较长，宜从中间向两端缝，也可以分成几段，几个人同时作业。背面缝合完毕，在缝合处涂刷 5～6cm 宽的白胶，然后将裁好的布条贴上，也可用塑料胶纸粘贴于缝合处，保护接缝处不被划破或勾起。将背面缝合完毕的地毯平铺好，再用弯针在接缝处做绒毛密实的缝合，经弯针缝合后，在表面可以做到不显拼缝。

（3）踢脚板固定　铺设地毯房间的踢脚板，常见的有木质踢脚板和塑料踢脚板。塑料踢脚板一般是由工厂加工成品，用胶黏剂将其粘接到基层上。木质踢脚板一般有两种材料：一种是夹板基层外贴柚木板一类的装饰板材，然后表面刷漆；另一种是木板，常用的有柚木板、水曲柳、红白松木等。

踢脚板不仅保护墙面的底部，同时也作为地毯的边缘收口处理部位。木质踢脚板的固定，较好的办法是用平头木螺丝拧到预埋木砖上，平头沉进 0.5～1mm，然后用腻子补平。如果墙体上未预埋木砖，也可以用高强水泥钉将踢脚板固定在墙上，并将钉头敲扁沉入 1～1.5mm，后用腻子刮平。踢脚板要离地面 8mm 左右，以便于地毯掩边。踢脚板的涂料应于地毯铺设前涂刷完毕，如果在地毯铺设后再刷涂料，地毯表面应加以保护。木质踢脚板表面涂料可按设计要求，清漆或混色涂料均可。但要特别注意，在选择涂料做法时，应根据踢脚板材质情况，扬长避短。如果木质较好、纹理美观，宜选用透明的清漆；如果木质较差、节疤较多，宜选用调和漆。

（4）倒刺板条固定　采用地毯铺设地面时，以倒刺板将地毯固定的方法很多。将基层清理干净后，便可沿踢脚板的边缘用高强水泥钉将倒刺板钉在基层上，钉的间距一般为 40cm 左右。如果基层空鼓或强度较低，应采取措施加以纠正，以保证倒刺板固定牢固。可以加长高强水泥钉，使其穿过抹灰层而固定在混凝土楼板上；也可将空鼓部位打掉，重新抹灰或下木楔，等强度达到要求后，再将高强水泥钉打入。倒刺板条要离开踢脚板面 8～10mm，便于用锤子砸钉子。如果铺设部位是大厅，在柱子四周也要钉上倒刺板条，一般的房间沿着墙钉，如图 5.33 所示。

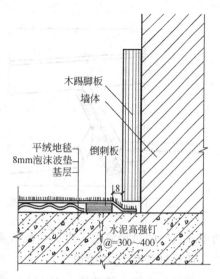

图 5.33　倒刺板条固定示意图

（5）地毯拉伸与固定　对于裁切与缝合完毕的地毯，为保证其铺贴尺寸准确，要进行拉伸。先将地毯的一条长边放在倒刺板条上，将地毯背面牢挂于倒刺板朝天小钉钩上，把地毯的毛边掩到踢脚下面。为使地毯保持平整，应充分利用地毯撑子（张紧器）对地毯进行拉伸。用手压住地毯撑子，再用膝盖顶住地毯撑子，从一个方向，一步一步推向另一边。如果面积较大，几个人可以同时操作。若一遍未能将地毯拉平，可再重复拉伸，直至拉平为止，然后将地毯固定于倒刺板条上，将毛边掩好。对于长出的地毯，用裁毯刀将其割掉。一个方向拉伸完毕，再进行另一个方向的拉伸，直至将地毯四个边都固定于倒刺板条上。

（6）清扫地毯　在地毯铺设完毕后，表面往往有不少脱落的绒毛和其他东西，待收口条固定后，需用吸尘器认真地清扫一遍。铺设后的地毯，在交工前应禁止行人大量走动，否则会加重清理量。

2. 地毯胶黏剂固定方法

用胶黏剂黏结固定地毯，一般不需要放垫层，只需将胶黏剂刷在基层上，然后将地毯固定在基层上。涂刷胶黏剂的做法有两种：一是局部刷胶，二是满刷胶。人不常走动的房间地毯，一般多采用局部刷胶，如宾馆的地面，家具陈设能占去 50% 左右的面积，供人活动的地面空间有限，且活动也较少，所以可采用局部刷胶做法固定地毯。在人活动频繁的公共场所，地毯的铺贴固定宜采用满刷胶。

使用胶黏剂固定地毯，地毯一般要具有较密实的胶底层，在绒毛的底部粘上一层 2mm 左右的胶，有的采用橡胶，有的采用塑胶，有的使用泡沫胶。不同的胶底层，对耐磨性影响较大，有些重度级的专业地毯，胶的厚度 4～6mm，在胶的下面贴一层薄毡片。

刷胶可选用铺贴塑料地板用的胶黏剂。胶刷在基层上，静停一段时间后，便可铺贴地毯。铺设的方法应根据房间的尺寸灵活掌握。如果是铺设面积不大的房间地毯，将地毯裁割完毕后，在地面中间刷一块小面积的胶，然后将地毯铺放，用地毯撑子往四边撑拉，在沿墙四边的地面上涂刷 12～15cm 宽的胶黏剂，使地毯与地面粘贴牢固。刷胶可按 $0.05kg/m^2$ 的涂布量使用，如果地面比较粗糙时，涂布量可适当增加。如果是面积狭长的走廊或影剧院观众厅的走道等处地面的地毯铺设，宜从一端铺向另一端，为了使地毯能够承受较大动力荷载，可以采用逐段固定、逐段铺设的方法。其两侧长边在离边缘 2cm 处将地毯固定，纵向每隔 2m 将地毯与地面固定。

当地毯需要拼接时，一般是先将地毯与地毯拼缝，下面衬上一条 10cm 宽的麻布带，胶黏剂按 0.8kg/m 的涂布量使用，将胶黏剂涂布在麻布带上，把地毯拼缝粘牢（如图 5.34 所示）。有的拼接采用一种胶烫带，施工时利用电熨斗熨烫使带上的胶熔化而将地毯接缝粘接。

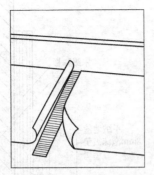

图 5.34　地毯拼缝处的黏结

图 5.35　钉木条与衬条

两条地毯间的拼接缝隙，应尽可能密实，使其看不到背后的衬布。

四、楼梯地毯的铺设

铺设在楼梯上的地毯，由于人行来往非常频繁，且上上下下与安全有关，因此楼梯地毯的铺设必须严格施工，使其质量完全符合国家有关标准的规定。

1. 施工准备工作

施工准备的材料和机具主要包括：地毯固定角铁及零件、地毯胶黏剂、设计要求的地毯、铺设地毯用钉及铁锤等工具。如果选用的地毯是背后不加衬的无底垫地毯，则应准备海绵衬垫料。

测量楼梯每级的深度与高度，以估计所需要地毯的用量。将测量的深度与高度相加乘以楼梯的级数，再加上 45cm 的余量，即估算出楼梯地毯的用量。准备余量的目的是为了在使用时可挪动地毯，转移常受磨损的位置。

对于无底垫地毯，在地毯下面使用楼梯垫料以增加吸声功能和延长使用寿命。衬垫的深度必须自楼梯竖板起，并可延伸至每级踏板外 5cm 以便包覆。

2. 铺贴施工工艺

（1）将衬垫材料用倒刺板条分别钉在楼梯阴角两边，两木条之间应留出 15mm 的间隙（如图 5.35 所示）。

用预先切好的挂角条（或称无钉地毯角铁），如图 5.36 所示，以水泥钉钉在每级踏板与压板所形成的转角衬垫上。如果地面较硬用水泥钉钉固困难时，可在钉位处用冲击钻打孔埋入木楔，将挂角条钉固于木楔上。挂角条的长度应小于地毯宽度 20mm 左右。挂角条是用厚度为 1mm 左右的铁皮制成，有两个方向的倒刺抓钉，可将地毯不露痕迹地抓住（如图 5.37 所示）。

如果不设地毯衬垫，可将挂角条直接固定于楼梯梯级的阴角处。

（2）地毯要从楼梯的最高一级铺起，将始端翻起在顶级的竖板上钉住，然后用扁铲将地毯压在第一条角铁的抓钉上。把地毯拉紧包住楼梯梯级，顺着竖板而下，在楼梯阴角处用扁铲将地毯压进阴角，并使倒刺板木条上的朝天钉紧紧勾住地毯，然后铺设第二条固定角铁。这样连续下来直到最后一个台阶，将多余的地毯朝内摺转钉于底级的竖板上。

（3）所用地毯如果已有海绵衬底，即可用地毯胶黏剂代替固定角铁，将胶黏剂涂抹在压板与踏板面上粘贴地毯。在铺设前，把地毯的绒毛理顺，找出绒毛最为光滑的方向，铺设时以绒毛的走向朝下为准。在梯级阴角处先按照前面所述钉好倒刺板条，铺设地毯后用扁铲敲打，使倒刺钉将地毯紧紧抓住。在每级压板与踏板转角处，最后用不锈钢钉拧固铝角防滑条。楼梯地毯铺设固定方法，如图 5.38 所示。

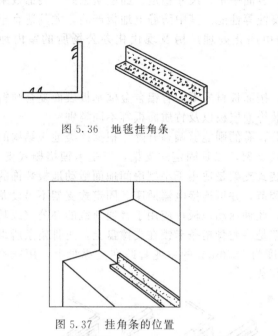

图 5.36　地毯挂角条

图 5.37　挂角条的位置

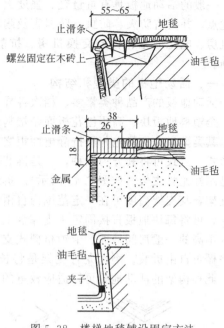

图 5.38　楼梯地毯铺设固定方法

第七节　活动地板安装施工

活动地板也称为装配式地板，或称为活动夹层地板，是由各种规格型号和材质的块状面板、龙骨（桁条）、可调支架等组合拼装而制成的一种新型架空装饰地面，其一般构件和组装形式如图 5.39 所示。

活动地板与基层地面或楼面之间所形成的架空空间，不仅可以满足敷设纵横交错的电缆和各种管线的的需要，而且通过设计，在架空地板的适当部位可以设置通风口，即安装通风百叶或设置通风型地板，以满足静压送风等空调方面的要求（如图 5.40 所示）。

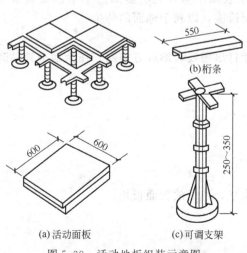

(a)活动面板　　(c)可调支架

图 5.39　活动地板组装示意图

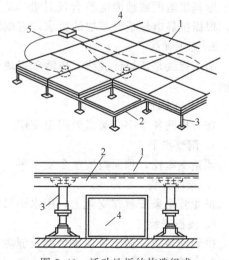

图 5.40　活动地板的构造组成

1—面板；2—桁条；3—可调支架；4—管道；5—电线

一般的活动地板具有重量轻、强度大、表面平整、尺寸稳定、面层质感好、装饰效果佳等优点，并具有防火、防虫、防鼠害及耐腐蚀等性能。其中防静电地板产品，尤其适宜于计算机房、电化教室、程控交换机房、抗静电净化处理厂房及现代化办公场所的室内地面装饰。

一、活动地板的类型和结构

活动地板的产品种类繁多、档次各异，按面板材质不同有铝合金框基板表面复合塑料贴面、全塑料地板块、高压刨花板面贴塑料装饰面层板以及竹质面板等不同类别。

其类型尚有抗静电与不抗静电面板之分，有的则能够调整升降。根据此类地板结构的支架形式，大致可将其分为四种，一是拆装式支架，二是固定式支架，三是卡锁格栅式支架，四是刚性龙骨支架（如图 5.41 所示）。拆装式支架是适用于小型房间地面活动地板装饰的典型支架，其支架高度可在一定范围内自由调节，并可连接电器插座。固定式支架不另设龙骨桁条，可将每块地板直接固定于支撑盘上，此种活动地板可应用于普通荷载的办公室或其他要求不高的一般房间地面。卡锁格栅式支架是将龙骨桁条卡锁在支撑盘上，龙骨桁条所组成的格栅可自由拆装。刚性龙骨支架是将长度为 1830mm 的主龙骨跨在支撑盘上，用螺栓固定，此种构架的活动地板可以适应较重的荷载。

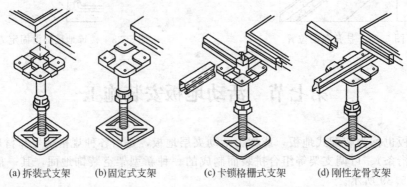

(a)拆装式支架　　(b)固定式支架　　(c)卡锁格栅式支架　　(d)刚性龙骨支架

图 5.41　不同类型的地板支架

二、活动地板的安装工序

1. 基层处理

原基层地面或楼面应符合设计要求，即基层表面平整，无明显凹凸不平。如属水泥地面，根据抗静电地板对基层的要求，宜刷涂一层清漆，以利于地面的防尘。

2. 施工弹线

施工弹线是依设计放线，按活动板块的尺寸打出墨线，形成方格网，作为地板铺贴时的依据。

3. 固定支座

在方格网各十字交叉点处固定支座。

4. 调整水平

调整支座托，顶面高度至全室水平。

5. 龙骨安装

将龙骨桁条安放在支架上，用水平尺校正水平，然后放置面板块。

6. 面板安装

拼装面板块，调整板块水平度及缝隙。

7. 设备安装

安装设备时需注意保护面板，一般是铺设五夹板作为临时保护措施。

三、活动地板的施工要点

1. 弹线定位

用墨线弹出地板支架的放置位置，即地面纵横方格的交叉点。按活动地板高度线减去面板块厚度的尺寸为标准点，画在各个墙面上，在这些标准点上钉拉线。拉线的目的是为了保证地板活动支架能够安装并调整准确，以达到地板架设的水平。

2. 固定支架

在地面弹线方格网的十字交叉点固定支架，固定方法通常是在地面打孔埋入膨胀螺栓，用膨胀螺栓将支架固定在地面上。

3. 调整支架

调整方法视产品实际情况而定，有的设有可转动螺杆，有的是锁紧螺钉，用相应的方式将支架进行高低调整，使其顶面与拉线平齐，然后锁紧其活动构造。

4. 安装龙骨

以水平仪逐点抄平已安装的支架，并以水平尺校准各支架的托盘后，即可将地板支撑桁条架于支架之间。桁条安装应根据活动地板配套产品的不同类型，依其说明书的有关要求进行。桁条与地板支架的连接方式，有的是用平头螺钉将桁条与支架面固定，有的是采用定位销进行卡结，有的产品设有橡胶密封垫条，此时可用白乳胶将垫条与桁条胶合。图 5.42 为螺钉和定位销的连接方式示意。

5. 安装面板

在组装好的桁条格栅框架上安放活动地板块，注意地板块成品的尺寸误差，应将规格尺寸准确者安装于显露部位，不够准确者安装于设备及家具放置处或其他较隐蔽部位。对于抗静电活动地板，地板与周边墙柱面的接触部位要求缝隙

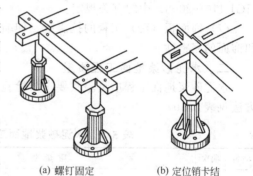

(a) 螺钉固定　　　(b) 定位销卡结

图 5.42　螺钉与定位销的连接方式

严密，接缝较小者可用泡沫塑料填塞嵌封。如果缝隙较大，应采用木条镶嵌。有的设计要求桁条格栅与四周墙或柱体内的预埋铁件固定，此时可用连接板与桁条以螺栓连接或采用焊接，地板下各种管线就位后再安装活动地板块。地板块的安装要求周边顺直，粘、钉或销接严密，各缝均匀一致并不显高差。

第八节　地面工程施工质量验收标准

最近，中华人民共和国住房和城乡建设部颁布第 607 号公告，最新国家标准《建筑地面工程施工质量验收规范》（GB 50209—2010），将于 2010 年 12 月 1 日起实施。其中，第 3.0.3、3.0.5、3.0.18、4.9.3、4.10.11、4.10.13、5.7.4 条为强制性条文，必须严格执行。

一、地面工程质量一般规定

本规定适用于饰面板安装、饰面砖粘贴等分项工程的质量验收。

（1）饰面板（砖）工程验收时应检查下列文件和记录：①饰面板（砖）工程的施工图、设计说明及其他设计文件；②材料的产品合格证书、性能检测报告、进场验收记录和复验报告；③后置埋件的现场拉拔试验报告；④隐蔽工程验收记录；⑤施工记录。

（2）饰面板（砖）工程应对下列材料及其性能指标进行复验：①室内用花岗石的放射

性；②粘接用水泥的凝结时间、安定性和抗压强度；③陶瓷面砖的吸水率；④寒冷地区陶瓷面砖的抗冻性。

（3）饰面板（砖）工程应对下列隐蔽工程项目进行验收：①预埋件（或后置埋件）；②连接节点；③防水层。

（4）各分项工程的检验批应按下列规定划分：

① 相同材料、工艺和施工条件的室内饰面板（砖）工程每 50 间（大面积房间和走廊按施工面积 30m² 为一周）应划分为一个检验批，不足 50 间也应划分为一个检验批。

② 相同材料、工艺和施工条件的室内饰面板（砖）工程每 500～1000m² 应划分为一个检验批，不足 500m² 也应划分为一个检验批。

（5）检查数量应符合下列规定：①室内每个检验批应至少抽查 10%，并不得少于 3 间；不足 3 间时应全数检查；②室外每个检验批每 100m² 应至少抽查一处，每处不得小于 10m²。

（6）饰面砖粘贴前在施工过程中，均应在相同基层上做样板件，并对样板件的饰面砖黏结强度进行检验，其检验方法和结果判定应符合《建筑工程饰面砖粘接强度检验标准》（JGJ 110—2008）中的有关规定。

（7）饰面板（砖）工程的抗震缝、伸缩缝、沉降缝等部位的处理，应保证缝的使用功能和饰面的完整性。

二、水泥砂浆地面工程质量

水泥砂浆地面工程质量验收要求与检验方法见表 5.9；水泥砂浆面层的允许偏差及检查方法见表 5.10。

表 5.9　水泥砂浆地面工程质量验收要求与检验方法

项目	项次	质量要求	检验方法
主控项目	1	水泥采用硅酸盐水泥和普通硅酸盐水泥，其强度等级不应小于 32.5，不同品种、不同强度等级的水泥严禁混用；砂应采用中粗砂，当采用石屑时，其粒径应为 1～5mm，且含泥量不应大于 3%	观察和检查材质合格证明文件及检测报告
	2	水泥砂浆面层的体积比或强度等级必须符合设计要求，且体积比为 1∶2，强度等级不应小于 M15	检查配合比通知单和检测报告
	3	面层与下一层应结合牢固，无空鼓、裂纹	用小锤轻击检查
一般项目	4	面层表面的坡度应符合设计要求，不得有倒泛水和积水现象	观察和泼水或坡度尺检查
	5	面层表面应洁净，无裂纹、脱皮、麻面、起砂等缺陷	观察检查
	6	踢脚线与墙面应紧密结合，高度一致，出墙厚度均匀	用小锤轻击、钢尺和观察检查

注：局部空鼓长度不应大于 300mm，且每自然间（标准间）不多于 2 处可不计。

表 5.10　水泥砂浆面层的允许偏差及检查方法

序号	检查项目	允许偏差或允许值/mm	检查方法
1	表面平整度	4.0	用 2m 靠尺和楔形塞尺检查
2	踢脚线上口平直	4.0	拉 5m 线和用钢尺检查
3	缝格平直	3.0	拉 5m 线和用钢尺检查

三、陶瓷地砖及锦砖地面工程质量

陶瓷地砖及锦砖地面工程质量验收要求与检验方法见表 5.11；陶瓷地砖及锦砖面层的允许偏差及检查方法见表 5.12。

表 5.11　陶瓷地砖及锦砖地面工程质量验收要求与检验方法

项目	项次	质 量 要 求	检 验 方 法
主控项目	1	面层所用的板块的品种、质量必须符合设计要求	观察检查和检查材质合格证明文件及检测报告
	2	面与下一层结合(粘接)应牢固,无空鼓	用小锤轻击检查
一般项目	3	砖面层的表面应洁净、图案清晰、色泽一致、接缝平整、深浅一致,周边顺直。板块无裂纹、掉角和缺棱等缺陷	观察检查
	4	面层邻接处的镶边用料及尺寸应符合设计要求,边角整齐、光滑	观察和用钢尺检查
	5	踢脚线表面应洁净、高度一致、结合牢固、出墙厚度一致	观察和用小锤轻击及钢尺检查
	6	面层表面的坡度应符合设计要求,不倒泛水、无积水;与地漏、管道结合处应密牢固,无渗漏	观察和泼水或坡度尺检查

注:凡单块砖边角有局部空鼓,且每自然间(标准间)不超过总数的5%可不计。

表 5.12　陶瓷地砖及锦砖面层的允许偏差及检查方法

序号	检 查 项 目	允许偏差或允许值/mm	检 查 方 法
1	表面平整度	2.0	用2m靠尺和楔形塞尺检查
2	缝格平直	3.0	拉5m线和用钢尺检查
3	接缝高低差	0.5	用钢尺和楔形塞尺检查
4	踢脚线上口平直	3.0	拉5m线和用钢尺检查
5	板块间隙宽度	2.0	用钢尺检查

四、石板(石材)地面工程质量

石板(石材)地面工程质量验收要求与检验方法见表 5.13;大理石和花岗石面层(或碎拼大理石和碎拼花岗石)的允许偏差见表 5.14。

表 5.13　石板(石材)地面工程质量验收要求与检验方法

项目	项次	质 量 要 求	检 验 方 法
主控项目	1	大理石和花岗石面层所用的板块的品种、质量必须符合设计要求	观察检查和检查材质合格记录
	2	面与下一层结合(粘接)应牢固,无空鼓	用小锤轻击检查
一般项目	3	大理石和花岗石面层的表面应洁净、平整、无磨痕,且应图案清晰、色泽一致,接缝均匀,周边顺直,镶嵌正确。板块无裂纹、掉角和缺棱等缺陷	观察检查
	4	踢脚线表面应洁净、高度一致、结合牢固、出墙厚度一致	观察和用小锤轻击及钢尺检查
	5	面层表面的坡度应符合设计要求,不倒泛水、无积水;与地漏、管道结合处应密牢固,无渗漏	观察和泼水或坡度尺检查

注:凡单块板块边角有局部空鼓,且每自然间(标准间)不超过总数的5%可不计。

表 5.14　大理石和花岗石面层(或碎拼大理石和碎拼花岗石)的允许偏差

序号	检 查 项 目	允许偏差或允许值/mm	检 查 方 法
1	表面平整度	1.0	用2m靠尺和楔形塞尺检查
2	缝格平直	2.0	拉5m线和用钢尺检查
3	接缝高低差	0.5	用钢尺和楔形塞尺检查
4	踢脚线上口平直	1.0	拉5m线和用钢尺检查
5	板块间隙宽度	1.0	用钢尺检查

五、木地板地面工程质量

木地板地面工程质量验收要求与检验方法见表 5.15；实木地板面层的允许偏差及检查方法见表 5.16；复合木地板面层的允许偏差及检查方法见表 5.17。

表 5.15 　木地板地面工程质量验收要求与检验方法

项目	项次	质 量 要 求	检 验 方 法
主控项目	1	实木地板面层所采用的材质和铺设时的木材含水率必须符合设计要求。木搁栅、垫木和毛地板等必须进行防腐、防蛀处理	观察检查和检查材质合格证明文件及检测报告
	2	木搁栅安装应牢固、平直	观察、脚踩检查
	3	面层铺设应牢固；粘接无空鼓	观察、脚踩或用小锤轻击检查
	4	复合地板面层所采用的条材和块材，其技术等级和质量要求应符合设计要求	观察检查和检查材质合格记录
一般项目	5	实木地板面层应刨平、磨光，无明显刨痕和毛刺等现象；图案清晰、颜色均匀一致	观察、手摸和脚踩检查
	6	面层缝隙应严密；接头位置应错开、表面洁净	观察检查
	7	拼花地板接缝应对齐，粘、钉严密；缝隙宽度均匀一致；表面洁净，胶粘无溢胶现象	观察检查
	8	踢脚线表面应光滑，接缝严密，高度一致	观察和用钢尺检查
	9	实木复合地板面层图案和颜色应符合设计要求，图案清晰，颜色一致，板面无翘曲	观察检查

表 5.16 　实木地板面层的允许偏差及检查方法

序号	检 查 项 目	允许偏差或允许值/mm			检 查 方 法
		松木地板	硬木地板	拼花地板	
1	板面缝隙宽度	1.0	0.5	0.2	用钢尺检查
2	表面平整度	3.0	2.0	2.0	用 2m 靠尺和楔形塞尺检查
3	踢脚线上口平齐	3.0	3.0	3.0	拉 5m 通线，不足 5m 拉通线
4	板面拼缝平直	3.0	3.0	3.0	用钢尺检查
5	相邻板材高差	0.5	2.0	0.5	用钢尺和楔形塞尺检查
6	踢脚线与面层的接缝	1.0	1.0	1.0	用楔形塞尺检查

表 5.17 　复合木地板面层的允许偏差及检查方法

序号	检 查 项 目	允许偏差或允许值/mm	检 查 方 法
		实木复合地板面层	
1	板面缝隙宽度	2.0	用钢尺检查
2	表面平整度	2.0	用 2m 靠尺和楔形塞尺检查
3	踢脚线上口平齐	3.0	拉 5m 通线，不足 5m 拉通线
4	板面拼缝平直	3.0	用钢尺检查
5	相邻板材高差	0.5	用钢尺和楔形塞尺检查
6	踢脚线与面层的接缝	0.1	用楔形塞尺检查

六、地毯地面工程质量

地毯地面工程质量验收要求与检验方法见表 5.18。

表 5.18　地毯地面工程质量验收要求与检验方法

项目	项次	质 量 要 求	检 验 方 法
主控项目	1	地毯的品种、规格、颜色、花色、胶料和辅料及其材质必须符合设计要求和国家现行地毯产品标准的规定	观察检查和检查材质合格记录
	2	地毯表面应平整、拼缝处粘贴牢固、严密平整、图案吻合	观察检查
一般项目	3	地毯表面不应起鼓、起皱、翘边、卷边、显拼缝、露线和无毛边,绒面毛顺光一致,毯面干净,无污染和损伤	观察检查
	4	地毯同其他面层连接处、收口处和墙边、柱子周围应顺直、压紧	观察检查

七、活动地板地面工程质量

活动地板地面工程质量验收要求与检验方法见表 5.19;活动地板面层的允许偏差及检查方法见表 5.20。

表 5.19　活动地板地面工程质量验收要求与检验方法

项目	项次	质 量 要 求	检 验 方 法
主控项目	1	面层材质必须符合设计要求,且应具有耐磨、防潮、阻燃、耐污染、耐老化和导静电等特点	观察检查和检查材质合格证明文件及检测报告
	2	活动地板面层应无裂纹、掉角和缺楞等缺陷。行走无声响、无摆动	观察和脚踩检查
一般项目	3	活动地板面层应排列整齐、表面洁净、色泽一致、接缝均匀、周边顺直	观察检查

表 5.20　活动地板面层的允许偏差及检查方法

序号	检 查 项 目	允许偏差或允许值/mm	检 查 方 法
1	表面平整度	2.0	用 2m 靠尺和楔形塞尺检查
2	缝格平直	2.5	拉 5m 线和用钢尺检查
3	接缝高低差	0.4	用钢尺和楔形塞尺检查
4	踢脚线上口平直	—	拉 5m 线和用钢尺检查
5	板块间隙宽度	0.3	用钢尺检查

八、塑胶地面工程质量

PVC 塑胶地板地面工程质量验收要求与检验方法见表 5.21;塑料地板面层的允许偏差及检查方法见表 5.22。

表 5.21　PVC 塑胶地板地面工程质量验收要求与检验方法

项目	项次	质 量 要 求	检 验 方 法
主控项目	1	塑料板面层所用的塑料板块和卷材的品种、规格、颜色、等级应符合设计要求和现行国家标准的规定	观察检查和检查材质合格证明文件及检测报告
	2	面与下一层结合(粘接)应牢固,不翘边、不脱胶、无溢胶	观察检查和用敲击及钢尺检查
一般项目	3	塑料板面层应表面洁净,图案清晰,色泽一致,接缝严密,美观,拼缝处的图案、花纹吻合,无胶痕;与墙边交接严密,阴阳角收边方正	观察检查
	4	板块的焊接,焊缝应平整、光滑、无焦化变色、斑点、焊瘤和起鳞等缺陷,其凹凸允许偏差为 ±0.6mm。焊缝的抗拉强度不得小于塑料板强度的 75%	观察检查和检查检测报告
	5	镶边用料应尺寸准确、边角整齐、拼缝严密、接缝顺直	用钢尺和观察检查

注:卷材局部脱胶处面积不应大于 $20cm^2$,且相隔间距不小于 $50cm$ 可不计;凡单块板块料边角局部脱胶处且每自然间(标准间)不超过总数的 5%者可不计。

表 5.22　塑料地板面层的允许偏差及检查方法

序号	检查项目	允许偏差或允许值/mm	检查方法
1	表面平整度	2.0	用 2m 靠尺和楔形塞尺检查
2	缝格平直	3.0	拉 5m 线和用钢尺检查
3	接缝高低差	0.5	用钢尺和楔形塞尺检查
4	踢脚线上口平直	2.0	拉 5m 线和用钢尺检查
5	板块间隙宽度	—	用钢尺检查

复习思考题

1. 楼地面的基本功能、基本组成是什么？

2. 楼地面装饰有哪些一般要求？

3. 简述水泥砂浆地面对所用材料的要求及施工工艺。

4. 简述现浇水磨石地面对所用材料的要求及施工工艺。

5. 简述楼地面块料材料的种类、要求及其施工工艺。

6. 简述楼地面木地板的铺贴种类及施工工艺。

7. 简述塑料地板的特点、种类及施工工艺。

8. 简述地毯地面铺设的施工工艺。

9. 简述活动地板的类型、结构及施工工艺。

10. 地面工程施工质量验收有哪些一般规定？

11. 简述水泥砂浆地面工程质量的质量要求及验收方法。其安装的允许偏差及检验方法如何？

12. 简述陶瓷地砖及锦砖地面工程质量的质量要求及验收方法。其安装的允许偏差及检验方法如何？

13. 简述石板（石材）地面工程质量的质量要求及验收方法。其安装的允许偏差及检验方法如何？

14. 简述木地板地面工程质量的质量要求及验收方法。其安装的允许偏差及检验方法如何？

15. 简述地毯地面工程质量的质量要求及验收方法。其安装的允许偏差及检验方法如何？

16. 简述活动地板地面工程质量的质量要求及验收方法。其安装的允许偏差及检验方法如何？

17. 简述塑胶地面工程质量的质量要求及验收方法。其安装的允许偏差及检验方法如何？

第六章

门窗工程的施工

本章介绍了门窗的分类、制作与安装要求、作用和组成，重点介绍了装饰木门窗、铝合金门窗、塑料门窗、自动门、全玻璃门和特种门窗的施工工艺、注意事项、质量要求和验收标准。通过对本章内容的学习，了解门窗方面的基本知识，掌握不同类型门窗在施工工艺上的不同。

门是人们进出建筑物的通道口，窗是室内采光通风的主要洞口，因此门窗是建筑工程的重要组成部分，也是建筑装饰工程中的重点。门窗在建筑立面造型、比例尺度、虚实变化等方面，对建筑外表的装饰效果有较大影响。对门窗的具体要求应根据不同的地区、不同的建筑特点、不同的建筑等级等有详细和具体的规定，在不同的情况下，对门窗的分隔、保温、隔声、防水、防火、防风沙等有着不同的要求。近几年来，随着科学的进步，新材料、新工艺的不断出现，门窗的生产和应用也紧紧跟随装饰行业高速发展。不仅有满足功能要求的装饰门窗，而且还有满足特殊功能要求的特种门窗。

第一节　门窗的基本知识

一、门窗的分类

门窗的种类、形式很多，其分类方法也多种多样。在一般情况下，主要按不同材质、不同功能和不同结构形式进行分类。

1. 按不同材质分类

门窗按不同材质分类，可以分为木门窗、铝合金门窗、钢门窗、塑料门窗、全玻璃门窗、复合门窗、特殊门窗等。钢门窗又有普通钢窗、彩板钢窗和渗铝钢窗三种。

2. 按不同功能分类

门窗按不同功能分类，可以分为普通门窗、保温门窗、隔声门窗、防火门窗、防盗门窗、防爆门窗、装饰门窗、安全门窗、自动门窗等。

3. 按不同结构分类

门窗按不同结构分类，可以分为推拉门窗、平开门窗、弹簧门窗、旋转门窗、折叠门窗、卷帘门窗、自动门窗等。

4. 按不同镶嵌材料分类

窗按不同镶嵌材料分类，可分为玻璃窗、纱窗、百叶窗、保温窗、防风沙窗等。玻璃窗能满足采光的功能要求；纱窗在保证通风的同时，可以防止蚊蝇进入室内；百叶窗一般用于只需通风而不需采光的房间。

二、门窗的作用及组成

（一）门窗的作用

1. 门的作用

（1）通行与疏散　门是对内外联系的重要洞口，供人通行，联系室内外和各房间；如果有事故发生，可以供人紧急疏散用。

（2）围护作用　在北方寒冷地区，外门应起到保温防寒作用；门要经常开启，是外界声音的传入途径，关闭后能起到一定的隔声作用；此外，门还起到防风沙的作用。

（3）美化作用　作为建筑内外墙重要组成部分的门，其造型、质地、色彩、构造方式等，对建筑的立面及室内装修效果影响很大。

2. 窗的作用

（1）采光　各类不同的房间，都必须满足一定的照度要求。在一般情况下，窗口采光面积是否恰当，是以窗口面积与房间地面净面积之比来确定的，各类建筑物的使用要求不同，采光标准也不相同。

（2）通风　为确保室内外空气流通，在确定窗的位置、面积大小及开启方式时，应尽量考虑窗的通风功能。

（二）门窗的组成

1. 门的组成

门一般由门框（门樘）、门扇、五金零件及其他附件组成。门框一般是由边框和上框组成，当高度大于 2400mm 时，在上部可加设亮子，需增加中横框。当门宽度大于 2100mm 时，需增设一根中竖框。有保温、防水、防风、防沙和隔声要求的门应设下槛。

门扇一般由上冒头、中冒头、下冒头、边梃、门芯板、玻璃、百叶等组成。

2. 窗的组成

窗是由窗框（窗樘）、窗扇、五金零件等组成。

窗框是由边框、上框、中横框、中竖框等组成，窗扇是由上冒头、下冒头、边梃、窗芯子、玻璃等组成。

三、门窗制作与安装的要求

1. 门窗的制作

在门窗的制作过程中，关键在于掌握好门窗框和扇的制作，应当把握好以下两个方面。

（1）下料原则　对于矩形门窗，要掌握纵向通长、横向截断的原则；对于其他形状门窗，一般应当需要放大样，所有杆件应留足加工余量。

（2）组装要点　保证各杆件在一个平面内，矩形对角线相等，其他形状应与大样重合。要确实保证各杆件的连接强度，留好扇与框之间的配合余量和框与洞的间隙余量。

2. 门窗的安装

安装是门窗能否正常发挥作用的关键，也是对门窗制作质量的检验，对于门窗的安装速度和质量均有较大的影响，是门窗施工的重点。因此，门窗安装必须把握下列要点。

（1）门窗所有构件要确保在一个平面内安装，而且同一立面上的门窗也必须在同一个平面内，特别是外立面，如果不在同一个平面内，就造成出进不一，颜色不一致，立面失去美观的效果。

（2）确保连接要求。框与洞口墙体之间的连接必须牢固，且框不得发生变形，这也是密封的保证。框与扇之间的连接必须保证开启灵活、密封，搭接量不小于设计的80%。

3. 防水处理

门窗的防水处理，应先加强缝隙的密封，然后再打防水胶防水，阻断渗水的通路；同时做好排水通路，以防在长期静水的渗透压力作用下破坏密封防水材料。门窗框与墙体是两种不同材料的连接，必须做好缓冲防变形的处理，以免产生裂缝而渗水。一般要在门窗框与墙体之间填充缓冲材料，材料要做好防腐处理。

4. 注意事项

门窗的制作与安装除满足以上要求外，安装时还应注意以下方面。

（1）在门窗安装前，应根据设计和厂方提供的门窗节点图、结构图进行全面检查。主要核对门窗的品种、规格与开启形式是否符合设计要求，零件、附件、组合杆件是否齐全，所有部件是否有出厂合格证书等。

（2）门窗在运输和存放时，底部均需垫200mm×200mm的方枕木，间距500mm，同时枕木应保持水平、表面光洁，并应有可靠的刚性支撑，以保证门窗在运输和存放过程中不受损伤和变形。

（3）金属门窗的存放处不得有酸碱等腐蚀性物质，特别不得有易挥发性的酸，如盐酸、硝酸等，并要求有良好的通风条件，以防止门窗被酸碱腐蚀。

（4）塑料门窗在运输和存放时，不能平码堆放，应竖直排放，樘与樘之间用非金属软质材料（如玻璃丝毡片、粗麻编织物、泡沫塑料等）隔开，并固定牢靠。由于塑料门窗是由聚氯乙烯塑料型材组装而成的，属于高分子热塑性材料，所以存放处应远离热源，以防止变形。塑料门窗型材是中空的，在组装成门窗时虽然插装轻钢骨架，但这些骨架未经铆固或焊接，整体刚性比较差，不能经受外力的强烈碰撞和挤压。

（5）门窗在设计和生产时，由于未考虑作为受力构件使用，仅考虑了门窗本身和使用过程中的承载能力。如果在门窗框和扇上安放脚手架或悬挂重物，轻者引起门窗的变形，重者可能引起门窗的损坏。因此，金属门窗与塑料门窗在安装过程中，都不得作为受力构件使用，不得在门窗框和扇上安放脚手架或悬挂重物。

（6）要切实注意保护铝合金门窗和涂色镀锌钢板门窗的表面。铝合金表面的氧化膜、彩色镀锌钢板表面的涂膜，都有保护金属不受腐蚀的作用，一旦薄膜被破坏，就失去了保护作用，易产生锈蚀，不仅影响门窗的装饰效果，而且影响门窗的使用寿命。

（7）塑料门窗成品表面平整光滑，具有较好的装饰效果，如果在施工中不注意保护，很容易磨损或擦伤其表面，影响门窗的美观。为保护门窗不受损伤，塑料门窗在搬、吊、运时，应用非金属软质材料衬垫并用非金属绳索捆绑。

（8）为了保证门窗的安装质量和使用效果，对金属门窗和塑料门窗的安装，必须采用预留洞口后安装的方法，严禁采用边安装边砌洞口或先安装后砌洞口的做法。金属门窗和塑料门窗与木门窗不一样，除实腹钢门窗外，其余都是空腹的，门窗壁比较薄，锤击和挤压易引起局部弯曲损坏。金属门窗表面都有一层保护装饰膜或防锈涂层，如果这层薄膜被磨损，是很难修复的。防锈层磨损后不及时修补，也会失去防锈的作用。

（9）门窗固定可以采用焊接、膨胀螺栓或射钉等方式。但砖墙不能用射钉方式，因砖受到冲击力后易碎。在门窗的固定中，普遍对地脚的固定重视不够，而是将门窗直接卡在洞口内，用砂浆挤压密实就算固定，这种做法非常错误、十分危险。门窗安装固定工作十分重要，是关系到在使用中是否安全的大问题，必须要有安装隐蔽工程记录，并应进行手扳检查，以确保安装质量。

（10）门窗在安装过程中，应及时用布或棉丝清理粘在门窗表面的砂浆和密封膏液，以免其凝固干燥后黏附在门窗的表面，影响门窗的表面美观。

第二节　装饰木门窗的制作与安装

自古至今，装饰木门窗在装饰工程中占有重要地位，在建筑装饰方面留下了光辉的一页，我国北京故宫就是装饰木门窗应用的典范。尽管新型装饰材料层出不穷，但木材的独特质感、自然花纹、特殊性能，是任何材料无法替代的。

一、装饰木门窗的开启方式

（一）木门的开启方式

木门的开启方式主要是由使用要求决定的，通常有以下几种不同方式。

1. 平开门

平开门，即水平开启的门。其铰接安在门的侧边，有单扇和双扇、向内开和向外开之分。平开门的构造简单、开启灵活，制作安装和维修均比较方便，是一般建筑中使用最广泛的门，如图 6.1(a) 所示。

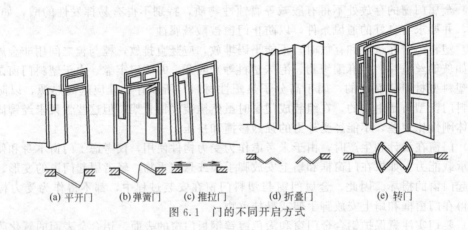

(a) 平开门　　　(b) 弹簧门　　　(c) 推拉门　　　(d) 折叠门　　　　　(e) 转门

图 6.1　门的不同开启方式

2. 弹簧门

弹簧门的形式同平开门，但其侧边用弹簧铰链或下面用地弹簧传动，开启后能自动关闭。多数为双扇玻璃门，能内、外弹动；少数为单扇或单向弹动的，如纱门。弹簧门的构造和安装比平开门稍复杂些，适用于出入频繁或有自动关闭要求的场所。门上一般都安装玻璃，如图 6.1(b) 所示。

3. 推拉门

推拉门，亦称拉门，在上下轨道上左右滑行。推拉门有单扇或双扇，可以藏在夹墙内或贴在墙面外，占用面积较少 [图 6.1(c)]。推拉门构造较为复杂，一般用于两个空间需要扩大联系的门。在人流众多的地方，还可以采用光电管或触动式设施使推拉门自动启闭。

4. 折叠门

折叠门多为扇折叠，可拼合折叠推移到侧边 [图 6.1(d)]。传动方式简单者可以同平开门一样，只在门的侧边装铰链；复杂者在门的上边或下边需要装轨道及转动五金配件。一般用于两个空间需要更为扩大联系的门。

5. 转门

转门为三或四扇门连成风车形，在两个固定弧形门套内旋转的门 [图 6.1(e)]。对防止内外空气的对流有一定的作用，可以作为公共建筑及有空气调节房屋的外门。一般在转门的两旁另设平开门或弹簧门，以作为不需要空气调节的季节或大量人流疏散之用。转门构造复杂，造价较贵，一般情况下不宜采用。

其他尚有上翻门、升降门、卷帘门等，一般适用于较大活动空间，如车库、车间及某些公共建筑的外门。

(二) 木窗的开启方式

窗的开启方式主要决定于窗扇的转动五金的部位和转动方式，可根据使用要求选用。通常有以下几种常用的开启方式。

1. 固定窗

固定窗，即不能开启的窗，作采光及眺望之用，一般将玻璃直接安装在窗框上，尺寸可较大。

2. 平开窗

平开窗为侧边用铰链转动、水平开启的窗，有单扇、双扇、多扇，及向内开、向外开之分。平开窗构造简单，开启灵活，制作、安装和维修均较方便，在一般建筑中使用最为广泛。

3. 横式悬窗

横式悬窗按转动铰链和转轴位置的不同，有上悬式、中悬式和下悬式旋窗之分。一般上悬式和中悬式旋窗向外开，其防雨效果较好，可用作外窗使用；而下悬式窗不能防雨，不适用于外窗。这三种形式的窗都有利于通风，常被用于高窗及门上窗，构造上较为简单。

4. 立体转窗

立体转窗为上、下冒头设转轴，立向转动的窗。转轴可设在中心或偏在一侧。立式转窗出挑不大时，可用较大块的玻璃，有利于采光和眺望，也便于擦窗，适用于不经常开启的窗扇。但安装纱窗很不方便，而且在构造上也比较复杂，特别要注意密封和防雨措施。

5. 推拉窗

推拉窗分垂直推拉和水平推拉两种。垂直推拉窗需要滑轮和平衡措施。国内用在外窗者较少，用在通风柜或传递窗较多。水平推拉窗一般上、下放槽轨，开启时两扇或多扇重叠。因为不像其他形式的窗有悬挑部分，所以窗扇及玻璃尺寸均可较平开窗为大，有利于采光和眺望，但国内用于外窗的比较少。

6. 百叶窗

百叶窗是构造最简单的窗子，可用木板、塑料或玻璃条制成，有固定百叶和转动百叶两种，主要用于通风和遮阳。

二、装饰木门窗的制作

在现代装饰工程中，不仅木门窗的制作仍占有很大比例，而且木门窗是室内装饰造型的一个重要组成部分，也是创造装饰气氛与效果的一个重要手段。

(一) 装饰木门

1. 木门的基本构造

门是由门框（门樘）和门扇两部分组成的。当门的高度超过 2.1m 时，还要增加上窗结构（又称亮子、幺窗），门的各部分名称如图 6.2 所示。各种门的门框构造基本相同，但门扇有较大的差别。

（1）门框　门框是门的骨架，主要由冒头（横档）、框梃（框柱）组成。有门的上窗时，在门扇与

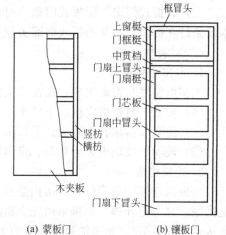

图 6.2　门的构造形式

（a）蒙板门　　（b）镶板门

框冒头
上窗梃
门框梃
中贯档
门扇上冒头
门扇梃
门芯板
门扇中冒头
竖枋
横枋
木夹板
门扇下冒头

上窗之间设有中贯横档。门框架各连接部位都是用榫眼连接的。按照传统的做法，框梃和冒头的连接，是在冒头上打眼，在框梃上做榫；框梃与中贯横档的连接，是在框梃上打眼，在中贯横档两端做榫。

（2）门扇　装饰木门的门扇，有镶板式门扇和蒙板式门扇两类。

① 镶板式门扇。镶板式门扇是在做好门扇框后，将门板嵌入门扇木屋上的凹槽中。这种门扇框的木方用量较大，但板材用量较少。这种门扇的门扇框是由上冒头、中冒头、下冒头和门扇梃组成。门扇梃与上冒头的连接，是在门扇梃上打眼，上冒头的上半部做半榫，下半部做全榫（如图6.3所示）。门扇梃与中冒头的连接，与上冒头的连接基本一样。门扇梃与下冒头的连接，由于下冒头一般比上冒头和中冒头宽，为了连接牢固，要做两个全榫、两个半榫，在门扇梃上打两个全眼、两个半眼（如图6.4所示）。

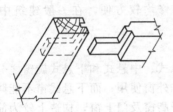 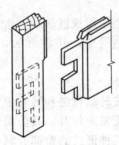

图6.3　门扇梃与上冒头的连接　　　　图6.4　门扇梃与下冒头的连接

为了将门板安装于门扇梃、门扇冒头之间，而在门扇梃和冒头上开出宽为门板厚度的凹槽，在安装门板时，可将门芯板嵌入槽中。为了防止门芯板受潮发生膨胀，而使门扇变形或芯板翘鼓，门芯板装入槽内后，还应有2～3mm的间隙。

② 蒙板式门扇。蒙板式门扇的门扇框，所使用的木方截面尺寸较小，而且是蒙在两块木夹板之间，所以又称为门扇骨架。门扇骨架是由竖向方木和横档方木组成，竖向方木与横档方木的连接，通常采用单榫结构。在一些门扇较高、宽度尺寸较大，骨架的竖向与横向方木的连接，可用钉胶相结合的连接方法。门扇两边的蒙板，通常采用4mm厚的夹板。

2. 装饰门常见形式

（1）镶板式门扇　目前，在建筑装饰工程中常用的镶板式门扇，主要有全木式和木与玻璃结合式两类，实际中最常用的是木与玻璃结合式。

（2）蒙板式门扇　蒙板式门扇主要有平板式和木板与木线条组合式两类。将各种图案的木线条钉在板面上，从而组成饰面美观、图案多样的门扇（如图6.5所示）。

（二）装饰木窗

1. 木窗的基本构造

木窗由窗框和窗扇组成，在窗扇上按设计要求安装玻璃（如图6.6所示）。

（1）窗框　窗框由扇梃、上冒头、下冒头等组成，当顶部有上窗时，还要设中贯横档。

（2）窗扇　窗扇在上冒头、下冒头、扇梃、扇梿之间。

（3）玻璃　玻璃安装于冒头、窗扇梃、窗梿等之间。

2. 连接构造

木窗的连接构造与门的连接构造基本相同，都采用榫式结合。按照规矩，一般是在扇梃上凿眼，冒头上开榫。如果采用先立窗框再砌墙的安装方法，应在上冒头和下冒头两端留出走头（延长端头），走头的长度一般为120mm。窗框与窗梿的连接，也是在扇梃上凿眼，窗梿上开榫。

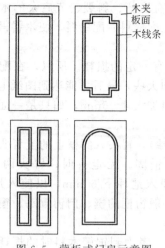

图 6.5　蒙板式门扇示意图

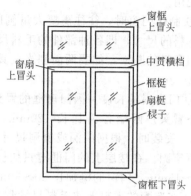

图 6.6　木窗的构造形式

3. 装饰窗常见式样

在室内装饰工程中的装饰窗，通常主要有固定式和开启式两大类。

（1）固定式装饰窗　固定式装饰窗没有可以活动开闭的窗扇，窗棂直接与窗框相连。常见的固定式装饰窗如图 6.7 所示。

（2）开启式装饰窗　开启式装饰窗分为全开启式和部分开启式两种。部分开启式也就是装饰窗的一部分是固定的，另一部分是可以开闭的。常见的活动装饰窗如图 6.8 所示。

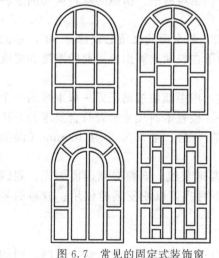

图 6.7　常见的固定式装饰窗

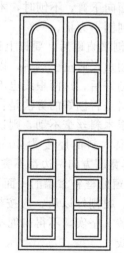

图 6.8　常见的活动装饰窗

（三）木装饰门窗制作工艺

1. 制作工序

木装饰门窗的制作工序主要包括：配料→截料→刨料→划线→凿眼→倒棱→裁口→开榫→断肩→组装→加楔→净面→油漆→安装玻璃。

2. 施工工艺

（1）配料与截料

① 为了进行科学配料，在配料前要熟悉图纸，了解门窗的构造、各部分尺寸、制作数量和质量要求。计算出各部分的尺寸和数量，列出配料单，按照配料单进行配料。如果数量较少，也可以直接配料。

② 在进行配料时，对木方材料要进行选择。不用有腐朽、斜裂、节疤大的木料，不干燥的木料也不能使用。同时，要先配长料后配短料，先配框料后配扇料，使木料得到充分合理的使用。

③ 制作门窗时，往往需要大量刨削，拼装时也会有一定的损耗。所以，在配料时必须加大木料的尺寸，即各种部件的毛料尺寸要比其净料加大些，最后才能达到图纸上规定的尺寸。门窗料的断面，如要两面刨光，其毛料要比其净料加大 4～5mm，如只是一面刨光，要加大 2～3mm。

④ 门窗料的长度。因门窗框的冒头有走头（加长端），冒头（门框上的上冒头，窗框的上、下冒头）两端各需加长 120mm，以便砌入墙内锚固。无走头时，冒头两端各加长 20mm。安装时，根据门洞或窗洞尺寸决定取舍。需埋入地坪下 60mm，以使入地坪以下，使门框牢固。在楼层上的门框梃只加长 20～30mm。一般窗框的梃、门窗冒头、窗棂等可加长 10～15mm，门窗的梃加长 30～50mm。

⑤ 在选配的木料上按毛料尺寸划出截断、锯开线，考虑到锯解木料时的损耗，一般留出 2～3mm 的损耗量。

（2）刨料

① 刨料前，宜选择纹理清晰、无节疤和毛病较少的材面作为正面。对于框料，任选一个窄面为正面。对于扇料，任选一个宽面为正面。

② 刨料时，应看清木料的顺纹和逆纹，应当顺着木纹刨削，以免戗槎。刨削中需常用尺子测量部件的尺寸是否满足设计要求，不要刨过量，影响门窗的质量。弯曲的木料可以先刨凹面，把两头刨得基本平整，再用大刨子刨，即可刨平。如果先刨凸面，凹面朝下，用力刨削时，凸面向下弯，不刨时，木料的弹性又恢复原状，很难刨平。扭曲的木料应先刨木料的高处，直到刨平为止。

③ 正面刨平直以后，要打上记号，再刨垂直的一面，两个面的夹角必须都是 90°，一面刨料，一面用角尺测量。然后，以这两个面为准，用勒子在料面上画出所需要的厚度和宽度线。整根料刨好后，这两根线也不能刨掉。

检查木料是否刨好的方法是：取两根木料叠在一起，用手随便按动上面一根木料的一个角，如果这根木料丝毫不动，则证明这根木料已经刨平。检查木料尺寸是否符合要求的方法是：如果每根木料的厚度为 40mm，取 10 根木料叠在一起，量得尺寸为 400mm（误差 ±4mm），其宽度方向两边都不突出。

④ 门、窗的框料靠墙的一面可不刨光，但要刨出两道灰线。扇料必须四面刨光，划线时才能准确。料刨好以后，应按框、扇分别码放，上下对齐，以便安装时使用。放料的场地，要求平整、坚实，不得出现不均匀沉降。

（3）划线

① 划线前，先要弄清楚榫、眼的尺寸和形式，即什么地方做榫，什么地方凿眼。眼的位置应在木料的中间，宽度不超过木料厚度的 1/3，由凿子的宽度确定。榫头的厚度是根据眼的宽度确定的，半榫长度应为木料宽度的 1/2。

② 对于成批的料，应选出两根刨好的木料，大面相对放在一起，划上榫与眼的位置。要注意，使用角尺、画线竹笔、勒子时，都应靠在记号的大面和小面上。划的位置线经检查无误后，以这两根木料为样板再成批划线。划线一定要清楚、准确、齐全。

（4）凿眼

① 凿眼时，要选择与眼的宽度相等的凿子，这是保证榫、眼尺寸准确的关键。凿刃要锋利，刀口必须磨齐平，中间不能突起成弧形。先凿透眼，后凿半眼，凿透眼时先凿背面，凿到 1/2～2/3 眼深，把木料翻起来凿正面，直至将眼凿透。这样凿眼，可避免把木料凿劈

裂。另外，眼的正面边线要凿去半条线，留下半条线，榫头开榫时也要留下半条线，榫与眼合起来成为一条整线，这样榫与眼结合才能紧密。眼的背面按划线凿，不留线，使眼比面略宽，这样在眼中插入榫头时，可避免挤裂眼口的四周。

② 凿好的眼，要求形状方正、两侧平直。眼内要清洁，不留木渣。千万不要把中间部分凿凹。凿凹的眼在加楔时，一般不容易夹紧，榫头很容易松动，这是门窗出现松动、关不上、下垂等质量问题的主要原因之一。

（5）倒棱和裁口

① 倒棱和裁口是在门框梃上做出，倒棱主要起到装饰作用，裁口是对门扇在关闭时起到限位作用。

② 倒棱要平直，宽度要均匀；裁口要求方正平直，不能有戗槎起毛、凹凸不平的现象。最忌讳是口根有台，即裁口的角上木料没有刨净。也有不在门框梃木方上做裁口，而是用一条小木条粘钉在门框梃木方上。

（6）开榫与断肩

① 开榫也称为倒卯，就是按榫的纵向线锯开，锯到榫的根部时，要把锯竖直锯几下，但不能锯过线。开榫时要留半线，其半榫长为木料宽度的1/2，应比半眼深少1～2mm，以备榫头因受潮而伸长。为确保开榫尺寸的准确，开榫时要用锯小料的细齿锯。

② 断肩就是把榫两边的肩膀锯断。断肩时也要留线，快锯掉时要慢些，防止伤了榫眼。断肩时要用小锯。

③ 榫头锯好后插进眼里，以不松不紧为宜。锯好的半榫应比眼稍微大些。组装时在四面磨角倒棱，抹上胶用锤敲进去，这样的榫使用比较长久，一般不易松动。如果半榫锯得过薄，插入眼中有松动，可在半榫上加两个破头楔，抹上胶打入半眼内，使破头楔把半榫头撑开借以补救。

④ 锯成的榫头要求方正平直，不能歪歪扭扭，不能伤榫眼。如果榫头不方正、不平直，会使门窗不能组装得方正、结实。

（7）组装与净面

① 组装门窗框、扇之前，应选出各部件的正面，以便使组装后正面在同一侧，把组装后刨不到的面上的线用砂纸打磨干净。门框组装前，先在两根框梃上量出门的高度，用细锯锯出一道锯口，或用记号笔划出一道线，这就是室内地坪线，作为立门框的标记。

② 门、窗框的组装，是把一根边梃平放，将中贯档、上冒头（窗框还有下冒头）的榫插入梃的眼里，再装上另一边的梃，用锤轻轻敲打拼合，敲打时要垫上木块，防止打伤榫头或留下敲打的痕迹。待整个门窗框拼好并归方后，再将所有的榫头敲实，锯断露出的榫头。

③ 门窗扇的组装方法与门窗框基本相同。但门扇中有门板时，必须先把门芯按尺寸裁好，一般门芯板应比门扇边上量得的尺寸小3～5mm，门芯板的四边去棱、刨光。然后，先把一根门梃平放，将冒头逐个装入，门芯板嵌入冒头与门梃的凹槽内，再将另一根门梃的眼对准榫装入，并用锤击木块敲紧。

④ 门窗框、扇组装好后，为使其成为一个坚固结实的整体，必须在眼中加适量木楔，将榫在眼中挤紧。木楔的长度与榫头一样长，宽度比眼宽窄2～3mm，楔子头用扁铲顺木纹铲尖。加楔时，应先检查门框、扇的方正，掌握其歪扭情况，以便再加楔时调整、纠正。

⑤ 一般每个榫头内必须加两个楔子。加楔时，用凿子或斧头把榫头凿出一道缝，将楔子两面抹上胶插进缝内，敲打楔子要先轻后重，逐步搏入，不要用力太猛。当楔子已打不动，孔眼已卡紧饱满时，不要再敲打，以防止将木料搏裂。在加楔过程中，对框、扇要随时用角尺或尺杆上下窜角找方正，并校正框、扇的不平整处。

⑥ 组装好的门窗框、扇用细刨子刨后，再用细砂纸修平修光。双扇门窗要配好对，对缝的裁口刨好。安装前，门窗框靠墙的一面，要刷一道沥青，以增加其防腐能力。

⑦ 为了防止校正好的门窗框再发生变形，应在门框下端钉上拉杆，拉杆下皮正好是锯口或记号的地坪线。大一些的门窗框，在中贯档与梃间要钉八字撑杆。

⑧ 门窗框组装好后，要采取措施加以保护，防止日晒雨淋，防止碰撞损伤。

三、装饰木门窗的安装

（一）门窗框的安装

1. 安装方法

门窗框有两种安装方法，即先立口法和后塞口法，其施工工序如下。

（1）先立口法

先立口法，即在砌墙前把门窗框按施工图纸立直、找正，并固定好。这种施工方法必须在施工前把门窗框做好运至施工现场。

（2）后塞口法

后塞口法，即在砌筑墙体时预先按门窗尺寸留好洞口，在洞口两边预埋木砖，然后将门窗框塞入洞口内，在木砖处垫好木片，并用钉子钉牢（预埋木砖的位置应避开门窗扇安装铰链处）。

2. 施工要点

（1）先立口安装施工

① 当砌墙砌到室内地坪时，应当立门框；当砌到窗台时，应当立窗框。

② 立口之前，按照施工图纸上门窗的位置、尺寸，把门窗的中线和边线画到地面或墙面上。然后，把窗框立在相应的位置上，用支撑临时支撑固定，用线锤和水平尺找平找直，并检查框的标高是否正确，如有不平不直之处应随即纠正。不垂直可挪动支撑加以调整，不平处可垫木片或砂浆调整。支撑不要过早拆除，应在墙身砌完后拆除比较适宜。

③ 在砌墙施工过程中，千万不要碰动支撑，并应随时对门窗框进行校正，防止门窗框出现位移和歪斜等现象。砌到放木砖的位置时，要校核是否垂直，如不垂直，在放木砖时随时纠正。否则，木砖砌入墙内，将门窗框固定，就难以纠正。在一般情况下，每边的木砖不得少于 2～3 块。

④ 木门窗安装是否整齐，对建筑物的装饰效果有很大影响。同一面墙的木门窗框应安装整齐，并在同一个平、立面上。可先立两端的门窗框，然后拉一通线，其他的框按通线进行竖立。这样可以保证门框的位置和窗框的标高一致。

⑤ 在立框时，一定注意以下两个方面。

a. 特别注意门窗的开启方向，防止一旦出现错误难以纠正。

b. 注意施工图纸上门窗框是在墙中，还是靠墙的里皮。如果是与里皮平的，门窗框应出里皮墙面（即内墙面）20mm，这样抹完灰后，门窗框正好和墙面相平（如图6.9所示）。

（2）后塞口安装施工

① 门窗洞口要按施工图纸上的位置和尺寸预先留出。洞口应比窗口大 30～40mm（即每边大 15～20mm）。

② 在砌墙时，洞口两侧按规定砌入木砖，木砖大小约为半砖，间距不大于 1.2m，每边 2～3 块。

③ 在安装门窗框时，先把门窗框塞进门窗洞口内，用木楔临时固定，用线锤和水平尺进行校正。待校正无误后，用钉子把门窗框钉牢在木砖上，每个木砖上应钉两颗钉子，并将钉帽砸扁冲入梃框内。

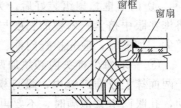

图 6.9 门窗框在墙里皮的做法

④ 在立口时，一定要注意以下两个方面。

a. 特别注意门窗的开启方向。

b. 整个大窗更要注意上窗的位置。

（二）门窗扇的安装

1. 施工准备

（1）在安装门窗扇前，先要检查门窗框上、中、下三部分是否一样宽，如果相差超过5mm，就应当进行修整。

（2）核对门窗的开启方向是否正确，并打上记号，以免将扇安错。

（3）安装扇前，预先量出门窗框口的净尺寸，考虑风缝（松动）的大小，再进一步确定扇的宽度和高度，并进行修刨。应将门扇定于门窗框中，并检查与门窗框配合的松紧度。由于木材有干缩湿胀的性质，而且门窗扇、门窗框上都需要有油漆及打底层的厚度，所以在安装时要留缝。一般门扇对口处竖缝留 1.5～2.5mm，窗的竖缝留 2.0mm，并按此尺寸进行修整刨光。

表 6.1　装饰木门窗安装中常见质量通病、原因分析及矫正方法

质量通病	原因分析	矫正方法
关不拢	缝隙不匀造成的关不拢 　门窗扇制作尺寸有误差； 　门窗安装存在误差； 　门窗在侧边与门框蹭口，窗扇在侧边或底边与窗框蹭口	出现这种情况时，需对门窗和窗扇用细刨进行修正
	门窗扇坡口太小造成关不拢 　门窗扇开关时扇边蹭口； 　安装铰链的扇边抗口（即扇边蹭到框的裁口边上）	安装时，按规矩扇四边应当刨出坡口，这样门窗扇就容易关拢； 应把蹭口的扇边坡口再刨大一些，一般坡口大约为 2°～3°
	门窗扇不平造成的关不拢 　这是由于门窗框安装得不正（不垂直），使得门窗扇安装后能自动打开，木工俗称为"走扇"	必须把门窗框找正找直否则这个毛病是不能完全除掉的； 向外移动门窗扇上的铰链，即能减少"走扇"的程度
	门窗扇不平造成的关不拢 　由于制作不当，门窗扇不平（扭翘），关上后有一个角关不拢； 　木材未干透，做成制品后木材干缩性质不均匀，门窗扇不平	在扇的榫处再加一个楔； 调整铰链的位置，以减轻门窗的不平（扭翘）的程度； 严重者重新制作门窗扇
坠扇	门窗扇安装玻璃后质量增加，而门窗扇本身的结构出现变形而造成； 门窗安装的铰链强度不足而变形造成； 安装铰链的木螺丝较小或安装方法不对造成的； 在制作时，榫头宽窄厚薄均小于划线尺寸，而加楔又不饱满造成	在扇的边和冒头处设置铁三角，以增加抵抗下垂的能力； 装饰门必须采用尼龙无声铰链，装饰窗宜用大铰链； 安装铰链用的木螺丝钉宜采用粗长的规格，而且一定不能将木螺丝钉全部钉入木内，应将木螺丝钉逐丝拧入木内。在硬质木材上钉木螺钉时，先要钻眼，钻头直径比木螺钉直径小，孔深为木螺钉长度的 2/3； 在榫眼位置再补加楔子，但只能临时改一下，不能保证长久有效

2. 施工要点

（1）将修刨好的门窗扇，用木楔临时立于门窗框中，排好缝隙后画出铰链位置。铰链位置距上、下边的距离，一般宜为门扇宽度的 1/10，这个位置对铰链受力比较有利，又可以避开榫头。然后把扇取下来，用扇铲剔出铰链页槽。铰链页槽应外边较浅、里边较深，其深度应当是把铰链合上后与框、扇平正为准。剔好铰链槽后，将铰链放入，上下铰链各拧一颗螺丝钉把扇挂上，检查缝隙是否符合要求，扇与框是否齐平，扇能否关住。检查合格后，再将剩余螺丝钉全部上齐。

（2）双扇门窗扇安装方法与单扇的安装方法基本相同，只是增加一道"错口"的工序。双扇应按开启方向看，右手是门盖口，左手是门等口。

（3）门窗扇安装好后要试开，要达到的标准是：以开到哪里就能停到哪里为合格，不能存在自开或自关现象。如果发现门窗扇在高、宽上有短缺的情况，高度上应补钉的板条钉在下冒头下面，宽度上应在安装铰链一边的梃上补钉板条。

（4）为了开关方便，平开扇的上冒头、下冒头最好刨成斜面。

（三）质量通病、原因及矫正

门窗安装后容易出现的质量通病有两种：一种是关不拢，另一种是坠扇。门窗出现关不拢的原因很多，主要有：一是由于门窗扇与框之间的缝隙不均匀；二是门扇的坡口太小；三是门扇框不正造成门窗扇"走扇"（关上后自动打开）；四是门窗扇不平（皮楞），关上后和门窗框不吻合。

门窗安装中的质量通病、原因分析及矫正方法，如表 6.1 所示。

第三节　铝合金门窗的制作与安装

铝合金门窗是经过表面处理的型材，通过下料、打孔、铣槽等工序，制作成门窗框料构件，然后再与连接件、密封件、开闭五金件一起组合装配而成。尽管铝合金门窗的尺寸大小及式样有所不同，但是同类铝合金型材门窗所采用的施工方法都相同。由于铝合金门窗在造型、色彩、玻璃镶嵌、密封材料的封缝和耐久性等方面，都比钢门窗、木门窗有着明显的优势，因此，铝合金门窗在高层建筑和公共建筑中获得了广泛的应用。例如，日本 98％ 的高层建筑采用了铝合金门窗。

我国铝合金门窗于 20 世纪 70 年代末期开始被使用。近年来，在我国建筑门窗行业中，铝合金门窗发展十分喜人。据中国建筑金属结构协会的统计资料显示，在我国的建筑门窗产品市场上，铝门窗产品所占比例最大，为 55％；其次是塑料门窗，为 35％；钢门窗产品占有 6％ 的份额；其他材料的产品占了剩余的 4％。因此，铝合金门窗将成为建筑业与装饰业中的一种不可缺少的新型门窗。

一、铝合金门窗的特点、类型和性能

（一）铝合金门窗的特点

铝合金门窗是最近十几年发展起来的一种新型门窗，与普通木门窗和钢门窗相比，具有以下特点。

1. 质轻高强

铝合金是一种重量较轻、强度较高的材料，在保证使用强度的要求下，门窗框料的断面可制成空腹薄壁组合断面，减轻了铝合金型材的质量，一般铝合金门窗质量与木门窗差不多，比钢门窗轻 50％ 左右。

2. 密封性好

　　密封性能是门窗质量的重要指标，铝合金门窗和普通钢、木门窗相比，其气密性、水密性和隔声性均比较好。推拉门窗比平开门窗的密封性稍差，因此推拉门窗在构造上加设尼龙毛条，以增加其密封性。

3. 变形性小

　　铝合金门窗的变形比较小，一是因为铝合金型材的刚度好，二是由于制作过程中采用冷连接。横竖杆件之间及五金配件的安装，均是采用螺钉、螺栓或铝钉，通过角铝或其他类型的连接件，使框、扇杆件连成一个整体。冷连接同钢门窗的电焊连接相比，可以避免在焊接过程中因受热不均而产生的变形现象，从而能确保制作的精度。

4. 表面美观

　　一是造型比较美观，门窗面积大，使建筑物立面效果简洁明亮，并增加了虚实对比，富有较强的层次感；二是色调比较美观，其门窗框料经过氧化着色处理，可具有银白色、金黄色、青铜色、古铜色、黄黑色等色调或带色的花纹，外观华丽雅致，不需要再涂漆或进行表面维修装饰。

5. 耐蚀性好

　　铝合金材料具有很高的耐蚀性，不仅可以抵抗一般酸碱盐的腐蚀，而且在使用中不需要涂漆，表面不褪色、不脱落，不必要进行维修。

6. 使用价值高

　　铝合金门窗具有刚度好、强度高、耐腐蚀、美观大方、坚固耐用、开闭轻便、无噪声等优异性能，特别是对于高层建筑和高档的装饰工程，无论从装饰效果、正常运行、年久维修，还是从施工工艺、施工速度、工程造价等方面综合权衡，铝合金门窗的总体使用价值都优于其他种类的门窗。

7. 实现工业化

　　铝合金门窗框料型材加工、配套零件的制作，均可以在工厂内进行大批量的工业化生产，有利于实现门窗设计的标准化、产品系列化和零配件通用化，也能有力推动门窗产品的商业化。

（二）铝合金门窗的类型

　　根据结构与开启形式的不同，铝合金门窗可分为推拉门、推拉窗、平开门、平开窗、固定窗、悬挂窗、回转门、回转窗等。按门窗型材截面的宽度尺寸的不同，可分为许多系列，常用的有 25、40、45、50、55、60、65、70、80、90、100、135、140、155、170 系列等。图 6.10 所示为 90 系列铝合金推拉窗的断面。

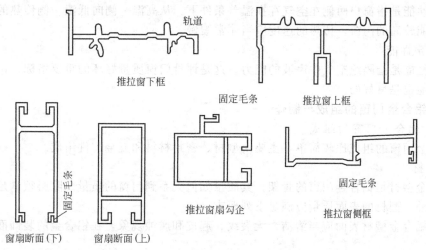

图 6.10　90 系列铝合金推拉窗的断面

铝合金门窗料的断面几何尺寸目前虽然已经系列化，但对门窗料的壁厚还没有硬性规定，而门窗料的壁厚对门窗的耐久性及工程造价影响较大。如果门窗料的板壁太薄，尽管是组合断面，也会因板壁太薄而易使表面受损或变形，影响门窗抗风压的能力。如果门窗的板壁太厚，虽然对抗变形和抗风压有利，但投资效益会受到影响。因此，铝合金门窗的板壁厚度应当合理，过厚和过薄都是不妥的。一般建筑装饰所用的窗料板壁厚度不宜小于 1.6mm，门壁厚度不宜小于 2.0mm。

根据氧化膜色泽的不同，铝合金门窗料有银白色、金黄色、青铜色、古铜色、黄黑色等几种，其外表色泽雅致、美观、经久、耐用，在工程上一般选用银白色、古铜色居多。氧化膜的厚度应满足设计要求，室外门窗的氧化膜应当厚一些，沿海地区与较干燥的内陆城市相比，沿海由于受海风侵蚀比较严重，氧化膜应当稍厚一些；建筑物的等级不同，氧化膜的厚度也要有所区别。所以，氧化膜厚度的确定，应根据气候条件、使用部位、建筑物的等级等多方面因素综合考虑。

（三）铝合金门窗的性能

铝合金门窗的性能主要包括气密性、水密性、抗风压强度、保温性能和隔声性能等。

1. 气密性

气密性也称空气渗透性能，指空气透过处于关闭状态下门窗的能力。与门窗气密性有关的气候因素，主要是室外的风速和温度。在没有机械通风的条件下，门窗的渗透换气量起着重要作用。不同地区气候条件不同，建筑物内部热压阻力和楼层层数不同，致使门窗受到的风压相差很大。另外，空调房间又要求尽量减少外窗空气渗透量，于是就提出了不同气密等级门窗的要求。

2. 水密性

水密性也称雨水渗透性能，指在风雨同时作用下，雨水透过处于关闭状态下门窗的能力。我国大部分地区对水密性要求不十分严格，对水密性要求较高的地区，主要以台风地区为主。

3. 抗风压强度

抗风压强度指窗抵抗风压的性能。门窗是一种围护构件，因此既需要考虑长期使用过程中，在平均风压作用下，保证其正常功能不受影响，又必须注意到在台风袭击下不遭受破坏，以免产生安全事故。

4. 保温性能

保温性能是指窗户两侧在空气存在温差条件下，从高温一侧向低温一侧传热的能力。要求保温性能较高的门窗，传热的速度应当非常缓慢。

5. 隔声性能

隔声性能是指隔绝空气中声波的能力。这是评价门窗质量好坏的重要指标，优良的门窗其隔声性能也是良好的。

二、铝合金门窗的组成与制作

（一）铝合金门窗的组成

铝合金门窗的组成比较简单，主要由型材、密封材料和五金配件组成。

1. 型材

铝合金型材是铝合金门窗的骨架，其质量如何关系到门窗的质量。除必须满足铝合金的元素组成外，型材的表面质量应满足下列要求。

（1）铝合金型材表面应当清洁，无裂纹、起皮和腐蚀现象，在铝合金的装饰面上不允许有气泡。

（2）普通精度型材装饰面上碰伤、擦伤和划伤，其深度不得超过 0.2mm；由模具造成的纵向挤压痕深度不得超过 0.1mm。对于高精度型材的表面缺陷深度，装饰面应不大于 0.1mm，非装饰面应不大于 0.25mm。

（3）型材经过表面处理后，其表面应有一层氧化膜保护层。在一般情况下，氧化膜厚度应不小于 $20\mu m$，并应色泽均匀一致。

2. 密封材料

铝合金门窗安装密封材料品种很多，其特性和用途也各不相同。铝合金门窗安装密封材料的品种、特性和用途如表 6.2 所示。

表 6.2　铝合金门窗安装密封材料

品　种	特性与用途
聚氯酯密封膏	高档密封膏，变形能力为 25%，适用于 ±25% 接缝变形位移部位的密度
聚硫密封膏	高档密封膏，变形能力为 25%，适用于 ±25% 接缝变形位移部位的密度。寿命可达 10 年以上
聚硅氧烷密封膏	高档密封膏、性能全面、变形能力达 50%，高强度、耐高温（−54～260℃）
水膨胀密封膏	遇水后膨胀将缝隙填满
密封垫	用于门窗框与外墙板接缝密封
膨胀防火密封件	主要用于防火门、遇火后可膨胀密封其缝隙
底衬泡沫条	和密封胶配套使用、在缝隙中能随密封胶变形而变形
防污纸质胶带纸	用于保护门窗料表面，防止表面污染

3. 五金配件

五金配件是组装铝合金门窗不可缺少的部件，也是实现门窗使用功能的重要组成。铝合金门窗的配件，如表 6.3 所示。

表 6.3　铝合金门窗五金配件

品　名		用　途
门锁（双头通用门锁）		配有暗藏式弹子锁，可以内外启闭，适用于铝合金平开门
勾锁（推拉门锁）		有单面和双面两种，可作推拉门、窗的拉手和锁闭器使用
暗掀锁		适用于双扇铝合金地弹簧门
滚轮（滑轮）		适用于推拉门窗（70、90、55 系列）
滑撑铰链		能保持窗扇在 0°～60° 或 0°～90° 开启位置自行定位
执手	铝合金平开窗执手	适用于平开窗，上悬式铝合金窗开启和闭锁
	联动执手	适用于密闭型平开窗的启闭，在窗上下两处联动扣紧
	推拉窗执手（半月形执手）	有左右两种形式，适用于推拉窗的启闭
地弹簧		装于铝合金门下部，铝合金门可以缓速自动闭门，也可在一定开启角度位置定位

（1）门的地弹簧为不锈钢面或铜面，使用前应进行开闭速度的调整，液压部分不得出现漏油。暗插为锌合金压铸件，表面镀铬或覆膜。门锁应为双面开启的锁，门的拉手可因设计要求而有所差异，除了满足推、拉使用要求外，其装饰效果占有较大比重。拉手一般常用铝合金和不锈钢等材料制成。

（2）推拉窗的拉锁，其规格应与窗的规格配套使用，常用锌合金压铸制品，表面镀铬或覆膜；也可以用铝合金拉锁，其表面应当进行氧化处理。滑轮常用尼龙滑轮，滑轮架为镀锌的钢制品。

（3）平开窗的窗铰应为不锈钢制品，钢片厚度不宜小于 1.5mm，并且有松紧调节装置。

滑块一般为铜制品，执手为锌合金压铸制品，表面镀锌或覆膜，也可以用铝合金制品，其表面应当进行氧化处理。

（二）铝合金门的制作与组装

铝合金门窗的制作施工比较简单，其工艺主要包括：选料→断料→钻孔→组装→保护或包装。

1. 料具的准备

（1）材料的准备　主要准备制作铝合金门的所有型材、配件等，如铝合金型材、门锁、滑轮、不锈钢、螺钉、铝制拉铆钉、连接铁板、地弹簧、玻璃尼龙毛刷、压条、橡皮条、玻璃胶、木楔子等。

（2）工具的准备　主要准备制作和安装中所用的工具，如曲线刷、切割机、手电锯、扳手、半步扳手、角尺、吊线锤、打胶筒、锤子、水平尺、玻璃吸盘等。

2. 门扇的制作

（1）选料与下料　在进行选料与下料时，应当注意以下几个问题。

① 选料时要充分考虑到铝合金型材的表面色彩、壁的厚度等因素，以保证符合设计要求的刚度、强度和装饰性。

② 每一种铝合金型材都有其特点和使用部位，如推拉、开启、自动门等所用的型材规格是不相同的。在确认材料规格及其使用部位后，要按设计的尺寸进行下料。

③ 在一般建筑装饰工程中，铝合金门窗无详图设计，仅仅给出洞口尺寸和门扇划分尺寸。在门扇下料时，要注意在门洞口尺寸中减去安装缝、门框尺寸。要先计算，画简图，然后再按图下料。

④ 切割时，切割机安装合金锯片，严格按下料尺寸切割。

（2）门扇的组装　在组装门扇时，应当按照以下工序进行。

① 竖梃钻孔。在上竖梃拟安装横档部位用手电钻进行钻孔，用钢筋螺栓连接钻孔，孔径应大于钢筋的直径。角铝连接部位靠上或靠下，视角铝规格而定，角铝规格可用 22mm×22mm，钻孔可在上下 10mm 处，钻孔直径小于自攻螺栓。两边框的钻孔部位应一致，否则将使横档不平。

② 门扇节点固定。上、下横档（上冒头、下冒头）一般用套螺纹的钢筋固定，中横档（中冒头）用角铝自攻螺栓固定。先将角铝用自攻螺栓连接在两边梃上，上、下冒头中穿入套扣钢筋；套扣钢筋从钻孔中深入边梃，中横档套在角铝上。用半步扳手将上冒头和下冒头用螺母拧紧，中横档再用手电钻上下钻孔，用自攻螺钉拧紧。

③ 锁孔和拉手安装。在拟安装的门锁部位用手电钻钻孔，再伸入曲线锯切割成锁孔形状，在门边梃上，门锁两侧要对正，为了保证安装精度，一般在门扇安装后再装门锁。

3. 门框的制作

（1）选料与下料　视门的大小选用 50mm×70mm、50mm×100mm 等铝合金型材作为门框梁，并按设计尺寸下料。具体做法与门扇的制作相同。

（2）门框钻孔组装　在安装门的上框和中框部位的边框上，钻孔安装角铝，方法与安装门扇相同。然后将中框和上框套在角铝上，用自攻螺栓进行固定。

（3）设置连接件　在门框上，左右设置扁铁连接件，扁铁连接件与门框用自攻螺栓拧紧，安装间距为 150～200mm，视门料情况与墙体的间距。扁铁连接件做成平的，一般为"冂"形，连接方法视墙体内埋件情况而定。

4. 铝合金门的安装

铝合金门的安装，主要包括安装门框→填塞缝隙→安装门扇→安装玻璃→打胶清理等工序。

（1）安装门框　将组装好的门框在抹灰前立于门口处，用吊线锤吊直，然后再卡方正，以两条对角线相等为标准。在认定门框水平、垂直均符合要求后，用射钉枪将射钉打入柱、墙、梁上，将连接件与门框固定在墙、梁、柱上。门框的下部要埋入地下，埋入深度为30～150mm。

（2）填塞缝隙　门框固定好以后，应进一步复查其平整度和垂直度，确认无误后，清扫边框处的浮土，洒水湿润基层，用1：2的水泥砂浆将门口与门框间的缝隙分层填实。待填灰达到一定强度后，再除掉固定用的木楔，抹平其表面。

（3）安装门扇　门扇与门框是按同一门洞口尺寸制作的，在一般情况下都能顺利安装上，但要求周边密封、开启灵活。对于固定门可不另做门扇，而是在靠地面处竖框之间安装踢脚板。开启扇分内外平开门、弹簧门、推拉门和自动推拉门。内外平开门在门上框钻孔伸入门轴，门下地里埋设地脚、装置门轴。弹簧门上部做法同平开门，而在下部埋地弹簧，地面需预先留洞或后开洞，地弹簧埋设后要与地面平齐，然后灌细石混凝土，再抹平地面层。地弹簧的摇臂与门扇下冒头两侧拧紧。推拉门要在上框内做导轨和滑轮，也有的在地面上做导轨，在门扇下冒头处做滑轮。自动门的控制装置有脚踏式，一般装在地面上，其光电感应控制开关设备装于上框上。

（4）安装玻璃　根据门框的规格、色彩和总体装饰效果选用适宜的玻璃，一般选用5～10mm厚普通玻璃或彩色玻璃及10～22mm厚中空玻璃。首先，按照门扇的内口实际尺寸合理计划用料，尽量减少玻璃的边角废料，裁割时应比实际尺寸少2～3mm，这样有利于顺利安装。裁割后应分类进行堆放，对于小面积玻璃，可以随裁割随安装。安装时先撕去门框上的保护胶纸，在型材安装玻璃部位塞入胶带，用玻璃吸手安入玻璃，前后应垫实，缝隙应一致，然后再塞入橡胶条密封，或用铝压条拧十字圆头螺丝固定。

（5）打胶清理　大片玻璃与框扇接缝处，要用玻璃胶筒打入玻璃胶，整个门安装好后，以干净抹布擦洗表面，清理干净后交付使用。

5. 安装拉手

最后，用双手螺杆将门拉手上在门扇边框两侧。

至此，铝合金门的安装操作基本完成。安装铝合金的关键是主要保持上、下两个转动部分在同一轴线上。

（三）铝合金窗的制作与组装

装饰工程中，使用铝合金型材制作窗较为普遍。目前，常用的铝型材有90系列推拉窗铝材和38系列平开窗铝材。

1. 组成材料

铝合金窗主要分为推拉窗和平开窗两类。所使用的铝合金型材规格完全不同，所采用的五金配件也完全不同。

（1）推拉窗的组成材料　推拉窗由窗框、窗扇、五金件、连接件、玻璃和密封材料组成。

① 窗框由上滑道、下滑道和两侧边封所组成，这三部分均为铝合金型材。

② 窗扇由上横、下横、边框和带钩的边框组成，这四部分均为铝合金型材，另外在密封边上有毛条。

③ 五金件主要包括装于窗扇下横之中的导轨滚轮，装于窗扇边框上的窗扇钩锁。

④ 连接件主要用于窗框与窗扇的连接，有2mm厚的铝角型材及M4×15mm的自攻螺丝。

⑤ 窗扇玻璃通常用5mm厚的茶色玻璃、普通透明玻璃等，一般古铜色铝合金型材配茶色玻璃，银白色铝合金型材配透明玻璃、宝石蓝和海水绿玻璃。

⑥ 窗扇与玻璃的密封材料有塔形橡胶封条和玻璃胶两种。这两种材料不但具有密封作

用，而且兼有固定材料的作用。用塔形橡胶封条固定窗扇玻璃，安装拆除非常方便，但橡胶条老化后，容易从封口处掉出；用玻璃胶固定窗扇玻璃，粘接比较牢固，不受封口形状的限制，但更换玻璃时比较困难。

（2）平开窗的组成材料　平开窗的组成材料与推拉窗大同小异。

① 窗框：用于窗框四周的框边型铝合金型材，用于窗框中间的工字型窗料型材。

② 窗扇：有窗扇框料、玻璃压条以及密封玻璃用的橡胶压条。

③ 五金件：平开窗常用的五金件主要有窗扇拉手、风撑和窗扇扣紧件。

④ 连接件：窗框与窗扇的连接件有 2mm 厚的铝角型材，以及 M4×15mm 的自攻螺钉。

⑤ 玻璃：窗扇通常采用 5mm 厚的玻璃。

2. 施工机具

铝合金窗的制作与安装所用的施工机具主要有：铝合金切割机、手电钻、$\phi8$ 圆锉刀、$R20$ 半圆锉刀、十字螺丝刀、划针、铁脚圆规、钢尺和铁角尺等。

3. 施工准备

铝合金窗施工前的主要准备工作有：检查复核窗的尺寸、样式和数量→检查铝合金型材的规格与数量→检查铝合金窗五金件的规格与数量。

（1）检查复核窗的尺寸、样式和数量　在装饰工程中一般都采用现场进行铝合金窗的制作与安装。检查复核窗的尺寸与样式工作，即根据施工对照施工图纸，检查有无不符合之处，有无安装问题，有无与电器、水暖卫生、消防等设备相矛盾的问题。如果发现问题要及时上报，与有关人员商讨解决的方法。

（2）检查铝合金型材的规格与数量　目前，我国对铝合金型材的生产虽然有标准规定，但由于生产厂家很多，即使是同一系列的型材，其形状尺寸和壁厚尺寸也会有一定差别。这些误差会在铝合金窗的制作与安装中产生麻烦，甚至影响工程质量。所以，在制作之前要检查铝合金型材的规格尺寸，主要是检查铝合金型材相互接合的尺寸。

（3）检查铝合金窗五金件的规格与数量　铝合金窗的五金件分推拉窗和平开窗两大类，每一类中又有若干系列，所以在制作以前要检查五金件与所制作的铝合金窗是否配套。同时，还要检查各种附件是否配套，如各种封边毛条、橡胶边封条和碰口垫等，能否正好能与铝合金型材衔接安装。如果与铝合金型材不配套，会出现过紧或过松现象。过紧，在铝合金窗制作时安装困难；过松，安装后会自行脱出。

此外，采用的各种自攻螺钉要长短结合，螺钉的长度通常为 15mm 左右比较适宜。

4. 推拉窗的制作与安装

推拉窗有带上窗及不带上窗之分。下面以带上窗的铝合金推拉窗为例，介绍其制作方法。

（1）按图下料　下料是铝合金窗制作的第一道工序，也是最重要、最关键的工序。如果下料不准确，会造成尺寸误差、组装困难，甚至因无法安装成为废品。所以，下料应按照施工图纸进行，尺寸必须准确，误差值应控制在 2mm 范围内。下料时，用铝合金切割机切割型材，切割机的刀口位置应在划线以外，并留出划线痕迹。

（2）连接组装

① 上窗连接组装　上窗部分的扁方管型材，通常采用铝角码和自攻螺钉进行连接如图 6.11 所示。这种方法既可隐蔽连接件，又不影响外表美观，连接非常牢固，比较简单实用。铝角码多采用 2mm 厚的直角铝角条，每个角码按需要切割其长度，长度最好能同扁方管内宽相符，以免发生接口松动现象。

两条扁方管在用铝角码固定连接时，应先用一小截同规格的扁方管做模子，长 20mm 左右。在横向扁方管上要衔接的部位用模子定好位，将角码放在模子内并用手捏紧，用手电

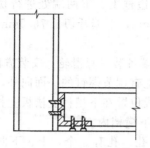

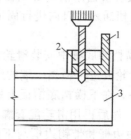

图 6.11　窗扇方管连接　　　　　　图 6.12　安装前的钻孔方法

1—角码；2—模子；3—横向扁方管

钻将角码与横向扁方管一并钻孔，再用自攻螺丝或抽芯铝铆钉固定，如图 6.12 所示。然后取下模子，再将另一条竖向扁方管放到模子的位置上，在角码的另一个方向上打孔，固定便成。一般的角码每个面上打两个孔也就够了。

上窗的铝型材在四个角处衔接固定后，再用截面尺寸为 12mm×12mm 的铝槽作固定玻璃的压条。安装压条前，先在扁方管的宽度上画出中心线，再按上窗内侧长度切割四条铝槽条。按上窗内侧高度减去两条铝槽截高的尺寸，切割四条铝槽条。安装压条时，先用自攻螺丝把槽条紧固在中线外侧，然后再离出大于玻璃厚度 0.5mm 距离，安装内侧铝槽，但自攻螺丝不需上紧，最后装上玻璃时再固紧。

② 窗框连接　首先测量出在上滑道上面两条固紧槽孔，距侧边的距离和高低位置尺寸，然后按这个尺寸在窗框边封上部衔接处划线打孔，孔径约为 ϕ5mm 左右。钻好孔后，用专用的碰口胶垫，放在边封的槽口内，再将 M4×35mm 的自攻螺丝，穿过边封上打出的孔和碰口胶垫上的孔，旋进下滑道下面的固紧槽孔内，如图 6.13 所示。在旋紧螺钉的同时，要注意上滑道与边封对齐，各槽对正，最后再上紧螺丝，然后在边封内装毛条。

按同样的方法先测量出下滑道下面的固紧槽孔距、侧边距离和其距上边的高低位置尺寸。然后按这三个尺寸在窗框边封下部衔接处划线打孔，孔径在 ϕ5mm 左右。钻好孔后，用专用的碰口胶垫，放在边封的槽口内，再将 M4×35mm 的自攻螺丝，穿过边封上打出的孔和碰口胶垫上的孔，旋进下滑道下面的固紧槽孔内，如图 6.14 所示。注意固定时不得将下滑道的位置装反，下滑道的滑轨面一定要与上滑道相对应才能使窗扇在上、下滑道上滑动。

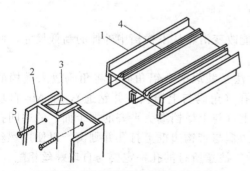

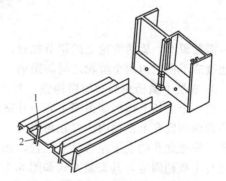

图 6.13　窗框下滑部分的连接安装　　　　　图 6.14　窗框下滑部分的连接安装

1—上滑道；2—边封；3—碰口胶垫；　　　　　1—下滑道的滑轨；2—下滑道的固紧槽孔

4—上滑道上的固紧槽；5—自攻螺钉

窗框的四个角衔接起来后，用直角尺测量并校正一下窗框的直角度，最后上紧各角上的衔接自攻螺丝。将校正并紧固好的窗框立放在墙边，以防碰撞损坏。

③ 窗扇的连接　窗扇的连接分为 5 个步骤。

a. 在连接装拼窗扇前，要先在窗框的边框和带钩边框上、下两端处进行切口处理，以便将上、下横档插入切口内进行固定。上端开切长 51mm，下端开切长 76.5mm，如图 6.15 所示。

b. 在下横档的底槽中安装滑轮，每条下横档的两端各装一只滑轮。安装方法如下。

把铝窗滑轮放进下横档一端的底槽中，使滑轮框上有调节螺钉的一面向外，该面与下横档端头边平齐，在下横档底槽板上划线定位，再按划线位置在下横档底槽板上打两个直径为 4.5mm 的孔，然后再用滑轮配套螺丝，将滑轮固定在下横档内。

c. 在窗扇边框和带钩边框与下横档衔接端划线打孔。孔有三个，上、下两个是连接固定孔，中间一个是留出进行调节滑轮框上调整螺丝的工艺孔。这三个孔的位置，要根据固定在下横档内的滑轮框上孔位置来划线，然后再打孔，并要求固定后边框下端与下横档底边平齐。边框下端固定孔的直径为 4.5mm，并要用直径 6mm 的钻头划窝，以便固定螺钉与侧面基本齐平。工艺孔的直径为 8mm 左右。钻好后，再用圆锉在边框和带钩边框固定孔位置下边的中线处，锉出一个直径 8mm 的半圆凹槽。此半圆凹槽是为了防止边框与窗框下滑道上的滑轨相碰撞。窗扇下横档与窗扇边框的连接如图 6.16 所示。

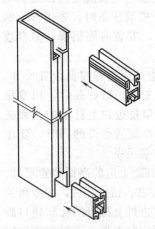 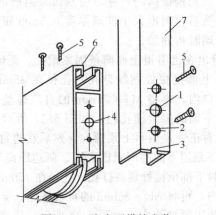 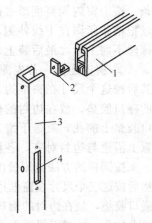

图 6.15 窗扇的连接　　图 6.16 窗扇下横档安装　　图 6.17 窗扇上横档安装

1—调节滑轮；2—固定孔；3—半圆槽；　1—上横档；2—角码；3—窗
4—调节螺丝；5—滑轮固定螺丝；　　扇边框；4—窗锁洞
6—下横档；7—边框

需要说明，旋转滑轮上的调节螺丝，不仅能改变滑轮从下横档中外伸的高低尺寸，而且也能改变下横档内两个滑轮之间的距离。

d. 安装上横档角码和窗扇钩锁。其基本方法是截取两个铝角码，将角码放入横档的两头，使一个面与上横档端头面平齐，并钻两个孔（角码与上横档一并钻通），用 M4 自攻螺丝将角码固定在上横档内。再在角码另一个面上（与上横档端头平齐的那个面）的中间打一个孔，根据此孔的上下左右尺寸位置，在扇的边框与带钩边框上打孔并划窝，以便用螺丝将边框与上横档固定，其安装方式如图 6.17 所示。注意所打的孔一定要与自攻螺丝相配。

安装窗钩锁前，先要在窗扇边框开锁口，开口的一面必须是窗扇安装后面向室内的一面。而且窗扇有左右之分，所以开口位置要特别注意不要开错，窗钩锁通常是安装于边框的中间高度处，如果窗扇高大于 1.5m，装窗钩锁的位置也可以适当降低一些。开窗钩锁长条形锁口的尺寸，要根据钩锁可装入边框的尺寸来确定。

开锁口的方法是：先按钩锁可装入部分的尺寸，在边框上划线，用手电钻在划线框内的角位打孔，或在划线框内沿线打孔，再把多余的部分取下，用平锉修平即可。然后，在边框侧面再挖一个直径 25mm 左右的锁钩插入孔，孔的位置应正对内钩之处，最后把锁身放入长形口内。

通过侧边的锁钩插入孔，检查锁内钩是否正对圆插入孔的中线，内钩向上提起后，用手按紧锁身，再用手电钻，通过钩锁上、下两个固定螺钉孔，在窗扇边封的另一面打孔，以便用窗锁固定螺杆贯穿边框厚度来固定窗钩锁。

e. 上密封毛条及安装窗扇玻璃。窗扇上的密封毛条有两种：一种是长毛条，另一种是短毛条。长毛条装于上横档顶边的槽内和下横档底边的槽内，而短毛条装于带钩边框的钩部槽内。另外，窗框边封的凹槽两侧也需要装短毛条。毛条与安装槽有时会出现松脱现象，可用万能胶或玻璃胶局部粘贴。在安装窗扇玻璃时，要先检查复核玻璃的尺寸。通常，玻璃尺寸长宽方向均比窗扇内侧长宽尺寸大 25mm。然后，从窗扇一侧将玻璃装入窗扇内侧的槽内，并紧固连接好边框，其安装方法如图 6.18 所示。

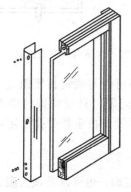
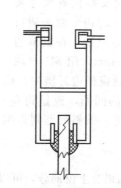
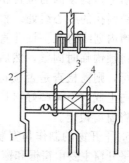

图 6.18　安装窗扇玻璃　　　图 6.19　玻璃与窗扇槽的密封　　　图 6.20　上窗与窗框的连接
1—上滑道；2—上窗扇方管；
3—自攻螺丝；4—木垫块

最后，在玻璃与窗扇槽之间用塔形橡胶条或玻璃胶进行密封，如图 6.19 所示。

④ 上窗与窗框的组装。先切两小块 12mm 的厘米板，将其放在窗框上滑道的顶面，再将口字形上窗框放在上滑道的顶面，并将两者前后左右的边对正。然后，从上滑道向下打孔，把两者一并钻通，用自攻螺丝将上滑道与上窗框扁方管连接起来，如图 6.20 所示。

（3）推拉窗的安装　推拉窗常安装于砖墙中，一般是先将窗框部分安装固定在砖墙洞内，再安装窗扇与上窗玻璃。

① 窗框安装。砖墙的洞口先用水泥修平整，窗洞尺寸要比铝合金窗框尺寸稍大些，一般四周各边均大 25～35mm。在铝合金窗框上安装角码或木块，每条边上各安装两个，角码需要用水泥钉钉固在窗洞墙内，如图 6.21 所示。

对安装于墙洞中的铝合金窗框，进行水平和垂直度的校正。校正完毕后用木楔块把窗框临时固紧在窗洞中，然后用保护胶带纸把窗框周边贴好，以防止用水泥周边塞口时造成铝合金表面损伤。该保护胶带可在水泥周边塞口工序完成及水泥浆固结后再撕去。

窗框周边填塞水泥浆时，水泥浆要有较大的稠度，以能用手握成团为准。水泥浆要填塞密实，将水泥浆用灰刀压入填缝中，填好后窗框周边要抹平。

② 窗扇的安装。塞口水泥浆在固结后，撕下保护胶带纸，便可进行窗扇的安装。窗扇安装前，先检查一下窗扇上的各条密封毛条，是否有少装或脱落现象。如果有脱

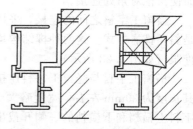

图 6.21　窗框与砖墙的连接安装

落现象，应用玻璃胶或橡胶类胶水进行粘贴，然后用螺丝刀拧旋边框侧的滑轮调节螺丝，使滑轮向下横档内回缩。这样即可托起窗扇，使其顶部插入窗框的上滑槽中，使滑轮卡在下滑道的滑轮轨道上，再拧旋滑轮调节螺丝，使滑轮从下横档内外伸。外伸量通常以下横档内的长毛刚好能与窗框下滑面接触为准，以便使下横档上的毛条起到较好的防尘效果，同时窗扇在轨道上也可移动顺畅。

③ 上窗玻璃安装。上窗玻璃的尺寸必须比上窗内框尺寸小 5mm 左右，不能安装得与内框相接触。因为玻璃在阳光的照射下，会因受热而产生体积膨胀。如果安装的玻璃与窗框接触，受热膨胀后往往造成玻璃开裂。

上窗玻璃的安装比较简单，安装时只要把上窗铝压条取下一侧（内侧），安上玻璃后，再装回窗框上，拧紧螺丝即可。

④ 窗钩锁挂钩的安装。窗钩锁的挂钩安装于窗框的边封凹槽内，如图 6.22 所示。挂钩的安装位置尺寸要与窗扇上挂钩锁洞的位置相对应。挂钩的钩平面一般可位于锁洞孔的中心线处。根据这个对应位置，在窗框边封凹槽内划线打孔。钻孔直径一般为 4mm，用 M5 自攻

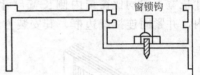

图 6.22　窗锁钩的安装位置

螺丝将锁钩临时固紧，然后移动窗扇到窗框边封槽内，检查窗扇锁可否与锁钩相接锁定。如果不行，则需检查是否锁钩位置高低的问题，或锁钩左右偏斜的问题，只要将锁钩螺丝拧松，向上或向下调整好再拧紧螺丝即可。偏斜问题则需测一下偏斜量，再重新打孔固定，直至能将窗扇锁定。

5. 平开窗的制作与安装

平开窗主要由窗框和窗扇组成。如果有上窗部分，可以是固定玻璃，也可以是顶窗扇。但上窗部分所用的材料，应与窗框所用铝合金型材相同，这一点与推拉窗上窗部分是有区别的。

平开窗根据需要也可以制成单扇、双扇、带上窗单扇、带上窗双扇、带顶窗单扇和带顶窗双扇等六种形式。下面以带顶窗双扇平开窗为例介绍其制作方法。

（1）窗框的制作　平开窗的上窗边框是直接取之于窗边框，故上窗边框和窗框为同一框料，在整个窗边上部适当位置（大约 1.0m 左右），横加一条窗工字料，即构成上窗的框架，而横窗工字料以下部位，就构成了平开窗的窗框。

① 按图下料　窗框加工的尺寸应比已留好的砖墙洞小 20～30mm。按照这个尺寸将窗框的宽与高方向材料裁切好。窗框四个角是按 45°对接方式，故在裁切时四条框料的端头应裁成 45°角。然后，再按窗框宽尺寸，将横窗工字料截下来。竖窗工字料的尺寸，应按窗扇高度加上 20mm 左右榫头尺寸截取。

② 窗框连接　窗框的连接采用 45°角拼接，窗框的内部插入铝角，然后每边钻两个孔，用自攻螺丝上紧，并注意对角要对正对平。另外一种连接方法为撞角法，即利用铝材较软的特点，在连接铝角的表面冲压几个较深的毛刺。因为所用的铝角是采用专用型材，铝角的长度又按窗框内腔宽度裁割，能使其几何形状与窗框内腔相吻合，故能使窗框和铝角挤紧，进而使窗框对角处连接。

横窗工字料之间的连接，采用榫接方法。榫接方法有两种：一种是平榫肩方式，另一种是斜角榫肩方式。这两种榫结构均是在竖向的窗中间工字料上做榫，在横向的窗工字料上做榫眼（如图 6.23 所示）。

横窗工字料与竖窗工字料连接前，先在横窗工字料的中间长度处开一个长条形榫眼孔，其长度为 20mm 左右，宽度略大于工字料的壁厚。如果是斜角榫肩结合需在榫眼所对的工字料上横档和下横档的一侧开裁出 90°角的缺口（如图 6.24 所示）。

竖窗工字料的端头应先裁出凸字形榫头，榫头长度为 8～10mm 左右，宽度比榫眼长度

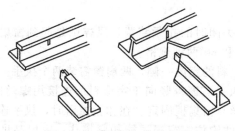

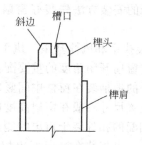

图 6.23　横竖窗工字的连接　　　　　图 6.24　竖窗工字料凸字形榫头做法

大 0.5～1.0mm，并在凸字榫头两侧倒出一点斜口，在榫头顶端中间开一个 5mm 深的槽口，如图 6.24 所示。然后，再裁切出与横窗工字料上相对的榫肩部分，并用细锉将榫肩部分修平整。需要注意的是，榫头、榫眼、榫肩这三者间的尺寸应准确，加工要细致。

榫头、榫眼部分加工完毕后，将榫头插进榫眼，把榫头的伸出部分，以开槽口为界分别向两个方向拧歪，使榫头结构部分锁紧，将横向工字形窗料与竖向工字形窗料连接起来。

横向窗工字料与窗边框的连接，同样也用榫接方法，其做法与前述相同。但在榫接时，是以横向工字两端为榫头，窗框料上做榫眼。

在窗框料上所有榫头、榫眼加工完毕后，先将窗框料上的密封胶条上好，再进行窗框的组装连接，最后在各对口处上玻璃胶进行封口。

（2）平开窗扇的制作　制作平开窗扇的型材有三种：窗扇框、窗玻璃压条和连接铝角。

① 按图下料　下料前，先在型材上按图纸尺寸划线。窗扇横向框料尺寸，要按窗框中心竖向工字形料中间至窗框边框料外边的宽度尺寸来切割。窗扇竖向框料要按窗框上部横向工字形料中间至窗框边框料外边的高度尺寸来切割，使得窗扇组装后，其侧边的密封胶条能压在窗框架的外边。

横、竖窗扇料切割下来后，还要将两端再切成 45°角的斜口，并用细锉修正飞边和毛刺。连接铝角是用比窗框铝角小一些的窗扇铝角，其裁切方法与窗框铝角相同。窗压线条按窗框尺寸裁割，端头也切成 45°的角，并整修好切口。

② 窗扇连接　窗扇连接主要是将窗扇框料连成一个整体。连接前，需将密封胶条植入槽内。连接时的铝角安装方法有两种：一种是自攻螺丝固定法；另一种是撞角法。其具体方法与窗框铝角安装方法相同。

（3）安装固定窗框

① 安装平开窗的砖墙窗洞，首先用水泥浆修平，窗洞尺寸大于铝合金平开窗框 30mm 左右。然后，在铝合金平开窗框的四周安装镀锌锚固板，每边至少两道，应根据其长度和宽度确定。

② 对装入窗洞中的铝合金窗框，进行水平度和垂直度的校正，并用木楔块把窗框临时固紧在墙的窗洞中，再用水泥钉将锚固板固定在窗洞的墙边（如图 6.25 所示）。

③ 铝合金窗框边贴好保护胶带纸，然后再进行周边水泥浆塞口和修平，待水泥浆固结后再撕去保护胶带纸。

（4）平开窗的组装　平开窗组装的内容有：上窗安装、窗扇安装、装窗扇拉手、安装玻璃、装执手和风撑。

① 上窗安装　如果上窗是固定的，可将玻璃直接安放在窗框的横向工字形铝合金上，然后用玻璃压线条固定玻璃，并用塔形橡胶条或玻璃胶进行密封。如果上窗是可以开启的一扇窗，

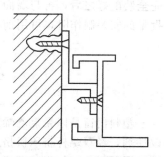

图 6.25　开平窗框与墙身的固定

可按窗扇的安装方法先装好窗扇，再在上窗顶部装两个铰链，下部装一个风撑和一个拉手即可。

② 装执手和风撑基座 执手是用于将窗扇关闭时的扣紧装置，风撑则是起到窗扇的铰链和决定窗扇开闭角度的重要配件，风撑有 90°和 60°两种规格。

执手的把柄装在窗框中间竖向工字形铝合金料的室内一侧，两扇窗需装两个执手。执手的安装位置尺寸一般在窗扇高度的中间位置。执手与窗框竖向工字形料的连接用螺丝固定。与执手相配的扣件装于窗扇的侧边，扣件用螺丝与窗扇框固定。在扣紧窗扇时，执手连动杆上的钩头，可将装在窗扇框边相应位置上的扣件钩住，窗扇便能扣紧锁住。窗扇高度大于 1.0m 时，也可以安装两个执手。

风撑的基座装于窗框架上，使风撑藏在窗框架和窗扇框架之间的空位中，风撑基底用抽芯铝铆钉与窗框的内边固定，每个窗扇的上、下边都需装一只风撑，所以与窗扇对应窗框上、下都要装好风撑。安装风撑的操作应在窗框架连接后，即在窗框架与墙面窗洞安装前进行。

在安装风撑基座时，先将基座放在窗框下边靠墙的角位上，用手电钻通过风撑基座上的固定孔在窗框上按要求钻孔，再用与风撑基座固定孔相同直径的铝抽芯铆钉将风撑基座进行固定。

③ 窗扇与风撑连接 窗扇与风撑连接有两处：一处是与风撑的小滑块；另一处是与风撑的支杆。这两处定位在一个连杆上，与窗扇框固定连接。该连杆与窗扇固定时，先移动连杆，使风撑开启到最大位置，然后将窗扇框与连杆固定。风撑安装后，窗扇的开启位置如图 6.26 所示。

④ 装拉手及玻璃 拉手是安装在窗扇框的竖向边框中部，窗扇关闭后，拉手的位置与执手靠近。装拉手前先在窗扇竖向边框中部，用锉刀或铣刀把边框上压线条的槽锉一个缺口，再把装在该处的玻璃压线条切一个缺口，缺口大小按拉手尺寸而定。然后，钻孔用自攻螺丝将把手固定在窗扇边框上。

玻璃的尺寸应小于窗扇框内边尺寸 15mm 左右，将裁好的玻璃放入窗扇框内边，并马上把玻璃压线条装卡到窗扇框内边的卡槽上。然后，在玻璃的内边各压上一周边的塔形密封橡胶条。

风撑

图 6.26 窗扇与风撑
的连接安装

在平开窗的安装工作中，最主要的是掌握好斜角对口的安装。斜角对口要求尺寸、角度准确，加工细致。如果在窗框、扇框连接后，仍然有些角位对口不密合，可用与铝合金相同色的玻璃胶补缝。

平开窗与墙面窗洞的安装，有先装窗框架，再安装窗扇的方法，也有的先将整个平开窗完全装配好之后，再与墙面窗洞安装。具体采用哪种方法，可根据不同情况而确定。一般大批量的安装制作时，可用前一种方法；少量的安装制作，可用后一种方法。

第四节 塑料门窗的施工

塑料门窗是以聚氯乙烯或其他树脂为主要原料，以轻质碳酸钙为填料，添加适量助剂和改性剂，经双螺杆挤压机挤压成型的各种截面的空腹门窗异型材，再根据不同的品种规格选用不同截面异型材组装而成。由于塑料的刚度较差、变形较大，一般在空腹内嵌装型钢或铝合金型材进行加强，从而增强了塑料门窗的刚度，提高了塑料门窗的牢固性和抗风能力。因此，塑料门窗又称为"钢塑门窗"。

塑料门窗是目前最具有气密性、水密性、耐腐蚀性、隔热保温、隔声、耐低温、阻燃、电绝缘性、造型美观等优异综合性能的门窗制品。实践证明：其气密性为木窗的 3 倍，为铝合金门窗的 1.5 倍；热导率是金属门窗的 1/12～1/8，可节约暖气费 20％左右；其隔声效果也比铝合金门窗高 30dB 以上。另外，塑料本身的耐腐蚀性和耐潮性优异，在化工建筑、地下工程、卫生间及浴室内都能使用，是一种应用广泛的建筑节能产品。

塑料门窗的种类很多，根据原材料的不同，塑料门窗可以分为以聚氯乙烯树脂为主要原料的钙塑门窗（又称"U-PVC 门窗"）；以改性聚氯乙烯为主要原料的改性聚氯乙烯门窗（又称"改性 PVC 门窗"）；以合成树脂为基料、以玻璃纤维及其制品为增强材料的玻璃钢门窗。

一、塑料门窗材料质量要求

1. 塑料异型材及密封条

塑料门窗采用的塑料异型材、密封条等原材料，应符合国家标准《门、窗用未增塑聚氯乙烯（PVC-U）型材》（GB/T 8814—2004）和《塑料门窗用密封条》（GB/T 12002—89）的有关规定。

2. 塑料门窗配套件

塑料门窗采用的紧固件、五金件、增强型钢、金属衬板及固定片等，应符合以下要求。

（1）紧固件、五金件、增强型钢、金属衬板及固定片等，应进行表面防腐处理。

（2）紧固件的镀层金属及其厚度，应符合国家标准《螺纹紧固件电镀层》（GB/T 5267—2002）的有关规定；紧固件的尺寸、螺纹、公差、十字槽及机械性能等技术条件，应符合国家标准《十字槽盘头自攻螺钉》（GB 845）、《十字槽沉头自攻螺钉》（GB 846）的有关规定。

（3）五金件的型号、规格和性能，均应符合国家现行标准的有关规定；滑撑铰链不得使用铝合金材料。

（4）全防腐型塑料门窗，应采用相应的防腐型五金件及紧固件。

（5）固定片的厚度≥1.5mm，最小宽度≥15mm，其材质应采用 Q235-A 冷轧钢板，其表面应进行镀锌处理。

（6）组合窗及连窗门的拼樘料，应采用与其内腔紧密吻合的增强型钢作为内衬，型钢两端应比拼樘长出 10～15mm。外窗的拼樘料截面尺寸及型钢形状、壁厚，应能使组合窗承受瞬时风压值。

3. 玻璃及玻璃垫块

塑料门窗所用的玻璃及玻璃垫块的质量，应符合以下规定。

（1）玻璃的品种、规格及质量，应符合国家现行产品标准的规定，并应有产品出厂合格证，中空玻璃应有检测报告。

（2）玻璃的安装尺寸，应比相应的框、扇（梃）内口尺寸小 4～6mm，以便于安装并确保阳光照射膨胀不开裂。

（3）玻璃垫块应选用邵氏硬度为 70～90（A）的硬橡胶或塑料，不得使用硫化再生橡胶、木片或其他吸水性材料；其长度宜为 80～150mm，厚度应按框、扇（梃）与玻璃的间隙确定，一般宜为 2～6mm。

4. 门窗洞口框墙间隙密封材料

门窗洞口框墙间隙密封材料，一般常为嵌缝膏（建筑密封胶），应具有良好的弹性和粘接性。

5. 材料的相容性

与聚氯乙烯型材直接接触的五金件、紧固件、密封条、玻璃垫块、嵌缝膏等材料，其性能与 PVC 塑料具有相容性。

二、塑料门窗的安装施工

（一）塑料门窗的制作

塑料门窗的制作一般都是在专门的工厂进行的，很少在施工工地现场组装。在国外，甚至将玻璃都在工厂中安装好才送往施工现场安装。在国内，一些较为高档的产品，也常常采取这种方式供货。但是，由于我国的塑料门窗组装厂还很少，而且组装后的门窗经长途运输损耗太大。因此，很多塑料门窗装饰工程仍然存在着由施工企业自行组装的情况，这对于确保制作质量还是有一定难度的。

（二）安装施工准备工作

1. 安装材料

（1）塑料门窗　框、窗多为工厂制作的成品，并有齐全的五金配件。

（2）其他材料　主要有木螺丝、平头机螺丝、塑料胀管螺丝、自攻螺钉、钢钉、木楔、密封条、密封膏、抹布等。

2. 安装机具

塑料门窗在安装时所用的主要机具有冲击钻、射钉枪、螺丝刀、锤子、吊线锤、钢尺、灰线包等。

3. 现场准备

（1）门窗洞口质量检查。按设计要求检查门窗洞口的尺寸，若无具体的设计要求，一般应满足下列规定：门洞口宽度为门框宽加 50mm，门洞口高度为门框高加 20mm；窗洞口宽度为窗框宽加 40mm，窗洞口高度为窗框高加 40mm。

门窗洞口尺寸的允许偏差值为：洞口表面平整度允许偏差 3mm；洞口正、侧面垂直度允许偏差 3mm；洞口对角线允许偏差 3mm。

（2）检查洞口的位置、标高与设计要求是否符合，若不符合应立即进行改正。

（3）检查洞口内预埋木砖的位置和数量是否准确。

（4）按设计要求弹好门窗安装位置线，并根据需要准备好安装用的脚手架。

（三）塑料门窗的安装方法

由于塑料门窗的热膨胀性较大，且弯曲弹性模量较小，加之又是成品现场安装，如果稍不注意，就可能造成塑料门窗的损伤变形，影响使用功能、装饰效果和耐久性。因此，安装塑料门窗的技术难度比钢门窗和木门窗大得多，在施工过程中应当特别注意。

塑料门窗安装施工工艺流程为：门窗洞口处理→找规矩→弹线→安装连接件→塑料门窗安装→门窗四周嵌缝→安装五金配件→清理。主要的施工要点如下。

1. 门窗框与墙体的连接

塑料门窗框与墙体的连接固定方法，常见的有连接件固定法、直接固定法和假框固定法三种。

（1）连接件固定法　这是用一种专门制作的铁件将门窗框与墙体相连接，是我国目前运用较多的一种方法。其优点是比较经济，且基本上可以保证门窗的稳定性。连接件法的做法是：先将塑料门窗放入门窗洞口内，找平对中后用木楔临时固定。然后，将固定在门窗框型材靠墙一面的锚固铁件用螺钉或膨胀螺钉固定在墙上（如图 6.27 所示）。

（2）直接固定法　在砌筑墙体时，先将木砖预埋于门窗洞口设计位置处，当塑料门窗安入洞口并定位后，用木螺钉直接穿过门窗框与预埋木砖进行连接，从而将门窗框直接固定于墙体上（如图 6.28 所示）。

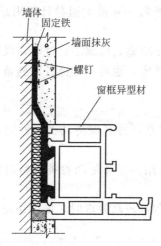

图 6.27　框墙间连接件固定法

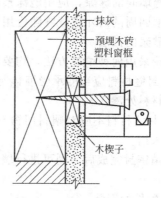

图 6.28　框墙间直接固定法

（3）假框固定法　先在门窗洞口内安装一个与塑料门窗框配套的镀锌铁皮金属框，或者当木门窗换成塑料门窗时，将原来的木门窗框保留不动，待抹灰装饰完成后，再将塑料门窗框直接固定在原来的框上，最后再用盖口条对接缝及边缘部分进行装饰（如图 6.29 所示）。

2. 连接点位置的确定

在确定塑料门窗框与墙体之间的连接点的位置和数量时，应主要从力的传递和 PVC 窗的伸缩变形两个方面来考虑（如图 6.30 所示）。

（1）在确定连接点的位置时，首先应考虑能使门窗扇通过合页作用于门窗框的力，尽可能直接传递给墙体。

（2）在确定连接点的数量时，必须考虑防止塑料门窗在温度应力、风压及其他静荷载作用下可能产生的变形。

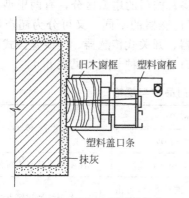

图 6.29　框墙间假框固定法

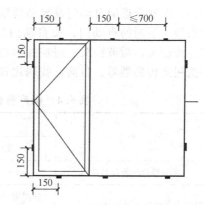

图 6.30　框墙连接点布置图

（3）连接点的位置和数量，还必须适应塑料门窗变形较大的特点，保证在塑料门窗与墙体之间微小的位移，不至于影响门窗的使用功能及连接本身。

（4）在合页的位置应设连接点，相邻两个连接点的距离不应大于 700mm。在横档或竖框的地方不宜设连接点，相邻的连接点应在距其 150mm 处。

3. 框与墙间缝隙的处理

（1）由于塑料的膨胀系数较大，所以要求塑料门窗与墙体间应留出一定宽度的缝隙，以适应塑料伸缩变形。

（2）框与墙间的缝隙宽度，可根据总跨度、膨胀系数、年最大温差计算出最大膨胀量，再乘以要求的安全系数求得，一般可取 10～20mm。

（3）框与墙间的缝隙，应用泡沫塑料条或油毡卷条填塞，填塞不宜过紧，以免框架发生变形。门窗框四周的内外接缝缝隙应用密封材料嵌填严密，也可用硅橡胶嵌缝条，但不能采用嵌填水泥砂浆的做法。

（4）不论采用何种填缝方法，均要做到以下两点。

① 嵌填封缝材料应当能承受墙体与框间的相对运动，并且保持其密封性能，雨水不能由嵌填封缝材料处渗入。

② 嵌填封缝材料不应对塑料门窗有腐蚀、软化作用，尤其是沥青类材料对塑料有不利作用，不宜采用。

（5）嵌填密封完成后，则可进行墙面抹灰。当工程有较高要求时，最后还需加装塑料盖口条。

4. 五金配件的安装

塑料门窗安装五金配件时，必须先在杆件上进行钻孔，然后用自攻螺丝拧入，严禁在杆件上直接锤击钉入。

5. 安装完毕后的清洁

塑料门窗扇安装完毕后，应暂时将其取下，并编号单独保管。门窗洞口进行粉刷时，应将门窗表面贴纸保护。粉刷时如果框扇沾上水泥浆，应立即用软质抹布擦洗干净，切勿使用金属工具擦刮。粉刷完毕后，应及时清除玻璃槽口内的渣灰。

第五节 自动门的施工

自动门是一种新型金属门，主要用于高级建筑装饰。自动门按门体材料的不同，有铝合金自动门、无框全玻璃自动门及异型薄壁钢管自动门等；按门的扇型区分，有两扇型、四扇型和六扇型等不同的自动门；按自动门所使用的探测传感器的不同，又可分为超声波传感器、红外线探头、微波探头、遥控探测器、毯式传感器、开关式传感器、拉线开关式传感器和手动按钮式传感器等。目前，我国比较有代表性的自动门品种与规格见表 6.4。

表 6.4 国产有代表性的自动门品种与规格

品 种	规格尺寸/mm		生产单位
	宽度	高度	
TDLM-100 系列铝合金推拉自动门	2050～4150	2075～3575	沈阳黎明航空铝窗公司
ZM-E 型铝合金中分式微波自动门	分两扇、四扇、六扇型，除标准尺寸外，可由用户提出尺寸订制		上海红光建筑五金厂
100 系列铝合金自动门	950	2400	哈尔滨有色金属材料加工厂

注：表中所列自动门品种均含无框全玻璃自动门。

我国生产的微波自动门，具有外观新颖、结构精巧、启动灵活、运行可靠、功耗较低、噪声较小等特点，适用于高级宾馆、饭店、医院、候机楼、车站、贸易楼、办公大楼等建筑物。下面重点介绍微波自动门的结构与安装施工。

一、微波自动门的结构

微波自动门的传感系统采用微波感应方式，当人或其他活动目标进入微波传感器的感应范围时，门扇便自动开启，当活动目标离开感应范围时，门扇又会自动关闭。门扇的自动运行，有快、慢两种速度自动变换，使启动、运行、停止等动作达到良好的协调状态，同时可确保门扇之间的柔性合缝。当自动门意外地夹住行人或门体被异物卡阻时，自控电路具有自动停机的功能，所以安全可靠。

1. 微波自动门的门体结构

以上海红光建筑五金厂生产的 ZM-E2 型微波自动门为例，微波自动门体结构分类见表 6.5。

表 6.5　ZM-E2 型微波自动门门体分类系列

门体材料	表面处理（颜色）		门体材料	表面处理（颜色）	
铝合金	银白色	古铜色	异型薄壁钢管	镀锌	油漆
无框全玻璃门	白色全玻璃	茶色全玻璃			

微波自动门一般多为中分式，标准立面主要分为两扇型、四扇型、六扇型等（如图 6.31 所示）。

2. 控制电路结构

控制电路是自动门的指挥系统，由两部分组成。其一是用来感应开门目标信号的微波传感；其二是进行信号处理的二次电路控制。微波传感器采用 X 波段微波信号的"多普勒"效应原理，对感应范围内的活动目标

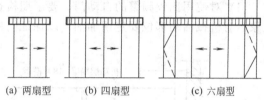

(a) 两扇型　　(b) 四扇型　　(c) 六扇型

图 6.31　自动门标准立面示意图

所反应的作用信号进行放大检测，从而自动输出开门或关门控制信号。一档自动门出入控制一般需要用 2 只感应探头、1 台电源器配套使用。二次电路控制箱是将微波传感器的开关门信号转化成控制电动机正、逆旋转的信号处理装置，它由逻辑电路、触发电路、可控硅主电路、自动报警停机电路及稳压电路等组成。主要电路采用集成电路技术，使整机具有较高的稳定性和可靠性。微波传感器和控制箱均使用标准插件连接，因而同机种具有互换性和通用性。微波传感器和控制箱在自动门出厂前均已安装在机箱内。

二、微波自动门的技术指标

以 ZM-E2 型微波自动门为例，微波自动门的技术参数如表 6.6 所示。

表 6.6　ZM-E2 型微波自动门的技术参数

项　　目	指　　标	项　　目	指　　标
电源	AC 220V/50Hz	感应灵敏度	现场调节至用户需要
功耗	150W	报警延时时间	10～15s
门速调节范围	0～350mm/s(单扇门)	使用环境温度	−20～+40℃
微波感应范围	门前 1.5～4m	断电时手推力	<10N

三、微波自动门的安装施工

1. 地面导向轨道安装

铝合金自动门和玻璃自动门地面上装有导向性下轨道。异型钢管自动门无下轨道。有下轨道的自动门在土建做地坪时，必须在地面上预埋 50mm×75mm 方木条 1 根。微波自动门在安装时，撬出方木条便可埋设下轨道，下轨道长度为开门宽的 2 倍。图 6.32 为自动门下轨道埋设示意。

2. 微波自动门横梁安装

自动门上部机箱层主梁是安装中的重要环节。由于机箱内装有机械及电控装置，因此，对支撑横梁的土建支撑结构有一定的强度及稳定性要求。常用的两种支撑节点如图 6.33 所示，一般砖结构宜采用图 6.33(a) 的形式，混凝土结构宜采用图 6.33(b) 的形式。

3. 微波自动门使用与维修

自动门的使用性能与使用寿命，与施工及日常维护有密切关系，因此，必须做好下列各个方面工作。

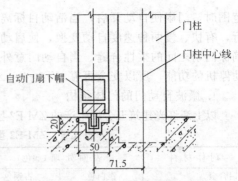

图 6.32 自动门下轨道埋设示意图

（1）门扇地面滑行轨道应经常进行清洗，槽内不得留有异物。结冰季节要严格防止有水流进下轨道，以免卡阻活动门扇。

（2）微波传感器及控制箱等一旦调试正常，就不能再任意变动各种旋钮的位置，以防止失去最佳工作状态，而达不到应有的技术性能。

（3）铝合金门框、门扇及装饰板等，是经过表面化学防腐氧化处理的，产品运抵施工现场后应妥善保管，并注意门体不得与石灰、水泥及其他酸、碱性化学物品接触。

（4）对使用比较频繁的自动门，要定期检查传动部分装配紧固零件是否有松动、缺损等现象。对机械活动部位要定期加油，以保证门扇运行润滑、平稳。

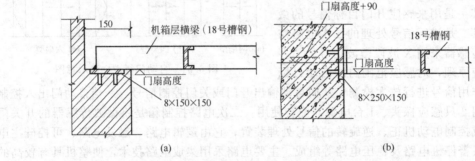

图 6.33 机箱横梁支撑节点

第六节 全玻璃门的施工

在现代装饰工程中，采用全玻璃装饰门的施工日益普及。所采用玻璃多为厚度在 12mm 的厚质平板白玻璃、雕花玻璃及彩印图案玻璃等，有的设有金属扇框，有的活动门扇除玻璃之外，只有局部的金属边条。其门框部分通常以不锈钢、黄铜或铝合金饰面，从而展示出豪华气派（如图 6.34 所示）。

一、全玻璃门固定部分的安装

1. 施工准备工作

在正式安装玻璃之前，地面的饰面施工应已完成，门框的不锈钢或其他饰面包覆安装也应完成。门框顶部的玻璃限位槽已经留出，其槽宽应大于玻璃厚度 2~4mm，槽深为 10~

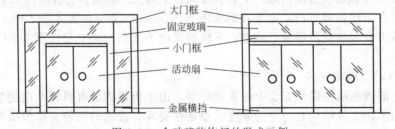

图 6.34 全玻璃装饰门的形式示例

20mm（如图 6.35 所示）。

不锈钢、黄铜或铝合金饰面的木底托，可采用木方条首先钉固于地面安装位置，然后再用黏结剂将金属板饰面黏结卡在木方上（如图 6.36 所示）。如果采用铝合金方管，可采用木螺丝将方管拧固于木底托上，也可采用角铝连接件将铝合金方管固定在框柱上。

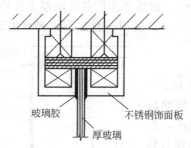

图 6.35　顶部门框玻璃限位槽构造

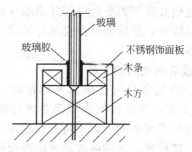

图 6.36　固定玻璃扇下部底托做法

厚玻璃的安装尺寸，应从安装位置的底部、中部和顶部进行测量，选择最小尺寸为玻璃板宽度的切割尺寸。如果上、中、下测得的尺寸一致，其玻璃宽度的裁割应比实测尺寸小 2～3mm。玻璃板的高度方向裁割，应小于实测尺寸 3～5mm。玻璃板裁割后，应将其四周进行倒角处理，倒角宽度为 2mm，如若在施工现场自行倒角，应手握细砂轮做缓慢细磨操作，防止出现崩角、崩边现象。

2. 安装固定玻璃板

用玻璃吸盘将玻璃板吸起，由 2～3 人合力将其抬至安装位置，先将上部插入门顶框限位槽内，下部落于底托之上，而后校正安装位置，使玻璃板的边部正好封住侧框柱的金属板饰面对缝口（如图 6.37 所示）。在底托上固定玻璃板时，可先在底托木方上钉木条，一般距玻璃 4mm 左右；然后在木条上涂刷胶黏剂，将不锈钢板或铜板黏卡在木方上。固定部分的玻璃安装构造如图 6.38 所示。

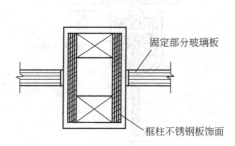

图 6.37　固定玻璃扇与框柱的配合

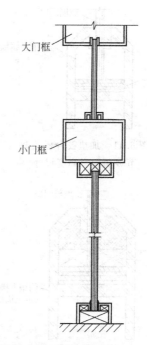

图 6.38　玻璃门竖向安装构造示意图

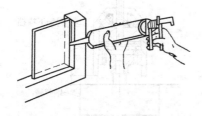

图 6.39　注胶封口操作示意图

3. 注胶封口

在玻璃准确就位后，在顶部限位槽处和底托固定处，以及玻璃板与框柱的对缝处，均注入玻璃密封胶。首先将玻璃胶开封后装入打胶枪内，即用打胶枪的后压杆端头板顶住玻璃胶罐的底部；然后一只手托住打胶枪的枪身，另一只手握着注胶压柄不断松压循环地操作压柄，将玻璃胶注于需要封口的缝隙端（如图 6.39 所示）。由需要注胶的缝隙端头开始，顺着缝隙匀速移动，使玻璃胶在缝隙处形成一条均匀的直线，最后用塑料片刮去多余的玻璃胶，用棉布擦净胶迹。

4. 玻璃板之间的对接

门上固定部分的玻璃需要对接时，其对接缝应有 2～4mm 的宽度，玻璃板的边部都要进行倒角处理。当玻璃块留缝定位并安装稳固后，即将玻璃胶注入其对接的缝隙，用塑料片在玻璃板对缝的两边对缝的两面把胶刮平，用棉布将胶迹擦干净。

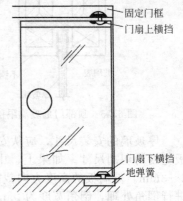

图 6.40　活动门扇的安装示意图

二、玻璃活动门扇的安装

玻璃活动门扇的结构是不设门扇框，活动门扇的启闭由地弹簧进行控制。地弹簧同时又与门扇的上部、下部金属横档进行铰接，如图 6.40 所示。

玻璃门扇的安装方法与步骤如下。

（1）活动门扇在安装前，应先将地面上的地弹簧和门扇顶面横梁上的定位销安装固定完毕，两者必须在同一轴线上，安装时应用吊锤进行检查，做到准确无误，地弹簧转轴与定位销为同一中心线。

（2）在玻璃门扇的上、下金属横档内划线，按线固定转动销的销孔板和地弹簧的转动轴连接板。具体操作可参照地弹簧产品安装说明书。

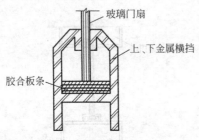

图 6.41　加垫胶合板条调
节玻璃门扇高度尺寸

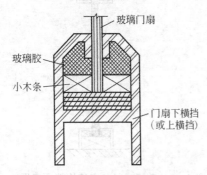

图 6.42　门扇玻璃与金属横挡的固定

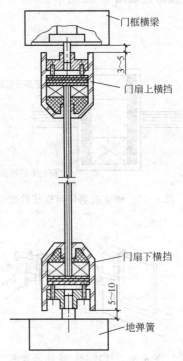

图 6.43　门扇的定位安装

（3）玻璃门扇的高度尺寸，在裁割玻璃时应注意包括插入上、下横档的安装部分。一般情况下，玻璃高度尺寸应小于实测尺寸3~5mm，以便安装时进行定位调节。

（4）把上、下横档（多采用镜面不锈钢成型材料）分别装在厚玻璃门扇的上、下端，并进行门扇高度的测量。如果门扇高度不足，即其上、下边距门横及地面的缝隙超过规定值，可在上、下横档内加垫胶合板条进行调节（如图6.41所示）。如果门扇高度超过安装尺寸，只能由专业玻璃工将门扇多余部分切割去，但要特别小心加工。

（5）门扇高度确定后，即可固定上、下横档，在玻璃板与金属横挡内的两侧空隙处，由两边同时插入小木条，轻敲稳实，然后在小木条、门扇玻璃及横挡之间形成的缝隙中注入玻璃胶（如图6.42所示）。

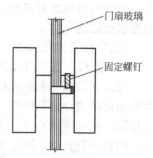

（6）进行门扇定位的安装。先将门框横梁上的定位销本身的调节螺钉调出横梁平面1~2mm，再将玻璃门扇竖起来，把门扇下横挡内的转动销连接件的孔位对准地弹簧的转动销轴，并转动门扇将孔位套在销轴上。然后把门扇转动90°使之与门框横梁成直角，把门扇上横挡中的转动连接件的孔对准门框横梁上的定位销，将定位销插入孔内15mm左右（调动定位销上的调节螺钉）（如图6.43所示）。

图6.44　玻璃门拉手
安装示意图

（7）安装门拉手。全玻璃门扇上扇拉手孔洞一般是订购时就加工好的，拉手连接部分插入孔洞时不能太紧，应当略有松动。安装前在拉手插入玻璃的部分涂少量的玻璃胶；如若插入过松可在插入部分裹上软质胶带。在拉手组装时，其根部与玻璃贴靠紧密后再拧紧螺钉（如图6.44所示）。

第七节　特种门窗的施工

特种门窗的种类很多，除去以上几种门窗外，其他基本上都属于特种门窗的范畴。在建筑装饰工程中常用的有：卷帘防火、防盗窗，防火门，隔声门，金属转门，金属铰链门和弹簧门等。

一、防火门的安装施工

防火门是具有特殊功能的一种新型门，是为了解决高层建筑的消防问题而发展起来的，目前在现代高层建筑中应用比较广泛，并深受使用单位的欢迎。

（一）防火门的种类

1. 根据耐火极限不同分类

根据国际标准（ISO），防火门可分为甲、乙、丙三个等级。

（1）甲级防火门　甲级防火门以防止扩大火灾为主要目的，它的耐火极限为1.2h，一般为全钢板门，无玻璃窗。

（2）乙级防火门　乙级防火门以防止开口部火灾蔓延为主要目的，它的耐火极限为0.9h，一般为全钢板门，在门上开一个小玻璃窗，玻璃选用5mm厚的夹丝玻璃或耐火玻璃。性能较好的木质防火门也可以达到乙级防火门。

（3）丙级防火门　它的耐火极限为0.6h，为全钢板门，在门上开一小玻璃窗，玻璃选用5mm厚夹丝玻璃或耐火玻璃。大多数木质防火门都在这一范围内。

2. 根据门的材质不同分类

根据防火门的材质不同，可以分为木质防火门和钢质防火门两种。

（1）木质防火门　即在木质门表面涂以耐火涂料，或用装饰防火胶板贴面，以达到防火要求。其防火性能要稍差一些。

（2）钢质防火门　即采用普通钢板制作，在门扇夹层中填入岩棉等耐火材料，以达到防火要求。

（二）防火门的特点

防火门具有表面平整光滑，美观大方，开启灵活，坚固耐用，使用方便，安全可靠等特点。防火门的规格有多种，除按国家建筑门窗洞统一模数制规定的门洞尺寸外，还可依用户的要求而订制。

（三）防火门的施工

（1）划线　按设计要求尺寸、标高，画出门框框口位置线。

（2）立门框　先拆掉门框下部的固定板，凡框内高度比门扇的高度大于30mm者，洞两侧地面必须设预留凹槽。门框一般埋入±0.000标高以下20mm，必须保证框口上、下尺寸相同，允许误差小于1.5mm，对角线允许误差小于2mm。将门框用木楔临时固定在洞内，经校正合格后，固定木楔，门框铁脚与预埋铁板件焊牢。

（3）安装门扇及附件　门框周边缝隙，用1:2的水泥砂浆或强度不低于10MPa的细石混凝土嵌塞牢固，应保证与墙体连接成整体；经养护凝固后，再粉刷洞口及墙体。

粉刷完毕后，安装门扇、五金配件及有关防火装置。门扇关闭后，门缝应均匀平整，开启自由轻便，不得有过紧、过松和反弹现象。

（四）防火门注意事项

（1）为了防止火灾蔓延和扩大，防火门必须在构造上设计有隔断装置，即装设保险丝，一旦火灾发生，热量使保险丝熔断，自动关锁装置就开始动作进行隔断，达到防火目的。

（2）金属防火门，由于火灾时的温度使其膨胀，可能不好关闭；或是因为门框阻止门膨胀而产生翘曲，从而引起间隙；或是使门框破坏。必须在构造上采取措施，不使这类现象产生，这是很重要的。

二、隔声门的安装施工

1. 隔声门的类型

隔声门主要起隔声作用，常用于声像室、广播室、会议室等有隔声要求的房间。隔声门要求用吸声材料做成门扇，门缝用海绵橡胶条等具有弹性的材料封严。常见的隔声门主要有下列三种。

（1）填芯隔声门　用玻璃棉丝或岩棉填充在门扇芯内，门扇缝口处用海绵橡胶条封严。

（2）外包隔声门　在普通木门扇外面包裹一层人造革或其他软质吸声材料，内填充岩棉，并将通长压条用泡钉钉牢，四周缝隙用海绵橡胶条粘牢封严。

（3）隔声防火门　在门扇木框架中嵌填岩棉等吸声材料，外部用石棉板、镀锌铁皮及耐火纤维板镶包，四周缝隙用海绵橡胶条粘牢封严。

2. 隔声门的施工

（1）在制作隔声门时，门扇芯内应用超细玻璃棉丝或岩棉填塞，但不宜挤压太密实，应保持其不太松动，而又有一定空隙，以确保其隔声效果。

（2）门扇与门框之间的缝隙，应用海绵橡胶条等弹性材料嵌入门框上的凹槽中，并且一定要粘牢卡紧。海绵橡胶条的截面尺寸，应比门框上的凹槽宽度大1mm，并凸出框边2mm，保证门扇关闭后能将缝隙处挤紧关严。

（3）双扇隔声门的门扇搭接缝，应做成双L形缝。在搭接缝的中间，应设置海绵橡胶条。门扇关闭时，搭接缝两边将海绵橡胶条挤紧，门扇之间应留2mm的缝隙，接头处木材与木材不应直接接触。

（4）外包隔声门宜用人造革进行包裹。在人造革与木门窗之间应填塞岩棉毯，然后用双层人造革压条规则地压在门扇表面，再用泡钉钉牢，人造革表面应包紧、绷平。

（5）在隔声门扇底部与地面间应留 5mm 宽的缝隙，然后将 3mm 厚的橡胶条用通长扁铁压钉在门扇下部。与地面接触处的橡胶条应伸长 5mm，封闭门扇与地面的缝隙。

（6）有防火要求的隔声防火门，门扇可用耐火纤维板制作，两面各镶钉 5mm 厚的石棉板，再用 26 号镀锌铁皮满包，外露的门框部分亦应包裹镀锌铁皮。

（7）隔声门的五金，应与隔声门的功能相适应，如合页应选用无声合页等。

三、金属转门的安装施工

1. 金属转门的特点

金属转门有铝质、钢质两种金属型材结构。铝质结构是采用铝镁硅合金挤压型材，经阳极氧化成银白、古铜等色，其外形美观，耐蚀性强，质量较轻，使用方便。钢质结构是采用 20 号碳素结构钢无缝异型管，选用 YB 431-64 标准，冷拉成各种类型转门、转壁框架，然后喷涂各种涂料而成。它具有密闭性好、抗震性能优良、耐老化能力强、转动平稳、使用方便、坚固耐用等特点。

金属转门主要适用于宾馆、机场、商店等高级民用及公共建筑。

2. 金属转门的施工

金属转门的安装施工，应当按以下步骤进行。

（1）在金属转门开箱后，检查各类零部件是否齐全、正常，门樘外形尺寸是否符合门洞口尺寸，以及转壁位置要求，预埋件位置和数量。

（2）木桁架按洞口左右、前后位置尺寸与预埋件固定，并保持水平，一般转门与弹簧门、铰链门或其他固定扇组合，就可先安装其他组合部分。

（3）装转轴，固定底座，底座下要垫实，不允许出现下沉，临时点焊上轴承座，使转轴垂直于地平面。

（4）装圆转门顶与转门壁，转门壁不允许预先固定，便于调整与活扇的间隙，装门扇保持 90°夹角，旋转转门，保证上下间隙。

（5）调整转门壁的位置，以保证门扇与转门壁的间隙。门扇高度与旋转松紧调节，如图 6.45 所示。

（6）先焊上轴承座，用混凝土固定底座，埋插销下壳，固定门壁。

（7）安装门扇上的玻璃，一定要安装牢固，不准有松动现象。

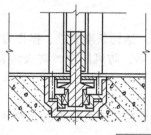

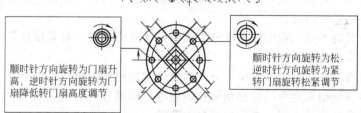

图 6.45　转门调节示意图

（8）若用钢质结构的转门，在安装完毕后，还应喷涂涂料。

四、装饰门的安装施工

1. 装饰门的类型

装饰门主要起着装饰的作用，建筑工程中常用的有普通装饰门、塑料浮雕装饰门和普通木板门改装装饰门三种类型。

（1）普通装饰门 普通装饰门根据其组成结构不同，又可分为镶板门和玻璃门两种。

（2）塑料浮雕装饰门 塑料浮雕装饰门其门扇用木材装钉成框架，面板为三合板塑料浮雕热压黏合而成。

（3）普通木板门改装装饰门 普通木板门改装装饰门是住宅重新装修中最常见的一种形式，即在普通老式木门扇的两侧加装饰面板与压条，如水曲柳胶合板、压层板、硬木板或塑料层压板改造而成的装饰门。

2. 装饰门的安装施工

（1）实木装饰门要采用干燥的硬木制作，要求木纹自然、协调、美观，所选用的五金配件应与门相适应。

（2）普通装饰门要显示出木材的本色，一般应刷透明聚酯涂料，通常称为"靠木油"做法。

（3）塑料浮雕装饰门一般是由工厂加工成型，在现场进行安装。安装时，与门框配套，并选用与其色调相适应的五金配件。塑料浮雕装饰门在运输和存放过程中，要特别注意对成品的保护，以免将塑料浮雕损坏，门扇要直立存放在仓库内，避免风吹、日晒、雨淋。

（4）将普通木门改装成装饰门时，应先将五金配件卸掉，将旧门拆下，清除旧门扇上的涂料或油漆。如有压条时，应将其刨平。如旧门扇上有空档，要嵌入胶合板或门芯板，并用粘接法和气钉钉牢，以便在铺贴新面板时，能够提供均匀涂刷胶黏剂的表面。然后按照旧门的尺寸，根据装饰门的要求，将贴面薄板进行准确裁割，精心刨平、修整，以便能准确地进行安装。胶黏剂一般应选用接触型胶黏剂，乳胶可用于内门，外门宜采用防水胶，在操作时，应在旧门表面及新加板的背面，均匀涂刷胶黏剂，当胶不粘手时，按要求将其定位，并粘接到一起，再用小圆钉临时固定。胶黏剂固化后，将门锁装配孔和执手装配孔开好，重新安装上全部小五金配件。如新改装的装饰门较厚，则需重新调整合页的位置，使其与旧门框配套。为了确保美观，在旧门框两侧亦需用胶合板镶包平齐，使其与门扇配套、协调。

五、卷帘防火、防盗窗

1. 卷帘门窗的特点

卷帘门窗具有造型美观新颖、结构紧凑先进、操作方便简单、坚固耐用、刚性较强、密封性好、不占地面面积、启闭灵活、防风防尘、防火防盗等优良特点，主要适用于各类商店、宾馆、银行、医院、学校、机关、厂矿、车站、码头、仓库、工业厂房及变电室等。

2. 卷帘门窗的类型

（1）根据传动方式的不同，卷帘门窗可分为电动卷帘门窗、遥控电动卷帘门窗、手动卷帘门窗和电动手动卷帘门窗。

（2）根据外形的不同，卷帘门窗可分为全鳞网状卷帘门窗、真管横格卷帘门窗、帘板卷帘门窗和压花帘卷帘门窗四种。

（3）根据材质的不同，卷帘门窗可分为铝合金卷帘门窗、电化铝合金卷帘门窗、镀锌铁板卷帘门窗、不锈钢钢板卷帘门窗和钢管及钢筋卷帘门窗五种。

（4）根据门扇结构的不同，卷帘门可分为两种。

① 帘板结构卷帘门窗。其门扇由若干帘板组成，根据门扇帘板的形状，卷帘门的型号

有所不同。其特点是：防风、防沙、防盗，并可制成防烟、防火的卷帘门窗。

②　通花结构卷帘门窗。其门扇由若干圆钢、钢管或扁钢组成。其特点是：美观大方、轻便灵活。

（5）根据性能的不同，卷帘门窗可分为普通型、防火型卷帘门窗和抗风型卷帘门窗三种。

3. 防火卷帘门的构造

防火卷帘门由帘板、卷筒体、导轨、电气传动等部分组成。帘板可用 1.5mm 厚的冷轧带钢轧制成 C 形板重叠连锁，具有刚度好、密封性能优的特点；亦可采用钢质 L 形串联式组合结构。防火卷帘门配有温感、烟感、光感报警系统，水幕喷淋系统，遇有火情可自动报警、自动喷淋，门体自控下降，定点延时关闭，使受灾区域人员得以疏散。防火卷帘门全系统防火综合性能显著。

4. 防火卷帘门的安装

防火卷帘门的安装与配试是比较复杂的，一般应按如下顺序进行。

（1）按照设计型号，查阅产品说明书；检查产品零部件是否齐全；测量产品各部位的基本尺寸；检查门洞口是否与卷帘门尺寸相符；检查导轨、支架的预埋件位置和数量是否正确。

（2）测量洞口的标高，弹出两导轨的垂线及卷帘卷筒的中心线。

（3）将垫板电焊在预埋铁板上，用螺丝固定卷筒的左右支架，安装卷筒。卷筒安装完毕后，应检查其是否转动灵活。

（4）安装减速器和传动系统；安装电气控制系统。安装完毕后进行空载试车。

（5）将事先装配好的帘板安装在卷筒上。

（6）安装导轨。按施工图规定位置，将两侧及上方导轨焊牢于墙体预埋件上，并焊成一体，各导轨应在同一垂直面上。

（7）安装水幕喷淋系统，并与总控制系统连接。

（8）试车。先用手动方法进行试运行，再用电动机启动数次。全部调试完毕，安装防护罩，调整至无卡住、阻滞及异常噪声即可。

（9）安装防护罩。卷筒上的防护罩可做成方形，也可做成半圆形。护罩的尺寸大小应与门的宽度和门条板卷起后的直径相适应，保证卷筒将门条板卷满后与护罩仍保持一定的距离，不相互碰撞，经检查无误后，再与护罩预埋件焊牢。

（10）粉刷或镶砌导轨墙体的装饰面层。

第八节　门窗工程质量验收标准

根据国家标准《建筑装饰装修工程质量验收规范》（GB 50210—2001）中的规定，木门窗、铝合金门窗、塑料门窗和特种门窗安装工程质量验收应当符合下列标准。

一、木门窗安装工程质量

木门窗制作的允许偏差和检验方法，见表 6.7；木门窗制作与安装工程的质量验收标准，见表 6.8。

二、铝合金门窗安装工程质量

金属门窗安装工程质量验收标准，见表 6.9；铝合金门窗安装的允许偏差和检查方法，见表 6.10；铝合金门窗安装质量要求及检验方法，见表 6.11。

表 6.7　木门窗制作的允许偏差和检验方法

项次	项目	构件名称	允许偏差/mm		检 验 方 法
			普通	高级	
1	翘曲	框 扇	3 2	2 2	将框、扇放在检查平台上,用塞尺检查
2	对角线长度差	框、扇	3	2	用钢尺检查,框量裁口里角,扇量外角
3	表面平整度	扇	2	2	用1m靠尺和塞尺检查
4	高度、宽度	框 扇	0,-2 2,0	0,-1 1,0	用钢尺检查,框量裁口里角,扇量外角
5	裁口、线条结合处高低差	框	1	0.5	用钢直尺和塞尺检查
6	相邻棂子两端间距	扇	2	1	用钢直尺检查

表 6.8　木门窗制作与安装工程的质量验收标准

项目	项次	质 量 要 求	检 验 方 法
主控项目	1	木门窗的木材品种、材质等级、规格、尺寸、框扇的线型及人造木板的甲醛含量应符合设计要求,所用木材的质量应符合表6.2和表6.3规定	观察;检查材料进场验收记录和复验报告
	2	木门窗应采用烘干的木材进行制作,含水率应符合JG/T 122《建筑木门、木窗》的规定	检查材料进场验收记录
	3	木门窗的防火、防腐、防虫处理应符合设计要求	观察;检查材料进场验收记录
	4	木门窗的结合处和安装配件处,不得有木节或已填补的木节;木门窗如有允许限值以内的死节及直径较大的虫眼时,应用同一材质的木塞加胶填补;对于清漆制品,木塞的木纹和色泽应与制品一致	观察检查
	5	门窗框和厚度>50mm的门窗扇应用双榫连接;榫槽应采用胶料严密嵌合,并应用胶榫加紧	观察;手扳检查
	6	胶合板门、纤维板门和模压门不得脱胶;胶合板不得刨透表层单板,不得有戗槎;制作胶合板门、纤维板门时,边框和横楞应在同一平面上,面层、边框及横楞应加压胶结,横楞和上下冒头应各钻两个以上的透气孔,透气孔应通畅	观察检查
	7	木门窗的品种、类型、规格、开启方向、安装位置及连接方式应符合设计要求	观察;尺量检查;检查成品门的生产合格证
	8	木门窗框的安装必须牢固;预埋木砖的防腐处理、木门窗框固定点的数量、位置及固定方法应符合设计要求	观察;手扳检查;检查隐蔽工程验收记录和施工记录
	9	木门窗扇必须安装固定,并应开关灵活,关闭严密,无倒翘	观察;开启和关闭检查;手扳检查
	10	木门窗配件的型号、规格、数量应符合设计要求,安装应牢固,位置应准确,功能应满足使用要求	观察;开启和关闭检查;手扳检查
一般项目	11	木门窗表面应洁净,不得有刨痕、锤印	观察检查
	12	木门窗的割角、拼缝应严密平整;门窗框、扇裁口应顺直,刨面应平整	观察检查
	13	木门窗上的槽、孔应边缘整齐,无毛刺	观察检查
	14	木门窗与墙体间缝隙的填嵌材料应符合设计要求,填嵌应饱满;寒冷地区外门窗或门窗框与砌体间的空隙应填充保温材料	轻敲门窗框检查;检查隐蔽工程验收记录和施工记录
	15	木门窗披水、盖口条、压缝条、密封条的安装应顺直,与门窗结合应牢固、严密	观察;手扳检查
	16	木门窗制作的允许偏差和检验方法应符合表6.7的规定	

注：本表根据 GB 50210—2001《建筑装饰装修工程质量验收规范》的相关规定条文编制。

表 6.9　金属门窗安装工程质量验收标准

项目	项次	质 量 要 求	检 验 方 法
主控项目	1	铝合金门窗的品种、类型、规格、尺寸、性能、开启方向、安装位置、连接方式及铝合金门窗的型材壁厚，均应符合设计要求；金属门窗的防腐处理及填嵌、密封处理应符合设计要求	观察；尺量检查；检查产品合格证书、性能检测报告、进场验收记录和复检报告；检查隐蔽工程验收记录
	2	铝合金门窗框和副框的安装必须牢固，预埋件的数量、位置、埋设方式、与框的连接方式必须符合设计要求	手扳检查；检查隐蔽工程验收记录
	3	铝合金门窗扇必须安装牢固，并应开关灵活、关闭严密，无倒翘；推拉门窗扇必须有防止脱落措施	观察；开启和关闭检查；手扳检查
	4	铝合金门窗配件的型号、规格、数量应符合设计要求，安装应牢固，位置应正确，功能应满足使用要求	观察；开启和关闭检查；手扳检查
一般项目	5	铝合金门窗表面应清洁、平整、光滑、色泽一致，无锈蚀；大面应无划痕、碰伤；漆膜或保护层应连续	观察检查
	6	铝合金门窗的推拉门窗扇开关力应≤100N	用弹簧秤检查
	7	铝合金门窗框与墙体之间的缝隙应填嵌饱满，并采用密封胶进行密封；密封胶表面应光滑、顺直，无裂纹	观察；轻敲门窗框检查；检查隐蔽工程验收记录
	8	铝合金门窗扇的橡胶密封条或毛毡密封条应安装完好，不得有脱槽现象	观察；开启和关闭检查
	9	有排水孔的金属门窗，排水孔应畅通，位置和数量应符合设计要求	观察检查

注：1. 本表根据《建筑装饰装修工程质量验收规范》（GB 50210—2001）有关规定的条文编制。

2. 本表金属门窗工程质量验收标准，同时适用于铝合金门窗、普通钢门窗、涂色镀锌钢板门窗等金属门窗安装工程的质量验收。

3. 本表所列"一般项目"，也包括表 6.10 中所列允许偏差项目。

表 6.10　铝合金门窗安装的允许偏差和检查方法

项次	项　　目		允许偏差/mm	检 验 方 法
1	门窗槽口宽度、高度	≤1500mm	1.5	用钢尺检查
		>1500mm	2.0	
2	门窗槽口对角线长度差	≤2000mm	3.0	用钢尺检查
		>2000mm	4.0	
3	门窗框的正面、侧面垂直度		2.5	用垂直检查尺检查
4	门窗横框的水平度		2.0	用1m水平尺和塞尺检查
5	门窗横框的标高		5.0	用钢尺检查
6	门窗竖向偏离中心		5.0	用钢尺检查
7	双层门窗内外框间距		4.0	用钢尺检查
8	推拉门窗扇与框的搭接量		1.5	用钢直尺检查

表 6.11　铝合金门窗安装质量要求及检验方法

序号	项目	质量等级	质量要求	检验方法
1	平开门扇窗	合格	关闭严密，间隙基本均匀，开关灵活	观察和开闭检查
		优良	关闭严密，间隙均匀，开关灵活	
2	推拉门扇窗	合格	关闭严密，间隙基本均匀，扇与框搭接量不小于设计要求的80%	观察和用深度尺检查
		优良	关闭严密，间隙基本均匀，扇与框搭接量符合设计要求	
3	弹簧门扇	合格	自动定位准确，开启角度为 90°±3°，关闭时间在3~15s范围之内	用秒表、角度尺检查
		优良	自动定位准确，开启角度为 90°±1.5°，关闭时间在6~10s范围之内	

序号	项目	质量等级	质 量 要 求	检验方法
4	门窗附件安装	合格	附件齐全,安装牢固,灵活适用,达到各自的功能	观察、手扳和尺量检查
		优良	附件齐全,安装位置正确、牢固,灵活适用,达到各自的功能,端正美观	
5	门窗框与墙体间缝隙填嵌	合格	填嵌基本饱满密实,表面平整,填嵌材料、方法基本符合设计要求	观察检查
		优良	填嵌基本饱满密实,表面平整、光滑、无裂缝,填嵌材料,方法基本符合设计要求	
6	门窗外现	合格	表面洁净,无明显划痕、碰伤,基本无锈蚀;涂胶表面基本光滑,无气孔	观察检查
		优良	表面洁净,无划痕、碰伤,无锈蚀;涂胶表面基本光滑、平整,厚度均匀,无气孔	
7	密封质量	合格	关闭后各配合处无明显缝隙,不透气、透光	观察检查

三、塑料门窗安装工程质量

(一) 门窗的外观、外形尺寸、装配质量及力学性能等

应符合国家标准和行业标准的有关规定。

(1) 塑料门窗基本尺寸公差和精度,见表 6.12、表 6.13 所示。

表 6.12　塑料门窗高度和宽度的尺寸公差

精度等级	高度和宽度的尺寸公差/mm			
	≤900	901～1500	1501～2000	＞2000
一	±1.5	±1.5	±2.0	±2.5
二	±1.5	±2.0	±2.5	±3.0
三	±2.0	±2.5	±3.0	±4.0

注:1. 检测量具为钢卷尺和钢直尺,在尺起始100mm内,尺面应有0.5mm最小分度刻线。

2. 测量前应先从宽和高两端向内标出100mm间距,并做一记号,然后测量高或宽两端记号间距离,即为检测的实际尺寸。

表 6.13　塑料门窗对角线尺寸公差

精度等级	对角线尺寸公差/mm		
	≤1000	1001～2000	＞2000
一	±2.0	±3.0	±4.0
二	±3.0	±3.5	±5.0
三	±3.5	±4.0	±6.0

(2) 塑料门窗的物理性能分级见表 6.14 所示,保温性能及空气隔声性能分级见表 6.15 所示。

(3) 塑料门窗机械力学指标,见表 6.16 所示。

(4) 塑料门窗的耐候性:外门窗用型材人工老化应≥1000h,内门窗用型材人工老化应≥500h。老化后的外观及变色、褪色和强度,应符合表 6.17 中的规定。

(5) 门窗的抗风压、空气渗透、雨水渗漏三项基本物理性能,应符合 JG/T 3017《PVC塑料门》、JG/T 3018《PVC塑料窗》的分级规定及设计要求,并应附有相应等级的质量检测报告。若设计对保温、隔声性能提出要求,其性能既应符合设计要求,也应同时符合上述标准的规定,所有门窗产品应具有出厂合格证。

表 6.14 塑料门窗建筑物理性能分级

类别	等级	性能指标		
		抗风压性能/Pa	空气渗透性能/[10Pa, m³/(m·h)]	雨水渗透性能/Pa
A 类 (高性能窗)	优等品(A₁级)	≥3500	≤0.5	≥400
	一等品(A₂级)	≥3000	≤0.5	≥350
	合格品(A₃级)	≥2500	≤1.0	≥350
B 类 (中性能窗)	优等品(B₁级)	≥2500	≤1.0	≥300
	一等品(B₂级)	≥2000	≤1.5	≥300
	合格品(B₃级)	≥2000	≤2.0	≥250
C 类 (低性能窗)	优等品(C₁级)	≥2000	≤2.0	≥200
	一等品(C₂级)	≥1500	≤2.5	≥150
	合格品(C₃级)	≥1000	≤3.0	≥100

表 6.15 塑料门窗保温性能及空气隔声性能分级

等级	Ⅰ	Ⅱ	Ⅲ	Ⅳ
传热系数 K_0/[W/(m³·K)]	≤2.00	>2.00 且 ≤3.00	>3.00 且 ≤4.00	>4.00 且 ≤5.00
传热阻 R_0/(m²·K/W)	≥0.50	<0.50 且 ≥0.33	<0.33 且 ≥0.25	<0.25 且 ≥0.20
空气声计权隔声量/dB	≥35(优等品)	≥30(一等品)	≥25(合格品)	—

表 6.16 塑料（塑钢）门窗机械力学性能基本指标

项次	试验名称	门指标	窗指标
1	开关力	平开门扇平铰链≤80N,滑撑铰链的开关力≤80N且≥30N;推拉门扇的开关力≤100N	平开窗扇平铰链≤80N,滑撑铰链的开关力≤80N 且≥30N;推拉窗扇的开关力≤100N
2	悬端吊重	在 500N 力作用下,残余变形≤2mm,试件不损坏,保持使用功能	在 500N 力作用下,残余变形≤2mm,试件不损坏,保持使用功能
3	翘曲	在 300N 力作用下,允许有不影响使用的残余变形,试件不坏,保持使用功能	在 300N 力作用下,允许有不影响使用的残余变形,试件不坏,保持使用功能
4	开关疲劳	开关速度为 10~20 次/min,经不少于 1 万次开关,试件不损坏,压条不松脱,保持使用功能	开关速度为 15 次/min,经不少于 1 万次开关,试件及五金不损坏,其固定处及玻璃压条不松脱
5	大力关闭	经模拟 7 级风压连续开关 10 次,试件不损坏,保持使用功能	经模拟 7 级风压连续开关 10 次,试件不损坏,保持使用功能
6	窗撑	—	能支撑 200N 力,不移位,连接处型材不破裂
7	软冲	冲击能量 1500N·cm,正常	
8	角强度	平均值≥3000N,最小值≥平均值的 70%	平均值≥3000N,最小值≥平均值的 70%

表 6.17 塑料门窗老化后的外观及变色、褪色和冲击强度要求

项次	名称	技术要求	项次	名称	技术要求
1	外观	无气泡、裂纹等	3	冲击强度保留率	简支梁冲击强度保留率≥70%
2	变色与褪色	不应超过 3 级灰度			

（二）塑料窗的构造尺寸

塑料窗的构造尺寸，应包括预留洞口与待安装窗框的间隙及墙体饰面材料的厚度，其间隙应符合表 6.18 中的规定。

表 6.18　洞口与窗框（或门边框）的间隙

墙体饰面层材料	洞口与窗框（或门边框）的间隙/mm	墙体饰面层材料	洞口与窗框（或门边框）的间隙/mm
清水墙	10	墙体外饰面贴釉面瓷砖	20～25
墙体外饰面抹水泥砂浆或贴马赛克	15～20	墙体外饰面镶贴大理石或花岗石	40～50

注：窗下框与洞口的间隙，可根据设计要求选定。

（三）塑料门的构造尺寸

塑料门的构造尺寸，应满足下列要求：

（1）塑料门边框与洞口的间隙，应符合表 6.18 中的规定。

（2）无下框平开门门框的高度，应比洞口大 10～15mm；带下框平开门或推拉门的门框高度，应比洞口高度小 5～10mm。

（四）塑料门窗表面及框扇结构质量

塑料门窗表面及框扇结构质量，应符合下列规定：

（1）塑料门窗表面，不应有影响外观质量的缺陷。

（2）塑料门窗不得有焊角开焊、型材断裂等损坏现象；框和扇的平整度、直角度和翘曲度以及装配间隙，应符合 JG/T 3017《PVC 塑料门》、JG/T 3018《PVC 塑料窗》等标准的有关规定，不得有下垂和翘曲变形，以避免妨碍开关功能。

（五）门窗五金配件及密封装设

门窗五金配件及密封装设，应符合下列要求：

（1）安装五金配件时，宜在其相应位置的型材内增设 3mm 厚的金属衬板。五金配件的安装位置、数量，均应符合国家标准的规定。

（2）密封条的装配，应均匀、牢固，其接口应粘接严密、无脱槽现象。

四、特种门窗安装工程质量

本规定适用于防火门、防盗门、自动门、全玻门、旋转门、金属卷帘门等特种门安装工程质量验收。

（一）特种门工程质量验收要求

1. 特种门工程验收时应检查下列文件和记录：①施工图、设计说明及其他设计文件；②材料的产品合格证书、性能检测报告、进场验收记录、人造木板和胶黏剂甲醛含量的复验报告；③隐蔽工程验收记录；④施工记录；⑤特种门及其附件的生产许可文件。

2. 特种门工程应对下列隐蔽工程项目进行验收：①预埋件和锚固件；②隐蔽部位的防腐、填嵌处理。

3. 特种门工程应分批检验，每个检验批应有检验批质量验收记录。

（1）检验批划分。同一品种、类型和规格的特种门每 50 樘应划分为一个检验批，不足 50 樘也应划分为一个检验批。

（2）检查数量应符合下列规定：特种门每个检验批至少应抽查 50%，并不得少于 10 樘，不足 10 樘时应全数检查。

（二）特种门工程质量验收标准

特种门工程质量验收标准见表 6.19。其中金属转门安装的允许偏差和检验方法见表 6.20。

表 6.19　特种门工程质量验收标准

项目	项次	质 量 要 求	检 验 方 法
主控项目	1	特种门的质量和各项性能应符合设计要求	检查生产许可证、产品合格证书和性能检测报告
	2	特种门的品种、类型、规格、尺寸、开启方向、安装位置及防腐处理应符合设计要求	观察；尺量检查；检查进场验收记录和隐蔽工程验收记录
	3	带有机械装置、自动装置或智能化装置的特种门，其机械装置、自动装置或智能化装置的功能应符合设计要求和有关标准的规定	启动机械装置、自动装置或智能化装置，观察
	4	特种门的安装必须牢固。预埋件的数量、位置、埋设方式、与框的连接方式必须符合设计要求	观察、手扳检查、检查隐蔽工程验收记录
	5	特种门的配件应齐全，位置应正确，安装应牢固，功能应满足使用要求和特种门的各项性能要求	观察、手扳检查、检查产品合格证书、性能检测报告和进场验收记录
一般项目	6	特种门的表面装饰应符合设计要求	观察
	7	特种门的表面应洁净，无划痕、碰伤	观察
	8	金属转门安装的允许偏差和检验方法应符合表 6.20 的规定	

表 6.20　金属转门安装的允许偏差和检验方法

项次	项 目	允许偏差/mm	检 验 方 法
1	门扇的正、侧面垂直度	1.5	用 1m 垂直检测尺检查
2	门扇对角线长度差	1.5	用钢尺检查
3	相邻扇高度差	1.0	用钢尺检查
4	扇与圆弧边留缝	1.5	用塞尺检查
5	扇与上顶间留缝	2.0	用塞尺检查
6	扇与地面间留缝	2.0	用塞尺检查

复习思考题

1. 简述门窗的作用与组成。如何对门窗进行分类？

2. 门窗制作与安装的基本要求是什么？应注意哪些事项？

3. 简述木门与窗的基本组成构造。其制作工艺主要包括哪些方面？

4. 按开启方式不同木门窗有哪几种？

5. 简述装饰木门窗安装的施工要点。

6. 简述铝合金门窗的特点、类型、性能和组成。

7. 简述铝合金门窗的安装工艺和质量要求。

8. 塑料门窗的主要优点是什么？对材料有哪些质量要求？

9. 简述塑料门窗的施工工艺和质量要求。

10. 简述自动门的种类、微波自动门的结构和安装施工工艺。

11. 简述全玻璃门的安装施工工艺。

12. 简述防火门、隔声门、金属转门、装饰门、卷帘防火与防盗窗的安装施工工艺。

13. 特种门工程质量验收标准和检验方法是什么？金属转门安装的允许偏差和检验方法？

第七章

饰面装饰工程施工

本章简单介绍了饰面装饰的主要材料、适用范围及施工机具，重点介绍了木质护墙板、饰面砖、饰面板、金属饰面板等的安装施工工艺及施工中的注意事项。通过对本章内容的学习，掌握装饰工程中常用饰面装饰的基本饰面装饰工程的质量要求及检验方法做法和质量标准。

饰面装饰是把饰面材料镶贴到基层上的一种装饰方法。饰面材料的种类很多，常用的有天然饰面材料和人工合成饰面材料两大类，如天然石材、微薄木、实木板、人造板材、饰面砖、合成树脂饰面板材、复合饰面板材等。近几年来，新型高档的饰面材料更是层出不穷，如铝塑装饰板、彩色涂层钢板、铝合金复合板、彩色压型钢板、彩色玻璃面砖、釉面玻璃砖、文化石和艺术砖等。

饰面装饰主要分为外墙饰面工程和内墙饰面工程两大部分，不同的饰面有不同的使用和装饰要求，应根据不同的要求选择不同的构造做法、材料和工艺。在一般情况下，外墙饰面主要起到保护墙体、美化建筑和环境、改善墙体物理性能等作用，内墙饰面主要起到保护墙体、改善室内使用条件、美化室内环境等作用。

第一节　饰面材料及施工机具

一、饰面材料及适用范围

在饰面装饰工程中，最常用的饰面材料主要有木质护墙板、天然石材饰面板、人造石饰面板、饰面砖、金属饰面板等。

（一）木质护墙板

室内墙面装饰的木质护墙板（也称装饰木壁板），按其饰面方式不同，分为全高护墙板和局部护墙裙；根据罩面材料特点不同，分为实木装饰板、木胶合板、木质纤维板和其他人造木板。

我国传统的室内木质护墙板多采用实木板，或者再配以精致的木雕图案装饰，具有高雅华贵的艺术效果。目前，新型人造板饰面材料是经过高技术加工处理的板材，具有防潮、耐火、防蛀、防霉和耐久的优异性能，其表面不仅具有丰富的色彩、质感和花纹，而且不需要安装后再进行表面装饰，是室内墙面装饰的最佳选择材料。

（二）天然石材饰面板

建筑装饰饰面用的天然石材饰面板，主要有天然大理石饰面板和天然花岗石饰面板两类。

1. 天然大理石饰面板

天然大理石饰面板是室内墙面装饰的高档材料，用途比较广泛，主要用于建筑物室内的墙面、柱面、台面等部位的装饰。

2. 天然花岗石饰面板

天然花岗石饰面板也是建筑物饰面装饰的高档材料，根据其加工方法不同，可分为剁斧板材、机刨板材、粗磨板材、磨光板材和蘑菇石五种。天然花岗石饰面板主要适用于高级民用建筑或永久性纪念建筑的墙面、地面、台面、台阶及室外装饰。

（三）人造石饰面板

人造石饰面板主要有人造大理石、人造花岗石、人造玉石和预制水磨石等板材，可用于室内柱面的装饰。

（四）饰面砖

饰面砖的品种、规格、图案和颜色繁多，色彩鲜艳，制作精致，价格适宜，是一种新型的墙面装饰材料。

1. 外墙面砖

外墙面砖是用于建筑物外墙表面的半瓷质饰面砖，分有釉和无釉两种，外墙面砖主要适用于商店、餐厅、旅馆、展览馆、图书馆、公寓等民用建筑的外墙装饰。

2. 内墙面砖

内墙面砖通常均施釉，有正方形和长方形两种，阴阳角处有特制的配件，表面光滑平整，按外观质量分为一级、二级和三级，适用于室内墙面装饰、粘贴台面等。

3. 陶瓷锦砖

陶瓷锦砖有挂釉及不挂釉两种，具有质地坚硬、色泽多样、耐酸、耐碱、耐火、耐磨、不渗水、抗压强度高的特点，按外观质量分为一级和二级。这种饰面砖可用于地面，也可用于内、外墙的装饰。

4. 玻璃锦砖

玻璃锦砖又称"玻璃马赛克"，是以玻璃烧制而成贴于纸上的小块饰面材料，施工时用掺胶水的水泥浆作胶黏剂，镶贴在外墙上。它花色品种多，透明光亮，性能稳定，具有耐热、耐酸碱、不龟裂、不易污染等特点，玻璃锦砖主要适用于商场、宾馆、影剧院、图书馆、医院等建筑外墙装饰。

（五）金属饰面板

金属饰面板是最近几年发展起来的一种新型轻质薄壁饰面材料，是深受人们喜爱的装饰材料，具有很强的生命力和广阔的发展前景。金属外墙板一般悬挂或粘贴在承重骨架和外墙上，施工方法多为预制装配，节点结构复杂，施工精度要求高。按组成材料又可分为单一材料板和复合材料板两种。单一材料板是只有一种质地的材料，如钢板、铝板、铜板、不锈钢板等。复合材料板是由两种或两种以上质地的材料组成，如铝塑板、搪瓷板、烤漆板、镀锌板、彩色塑料膜板、金属夹心板等。

二、贴面装饰的常用机具

1. 饰面装饰施工的手工机具

湿作业贴面装饰施工除一般抹灰常用的手工工具外，根据饰面的不同，还需要一些专用的手工工具，如镶贴饰面砖缝用的开刀、镶贴陶瓷锦砖用的木垫板、安装或镶贴饰面板敲击振实用的木锤和橡胶锤、用于饰面砖和饰面板手工切割剔槽用的錾子、磨光用的磨石、钻孔用的合金钻头等，如图7.1所示。

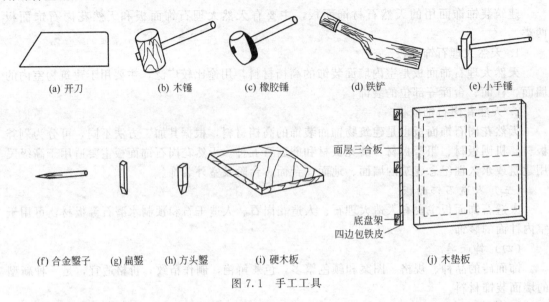

(a) 开刀 (b) 木锤 (c) 橡胶锤 (d) 铁铲 (e) 小手锤

面层三合板
底盘架
四边包铁皮

(f) 合金錾子 (g) 扁錾 (h) 方头錾 (i) 硬木板 (j) 木垫板

图 7.1 手工工具

2. 饰面装饰施工的机械机具

饰面装饰施工用的机械机具有专门切割饰面砖用的手动切割器（如图7.2所示），饰面砖打眼用的打眼器（如图7.3所示），钻孔用的手电钻，切割大理石饰面板用的台式切割机和电动切割机，以及饰面板安装在混凝土等硬质基层上时钻孔安放膨胀螺栓用的电锤等。

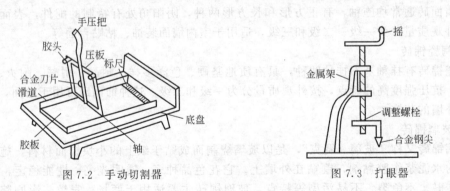

手压把
胶头
压板
标尺
合金刀片
滑道
底盘
胶板
轴

摇
金属架
调整螺栓
合金钢尖

图 7.2 手动切割器   图 7.3 打眼器

第二节 木质护墙板的施工

一、施工准备及材料要求

室内木质护墙板饰面铺装施工，应在墙面隐蔽工程、抹灰工程及吊顶工程已完成，并经过验收合格后进行。当墙体有防水要求时，还应对防水工程进行验收。

1. 施工准备工作

在室内装饰装修工程中，木质护墙板的龙骨固定应在安装好门框和窗台板之后进行。护墙板安装的施工准备工作，主要应注意以下几个方面。

（1）对于未进行饰面处理的半成品实木护墙板及配套的细木装饰制品（如装饰线脚、木雕图案镶板、横档冒头及边框或压条等），应预先涂刷一遍干性底油，以防止受潮变形，影响装饰施工质量。

（2）护墙板制品及其安装配件在包装、运输、堆放和搬动过程中，要轻拿轻放，不得暴晒和受潮，防止开裂变形。

（3）检查结构墙面质量，其强度、稳定性及表面的垂直度、平整度应符合装饰面的要求。有防潮要求的墙面，应按设计要求进行防潮处理。

（4）根据设计要求，安装护墙板骨架需要预埋防腐木砖时，应事先埋入墙体；当工程需要有其他后置埋件时，也应准确到位。埋件的位置、数量，应符合龙骨布置的要求。

（5）对于采用木楔进行安装的工程，应按设计弹出标高和竖向控制线、分格线，打孔埋入木楔，木楔的埋入深度一般应≥50mm，并应做防腐处理。

2. 材料选用工作

木质护墙板工程所用木材要进行认真地选择，保证所用木材的树种、材质及规格等，均符合设计的要求。应避免木材的以次充优或者大材小用、长材短用和优材劣用等现象。采用配套成品或半成品时，要按质量标准进行验收。

（1）工程中使用的人造木板和胶黏剂等材料，应检测甲醛及其他有害物质含量。

（2）各种木制材料的含水率，应符合国家标准的有关规定。

（3）所用木龙骨骨架以及人造木板的板背面，均应涂刷防火涂料（防火涂料一般也具有防潮性能），按具体产品的使用说明确定涂刷方法。

二、木质护墙板的安装施工

（一）墙面木骨架的安装施工

1. 基层检查及处理

在墙面木龙骨安装前，应对建筑结构主体及其表面质量进行认真检查和处理，基体质量应符合安装工程的要求，墙面基层应平整、垂直、阴阳角方正。

（1）结构基体和基层表面的质量，对于护墙板龙骨与罩面的安装方法及安装质量有着重要影响，特别是当不采用预埋木砖而采用木楔圆钉、水泥钢钉及射钉等方式方法固定木龙骨时，要求建筑墙体基面层必须具有足够的刚性和强度，否则应采取必要的补强措施。

（2）对于有特殊要求的墙面，尤其是建筑外墙的内立面护墙板工程，应首先按设计规定进行防潮、防渗漏等功能性保护处理，如做防潮层或抹防水砂浆等；内墙面底部的防潮、防水，应与楼地面工程相结合进行处理，严格按照设计要求和有关规定封闭立墙与楼地面的交接部位；同时，建筑外窗的窗台流水坡度、洞口窗框的防水密封等，均对该部位护墙板工程具有重要影响，在工程实践中，该部位由于雨水渗漏、墙体泛潮或结露而造成木质护墙板发霉变黑的现象时有发生。

（3）对于有预埋木砖的墙体，应检查防腐木砖的埋设位置是否符合安装的要求。木砖间距按龙骨布置的具体要求设置，并且位置一定要正确，以利于木龙骨的就位固定。对于未设预埋的二次装修工程，目前较普遍的做法是在墙体基面钻孔打入木楔，将木龙骨用圆钉与木楔连接固定；或者用厚胶合板条作为龙骨，直接用水泥钢钉将其固定于结构墙体基面。

2. 木龙骨的固定

墙面有预埋防腐木砖的，将木龙骨钉固于木砖部位，并且要钉平、钉牢，保证其立筋（竖向龙骨）垂直。罩面分块或整幅板的横向接缝处，应设水平方向的龙骨；饰面斜向分块时，应斜向布置龙骨；应确保罩面板的所有拼接缝隙均落在龙骨的中心线上，以便使罩面板铺钉牢固，不得使罩面板块的端边处于悬空状态。龙骨间距应符合设计要求，一般竖向间距宜为400mm，横向间距宜为300mm。

当采用木楔圆钉法固定龙骨时，可用16～20mm的冲击钻头在墙面上钻孔，钻孔深度最小应等于40mm，钻孔位置按事先所做的龙骨布置分格弹线确定，在孔内打入防腐木楔，再将木龙骨与木楔用圆钉固定。

在龙骨安装操作过程中，要随时吊垂线和拉水平线校正骨架的垂直度及水平度，并检查木龙骨与基层表面的靠平情况，空隙过大时应先采取适当的垫平措施（对于平整度和垂直度偏差过大的建筑结构表面应抹灰找平、找规矩），然后再将木龙骨钉牢。

（二）木质板材罩面铺装施工

（1）采用显示木纹图案的饰面板作为罩面时，安装前应进行选配板材，使其颜色、木纹自然协调，基本一致；有木纹拼花要求的罩面应按设计规定的图案分块试排，按照预排编号上墙就位铺装。

（2）为确保罩面板接缝落在龙骨上，罩面铺装前可在龙骨上弹好中心控制线，板块就位安装时其边缘应与控制线吻合，并保持接缝平整、顺直。

（3）胶合板用圆钉固定时，钉长根据胶合板的厚度选用，一般为25～35mm，钉距宜为80～150mm，钉帽应敲扁冲入板面0.5～1mm，钉眼用油性腻子抹平。当采用钉枪固定时，钉枪钉的长度一般采用15～20mm，钉距宜为80～100mm。

（4）硬质纤维板应预先用用水浸透，自然晾干后再进行安装。纤维板用圆钉固定时，钉长一般为20～30mm，钉距宜为80～120mm，钉帽应敲扁冲入板面内0.5mm，钉眼用油性腻子抹平。

（5）当采用胶黏剂固定饰面板时，应按照胶黏剂产品的使用要求进行操作。

（6）安装封边收口条时，钉的位置应在线条的凹槽处或背视线的一侧，以保证装饰的美观。

（7）在曲面墙或弧形造型体上固定胶合板时（一般选用材质优良的三夹板），应先进行试铺。如果胶合板弯曲有困难或设计要求采用较厚的板块（如五夹板）时，可在胶合板背面用刀割竖向的卸力槽，等距离划割槽深1mm，在木龙骨表面涂胶，将胶合板横向（整幅板的长边方向）围住龙骨骨架进行包覆粘贴，而后用圆钉或钉枪从一侧开始向另一侧顺序铺钉。圆柱体罩面铺装时，圆曲面的包覆应准确交圈。

（8）采用木质企口装饰板罩面时，可根据产品配套材料及其应用技术要求进行安装，使用异形板卡或带槽口的压条（上下横板、压顶条、冒头板条）等对板块进行嵌装固定。对于硬木压条或横向设置的腰带，应先钻透眼，然后再用钉固定。

第三节　饰面砖的镶贴施工

一、材料准备工作

（1）对已到场的饰面材料进行数量清点核对。

（2）按设计要求，进行外观检查。检查内容主要包括以下几个方面。

① 进料与选定样品的图案、花色、颜色是否相符，有无色差。

② 各种饰面材料的规格是否符合质量标准规定的尺寸和公差要求。

③ 各种饰面材料是否有表面缺陷或破损现象。

（3）检测饰面材料所含污染物是否符合规定。

应当强调的是，以上检查必须开箱进行全数检查，不得抽样或部分检查，防止以劣充优。因为大面积装饰贴面，如果有一块不合格，就会破坏整个装饰面的效果。

二、内墙面砖镶贴施工工艺

内墙面砖镶贴的施工工艺流程为：基层处理→抹底、中层灰找平→弹线分格→选面砖→

浸砖→做标志块→铺贴→勾缝→清理。

1. 基层处理

镶贴饰面砖需先做找平层，而找平层的质量是保证饰面层镶贴质量的关键，基层处理又是做好找平层的前提，要求基层不产生空鼓而又满足面层粘贴要求。以下为各种材质基层表面处理方法，主要解决的是找平层与基层的粘贴问题，同时为初步找平打下基础。

（1）混凝土表面处理 当基体为混凝土时，先剔凿混凝土基体上凸出部分，使基体基本保持平整、毛糙，然后刷一道界面剂，在不同材料的交接处或表面有孔洞处，需用 1:2 或 1:3 水泥砂浆找平。填充墙与混凝土地面结合处，还应用钢板网压盖接缝，射钉钉牢。

（2）加气混凝土表面处理 加气混凝土砌块墙应在基体清理干净后，先刷界面剂一道，为保证块料镶贴牢固，再满钉丝径 0.7mm、孔径 32mm×32mm 或以上的机制镀锌钢丝网一道。钉子用 ϕ6mm U 形钉，钉距不大于 600mm，梅花形布置。

（3）砖墙表面处理 当基体为砖砌体时，应用钢錾子剔除砖墙面多余灰浆，然后用钢丝刷清除浮土，并用清水将墙体充分润湿，使润湿深度约为 2～3mm。

另外，基体表面处理的同时，需将穿墙洞眼封堵严实。光滑的混凝土表面，必须用钢尖或扁錾凿毛处理，使表面粗糙。打点凿毛应注意两点：一是受凿面积≥70%（即每平方米面积打点 200 个以上），绝不能象征性的打坑；二是凿点后，应清理凿点面，由于凿打中必然产生凿点局部松动，必须用钢丝刷清洗一遍，并用清水冲洗干净，防止产生隔离层。

2. 做找平层

（1）贴灰饼、做冲筋 抹灰前需先挂线、贴灰饼。内墙面应在四角吊垂线、拉通线，确定抹灰厚度后，再贴灰饼、连通灰饼（竖向、水平向）进行冲筋，作为墙面找平层砂浆垂直度和平整度的标准。

（2）打底 用 1:3 的水泥砂浆或 1:1:4 混合砂浆，在已充分润湿的基层上涂抹。涂抹时必须注意控制砂浆的稠度且基体不得干燥，因为干燥的基体容易将紧贴它的砂浆层的水分吸收，使砂浆失水。形成抹灰层与基体之间的隔离层而水化不充分，无强度，引起基层抹灰脱壳和出现裂缝而影响质量。

（3）抹找平层 找平层的质量关键是控制好平整度和垂直度，为镶贴饰面层提供一个良好的基层（垂直而平整）。当抹灰厚度较大时，应分层涂抹，一般一次抹灰厚度≤7mm，当局部太厚时加钢丝网片。

3. 弹线分格

弹线分格是在找平层上用墨线弹出饰面砖分格线。弹线前应根据镶贴墙面长、宽尺寸（找平后的精确尺寸），将纵、横面砖的皮数划出皮数杆，定出水平标准。

（1）弹水平线 对要求面砖贴到顶的墙面，应先弹出顶棚边或龙骨下标高线，确定面砖铺贴上口线，然后从上往下按整块饰面砖的尺寸分划到最下面的饰面砖。当最下面砖的高度小于半块砖时，最好重新分划，使最下面一层面砖高度大于半块砖。重新排砖划分后，可将面砖多出的尺寸伸入到吊顶内。

（2）弹竖向线 最好从墙面一侧端部开始，以便将不足模数的面砖贴于阴角或阳角处。弹线分格示意如图 7.4 所示。

4. 选面砖

选面砖是保证饰面砖镶贴质量的关键工序。必须在镶贴前按颜色的深浅、尺寸的大小不同进行分选。对于饰面砖的几何尺寸大小，可以采用自制模具，这种模具是根据饰面砖几何尺寸及公差大小，做成凵形木框钉在木板上，将面砖逐块放入木框，即能分选出大、中、小，分别堆放备用。在分选饰面砖的同时，还要注意砖的平整度如何，不合格者不得使用于

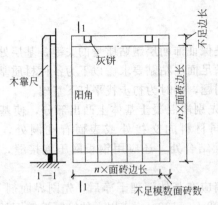

图 7.4　饰面砖弹线分格示意图

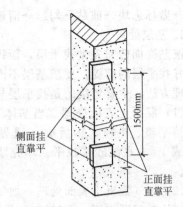

图 7.5　双面挂直示意图

工程。最后挑选配件砖，如阴角条、阳角条、压顶等。

5. 浸砖

如果用陶瓷釉面砖作为饰面砖，在铺贴前应充分浸水润湿，防止用干砖铺贴上墙后，吸收砂浆（灰浆）中的水分，致使砂浆中水泥不能完全水化，造成粘接不牢或面砖浮滑。一般浸水时间不少于 2h，取出后阴干到表面无水膜再进行镶贴，通常为 6h 左右，以手摸无水感为宜。

6. 做标志块

用面砖按镶贴厚度，在墙面上下左右合适位置作标志，并以砖棱角作为基准线，上下靠尺吊垂直，横向用靠尺或细线拉平。标志块的间距一般为 1500mm。阳角处除正面做标志块外，侧面也相应有标志块，即所谓双面挂直，如图 7.5 所示。

7. 镶贴方法

（1）预排饰面砖　为确保装饰效果和节省面砖用量，在同一墙面只能有一行与一列非整块饰面砖，非整块砖应排在紧靠地面处或不显眼的阴角处。排砖时可用适当调整砖缝宽度的方法解决，一般饰面砖的缝宽可在 1mm 左右变化。凡有管线、卫生设备、灯具支撑等时，面砖应裁成 U 形口套入，再将裁下的小块截去一部分，与原砖套入 U 形口嵌好，严禁用几块其他零砖拼凑。内墙面砖镶贴排列方法，主要有直缝镶贴和错缝镶贴两种，如图 7.6 所示。

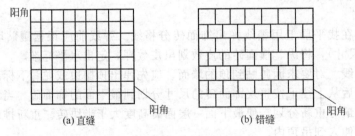

(a) 直缝　　　　　　　　　　(b) 错缝

图 7.6　内墙饰面砖贴法示意图

（2）掌握镶贴顺序　每一施工层必须由下往上镶贴，而整个墙面可采用从下往上，也可采用从上往下的施工顺序。

一个施工层由下往上，从阳角开始沿水平方向逐一铺贴，以弹好的地面水平线为基准，嵌上直靠尺或八字形靠尺条，第一排面砖下口应紧靠直靠尺条上沿，保证基准行平直。如地面有踢脚板，靠尺条上口应为踢脚板上沿位置，以保证面砖与踢脚板接缝的美观。镶贴时，用铲刀在面砖背面满刮砂浆，再准确镶嵌到位，然后用铲刀木柄轻轻敲击饰面砖表面，使其落实镶贴牢固，并将挤出的砂浆刮净。

饰面砖粘接砂浆的厚度应大于 5mm，但不宜大于 8mm。砂浆可以是水泥砂浆，也可以是混合砂浆。水泥砂浆的配合比以（1∶2）～（1∶3）（体积比）为宜，砂的细度模数应小于2.9；混合砂浆是在以上配比的水泥砂浆中加入少量的石灰膏即可，以增加粘接砂浆的保水性与和易性。这两种粘接砂浆均比较软，如果砂浆过厚，饰面砖很容易下坠，其平整度不易保证，因此要求粘接砂浆不得过厚。另外，也可以采用环氧树脂粘贴法，环氧水泥胶的配合比为：环氧树脂∶乙二胺∶水泥＝100∶（6～8）∶（100～150）。环氧树脂是一种具有高度粘接力的高分子合成材料，用它来粘贴面砖，具有操作方便，工效较高，粘接性强，以及抗潮湿、耐高温、密封好等特点，但要求基层或找平层必须平整坚实，并需要待其干燥后才能进行粘贴。对面砖厚度的要求也比较高，要求厚度均匀，以便保证表面的平整度，由于用环氧树脂粘贴面砖的造价较高，一般在大面积面砖粘贴中不宜采用。

在镶贴施工的过程中，应随粘贴，随敲击，随用靠尺检查表面平整度和垂直度。检查发现高出标准砖面时，应立即压砖挤浆；如果已形成凹陷，必须揭下重新抹灰再贴，严禁从面砖边缘塞砂浆造成空鼓。如果遇到面砖几何尺寸差异较大，应在铺贴中注意随时调整。最佳的调整方法是将相近尺寸的饰面砖贴在一排上，但镶最上面一排时，应保证面砖上口平直，以便最后贴压条砖。无压条砖时，最好在上口贴圆角面砖，如图 7.7 所示。卫生间设备处饰面砖镶贴示意图。如图 7.8 所示。

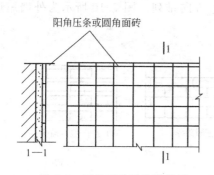

图 7.7　圆角面砖铺贴示意图

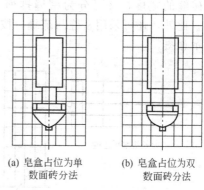

(a) 皂盒占位为单数面砖分法　　(b) 皂盒占位为双数面砖分法

图 7.8　卫生间设备处饰面砖镶贴示意图

8. 勾缝擦洗

饰面砖在镶贴施工完毕后，应用棉纱将砖表面上的灰浆拭净，同时用与饰面砖颜色相同的水泥（彩色面砖应加同色颜料）嵌缝，嵌缝中务必注意应全部封闭缝中镶贴时产生的气孔和砂眼。嵌缝后，应用棉纱仔细擦拭干净污染的部位。如饰面砖砖面污染比较严重，可用稀盐酸刷洗，并用清水冲洗干净。

三、外墙面砖的施工工艺

外墙面砖的施工工艺流程为：基层处理→抹找平层→选砖→预排→弹线分格→镶贴→勾缝。

1. 基层处理

外墙面砖的基层处理与内墙面砖的基层处理相同。

2. 抹底中层灰

抹底层和中层灰的做法同内墙抹灰。只是应特别注意各楼层的阳台和窗口的水平向、竖向和进出方向必须"三向"成线。墙面的窗台腰线、阳角及滴水线等部位饰面层镶贴排砖方法和换算关系，如正面砖要往下突3mm左右，底面砖要做出流水坡度等，如图7.9所示。

3. 选砖与预排

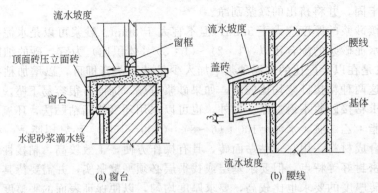

图 7.9　窗台、腰线找平示意图

（1）选择面砖　根据设计图样的要求，对面砖要进行分选。首先按颜色一致选一遍，然后再用自制模具对面砖的尺寸大小、厚薄进行分选归类。经过分选的面砖要分别存放，以便在镶贴施工中分类使用，确保面砖的施工质量。

（2）预排面砖　按照立面分格的设计要求进行预排，以确定面砖的皮数、块数和具体位置，作为弹线和细部做法的依据。当无设计要求时，预排要确定面砖在镶贴中的排列方法。外墙面砖镶贴排砖的方法较多，常用的矩形面砖排列方法有矩形长边水平排列和竖直排列两种。按砖缝的宽度，又可分为密缝排列（缝宽 1～3mm）与疏缝排列（大于 4mm、小于 20mm）。此外，还可采用密缝与疏缝，按水平、竖直方向排列。图 7.10 所示为外墙矩形面砖排缝示意图。

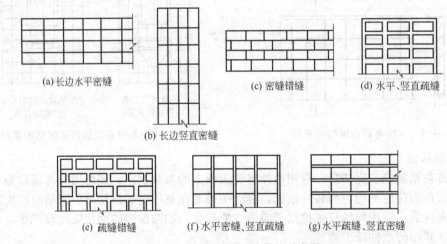

图 7.10　外墙矩形面砖排缝示意图

在外墙面砖的预排中应遵循如下原则：阳角部位都应当是整砖，且阳角处正立面整砖应盖住侧立面整砖。对大面积墙面砖的镶贴，除不规则部位外，其他部位不允许裁砖。除柱面镶贴外，其余阳角不得对角粘贴，如图 7.11 所示。

在预排中，对突出墙面的窗台、腰线、滴水槽等部位的排砖，应注意台面砖必须做出一定的坡度（一般 $i=3\%$），台面砖应盖立面砖。底面砖应贴成滴水鹰嘴，如图 7.12 所示。

预排外墙面砖还应当核实外墙的实际尺寸，以确定外墙找平层厚度，控制排砖模数（即确定竖向、水平、疏密缝宽度及排列方法）。此外，还应注意外墙面砖的横缝应与门窗贴脸和窗台相平；门窗洞口阳角处应排横砖。窗间墙应尽可能排整砖，直缝排列有困难时，可考虑错缝排列，以求得墙砖对称的装饰效果。

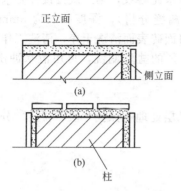

图 7.11　外墙阳角镶贴排砖示意图

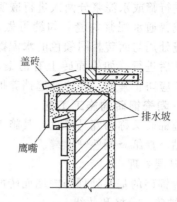

图 7.12　外窗台线角面镶砖示意图

4. 弹线分格

弹线与做分格条应根据预排结果画出大样图，按照缝的宽窄大小（主要指水平缝）做出分格条，作为镶贴面砖的辅助基准线。弹线的步骤有如下几步。

（1）在外墙阳角处（大角）用大于 5kg 的线锤吊垂线并用经纬仪进行校核，最后用花篮螺栓将线锤吊正的钢丝固定绷紧上下端，作为垂线的基准线。

（2）以阳角基线为准，每隔 1500～2000mm 做标志块，定出阳角方正，抹灰找平。

（3）在找平层上，按照预排大样图先弹出顶面水平线，在墙面的每一部分，根据外墙水平方向面砖数，每隔约 1000mm 弹一垂线。

（4）在层高范围内，按照预排面砖实际尺寸和面砖对称效果，弹出水平分缝、分层皮数（或先做皮数杆，再按皮数杆弹出分层线）。

5. 镶贴施工

镶贴面砖前也要做标志块，其挂线方法与内墙面砖相同，并应将墙面清扫干净，清除妨碍铺贴面砖的障碍物，检查平整度和垂直度是否符合要求。镶贴顺序应自上而下分层分段进行，每层内镶贴程序应是自下而上进行，而且要先贴附墙柱、后贴墙面、再贴窗间墙。镶贴时，先按水平线垫平八字尺或直靠尺，操作方法与内墙面砖相同。铺贴的砂浆一般为 1∶2 水泥砂浆或掺入不大于水泥质量 15% 的石灰膏的水泥混合砂浆，砂浆的稠度要一致，避免砂浆上墙后产生流淌。砂浆厚度一般为 6～10mm，在贴完一行后，必须将每块面砖上的灰浆刮净。如果上口不在同一直线上，应在面砖的下口垫小木片，尽量使上口在同一直线上，然后在上口放分格条，既控制水平缝的大小与平直，又可防止面砖向下滑移，然后再进行第二皮面砖的铺贴。

竖缝的宽度与垂直度，应当完全与排砖时一致，所以在操作中要特别注意随时进行检查，除依靠墙面的控制线外，还应当经常用线锤检查。如果竖缝是离缝（不是密缝），在粘接时对挤入竖缝处的灰浆要随手清理干净。

门窗套、窗台及腰线镶贴面砖时，要先将基体分层抹平，并随手划毛，待七八成干时，再洒水抹 2～3mm 厚的水泥浆，随即镶贴面砖。为了使面砖镶贴牢固，应采用 T 形托板做临时支撑，在常温下隔夜后拆除。窗台及腰线上盖面砖镶贴时，要先在上面用稠度较小的砂浆刮一遍，抹平后撒一层干水泥灰面（不要太厚），略停一会待灰面湿润时，随即进行铺贴，并按线找直揉平（不撒干水泥灰面，面砖铺后吸收砂浆中的水，面砖与粘接层离缝必造成空鼓）。垛角部位，在贴完面砖后，要用方尺找方。

6. 勾缝、擦洗

在完成一个层段的墙面铺贴并经检查合格后，即可进行勾缝。勾缝用 1∶1 水泥砂浆，砂子要进行筛或水泥浆分两次进行嵌实，第一次用一般水泥砂浆，第二次按设计要求用彩色水泥浆或普通水泥浆勾缝。勾缝可做成凹缝（尤其是离缝分格），深度一般为 3mm 左右。面砖密缝处用与面砖相同颜色的水泥擦缝。完工后应将面砖表面清洗干净，清洗工作在勾缝材料硬化后进行，如果面砖上有污染，可用含量为 10％的盐酸刷洗，再用清水冲洗干净。夏季施工应防止暴晒，要注意遮挡养护。

四、陶瓷锦砖的施工工艺

陶瓷锦砖又称陶瓷马赛克，其施工工艺流程为：基层处理→抹找平层→排砖、分格、放线→镶贴→揭纸→调整→擦缝。

1. 基层处理

陶瓷锦砖的基层处理与内墙面砖的基层处理相同。

2. 排砖、分格和放线

陶瓷锦砖的施工排砖、分格，是按照设计要求，根据门窗洞口横竖装饰线条的布置，首先明确墙角、墙垛、出檐、线条、分格、窗台、窗套等节点的细部处理，按整砖模数排砖确定分格线。排砖、分格时应使横缝与窗台相平，竖向要求阳角窗口处都是整砖。根据墙角、墙垛、出檐等节点细部处理方案，首先绘制出细部构造详图，然后按排砖模数和分格要求，绘制出墙面施工大样图，以保证墙面完整和镶贴各部位操作顺利。

底子灰处理完成后，根据节点细部详图和施工大样图，先弹出水平线和垂直线，水平线按每方陶瓷锦砖一道，垂直线最好也是每方一道，也可以二至三方一道，垂直线要与房屋大角以及墙垛中心线保持一致。如果有分格时，按施工大样图规定的留缝宽度弹出分格线，按缝宽备好分格条。

3. 镶贴施工

镶贴陶瓷锦砖饰面时，一般由下而上进行，按已弹好的水平线安放八字靠尺或直靠尺，并用水平尺校正垫平。一般是两个人协同操作，一个人在前洒水湿润墙面，先刮一道素水泥浆，随即抹上 2mm 厚的水泥浆为粘接层，另一个人将陶瓷锦砖铺在木垫板上，纸面向下，锦砖背面朝上，先用湿布把底面擦净，用水刷一遍，再刮素水泥浆，将素水泥浆刮至陶瓷锦砖的缝隙中，砖面不要留上砂浆，再将陶瓷锦砖沿尺粘贴在墙上。

另一种操作方法是：一个人在润湿后的墙面上抹纸筋混合砂浆（其配合比为纸筋：石灰：水泥＝1：1：8，制作时先把纸筋与石灰膏搅匀，过 3mm 筛，再与水泥浆搅匀制成）2～3mm，用靠尺板刮平，再用抹子抹平整，另一个人将陶瓷锦砖铺在木垫板上，底面朝上，缝里灌细砂，用软毛刷子刷净底面，再用刷子稍刷一点水，抹上薄薄一层灰浆，如图7.13 所示。

上述工作完成后，即可在粘接层上铺贴陶瓷锦砖。铺贴时，双手执在陶瓷锦砖上方，使下口与所垫的八字靠尺（或靠尺）齐平。由下往上铺贴，缝要对齐，并注意使每张之间的距离基本与小块陶瓷锦砖缝隙相同，不宜过大或过小，以免造成明显的接槎，影响装饰效果。控制接槎宽度一般用薄铜片或其他金属片。将铜片放在接槎处，在陶瓷锦砖贴完后，再取下铜片。如果设分格条，其方法同外墙面砖。

4. 揭纸

陶瓷锦砖贴于墙面后，一手将硬木拍板放在已贴好的陶瓷锦砖面上，一手用小木锤敲击木拍板，将所有的陶瓷锦砖满敲

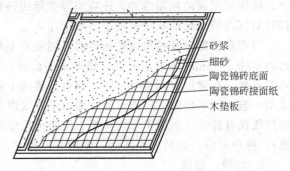

图 7.13　缝中灌砂做法

一遍，使其平整，然后将陶瓷锦砖护面纸用软刷子刷水润湿，等护面纸吸水泡开（立面镶贴纸面不易吸水，可往盛清水的桶中撒几把干水泥并搅匀，再用刷子蘸水润纸，纸面较易吸水，可提前泡开），即可揭纸。揭纸时要仔细，按顺序慢慢地撕，如发现有小块陶瓷锦砖随纸带下（如只是个别几块），在揭纸后要重新补上；如随纸带下的数量较多，说明护面纸还未充分泡开，胶水尚未溶化，这时应用抹子将其重新压紧，继续刷水润湿护面纸，直到撕纸时无掉块为止。

5. 调整

揭纸后要检查缝的大小，不合要求的缝必须拨正，调整砖缝的工作，要在粘接层砂浆初凝前进行。拨缝的方法是一手将开刀放于缝间，一手用小抹子轻敲开刀，将缝拨匀、拨正，使陶瓷锦砖的边口以开刀为准排齐，拨缝后用小锤子敲击木拍板将其拍实一遍，以增强与墙面的粘接。

6. 擦缝

待粘接水泥浆凝固后，用素水泥浆找补擦缝。其方法是先用橡胶刮板将水泥浆在陶瓷锦砖表面刮一遍，嵌实缝隙，接着加些干水泥，进一步找补擦缝，全面清理擦干净后，次日喷水养护。擦缝用水泥，如为浅色陶瓷锦砖应使用白水泥。

五、玻璃锦砖的施工工艺

玻璃锦砖又称玻璃马赛克，因其表面光滑、吸水率极低，其粘贴施工与陶瓷锦砖有所不同，尤其是有的玻璃锦砖外露明面大，粘接面小，且四面成八字形，给粘贴带来一定困难。另外，玻璃锦砖的施工选材很重要，应有专人负责逐张剔选，要按颜色、规格、棱角等分类装箱，其余准备工作与陶瓷锦砖相同。

玻璃锦砖的施工工艺流程为：基层处理→抹找平层→弹线、分格→马赛克刮浆→铺贴→拍板赶缝→揭纸、调整→勾缝。

1. 粘贴

玻璃锦砖镶贴时，其抹灰找平层面必须平整、横平竖直、棱角方正，要符合高级抹灰的质量标准。镶贴前的准备工作虽与粘贴陶瓷锦砖相同，但粘接层砂浆应较镶贴陶瓷锦砖厚4～5mm，其配合比为水泥∶砂子∶纸筋石灰为1∶1∶（0.15～0.20）。如果用外露明面大、粘接面小且四面成八字形的玻璃锦砖品种，最好采用水泥∶细砂为1∶1并加入15%（质量分数）的聚醋酸乙烯乳液的水泥聚合物砂浆为粘接层。以上粘接层砂浆配合比适用于深色品种玻璃锦砖，若采用浅色品种时，因玻璃透明度高，除底灰采用普通水泥外，其他应采用白水泥和80目的硅砂，以防止影响浅色玻璃锦砖饰面的美观。无论采用何种砂浆，砂浆颜色应一致，以防深色透出，甚至会出现一片片不均匀的颜色。整张粘贴前，在背面抹上一层薄薄的白水泥浆，再按预定位置粘贴，用木拍板拍实贴牢。

2. 拍板赶缝

由于水泥砂浆未凝结前具有流动性，砖贴上墙后在自重的作用下会有少许下坠。又由于是手工操作，砖与砖之间横竖缝易导致误差，故铺贴后应用木拍板赶缝，进行调整。

3. 揭纸、调缝

用刷子蘸水润湿纸面，待纸面吸湿后依次把纸轻轻撕下来，清理干净。撕纸时用力方向尽量与墙面平行，否则易拉掉单粒锦砖。对个别掉落的玻璃锦砖以及扭歪偏斜的，要用开刀拨正，补上贴好。

4. 擦缝

玻璃锦砖擦缝工作只在缝隙部位仔细刮浆，不能在块材表面满涂满刮，以防水泥浆将晶体毛面填满而失去表面光泽。同时，应用棉纱及时擦净，以防污染。

第四节　饰面板的安装施工

饰面板的安装包括天然石材（如大理石、花岗石、青石板等）和人造饰面板（如人造大理石、预制水磨石）的安装。根据规格大小的不同，饰面板分为小规格和大规格两种。小规格饰面板即边长小于等于 4000mm，安装高度不超过 3m，可采用水泥砂浆粘贴法，其施工工艺基本与面砖镶贴相同。大规格饰面板的安装主要有粘贴施工法、钢筋网片锚固施工法、膨胀螺栓锚固施工法和钢筋钩挂贴法等。

一、饰面板安装前的施工准备

由于饰面板的价格昂贵，而且大部分用在装饰标准较高的工程上，因此对饰面板安装技术要求更为细致、准确，施工前必须做好各方面的准备工作。饰面板安装前的施工准备工作，主要包括施工大样图、选板与预拼、基层处理等。

1. 放施工大样图

饰面板在安装前，应根据设计图样，认真核实结构实际偏差的情况。墙面应先检查基体墙面垂直平整情况，偏差较大的应剔凿或修补，超出允许偏差的，则应在保证整体与饰面板表面距离不小于 5cm 的前提下，重新排列分块；柱面应先测量出柱的实际高度和柱子的中心线，以及柱与柱之间上、中、下部水平通线，确定出柱饰面板的位置线，才能决定饰面板分块规格尺寸。对于复杂墙面（如楼梯墙裙、圆形及多边形墙面等），则应实测后放大样校对；对于复杂形状的饰面板（如梯形、三角形等），则要用黑铁皮等材料放大样。根据上述墙、柱校核实测的规格尺寸，并将饰面板间的接缝宽度包括在内，如果设计中无规定时，应符合表 7.1 中的规定，由此计算出板块的排档，并按安装顺序进行编号，绘制方块大样图以及节点大样详图，作为加工订货及安装的依据。

表 7.1　饰面板的接缝宽度

项　次	名　称		接缝宽度/mm
1	天然石	光面、镜面	1
2		粗磨面、麻面、条纹面	5
3		天然面	10
4	人造石	水磨石	2
5		水刷石	10

2. 选板与预拼

选板工作主要是对照施工大样图检查复核所需板材的几何尺寸，并按误差大小进行归类；检查板材磨光面的缺陷，并按纹理和色泽进行归类。对有缺陷的板材，应改小使用或安装在不显眼的地方。选材必须逐块进行，对于有破碎、变色、局部缺陷或缺棱掉角者，一律另行堆放。对于破裂的板材，可用环氧树脂胶黏剂粘接，其配合比参见表 7.2。粘接时，粘接面必须清洁干燥，两个粘接面涂胶的厚度为 0.5mm，在 15℃ 以上环境下粘接，并在相同温度的室内环境下养护，养护（固结）的时间不得少于 3d。对表面缺边少棱、坑洼、麻点的修补，可刮环氧树脂腻子，并在 15℃ 以上室内养护 1d 后，用 0 号砂纸轻轻磨平，再养护 2～3d，打蜡即可。

选择板材和修补工作完成后，即可进行试拼。试拼是一个"再创作"的过程，因为板材（特别是天然板材）具有天然纹理和色泽差异较大的特点，如果拼镶非常巧妙，可以获得意想不到的效果。试拼经过有关方面认可后，方可正式安装施工。

表 7.2　环氧树脂胶黏剂与环氧树脂腻子配合比

材 料 名 称	质量配合比(质量份)	
	胶黏剂	腻 子
环氧树脂 E44(6101)	100	100
乙二胺	6～8	10
邻苯二甲酸二丁酯	20	10
白水泥	0	100～200
颜料	适量(与修补颜色相近)	适量(与修补颜色相近)

3. 基层处理

饰面板在安装前，对墙、柱等基体进行认真处理，这是防止饰面板安装后产生空鼓、脱落的关键工序。基体应具有足够的稳定性和刚度，其表面应当平整而粗糙，光滑的基体表面应进行凿毛处理，凿毛深度一般为 0.5～1.5mm，间距不大于 30mm。基体表面残留的砂浆、尘土和油渍等，应用钢丝刷子刷净并用水冲洗。

二、饰面板的施工工艺

1. 钢筋网片锚固施工法

钢筋网片锚固灌浆法，又称钢筋网挂贴湿作业法，这是一种传统的施工方法，但至今仍在采用，可用于混凝土墙和砖墙。由于其施工费用较低，所以很受施工单位的欢迎。但是，存在着施工进度慢，工期比较长，对工人的技术水平要求高，饰面板容易变色、锈斑、空鼓、裂缝等，而且对不规则及几何形体复杂的墙面不易施工等缺点。

钢筋网片锚固灌浆法，其施工方法比较复杂，主要的施工工艺流程为：墙体基层处理→绑扎钢筋网片→饰面石板选材编号→石板钻孔剔槽→绑扎铜丝→安装饰面板→临时固定→灌浆→清理→嵌缝。

（1）绑扎钢筋网片　按施工大样图要求的横竖距离焊接或绑扎安装用的钢筋骨架。方法是先剔凿出墙面或柱面结构施工时的预埋钢筋，使其外露于墙、柱面，然后连接绑扎（或焊接）直径 8mm 竖向钢筋（竖向钢筋的间距，如设计无规定，可按饰面板宽度距离设置），随后绑扎好横向钢筋，其间距要比饰面板竖向尺寸低 2～3cm 为宜，如图 7.14 所示。如基体未预埋钢筋，可使用电锤钻孔，孔径为 25mm，孔深 90mm，用 M16 胀杆螺栓固定预埋铁件，然后再按前述方法进行绑扎或焊接竖筋和横筋。目前，为了方便施工，在检查合格的前提下，可只拉横向钢筋，取消竖向钢筋。

（2）钻孔、剔槽、挂丝　在板材截面上钻孔打眼，孔径 5mm 左右，孔深 15～20mm，孔位一般距板材两端 $L/4$～$L/3$（L 为边长）。直孔应钻在板厚度中心（现场钻孔应将饰面板固定在木架上，用手电钻直接对板材应钻孔位置下钻，孔最好是订货时由生产厂家加工）。如板材的边长≥600mm，则应在中间加钻一孔，再在板背的直孔位置，距板边 8～10mm 打一横孔，使直孔与横孔连通成"牛轭孔"。

钻孔后，用合金钢錾子在板材背面与直孔正面轻打凿，剔出深 4mm 小槽，以便挂丝时绑扎丝不露出，以免造成拼缝间隙。依次将板材翻转再在背面打出相应的"牛轭孔"，亦可打斜孔，即孔眼与石板材成

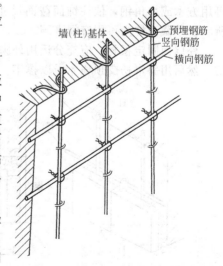

图 7.14　墙面、柱面绑扎钢筋网

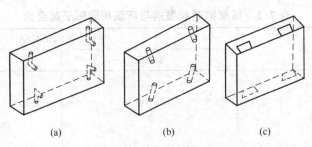

图 7.15　饰面板各种钻孔

35°。另一种常用的钻孔方法是只打直孔，挂丝后孔内充填环氧树脂或用铅皮卷好挂丝挤紧，再灌入黏结剂将挂丝嵌固于孔内。近年来，亦有在装饰板材厚度面上与背面的边长 $L/4\sim L/3$ 处锯三角形锯口，在锯口内挂丝。各种钻孔如图 7.15 所示。挂丝宜用铜丝，因铁丝易腐蚀断脱，镀锌铝丝在拧紧时镀层易损坏，在灌浆不密实、勾缝不严的情况下，也会很快锈断。

（3）安装饰面板　安装饰面板时应首先确定下部第一层板的安装位置。其方法是用线锤从上至下吊线，考虑留出板厚和灌浆厚度以及钢筋网焊接绑扎所占的位置，准确定出饰面板的位置，然后将此位置投影到地面，在墙下边划出第一层板的轮廓尺寸线，作为第一层板的安装基准线。依此基准线，在墙、柱上弹出第一层板标高（即第一层板下沿线），如有踢脚板，应将踢脚板的上沿线弹好。根据预排编号的饰面板材对号入座，进行安装。

其方法是：理好铜丝，将石板就位，并将板材上口略向后仰，单手伸入板材后把石板下口铜丝扭扎于横筋上（扭扎不宜过紧，以免铜丝扭断或石板槽口断裂，只要绑牢不脱即可），然后将板材扶正，将上口铜丝扎紧，并用木楔塞紧垫稳，随后用靠尺与水平尺检查表面平整度与上口水平度，若发现问题，上口用木楔调整，板下沿加垫铁皮或铅条，使表面平整并与上口水平。完成一块板的安装后，其他依次进行。柱面可按顺时针方向逐层安装，一般先从正面开始，第一层装毕，应用靠尺、水平尺调整垂直度、平整度和阴阳角方正，如板材规格有疵，可用铁皮垫缝，保证板材间隙均匀，上口平直。墙面、柱面板材安装固定方法，如图 7.16 所示。

（4）临时固定　板材自上而下安装完毕后，为防止水泥砂浆灌缝时板材游走、错位，必须采取临时固定措施。固定方法视部位不同灵活采用，但均应牢固、简便。例如，柱面固定可用方木或小角钢，依柱饰面截面尺寸略大 30～50mm 夹牢，然后用木楔塞紧，如图 7.17 所示。小截面柱尚可用麻绳裹缠。

外墙面固定板材，应充分运用外脚手架的横、立杆，以脚手杆作支撑点，在板面设横木枋，然后用斜木枋支顶横木予以撑牢。

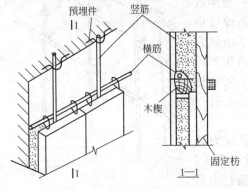

图 7.16　饰面板材安装固定

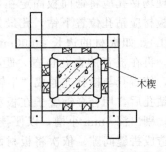

图 7.17　柱饰面临时固定夹具

内墙面，由于无脚手架作为支撑点，目前比较普遍采用的是用板块和石膏外贴固定。石膏在调制时应掺入 20% 的水泥加水搅拌成粥状，在已调整好的板面上将石膏水泥浆贴于板缝处。由于石膏水泥浆固结后有较大的强度且不易开裂，所以每个拼缝固定拼就成为一个支撑点，起到临时固定的作用（浅色板材，为防止水泥污染，可掺入白水泥），但较大板材或门窗贴脸饰面石板材应另外加支撑。

（5）灌浆　板材经过校正垂直、平整和方正，并临时固定完毕后，即可进行灌浆。灌浆一般采用 1:3 的水泥砂浆，其稠度为 5~15cm，将砂浆向板材背面与基体间的缝隙中徐徐注入。注意不要碰动石板，全长要均匀满灌，并随时检查，不得出现漏灌和板材外移现象。灌浆宜分层进行，第一层灌入高度一般不大于 150mm，且不大于 1/3 板材高度。灌浆中用小铁钎轻轻地进行插捣，切忌猛捣猛灌。一旦发现板材外移，应拆除板材重新安装。当第一层灌完 1~2h 后，检查板材无移动，确认下口铜丝与板材均已锚固，再按上述方法进行第二层灌浆，高度为 100mm 左右。第三层灌浆应低于板材上口 50mm 处，余量作为上层板材灌浆的接缝（采用浅色石材或其他饰面板时，灌浆应用白水泥、白石屑，以防止透底，影响美观）。

（6）清理　第三次灌浆完毕，待砂浆初凝后，即可清理板材上口的余浆，并用棉丝擦拭干净，隔天再清理板材上口木楔和有碍安装上层板材的石膏。以后用相同的方法把上层板材下口的不锈钢丝或铜丝拴在第一层板材上口，固定在不锈钢丝或铜丝处，依次进行安装。墙面、柱面、门窗套等饰面板安装与地面块材铺设的关系，一般采取先做立面、后做地面的方法。这种方法要求地面分块尺寸要准确，边部块材必须切割整齐。同时，也可采用先做地面、后做立面的方法，这样可以解决边部块材不齐的问题，但对地面应加强保护，防止损坏。

（7）嵌缝　全部板材安装完毕后，应将表面清理干净，并按板材颜色调制水泥色浆进行嵌缝，边嵌缝边擦干净，使缝隙密实干净，颜色一致。安装固定后的板材，如面层光泽受到影响，要重新打蜡上光，并采取临时措施保护其棱角，直至交付使用。

2. 钢筋钩挂贴施工法

钢筋钩挂贴法又称为挂贴楔固法，这种施工方法与钢筋网片锚固法大体是相同的，其不同之处在于它将饰面板以不锈钢钩直接楔固于墙体之上。钢筋钩挂贴法的施工工艺流程为：基层处理→墙体钻孔→饰面板选材编号→饰面板钻孔剔槽→安装饰面板→灌浆→清理→灌缝→打蜡。

（1）饰面板钻孔剔槽　先在板厚度中心打深为 7mm 的直孔。板长 $L<500$mm 的钻两个孔，500mm$<L≤800$mm 的钻三个孔，板长大于 800mm 的钻四个孔。钻孔后，再在饰面板两个侧边下部开直径 8mm 横槽各一个，如图 7.18 所示。

（2）墙体钻孔　墙体上有两种打孔方式。一种是在墙上打 45° 斜孔，孔径一般为 7mm，孔深 50mm；另一种是在墙上打直孔，孔径为 14.5mm，孔深 65mm，以能锚入膨胀螺栓为准。

（3）安装饰面板　饰面板必须由下向上进行安装，其安装的方法有以下两种。

第一种方法是：先将饰面板安放就位，将直径 6mm 不锈钢斜角直角钩（如图 7.19 所示）刷胶，把 45° 斜角一端插入墙体斜洞内，直角钩一端插入石板顶边的直孔内，同时将不锈钢斜角 T 形钉（如图 7.20 所示）刷胶，斜脚放入墙体内，T 形一端扣入石板直径 8mm 横槽内，最后用大头硬木楔楔入石板与墙体之间，将石板固定牢靠，石板固定后将木楔取出。

第二种方法是：将不锈钢斜角直角钩改为不锈钢直角钩，不锈钢斜角 T 形钉改为不锈钢 T 形钉，一端放入石板内，一端与预埋在墙内的膨胀螺栓焊接。其他工艺不变。

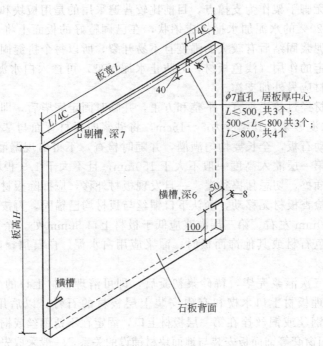

图 7.18　石板上钻孔剔槽示意图

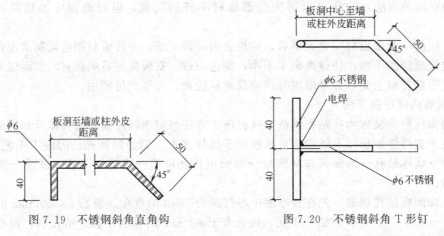

图 7.19　不锈钢斜角直角钩　　　　图 7.20　不锈钢斜角 T 形钉

　　每行饰面板挂锚完毕，并安装就位、校正调整后，向石板与墙内进行灌浆，灌浆的施工工艺与上述相同。

　　钢筋钩挂法的构造比较复杂，第一种安装方法的构造，如图 7.21 所示；第二种安装方法的构造，如图 7.22 所示。

　　3. 膨胀螺栓锚固施工法

　　近几年，一些高级旅游宾馆和高级公共设施，为增加其外墙面的装饰效果，大量采用天然块材作为装饰饰面。但是，如果这种饰面采用湿作业法，在使用过程中会出现析碱现象，严重影响建筑的装饰美观。因此，采用膨胀螺栓锚固施工法（干作业法）比较合适。

　　膨胀螺栓锚固施工法施工工艺包括：选材、钻孔、基层处理、弹线、板材铺贴和固定五道工序。这种方法除钻孔和板材固定工序外，其余做法均与钢筋钩挂法相同。

　　（1）板材钻孔　由于膨胀螺栓锚固施工法相邻板材是用不锈钢销钉连接的，因此钻孔位置一定要准确，以便使板材之间的连接水平一致、上下平齐。钻孔前应在板材侧面按要求定

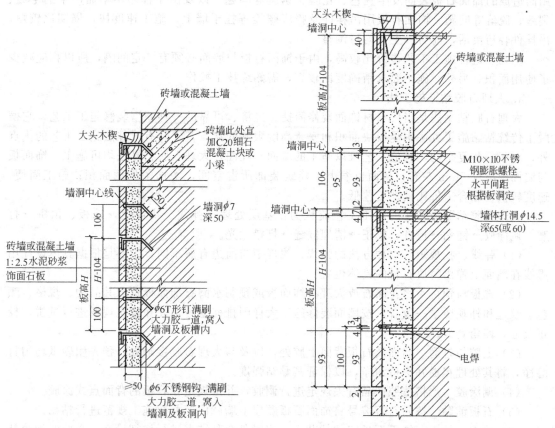

图 7.21　钩挂法构造示意图 (一)　　　　　　图 7.22　钩挂法构造示意图 (二)

位后，用电钻钻成直径为 5mm、深度为 12～15mm 的圆孔，然后将直径为 5mm 的销钉插入孔内。

（2）板材固定　用膨胀螺栓将固定和支撑板块的连接件固定在墙面上，如图 7.23 所示。连接件是根据墙面与板块销孔的距离，用不锈钢加工成 L 形。为便于安装板块时调节销孔和膨胀螺栓的位置，在 L 形连接件上留槽形孔眼，待板块调整到正确位置时，随即拧紧膨胀螺栓的螺母进行固结，并用环氧树脂胶将销钉固定。

膨胀螺栓锚固法属于干作业施工，在空腔内不需灌水泥浆，因此避免了由于水泥化学作

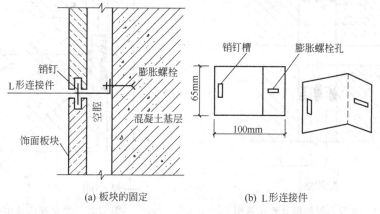

(a) 板块的固定　　　　　　　　(b) L 形连接件

图 7.23　膨胀螺栓锚固法固定板块

用而造成的饰面石板表面发生变色、花脸、锈斑等问题，以及由于挂贴不牢而产生的空鼓、裂缝、脱落等问题。饰面石板用吊挂件及膨胀螺栓等挂于墙上，施工速度快，周期比较短，吊挂件轻巧灵活，前后、上下均可调整。

但是，这种施工工艺造价比较高，由于饰面石板与墙面必须有一定间隔，所以相应减少了使用面积。另外，施工要求精确度比较高，需熟练技工操作。

4. 大理石胶粘贴施工法

大理石胶粘贴法是当代石材饰面装修简捷、经济、可靠的一种新型装修施工工艺，它摆脱了传统粘贴施工方法中受板块面积和安装高度限制的缺点，除具有干挂法施工工艺的优点外，对于一些复杂的，其他工艺难以施工的墙面、柱面，大理石胶粘贴法均可施工。饰面板与墙面距离仅 5mm 左右，从而也缩小了建筑装饰所占空间，增加了使用面积；施工简便、速度较快，综合造价比其他工艺低。

大理石胶粘贴施工法的施工工艺流程为：基层处理→弹线、找规矩→选板、预拼→打磨→调涂胶→铺贴→检查、校正→清理嵌缝→打蜡上光。

（1）弹线、找规矩　这种方法的弹线、找规矩与前边有所不同，主要是根据具体设计用墨线在墙面上弹出每块石材的具体位置。

（2）选板与预拼　将花岗石或大理石饰面板或预制水磨石饰面板选取其品种、规格、颜色、纹理和外观质量一致者，按墙面装修施工大样图排列编号，并在建筑现场进行试拼，校正尺寸，四角套方。

（3）上胶与打磨　墙面及石板背面上胶处，以及与大理石胶接触处，预先用砂纸均匀打磨净，将其处理粗糙并保持洁净，以保证其黏结强度。

（4）调涂胶　严格按照产品有关规定进行调胶，并按规定在石板的背面点式涂胶。

（5）石板铺贴　按照石板编号将饰面石板顺序上墙就位，并按施工规范进行粘贴。

（6）检查、校正　饰面石板定位粘贴后，应对各个黏结点进行详细检查，必要时加胶补强。这项工作要在未硬化前进行，以免产生硬化不易纠正。

（7）清理嵌缝　全部饰面板粘贴完毕后，将石板的表面清理干净，进行嵌缝工作。板缝根据具体设计预留，一般缝宽不得小于 2mm，用透明型胶调入与石板颜色近似的颜料将缝嵌实。

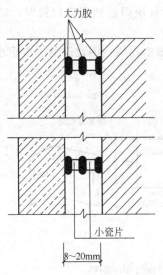

图 7.24　大理石胶加厚处理示意图

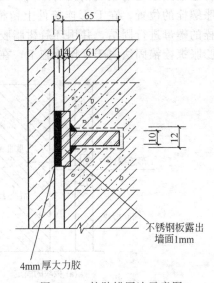

图 7.25　粘贴锚固法示意图

(8) 打蜡上光 在嵌缝工作完成后，再将石板表面清理一遍，使其表面保持清洁，然后在石板表面上打蜡上光或涂憎水剂。

上述施工工艺适用于高度不大于 9m，饰面石板与墙面净距离不大于 5mm 的情况。当装修高度虽然不大于 9m，但饰面板与墙面净距离大于 5mm（小于 20mm）时，须采用加厚粘贴法施工，如图 7.24 所示。

当贴面高度超过 9m 时，应采用粘贴锚固法。即在墙上设计位置钻孔、剔槽，埋入直径为 10mm 的钢筋，将钢筋与外面的不锈钢板焊接，在钢板上满涂大理石胶，将饰面板与之粘牢，如图 7.25 所示。

第五节 金属饰面板的安装施工

金属饰面板装饰是采用一些轻金属，如铝、铝合金、不锈钢、铜等制成薄板，或在薄钢板的表面进行搪瓷、烤漆、喷漆、镀锌、覆盖塑料的处理做成的墙面饰面板，这类墙面饰面板不但坚固耐用，而且美观新颖，不仅可用于室内，也可用于室外。

金属饰面板的形式可以是平板，也可以制成凹凸形花纹，以增加板的刚度并使施工方便，金属饰面板可以用螺钉直接固定在结构层上，也可以采用锚固件悬挂或嵌卡的方法。

一、铝合金墙板的安装施工

铝合金板装饰是一种较高档次的建筑装饰，也是目前应用最广泛的金属饰面板。它比不锈钢、铜质饰面板的价格便宜，易于成型，表面经阳极氧化处理可以获得不同颜色的氧化膜。这层薄膜不仅可以保护铝材不受侵蚀，增加其耐久性，同时由于色彩多样，也为装饰提供了更多的选择余地。

（一）铝合金品种规格

用于装饰工程的铝合金板，其品种和规格很多。按表面处理方法不同，可分为阳极氧化处理及喷涂处理。按几何形状不同，有条形板和方形板，条形板的宽度多为 80～100mm，厚度多为 0.5～1.5mm，长度为 6.0m 左右。按装饰效果不同，有铝合金花纹板、铝质浅花纹板、铝及铝合金波纹板、铝及铝合金压纹板等。

（二）施工前的准备工作

1. 施工材料的准备

铝合金墙板的施工材料准备比较简单，因为金属饰面板主要是由铝合金板和骨架组成，骨架的横竖杆均通过连接件与结构固定。铝合金板材可选用生产厂家的各种定型产品，也可以根据设计要求，与铝合金型材生产厂家协商订货。承重骨架由横竖杆件拼成，材质为铝合金型材或型钢，常用的有各种规格的角钢、槽钢、V 形轻金属墙筋等。因角钢和槽钢比较便宜，强度较高，安装方便，在工程中采用较多。连接构件主要有铁钉、木螺钉、镀锌自攻螺钉和螺栓等。

2. 施工机具的准备

铝合金饰面板安装中所用的施工机具也较简单，主要包括小型机具和手工工具。小型机具有型材切割机、电锤、电钻、风动拉铆枪、射钉枪等，手工工具主要有锤子、扳手和螺钉旋具等。

（三）铝合金墙板安装工艺

铝合金墙板安装施工工艺流程为：弹线→固定骨架连接件→固定骨架→安装铝合金板→细部处理。

1. 弹线

首先要将骨架的位置弹到基层上，这是安装铝合金墙板的基础工作。在弹线前先检查结构的质量，如果结构的垂直度与平整度误差较大，势必影响到骨架的垂直与平整，必须进行修补。弹线工作最好一次完成，如果有差错，可随时进行调整。

2. 固定骨架连接件

骨架的横竖杆件是通过连接件与结构进行固定的，而连接件与结构的连接可以与结构的预埋件焊牢，也可以在墙面上打膨胀螺栓固定。因膨胀螺栓固定方法比较灵活，尺寸误差小，准确性高，容易保证质量，所以在工程中采用较多。连接件施工应保证连接牢固，型钢类的连接件，表面应当镀锌，焊缝处应刷防锈漆。

3. 固定骨架

骨架应预先进行防腐处理。安装骨架位置要准确，结合要牢固。安装后，检查中心线、表面标高等，对多层或高层建筑外墙，为了保证铝合金板的安装精度，要用经纬仪对横竖杆件进行贯通，变形缝、沉降缝、变截面处等应妥善处理，使之满足使用要求。

4. 安装铝合金板

铝合金板的安装固定办法多种多样，不同的断面、不同的部位，安装固定的办法可能不同。从固定原理上分，常用的安装固定办法主要有两大类：一种是将板条或方板用螺钉拧到型钢骨架上，其耐久性能好，多用于室外；另一种是将板条卡在特制的龙骨上，板的类型一般是较薄的板条，多用于室内。

（1）用螺钉固定的方法

① 铝合金板条的安装固定。如果是用型钢材料焊接成的骨架，可先用电钻在拧螺钉的位置钻孔（孔径应根据螺钉的规格决定），再将铝合金板条用自攻螺钉拧牢。如果是木骨架，则可用木螺钉将铝合金板拧到骨架上。

型钢骨架可用角钢或槽钢焊成，木骨架可用方木钉成。骨架同墙面基层多用膨胀螺栓连接，也可预先在基层上预埋铁件焊接。两者相比，用膨胀螺栓比较灵活，在工程中使用比较多。骨架除了考虑同基层固定牢固外，还需考虑如何适应板的固定。如果板条或板的面积较大，宜采用横竖杆件焊接成骨架，使固定板条的构件垂直于板条布置，其间距宜在 500mm 左右。固定板条的螺钉间距与龙骨的间距应相同。

② 铝合金蜂窝板的安装固定。铝合金蜂窝板不仅具有良好的装饰效果，而且还具有保温、隔热、隔声等功能。图 7.26 所示为断面加工成蜂窝空腔状的铝合金蜂窝板，图 7.27 所示为用于外墙装饰的蜂窝板。铝合金蜂窝板的固定与连接的连接件，在铝合金制造过程中，同板一起完成，周边用图 7.27 所示的封边框进行封堵，封边框同时也是固定板的连接件。

安装时，两块板之间有 20mm 的间隙，用一条挤压成型的橡胶带进行密封处理。两板用一块 5mm 的铝合金板压住连接件的两端，然后用螺钉拧紧，螺钉的间距一般为 300mm 左右，其固定节点如图 7.28 所示。

当铝合金蜂窝板用于建筑窗下墙面时，在铝合金板的四周，均用图 7.29 所示的连接件与骨架进行固定。这种周边固定的方法，可以有效地约束板在不同方向的变形，其安装构造如图 7.30 所示。

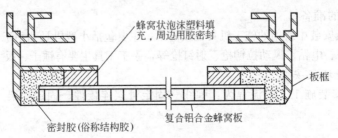

图 7.26 铝合金蜂窝板示意图

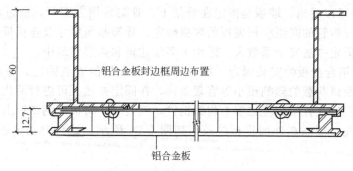

铝合金板封边框周边布置

铝合金板

图 7.27　铝合金外墙板示意图

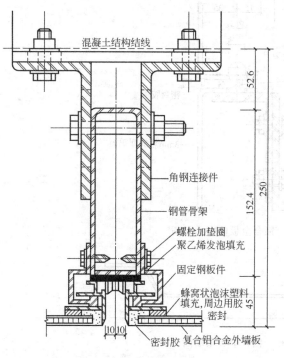

混凝土结构结线

角钢连接件

钢管骨架

螺栓加垫圈
聚乙烯发泡填充

固定钢板件

蜂窝状泡沫塑料
填充,周边用胶
密封

密封胶　复合铝合金外墙板

图 7.28　固定节点大样图

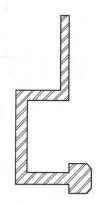

图 7.29　连接件断面图

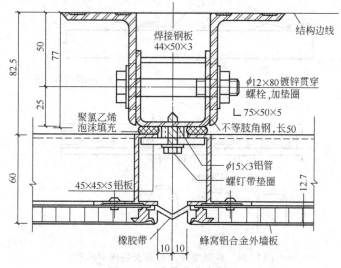

焊接钢板
44×50×3

结构边线

φ12×80镀锌贯穿
螺栓,加垫圈

L 75×50×5

聚氯乙烯
泡沫填充

不等肢角钢,长50

φ15×3铝管
螺钉带垫圈

45×45×5铝板

橡胶带　蜂窝铝合金外墙板

图 7.30　安装节点大样图

　　从图 7.30 中可以看出，墙板是固定在骨架上，骨架采用方钢管，通过角钢连接件与结构连接成整体。方钢管的间距应根据板的规格确定，骨架断面尺寸及连接板的尺寸，应进行计算选定。这种固定办法安全系数大，适用于多层建筑和高层建筑中。

　　③ 柱子外包铝合金板的安装固定。柱子外包铝合金板的安装固定，考虑到室内柱子的高度一般不大，受风荷载的影响很小等客观条件，在固定办法上可进行简化。一般在板的上下各留两个孔，然后在骨架相应位置上焊钢销钉，安装时，将板穿到销钉上，上下板之间用聚氯乙烯泡沫填充，然后在外面进行注胶，如图 7.31 所示。这种办法简便、牢固，加工、安装都比较省事。

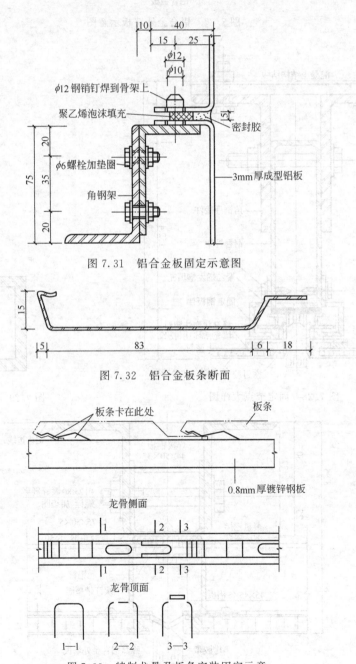

图 7.31　铝合金板固定示意图

图 7.32　铝合金板条断面

图 7.33　特制龙骨及板条安装固定示意

（2）将板条卡在特制的龙骨上的安装固定方法 图 7.32 所示的铝合金板条同以上介绍的几种板条在固定方法上截然不同，该种板条是卡在图 7.33 所示的龙骨上，龙骨与基层固定牢固。龙骨由镀锌钢板冲压而成，在安装板条时，将板条上下在龙骨上的顶面。此种方法简便可靠，拆换方便。

上述所讲的只是其中的一种，其实龙骨的形式很多，板条的断面多种多样，但是不管何种断面，均需要龙骨与板条配套使用。龙骨既可与结构直接固定，也可将龙骨固定在构架上，也就是说，未安龙骨之前，应将构架安好，然后将龙骨固定在构架上。

5. 收口细部的处理

虽然铝合金装饰墙板在加工时，其形状已经考虑了防水性能，但如果遇到材料弯曲，接缝处高低不平，其形状的防水功能可能会失去作用，在边角部位这种情况尤为明显，如水平部位的压顶、端部的收口处、伸缩缝、沉降缝等处，两种不同材料的交接处等。这些部位一般应用特制的铝合金成型板进行妥善处理。

（1）转角处收口处理 转角部位常用的处理手法如图 7.34 所示。图 7.35 所示为转角部位详细构造，该种类型的构造处理比较简单，用一条 1.5mm 厚的直角形铝合金板，与外墙板用螺栓连接。如果一旦发生破损，更换起来也比较容易。直角形铝合金板的颜色应当与外墙板相同。

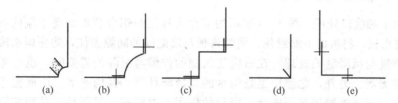

图 7.34 转角部位的处理方法

（2）窗台、女儿墙上部处理 窗台、女儿墙的上部，均属于水平部位的压顶处理，即用铝合金板盖住顶部，如图 7.36 所示，使之阻挡风雨的浸透。水平盖板的固定，一般先在基层上焊上钢骨架，然后用螺栓将盖板固定在骨架上，板的接长部位宜留 5mm 左右的间隙，并用胶进行密封。

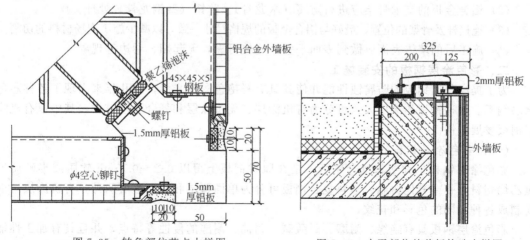

图 7.35 转角部位节点大样图　　　图 7.36 水平部位的盖板构造大样图

（3）墙面边缘部位收口处理 图 7.37 所示的节点大样图是墙边缘部位的收口收理，是利用铝合金成型板将墙板端部及龙骨部位封住。

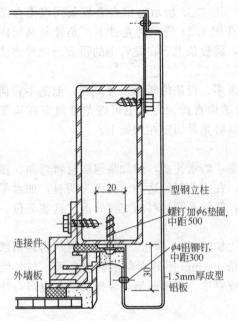

图 7.37　边缘部位收口处理

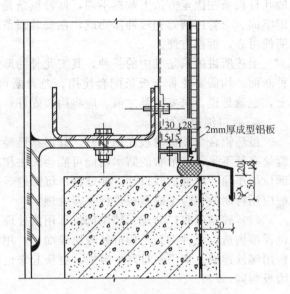

图 7.38　铝合金板墙下端收口处理

　　（4）墙面下端收口处理　图 7.38 所示的节点大样图是铝合金板墙面下端的收口处理，用一条特制的披水板，将板的下端封住，同时将板与墙之间的间隙盖住，防止雨水渗入室内。

　　（5）伸缩缝与沉降缝的处理　在适应建筑物的伸缩与沉降的需要时，也应考虑其装饰效果，使之更加美观。另外，此部位也是防水的最薄弱环节，其构造节点应周密考虑。在伸缩缝或沉降缝内，氯丁橡胶带起到连接、密封的作用。橡胶这一类制品，是伸缩缝与沉降缝的常用密封材料，最关键是如何将橡胶带固定。

　　（四）施工中的注意事项

　　（1）施工前应检查所选用的铝合金板材料及型材是否符合设计要求，规格是否齐全，表面有无划痕，有无弯曲现象。选用的材料最好一次进货（同批），这样可保证规格型号统一、色彩一致。

　　（2）铝合金板的支承骨架应进行防腐（木龙骨）、防锈（型钢龙骨）处理。

　　（3）连接杆及骨架的位置，最好与铝合金板的规格尺寸一致，以减少施工现场材料的切割。

　　（4）施工后的墙体表面应做到表面平整，连接可靠，无起翘、卷边等现象。

二、彩色涂层钢板的安装施工

　　为了提高普通钢板的防腐蚀性能并使其具有鲜艳色彩及光泽，近几年来出现了各种彩色涂层钢板。这种钢板的涂层大致可分为有机涂层、无机涂层和复合涂层三类，其中以有机涂层钢板发展最快。

　　（一）彩色涂层钢板的特点及用途

　　彩色涂层钢板也称塑料复合钢板，是在原材钢板上覆以 0.2～0.4mm 软质或半硬质聚氯乙烯塑料薄膜或其他树脂。塑料复合钢板可分为单面覆层和双面覆层两种，有机涂层可以配制成各种不同的色彩和花纹。

　　彩色涂层钢板具有绝缘、耐磨、耐酸碱、耐油、耐醇的侵蚀等特点，并且具有加工性能好，易切断、弯曲、钻孔、铆接、卷边等优点，其用途十分广泛，可作样板、屋面板等。

　　（二）彩色涂层钢板的施工工艺

　　彩色涂层钢板的安装施工工艺流程为：预埋连接件→立墙筋→安装墙板→板缝处理。

1. 预埋连接件

在砖墙中可埋入带有螺栓的预制混凝土块或木砖。在混凝土墙体中可埋入直径为 8～10mm 的地脚螺栓，也可埋入锚筋的铁板。所有预埋件的间距应按墙筋间距埋入。

2. 立墙筋

在墙筋表面上拉水平线和垂直线，确定预埋件的位置。墙筋材料可选用角钢∟ 30mm× 30mm×3mm、槽钢匚25mm × 12mm × 14mm、木条 30mm × 50mm。竖向墙筋间距为 900mm，横向墙筋间距为 500mm。竖向布板时可不设置竖向墙筋。横向布板时可不设置横向墙筋，将竖向墙筋间距缩小到 500mm。施工时要保证墙筋与预埋件连接牢固，连接方法为钉、拧、焊接。在墙角、窗口等部位必须设置墙筋，以免端部板悬空。

3. 安装墙板

墙板的安装是非常重要的一道工序，其安装顺序和方法如下。

（1）按照设计节点详图，检查墙筋的位置，计算板材及缝隙宽度，进行排板、划线定位，然后进行安装。

（2）在窗口和墙转角处应使用异形板，以简化施工，增加防水效果。

（3）墙板与墙筋用铁钉、螺钉及木卡条连接。其连接原则是：按节点连接做法沿一个方向顺序安装，安装方向相反则不易施工。如墙筋或墙板过长，可用切割机切割。

4. 板缝处理

尽管彩色涂层钢板在加工时其形状已考虑了防水性能，但如果遇到材料弯曲、接缝处高低不平，其形状的防水功能可能失去作用，在边角部位这种情况尤为明显，因此一些板缝填入防水材料是必要的。

三、彩色压型钢板的安装施工

彩色压型钢板复合墙板是以波形彩色压型钢板为面板，轻质保温材料为芯层，经复合而制成的一种轻质保温墙板。彩色压型钢板原板材多为热轧钢板和镀锌钢板，在生产中镀以各种防腐蚀涂层与彩色烤漆，是一种新型轻质高效围护结构材料，其加工简单、施工方便、色彩鲜艳、耐久性强。

复合板的接缝构造基本有两种形式：一种是在墙板的垂直方向设置企口边，这种墙板看不见接缝，不仅整体性好，而且装饰美观；另一种是不设企口边，但美观性较差。保温材料可选聚氯乙烯泡沫板或矿渣棉板、玻璃棉板、聚氨酯泡沫塑料等。

1. 彩色压型钢板的施工要点

（1）复合板安装是用吊挂件把板材挂在墙身骨架条上，再把吊挂件与骨架焊牢，小型板材也可用钩形螺栓固定。

（2）板与板之间的连接。水平缝为搭接缝，竖缝为企口缝，所有接缝处，除用超细玻璃棉塞严外，还用自攻螺丝钉钉牢固，钉距为 200mm。

（3）门窗孔洞、管道穿墙及墙面端头处，墙板均为异形板。女儿墙顶部，门窗周围均设防雨泛水板，泛水板与墙板的接缝处，用防水油膏嵌缝。压型板墙转角处，均用槽形转角板进行外包角和内包角，转角板用螺栓固定。

（4）安装墙板可采用脚手架，或利用檐口挑梁加设临时单轨，操作人员在吊篮上安装和焊接。板的起吊可在墙的顶部设滑轮，然后用小型卷扬机或人力吊装。

（5）墙板的安装顺序是从墙边部竖向第 1 排下部第 1 块板开始，自下而上安装。安装完第 1 排再安装第 2 排。每安装铺设 10 排墙板后，用吊线锤检查一次，以便及时消除误差。

（6）为了保证墙面的外观质量，必须在螺栓位置画线，按线开孔，采用单面施工的钩形螺栓固定，使螺栓的位置横平竖直。

（7）墙板的外、内包角及钢窗周围的泛水板，必须在施工现场加工的异形件等，应参考图样，对安装好的墙面进行实测，确定其形状尺寸，使其加工准确，便于安装。

2. 彩色压型钢板的施工注意事项

（1）安装墙板骨架之后，应注意参考设计图样进行一次实测，确定墙板和吊挂件的尺寸及数量。

（2）为了便于吊装，墙板的长度不宜过长，一般应控制在 10m 以下。板材如果过大，会引起吊装困难。

（3）对于板缝及特殊部位异形板材的安装，应注意做好防水处理。

（4）复合板材吊装及焊接为高空作业，施工时应特别注意安全问题。

金属板材还包含有彩色不锈钢板、浮雕艺术装饰板、美曲面装饰板等，它们的施工工艺都可以参考以上各种做法。

第六节　饰面装饰工程质量标准

一、饰面板装饰工程质量

本节适用于内墙饰面板安装工程和高度不大于 24m、抗震设防烈度不大于 7 度的外墙饰面板工程的质量验收。饰面板工程质量要求及检验方法见表 7.3；饰面板安装的允许偏差和检验方法见表 7.4。

表 7.3　饰面板工程质量要求及检验方法

项目	项次	质量要求	检验方法
主控项目	1	饰面板的品种、规格、颜色和性能应符合设计要求，木龙骨、木饰面板和塑料饰面板的燃烧性能等级应符合设计要求	观察；检查产品合格证书、进场验收记录和性能检验报告
	2	饰面板孔、槽的数量、位置、尺寸应符合设计要求	检查进场验收记录和施工记录
	3	饰面板安装工程的预埋件（或后置埋件）、连接件的数量、规格、位置、连接方法和防腐处理必须符合设计要求。后置埋件的现场拉拔强度必须符合设计要求。饰面板安装必须牢固	手扳检查；检查进场验收记录、现场拉拔检测报告、隐蔽工程验收记录和施工记录
一般项目	4	饰面板表面应平整、洁净、色泽一致，无裂痕和缺损。石材表面应无泛碱等污染现象	观察
	5	饰面板嵌缝应密实、平直，宽度和深度应符合设计要求，嵌填材料色泽应一致	观察；尺量检查
	6	采用湿作业法施工的饰面板工程，石材应进行防碱背涂处理。饰面板和基体之间的灌注材料应饱满、密实	用小锤轻击检查；检查施工记录
	7	饰面板上的孔洞应套割吻合，边缘应整齐	观察
	8	饰面板安装的允许偏差和检验方法应符合表 7.4 的规定	

表 7.4　饰面板安装的允许偏差和检验方法

项次	项目	允许偏差/mm							检验方法
		石材			瓷板	木材	塑料	金属	
		光面	剁斧石	荐菇石					
1	立面垂直度	2.0	3.0	3.0	2.0	1.5	2.0	2.0	用 2m 垂直检测尺检查
2	表面平整度	2.0	3.0		1.0	1.0	3.0	3.0	用 2m 靠尺和塞尺检查
3	阴阳角方正	2.0	4.0	4.0	2.0	1.5	3.0	3.0	用直角检测尺检查
4	接缝直线度	2.0	4.0	4.0	2.0	1.0	1.0	1.0	拉 5m 线，不足 5m 拉通线，用钢直尺检查
5	墙裙、勒脚上口直线度	2.0	3.0		2.0	1.0	1.0	1.0	拉 5m 线，不足 5m 拉通线，用钢直尺检查
6	接缝高低差	0.5	3.0		0.5	0.5	1.0	1.0	用钢直尺和塞尺检查
7	接缝宽度	1.0	2.0	2.0	1.0	1.0	1.0	1.0	用钢直尺检查

二、饰面砖装饰工程质量

饰面砖工程质量要求及检验方法见表 7.5；饰面砖粘贴的允许偏差和检验方法见表 7.6。

表 7.5 饰面砖工程质量要求及检验方法

项目	项次	质量要求	检验方法
主控项目	1	饰面砖的品种、规格、颜色和性能应符合设计要求	观察；检查产品合格证书、进场验收记录和性能检验报告
	2	饰面砖粘贴工程的找平、防水、粘接和勾缝材料及施工方法应符合设计要求及国家现行产品标准和工程技术的规定，饰面砖粘贴必须牢固	检查产品合格证书、复验报告和隐蔽工程验收记录
	3	满粘法施工的饰面砖工程应无空鼓、无裂缝	用小锤轻击检查
一般项目	4	饰面砖表面应平整、洁净、色泽一致，无裂痕和缺损	观察
	5	阴阳角处搭接方式、非整砖使用部位应符合设计要求	观察
	6	墙面突出物周围的饰面砖应整砖套割吻合，边缘应整齐。墙裙、贴脸突出墙面的厚度应一致	观察；尺量检查
	7	饰面砖接缝应平直、光滑，填嵌应连续、密实；宽度和深度应符合设计要求	观察；尺量检查
	8	有排水要求的部位应做滴水线（槽）。滴水线（槽）应顺直，流水坡向应正确，坡度应符合设计要求。饰面砖按表的允许偏差和检验方法应符合表 7.6 的规定	

表 7.6 饰面砖粘贴的允许偏差和检验方法

项次	项目	允许偏差/mm		检验方法
		外墙面砖	内墙面砖	
1	立面垂直度	3.0	2.0	用 2m 垂直检测尺检查
2	表面平整度	4.0	3.0	用 2m 靠尺和塞尺检查
3	阴阳角方正	3.0	3.0	用直尺检测尺检查
4	接缝直线度	3.0	2.0	拉 5m 线，不足 5m 拉通线，用钢直尺检查
5	接缝高低差	1.0	0.5	用钢直尺和塞尺检查
6	接缝宽度	1.0	1.0	用钢直尺检查

复习思考题

1. 简述装饰工程上常用的饰面装饰材料的种类、适用范围及施工机具。
2. 简述木质护墙板的施工准备工作及材料要求，其安装施工工艺。
3. 简述饰面板钢筋网片法的施工工艺。
4. 简述饰面板钢筋钩挂贴法的施工工艺。
5. 简述饰面板膨胀螺栓锚固法的施工工艺。
6. 简述饰面板大理石胶粘贴法的施工工艺。
7. 简述金属饰面板铝合金墙板的施工工艺。
8. 简述金属饰面板彩色涂层钢板的施工工艺。
9. 简述金属饰面板彩色压型钢板的施工工艺。
10. 饰面板工程质量验收标准和检验方法是什么？其允许偏差和检验方法是什么？
11. 饰面砖工程质量验收标准和检验方法是什么？其允许偏差和检验方法是什么？

第八章

涂料饰面工程施工

本章简要介绍了涂饰工程施工的环境条件,对基层的处理要求,施工准备工作和涂料的选择及调制;重点介绍了油漆及其新型水性漆涂饰施工工艺、建筑涂料涂饰施工工艺。通过对本章内容的学习,掌握涂饰工程施工的环境条件和新型建筑涂料的施工工艺。

在建筑装饰装修材料的庞大体系中,工程造价相对低廉、极富视觉美感的饰面材料当属装饰涂料。根据积极开发、生产和推广应用"绿色"环保型装修材料的原则,乳胶漆涂料已经成为当今世界涂料工业发展的方向。例如,新型水性系列乳液涂料,其内外墙的半光涂料、亚光涂料、高光涂料、丝绸质感内墙涂料、仿石饰面涂料、仿铝塑板饰面涂料、弹性涂料等,不仅可直接用于砖石砌筑体、水泥结构、石膏板面、木质和金属构件表面的涂饰,而且具有无毒、无臭、防水、涂膜柔韧、附着力强、耐酸碱腐蚀、耐候性好、防粉化、防爆裂、防变色等优点。

第一节　涂饰工程的施工工序

涂饰工程饰面,是指将建筑涂料涂刷于构配件或结构的表面,并与之较好地粘接,以达到保护、装饰建筑物,并改善构件性能的装饰层。

施涂建筑涂料后形成不同质感、不同色彩和不同性能的涂膜,是一种十分便捷和非常经济的饰面做法。但在实际工程中,影响涂料饰面质量的因素往往较为复杂,所以对材料选用、基层处理、工艺技术等方面的要求也就特别严格,必须精心细致,不忽视任何环节,方可达到预期目的。

一、涂饰工程施工环境条件

建筑涂料的施涂及涂层固化和结膜等过程,均需要在一定的气温和湿度范围内进行。不同类型的涂料都具有各自最佳的成膜条件,涂料产品的涂膜性能一般是指在室温 (23 ± 2)℃、相对湿度 $60\%\sim70\%$ 条件下测试的指标。此外,太阳光、风、污染性物质等因素,也会影响施工后涂膜的装饰质量。

涂饰工程施工的环境条件,应注意以下几个方面。

1. 环境温度

水溶性和乳液型涂料施涂时的环境温度，应按产品说明书中要求的温度加以控制，一般要求施工环境的温度在 10～35℃ 之间，最低温度不得低于 5℃；冬季在室内进行涂料施工时，应当采取保温和采暖措施，室温要保持恒定，不得骤然变化。溶剂型涂料宜在 5～35℃ 气温条件下施工，不能采用现场烘烤饰面的加温方式促使涂膜表干和固化。

2. 环境湿度

建筑涂料所适宜的施工环境相对湿度一般为 60%～70%，在高湿度环境或降雨天气不宜施工，如采用氯乙烯-偏氯乙烯共聚乳液作地面罩面涂布时，在湿度大于 85% 时就难以干燥。但是，如若施工环境湿度过低，空气过于干燥，会使溶剂型涂料的溶剂挥发过快，水溶性和乳液型涂料干固过快，因而会使涂层的结膜不够完全、固化不良，同样也不宜施工。

3. 太阳光照

建筑涂料一般不宜在阳光直接照射下进行施工，特别是夏季的强烈日光照射之下，会造成涂料的成膜不良而影响涂层质量。

4. 风力大小

在大风天气情况下不宜进行涂料涂饰施工，风力过大会加速涂料中的溶剂或水分的挥（蒸）发，致使涂层的成膜不良并容易沾染灰尘而影响饰面的质量。

5. 污染性物质

汽车尾气及工业废气中的硫化氢、二氧化硫等物质，均具有较强的酸性，对于建筑涂料的性能会造成不良影响；飞扬的尘埃也会污染未干透的涂层，影响涂层表面的美观。因此，涂饰施工中如果发觉特殊气味或施工环境的空气不够洁净时，应暂时停止操作或采取有效措施。

二、涂饰工程施工基层处理

1. 对基层的一般要求

（1）对于有缺陷的基层应进行修补，经修补后的基层表面不平整度及连接部位的错位状况，应限制在涂料品种、涂饰厚度及表面状态等的允许范围之内。

（2）基层含水率应根据所用涂料产品种类，除非采用允许施涂于潮湿基层的特殊涂料品种，涂饰基层的含水率应在允许范围之内。

国家标准《建筑装饰装修工程质量验收规范》（GB 50210—2001）中，对涂饰工程的基层含水率作出规定，除非采用允许施涂于潮湿基层的涂料品种，混凝土或抹灰基层施涂溶剂型涂料时的含水率应小于 8%，施涂水溶性和乳液型涂料时的含水率应小于 10%，木材基层的含水率应小于 12%。

（3）基层 pH 值应根据所用涂料产品的种类，在允许范围之内，一般要求小于 10。

（4）基层表面修补砂浆的碱性、含水率及粗糙度等，应与其他部位相同，如果不一致时，应进行处理并加涂封底涂料。

（5）基层表面的强度与刚度，应高于涂料的涂层。如果基层材料为加气混凝土等疏松表面，应预先涂刷固化溶剂型封底涂料或合成树脂乳液封闭底漆等配套底涂层，以加固基层的表面。

（6）根据国家标准《建筑装饰装修工程质量验收规范》（GB 50210—2001）的规定，新建筑物的混凝土基层在涂饰涂料前，应涂刷抗碱封闭底漆；旧墙面在涂饰涂料前，应清除疏松的旧装饰层，并涂刷界面剂。

（7）涂饰工程基层所用的腻子，应按基层、底涂料和面涂料的性能配套使用，其塑性和易涂性应满足施工的要求，干燥后应坚实牢固，不得粉化、起皮和出现裂纹。腻子干燥后，应打磨平整光滑并清理干净。

内墙腻子的粘接强度，应符合《建筑室内用腻子》（JG/T 3049）的规定；建筑外墙及厨房、卫生间等墙面的基层，必须使用具有耐水性能的腻子。

（8）在涂饰基层上安装的金属件和钉件等，除不锈钢产品外均应进行防锈处理。

（9）在涂饰基层上的各种构件、预埋件，以及水暖、电气、空调等设备管线或控制接口等，凡是有可能影响涂层装饰质量的工种、工序和操作项目，均应按设计要求事先完成。

2. 对施涂基层的检查

基层的质量状况同涂料涂饰施工以及施涂后涂膜的性能、装饰质量关系非常密切，因此在涂饰前必须对基层进行全面检查。检查的内容包括：基体材质和质量、基层表面的平整度，以及裂缝、麻面、气孔、脱壳、分离等现象，粉化、硬化不良、脆弱等缺陷，以及是否沾污有脱模剂、油类物质等；同时检测基层的含水率和 pH 值等。

3. 对涂饰基层的清理

被涂饰基层的表面不应有灰尘、油脂、脱模剂、锈斑、霉菌、砂浆流痕、溅沫及混凝土渗出物等。清理基层的目的是除掉基层表面的黏附物，使基层表面洁净，以利于涂料饰面与基层的牢固粘接，常用的清理方法参见表 8.1。

表 8.1　涂饰基层表面黏附物的常用清理方法

基层表面及其黏附物状态	常用清理方法
硬化不良或分离脱壳 粉末状黏附物 点焊溅射或砂浆类残留物 锈斑 霉斑	全部铲除脱壳分离部分，并用钢丝刷除去浮渣，清扫洁净 用毛刷、扫帚和吸尘器清理除去 用打磨机、铲刀及钢丝刷等机具除去 用溶剂、去油剂及化学洗涤剂清除 用化学去霉剂清除
表面泛白(泛碱、析盐)	轻微者可用钢丝刷、吸尘器清除；严重者应先用 3% 的草酸溶液清洗，然后用清水冲刷干净，或在基层上满刷一遍耐碱底漆，待其干燥后批刮腻子
金属基层锈蚀、氧化及木质基层旧涂膜	手工铲磨、机械磨除或液化气枪、热吹风及火焰清除器清除

4. 对涂饰基层的修补

有缺陷的基体或基层应进行修补，可采用必要的补强措施以及采用 1∶3 水泥砂浆（水泥石屑浆、聚酯砂浆、聚合物水泥砂浆）等材料进行处理。表面的麻面及缝隙，用腻子批嵌修平。表 8.2 为基层表面缺陷常用修补方法，基层处理常用腻子及成品腻子如表 8.3 所示。

表 8.2　涂饰工程修补基体或基层表面缺陷的常用做法

基体(基层)缺陷	修补方法
混凝土基体表面不平整	清扫混凝土表面，先涂刷基层处理剂或水泥浆(或聚合物水泥浆)，再用聚合物水泥砂浆(水泥和砂加适量胶黏剂水溶液)分层抹平，每遍厚度不小于 7mm，平均总厚度 18～20mm，表面用木抹子搓平，终凝后进行养护
混凝土结构基体尺寸不准确或设计变更，需采用纠正措施或将水泥砂浆找平层厚度尺寸增大	在需修整部位固定钢板网补强后，铺抹找平砂浆(略掺剁麻刀或玻璃丝等纤维材料)，必要时采用型钢骨架固定后再焊敷钢板网进行抹灰
水泥基层有空鼓分离但难以铲除	用电钻钻孔(直径 5～10mm)，将低黏度环氧树脂注入分离孔内使之固结，表面裂缝用聚合物水泥砂浆腻子嵌实并打磨平整
基层有较大裂缝用腻子嵌批不能修补	将裂缝剔成 V 形，填充防水密封材料；表面裂缝用合成树脂或聚合物水泥腻子嵌实并打磨平整

续表

基体(基层)缺陷	修 补 方 法
水泥类基体表面分布细小裂缝	采用基底封闭材料或防水腻子将裂缝部位批覆或嵌实磨平；预制混凝土板小裂缝可用低黏度环氧树脂或聚合物水泥砂浆采用压力灌浆注实缝隙，表面进行砂磨平整
基层的气孔砂眼与麻面现象	孔眼直径大于3mm者用树脂砂浆或聚合物水泥砂浆批嵌，细小者可用同类涂料腻子或用与涂料配套的涂底材料封闭，目前多数新型涂料均具有封闭基层性能，但对于麻点过大者应用腻子分层处理
基体表面凹凸不平	剔凿或采用磨光机处理凸出部位，凹入部位分层批抹树脂或聚合物水泥砂浆，硬化后打磨平整
结构基体露筋	将露出的钢筋清除铁锈做防锈处理；或将结构部位做少量剔凿，对钢筋做除锈和防锈处理后，用1∶3水泥砂浆或水泥石屑浆(或聚合物水泥砂浆)分层进行填实补平

表8.3　常用自配腻子及成品腻子

种 类	组成及配比(质量比)	性能与应用
室内用乳液腻子	聚醋酸乙烯乳液∶滑石粉或大白粉∶2%羧甲基纤维素溶液=1∶5.0∶3.5	易刮涂填嵌，干燥迅速，易打磨，适用于水泥抹灰基层
聚合物水泥腻子	聚醋酸乙烯乳液∶水泥∶水=1∶5∶1	易施工，强度高，适用于建筑外墙及易受潮内墙的基层
室内用油性石膏腻子	① 石膏粉∶熟桐油∶水=1∶5∶1 ② 石膏粉∶熟桐油∶松香水∶水∶液体催干剂=(0.8~0.9)∶1∶适量∶(0.25~0.3)∶熟桐油和松香水质量的1%~2%	使用方便，干燥快，硬度高，易批刮涂抹，适用于木质基层
室内用虫胶腻子	大白粉∶虫胶清漆∶颜料=75∶24.2∶0.60	干燥快，不渗陷，附着力强，适用于木质基层的嵌补，现制现用
室内用硝基腻子	硝基漆∶香蕉水∶大白粉=1∶3∶适量(可掺加适量体积的颜料)	与硝基漆配套使用，属于快干腻子，用于金属面时宜用定型产品
室内用过氯乙烯腻子	过氯乙烯底漆与石英粉(320目)混合拌成糊状使用；若其黏结力和可塑性不足，可用过氯乙烯清漆代替过氯乙烯底漆	适用于过氯乙烯油漆饰面的打底层
T07-2 油性腻子	用酯胶清漆、颜料、催干剂和200号溶剂汽油(松节油)混合研磨加工制成	刮涂性好，可用以填平木料及金属表面的凹坑、孔眼和裂纹
Q07-5 硝基腻子	由硝化棉、醇酸树脂、增韧剂及颜料等组成，其挥发部分由酯、酮、醇、苯类溶剂组成	干燥迅速，附着力强，易打磨，适用于木料及金属基层填平，可用配套硝基漆稀释剂调整
G07-4 过氯乙烯腻子	由过氯乙烯树脂、醇酸树脂、颜料及有机溶剂混合研磨加工制成	适用于过氯乙烯油漆饰面的基层填平、打底
室内用水性血料腻子	① 大白粉∶血料(猪血)∶鸡脚菜=56∶16∶1(施工现场自配) ② 血料腻子的商品名称为"猪料灰"	适用于木质及水泥抹灰基层，易批刮填嵌，易打磨，干燥快
AB-07 原子灰	由抗氧阻聚(气干型)不饱和聚酯、颜料和填料及助剂经研磨加工制成，使用时再另配引发剂	该腻子产品原用于汽车制造业，对金属基面的嵌补处理具有显著功效，现被广泛应用于装饰装修工程的各种金属、玻璃钢、木材等表面基层填平；该产品为黏稠物，与少量引发剂混合后反应迅速，固化快，施工后0.5h即可打磨；膜层光洁，硬度高，附着力强，填充封闭性及耐候性优异，特别适用于高寒或湿热地区

三、涂饰施工的基层复查

在基层清理及修补并经必要的养护后，在涂料正式施涂之前，还应注意涂饰前的复查，核查建筑基体和基层处理质量是否符合装饰涂料的施工要求，修补后的基层有否产生异常现象。发现问题后应逐项进行研究，采取纠正和修补的措施。

（一）对外墙基层的复查

1. 基层含水率与碱性

在对被涂饰基层进行修补之后，若遇到降雨或发生表面结露时，如果在此基层上进行施工，会造成涂膜固化不完全而有可能出现涂层起泡和剥落等质量问题。对于一般涂料产品而言，必须待基层充分干燥，符合涂料对基层含水率要求时方可进行施工；施工前，应通过对基层含水率的检测，并同时保证修补部位砂浆的碱性与大面基层一致。

2. 施涂表面的温度

涂料涂饰施工基层表面温度过高或过低，都会影响涂料的成膜质量。在一般情况下，当温度小于5℃时会妨碍某些涂料的正常成膜硬化；但当温度大于50℃时则会使涂料干燥过快，成膜质量同样不好。根据所用涂料的性能特点，当现场环境及基层表面的温度不适宜施工时，应及时调整施涂的时间。

3. 基层的其他异常

详细检查基层修补质量及封底施工质量，包括再次沾污、新裂缝、腻子干后塌陷、补缝不严或疏松、封底材料漏涂或粉化等异常现象。发现这些质量问题，应及时采取有效措施解决。

（二）对内墙基层的复查

1. 潮湿与结露

影响内墙涂饰施工质量的首要因素即潮湿和结露，特别是当屋面防水、外墙装饰装修及玻璃安装工程结束之后，水泥类材料基层所含的水分会大部分向室内散发，使内墙面的含水率增大，室内的湿度增高；同时在比较寒冷的季节，由于室内外气温的差异，当墙体温度较低时，容易致使内墙面产生结露。此时应采取通风换气或室内供暖等措施，促使室内干燥，待墙面含水率符合要求时再进行施工。

2. 基层发霉

对于室内墙面及顶棚基层，在处理后也常常会再度产生发霉现象，尤其在潮湿季节或潮湿地区的某些建筑部位，如阴面房间或卫生间等。对于发霉部位可用去霉剂稀释冲洗，待其充分干燥后再涂饰掺有防霉剂的涂料或其他适宜的涂料。

3. 基层裂缝

室内墙面发生丝状裂缝的现象较为普遍，特别是水泥砂浆抹灰面在干燥的过程中进行基层处理时，其裂缝现象往往会在涂料施工前才明显出现。如果此类裂缝较为严重，必须再重新批刮腻子并打磨平整。

四、施涂准备及工序要求

1. 涂料使用前的准备

（1）一般涂料在使用前必须进行充分搅拌，使之均匀。在使用过程中通常也要不断地搅拌，以防止涂料厚薄不匀、填料结块或饰面色泽不一致。

（2）涂料的工作黏度或稠度必须加以严格控制，使涂料在施涂时不流坠、不显涂刷的痕迹；但在施涂的过程中不得任意稀释。应根据具体的涂料产品种类，按其使用说明进行稠度调整。

当涂料出现稠度过大或由于存放时间较久而呈现"增稠"现象时，可通过搅拌降低稠度至成流体状态时再用；根据涂料品种也可掺入不超过 8％的涂料稀释剂（与涂料配套的专用稀释剂），有的涂料产品则不允许或不可以随便调整，更不可以任意加水进行稀释。

（3）根据规定的施工方法（喷涂、辊涂、弹涂和刷涂等），选用设计要求的品种及相应稠度或颗粒状的涂料，并应按工程的施涂面积采用同一批号的产品一次备足。应注意涂料的储存时间不宜过长，根据涂料的不同品种具体要求，正常条件下的储存时间一般不得超过出厂日期的 3～6 个月。涂料密闭封存的温度以 5～35℃为宜，最低不得低于 0℃，最高不得高于 40℃。

（4）对于双组分或多组分的涂料产品，施涂之前应按使用说明规定的配合比分批混合，并在规定的时间内用完。

2. 对涂层的基本要求

为确实保证涂层的质量，在施工过程中应满足以下几个方面：同一墙面或同一装饰部位应采用同一批号的涂料；根据涂料产品特点，涂料的每遍施涂操作一般不宜施涂过厚，而且涂层要均匀，颜色要一致。

在施涂操作过程中，应注意涂层施涂的时间间隔控制，以保证涂膜的质量。施涂溶剂型涂料时，后一遍涂料必须在前一遍涂料干燥后进行；施涂水性和乳液涂料时，后一遍涂料必须在前一遍涂料表干后进行。每一遍涂料应施涂均匀，各层必须结合牢固。

3. 涂料施涂主要工序

（1）混凝土及抹灰外墙表面薄涂料涂饰工程施工，应根据设计要求和有关规定安排施工工序。此类基层及涂料产品施涂的主要工序，如表 8.4 所示。

表 8.4　混凝土及抹灰外墙表面薄涂料涂饰工程的主要工序

项　次	工　序　名　称	乳液薄涂料	溶剂型薄涂料	无机薄涂料
1	修补	＋	＋	＋
2	清扫	＋	＋	＋
3	填补缝隙、局部刮腻子	＋	＋	＋
4	磨平	＋	＋	＋
5	第一遍涂料	＋	＋	＋
6	第二遍涂料	＋	＋	＋

注：1. 表中"＋"号表示应进行的工序。

2. 薄涂料有水性薄涂料、合成树脂乳液薄涂料、溶剂型薄涂料、无机薄涂料等。

3. 机械喷涂可不受表中涂料遍数的限制，以达到质量要求为准。

4. 第二遍涂料施涂后装饰效果不理想时，可增加 1～2 遍涂料。

5. 表 8.4～表 8.12 所列施涂工序参考了原装饰行业标准 JGJ 73—91 的相应规定，根据新规定对于涂饰工程的分级，本书进行了修改。鉴于建筑涂料的性能特点，除非特殊产品，涂料施涂工序的基本原理并无显著变化。

（2）混凝土及抹灰内墙、顶棚表面薄涂料涂饰工程的主要工序，如表 8.5 所示。

表 8.5　混凝土及抹灰内墙、顶棚表面薄涂料涂饰工程的主要工序

项次	工　序　名　称	水性薄涂料		乳液薄涂料		溶剂型薄涂料		无机薄涂料	
		普通	高级	普通	高级	普通	高级	普通	高级
1	清扫	＋	＋	＋	＋	＋	＋	＋	＋
2	填补缝隙、局部刮腻子	＋	＋	＋	＋	＋	＋	＋	＋
3	磨平	＋	＋	＋	＋	＋	＋	＋	＋
4	第一遍满刮腻子	＋	＋	＋	＋	＋	＋	＋	＋
5	磨平		＋	＋	＋	＋	＋	＋	＋
6	第二遍满刮腻子				＋	＋	＋		＋

项次	工序名称	水性薄涂料		乳液薄涂料		溶剂型薄涂料		无机薄涂料	
		普通	高级	普通	高级	普通	高级	普通	高级
7	磨平						+		+
8	干性油打底					+	+		
9	第一遍涂饰	+	+	+	+	+	+	+	
10	复补腻子				+		+		+
11	磨平				+		+		+
12	第二遍涂饰	+	+	+	+	+	+	+	+
13	磨平（光）						+		+
14	第三遍涂饰						+		+
15	磨平（光）						+		
16	第四遍涂饰						+		

注：1. 表中"＋"号表示应进行的工序。

2. 机械喷涂可不受表中涂料遍数的限制，以达到质量要求为准。

3. 高级内墙及顶棚薄涂料施涂工程，必要时可增加刮腻子的遍数和1～2遍料施涂。

（3）混凝土及抹灰外墙表面厚涂料涂施工程的主要工序，如表8.6所示。

表8.6　混凝土及抹灰外墙表面厚涂料涂施工程的主要工序

项次	工序名称	合成树脂乳液厚涂料 合成树脂乳液砂壁状涂料	无机厚涂料
1	修补	+	+
2	清扫	+	+
3	填补缝隙、局部刮腻子	+	+
4	磨平	+	+
5	第一遍涂饰	+	+
6	第二遍涂饰	+	+

注：1. 表中"＋"号表示应进行的工序。

2. 厚涂料有合成树脂乳液厚涂料、合成树脂乳液砂壁状涂料、合成树脂乳液轻质厚涂料及无机厚涂料等。

3. 合成树脂乳液和无机厚涂料有"云母状"及"砂粒状"不同质感效果；"砂粒状"厚涂料宜采用喷涂方法施工。

4. 机械喷涂可不受表中涂料遍数的限制，以达到质量要求为准。

5. 合成树脂乳液砂壁状涂料必须采用机械喷涂方法施工，否则将影响涂饰效果。

（4）混凝土及抹灰内墙、顶棚表面厚涂料涂饰工程的主要工序，如表8.7所示。

表8.7　混凝土及抹灰内墙、顶棚表面厚涂料涂饰工程的主要工序

项次	工序名称	树脂乳液型轻型厚涂料					
		珍珠岩厚涂料		聚苯乙烯泡沫 普通粒厚涂料		蛭石厚涂料	
		普通	高级	普通	高级	普通	高级
1	清扫	+	+	+	+	+	+
2	填补缝隙、局部刮腻子	+	+	+	+	+	+
3	磨平	+	+	+	+	+	+
4	第一遍满刮腻子	+	+	+	+	+	+
5	磨平	+	+		+		+
6	第二遍满刮腻子		+		+		+
7	磨平		+		+		+
8	第一遍喷涂厚涂料	+	+	+	+	+	+
9	第二遍喷涂厚涂料		+		+		+
10	局部喷涂厚涂料		+		+		+

注：1. 表中"＋"号表示应进行的工序。

2. 高级顶棚轻质厚涂料涂饰，必要时增加一遍满喷涂料后，再进行局部喷涂。

（5）混凝土及抹灰外墙表面复层涂料涂饰工程的主要工序，如表 8.8 所示。复层涂料在施工时，应先喷涂或刷涂封底涂料，待其干燥后再喷涂主涂层；干燥后再施涂两遍罩面涂料。水泥系主涂层涂料喷涂后，应先干燥 12h 后方可施涂罩面涂料。

表 8.8　混凝土及抹灰外墙表面复层涂料涂饰工程的主要工序

项次	工 序 名 称	合成树脂乳液 复层涂料	硅溶胶类 复层涂料	水泥系 复层涂料	反应固化型 复层涂料
1	清扫	+	+	+	+
2	填补缝隙、局部刮腻子	+	+	+	+
3	磨平	+	+	+	+
4	第一遍满刮腻子	+	+	+	+
5	施涂封底涂料	+	+	+	+
6	施涂主层涂料	+	+	+	+
7	滚压	+	+	+	+
8	第一遍涂饰	+	+	+	+
9	第二遍涂饰	+	+	+	+

注：1. 表中"＋"号表示应进行的工序。

　　2. 如需要半球面点状造型效果时，可不进行滚压工序。

　　3. 应待封底涂层干燥后再喷涂主层涂料；水泥系主层涂层需干燥 12h 后再施涂罩面涂料。

（6）混凝土及抹灰内墙、顶棚表面复层涂料涂饰工程的主要工序，如表 8.9 所示。

表 8.9　混凝土及抹灰内墙、顶棚表面复层涂料涂饰工程的主要工序

项次	工 序 名 称	合成树脂乳液 复层涂料	硅溶胶类 复层涂料	水泥系 复层涂料	反应固化型 复层涂料
1	清扫	+	+	+	+
2	填补缝隙、局部刮腻子	+	+	+	+
3	磨平	+	+	+	+
4	第一遍满刮腻子	+	+	+	+
5	磨平	+	+	+	+
6	第二遍满刮腻子	+	+	+	+
7	磨平	+	+	+	+
8	施涂封底涂料	+	+	+	+
9	施涂主层涂料	+	+	+	+
10	滚压	+	+	+	+
11	第一遍涂饰	+	+	+	+
12	第二遍涂饰	+	+	+	+

注：1. 表中"＋"号表示应进行的工序。

　　2. 如需要半球面点状造型效果时，可不进行滚压工序。

　　3. 应待封底涂层干燥后再喷涂主层涂料；水泥系主层涂层需干燥 12h 后再施涂罩面涂料。

（7）木质材料基层表面涂装混色涂料（混色油漆）时，其施涂主要工序如表 8.10 所示；当其表面做透明涂饰（即涂刷清漆）时，其施涂主要工序如表 8.11 所示。

表 8.10　木料表面混色涂料的施涂主要工序

项次	工 序 名 称	普通涂饰	高级涂饰	项次	工 序 名 称	普通涂饰	高级涂饰
1	表面清扫、去除油污等	+	+	5	干性油或带色干性油打底	+	+
2	铲除脂囊、修补平整	+	+	6	局部刮腻子、磨光	+	+
3	砂纸打磨	+	+	7	腻子处涂干性油		+
4	节疤处点漆片	+	+	8	第一遍满刮腻子	+	+

续表

项次	工 序 名 称	普通涂饰	高级涂饰	项次	工 序 名 称	普通涂饰	高级涂饰
9	磨光	+	+	15	磨光	+	+
10	第二遍满刮腻子	+	+	16	湿布擦净	+	+
11	磨光	+	+	17	第二遍涂料	+	+
12	刷涂底涂料	+	+	18	磨光(高级涂料用水砂纸)	+	+
13	第一遍涂料	+	+	19	湿布擦净	+	+
14	复补腻子	+	+	20	第三遍涂料	+	+

注：1. 表中"＋"号表示应进行的工序。

2. 高级涂饰做磨退时，宜用醇酸树脂涂料刷涂，并根据涂膜厚度增加1～2遍涂料涂饰和砂纸打磨、打砂蜡、打油蜡及擦亮的工序。

表 8.11　在木料表面施涂清漆的主要工序

项次	工 序 名 称	普通涂饰	高级涂饰	项次	工 序 名 称	普通涂饰	高级涂饰
1	表面清扫、去除油污等	+	+	13	磨光	+	+
2	砂纸打磨	+	+	14	第二遍清漆	+	+
3	润粉	+	+	15	磨光	+	+
4	砂纸打磨	+	+	16	第三遍清漆	+	+
5	第一遍满刮腻子	+	+	17	水砂纸打磨		+
6	磨光	+	+	18	第四遍清漆		+
7	第二遍满刮腻子		+	19	磨光		+
8	磨光		+	20	第五遍清漆		+
9	刷油色	+	+	21	磨退		+
10	第一遍清漆	+	+	22	打砂蜡		+
11	拼色	+	+	23	打油蜡		+
12	复补腻子	+	+	24	擦亮		+

注：表中"＋"号表示应进行的工序。

（8）在金属表面进行涂料涂饰时，其施涂的主要工序如表8.12所示。

表 8.12　在金属表面施涂的主要工序

项次	工 序 名 称	普通涂饰	高级涂饰	项次	工 序 名 称	普通涂饰	高级涂饰
1	除锈、清扫、砂纸打磨	+	+	10	复补腻子	+	+
2	刷涂防锈涂料	+	+	11	磨光	+	+
3	局部刮腻子	+	+	12	第二遍涂料	+	+
4	磨光	+	+	13	磨光	+	+
5	第一遍满刮腻子	+	+	14	湿布擦净	+	+
6	磨光	+	+	15	第三遍涂料	+	+
7	第二遍满刮腻子		+	16	磨光(用水砂纸)		+
8	磨光		+	17	湿布擦净		+
9	第一遍涂料	+	+	18	第四遍涂料		+

注：1. 表中"＋"号表示应进行的工序。

2. 薄钢板屋面、檐沟、水落管、泛水等刷涂涂料，可以不刮腻子，刷涂防锈涂料不得少于两遍，咬口处应用油性腻子填补密实。

3. 高级涂饰做磨退时，应用醇酸树脂涂料刷涂，并根据涂膜厚度增加1～2遍涂料涂饰和砂纸打磨、打砂蜡、打油蜡及擦亮的工序。

4. 金属构件和半成品安装前，应检查防锈涂料有无损坏，损坏处应补刷。

5. 钢结构刷涂涂料，应符合 GBJ 205 《钢结构工程及验收规范》的有关规定。

五、涂料的选择及调配

1. 涂料选择的原则

涂料的选择并不是价格越高越好，而是根据工程的实际情况进行科学选择，总的原则是：良好的装饰效果、合理的耐久性和经济性。

（1）装饰效果 装饰效果是由质感、线型和色彩这三个方面决定的。其中，线型是由建筑结构及饰面设计所决定的；而质感和色彩，则是由涂料的装饰效果来决定。因此，选择涂料时应考虑到所选用的涂料与建筑整体的协调性，以及对建筑外形设计的补充效果。

（2）耐久性能 涂料的耐久性能包括两个方面，即对建筑物的保护效果和对建筑物的装饰效果。涂膜的变色、污染、剥落与装饰效果直接有关，而粉化、龟裂、剥落则与保护效果有关。所选用的涂料，应当在设计期限内装饰效果和保护效果不降低。

（3）经济性 与其他饰面材料相比，涂料饰面装饰比较经济，但影响到其造价标准时，又不得不考虑其费用。所以，必须全面考察、衡量其经济性，因此，对不同的建筑墙面要选择不同的涂料。

2. 涂料颜色调配

涂料颜色调配是一项比较细致而复杂的工作。涂料的颜色花样非常多，要进行颜色调配，首先需要了解颜色的性能。各种颜色都可由红、黄、蓝三种最基本的颜色配成。例如，黄与蓝可配成绿色，黄与红可配成橙色，红与蓝可配成紫色，黄红蓝可配成黑色等。

在涂料颜色调配的过程中，应注意颜色的组合比例，以量多者为主色，以量少者为副色，配制时应将副色加入主色中，由浅入深，不能相反。颜色在湿的时候比较淡，干燥后颜色则转深，因此调色时切忌过量。

第二节 油漆及其新型水性漆涂饰施工

油漆是指以动植物油脂、天然与人造树脂或有机高分子合成树脂为基本原料制成的溶剂型涂料。我国传统的油漆涂饰应用十分广泛，施工工艺技术极为成熟，已有数千年的发展历史。虽然现代多以合成树脂取代了传统的油脂及天然树脂等成膜材料，但"油漆"之称依然沿用至今。

随着现代化学工业的发展，我国目前已有近百种标准型号的油漆涂料。为了正确地反映油漆涂料的真实成分、性能及配制方法等，国家对其分类做了统一规定，确立了以基料中的主要成膜物质为基础的分类原则。按这个分类的原则，涂料可分为 18 类，现共有 890 个品种。

传统的油漆工程是一个专业性和技艺性很强的技术工程，仅建筑油漆而言，从其主要材料如油漆、稀释剂、腻子、润粉、着色颜料及染料、研磨与抛光材料等，到清除、嵌批、磨退、配料和涂饰等较为复杂而精细的施工工艺，均需要由专业工种经过严格学习与充分实践方能掌握。

一、基层清理工作

基层清理工作是确保油漆涂刷质量的关键基础性工作，即采用手工、机械、化学及物理方法，清除被涂基层面上的灰尘、油渍、旧涂膜、锈迹等各种污染和疏松物质，或者改善基层原有的化学性质，以利于油漆涂层的附着效果和涂装质量。

基层清理的方法有手工清除、机械清除、化学清除等，各用于不同场合，但对于化学清理应当注意不能影响新涂刷的涂料质量。

1. 手工清除

手工清除主要包括铲除和刷涂，所用手工工具有铲刀、刮刀、打磨块及金属刷等，如图

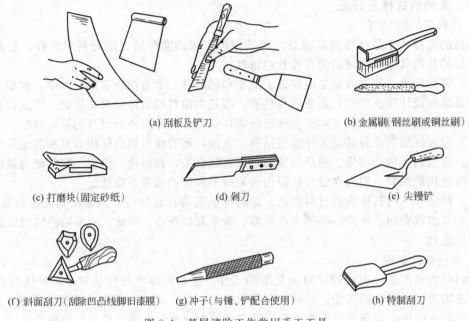

(a) 刮板及铲刀　　　　　(b) 金属刷(钢丝刷或铜丝刷)

(c) 打磨块(固定砂纸)　　　　(d) 剥刀　　　　　(e) 尖镘铲

(f) 斜面刮刀(刮除凹凸线脚旧漆膜)　(g) 冲子(与锤、铲配合使用)　　(h) 特制刮刀

图 8.1　基层清除工作常用手工工具

8.1 所示。

2. 机械清除

机械清除主要有动力钢丝刷清除、除锈枪清除、蒸汽清除以及喷水或喷砂清除等，所用的机具有圆盘打磨机、旋转钢丝刷、环形往复打磨器、皮带传动打磨器、钢针除锈枪以及用于蒸汽清除的蒸汽剥除器等，常用基层清除的机具如图 8.2 所示。

机械清除效率高，能够对清除面产生深度适宜的糙面，以利于油漆的涂饰施工。其中蒸汽清除可以清除旧墙纸、水性涂层及各种污垢而不损伤基层，且有消毒灭菌的作用，对环境保护非常有益。

3. 化学清除

化学清除主要包括溶剂清除、油剂清除、碱溶液清除、酸洗清除及脱漆剂清除等，适宜于对坚实基层表面的清除，施工简单易行，见效快，对基层不易造成损伤，常与打磨配合使用。但在采用时应严格注意所用化学清除物质同基体材料的相容性，对环境的污染以及防火、防腐蚀等相关事项。

4. 高温清除

高温清除也称为热清除，是指采用氧气、乙炔、煤气和汽油等为燃料的火焰清除，以及采用电阻丝作热源的电热清除。主要用以清除金属基层表面的锈蚀、氧化皮和木质基体表面上的旧涂膜。

二、嵌批、润粉及着色

1. 嵌批

嵌批指涂饰工程的基层表面批刮腻子。腻子作为饰面施工中应用最普遍的填充和打底材料，用以填涂基层表面的缝隙、孔眼和凹坑不平整等缺陷，使基层表面平整、严密，利于涂饰以保证装饰质量。腻子可以自行配制，也可按涂饰工程的表面材料种类选用商品腻子，基本要求是具有塑性和易涂性，干燥后应当比较坚固，并注意基层、底漆和面漆三者性质的相容性。

涂饰工程所用的腻子一般由体质材料、粘接剂、着色颜料、水或溶剂、催干剂等配制而

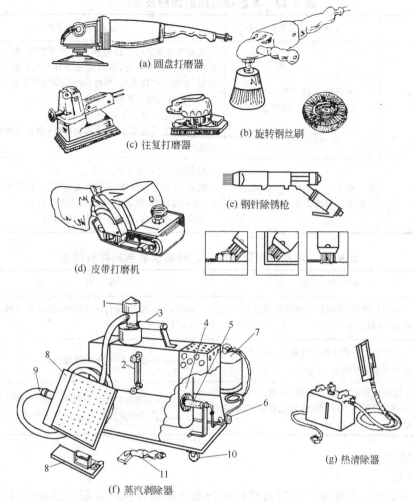

图 8.2　常用基层清除机具设备示例

1—加水器和安全盖；2—水位计；3—提手；4—水罐；5—火焰喷嘴；6—控制阀；

7—高压汽缸；8—聚能器；9—胶管；10—滚轮；11—剥除器

成。常用的体质材料有碳酸钙（大白粉）、硫酸钙（石膏粉）、硅酸钙（滑石粉）、硫酸锌钡（晶石粉）等；黏结剂有猪血、熟桐油、清漆、合成树脂溶液和乳液等。常用的腻子分为水性腻子、油性腻子和挥发性腻子三类，根据工程性质及设计要求进行选用，可参考表 8.3。在涂饰施工中不能随意减少腻子批刮的遍数，同时必须待腻子完全干燥并打磨平整后才可进入下道工序，否则会严重影响饰面涂层的附着力和涂膜质量。

2. 润粉

润粉是指在木质材料面的涂饰工艺中，采用填孔料以填平管孔并封闭基层和适当着色，同时可起到避免后续涂膜塌陷及节省涂料的作用。在传统的油漆工程中，常将不同性质的润粉称为水老粉和油老粉，即指水性填孔料和油性填孔料，或称为润水粉和润油粉。其配制常用材料和配比做法如表 8.13 所示。

3. 着色

在木质材料表面进行透明涂饰时，常采用基层着色工艺，即在木质基面上涂刷着色剂，使之更符合装饰工程的色调要求。着色分为水色、酒色和油色三种不同的做法，其材料组成如表 8.14 所示。

表 8.13　木质材料面的润粉及其应用

润　粉	材料配比（质量比）	配制方法和应用
水性填孔料 （水老粉）	大白粉 65%～72%：水 28%～36%：颜料适量	按配合比要求将大白粉与水搅拌成糊状，取出少量的大白粉糊与颜料拌和均匀，然后再与原有大白粉糊上下充分搅拌均匀，不能有结块现象；颜料的用量应使填孔料的色泽略浅于样板木纹表面或管孔内的颜色 优点：施工方便，干燥迅速，着色均匀 缺点：如果处理不当，易使木纹膨胀，附着力比较差，透明效果较低
油性填孔料 （油老粉）	大白粉 60%：清油 10%：松香水 20%：煤油 10%：颜料适量	配制方法与以上所述相同 优点：木纹不会膨胀，不易收缩开裂，干燥后坚固，着色效果好，透明度较高，附着力强，吸收上层涂料少 缺点：干燥较慢，操作不如润水粉方便

表 8.14　木质材料面透明涂饰时基面着色的材料组成

着色	材料组成	染色特点
水色	常用黄纳粉、黑纳粉等酸性染料溶解于热水中（染料占 10%～20%）	透明，无遮盖力，保持木纹清晰；缺点是耐晒性能较差，易产生褪色
酒色	在清虫胶清漆中掺入适量品色的染料，即成为着色虫胶漆	透明，清晰显露木纹，耐晒性能较好
油色	用氧化铁系材料、哈巴粉、锌钡白、大白粉等调入松香水中再加入清油或清漆等，调制成稀浆	由于采用无机颜料作为着色剂，所以耐晒性能良好，不易褪色；缺点是透明度较低，显露木纹不够清晰

三、打磨与配料

（一）打磨

打磨也称磨退，是使用研磨材料对被涂物面及涂饰过程的涂层表面进行研磨平整的工序，对于油漆涂层的平整光滑、附着力以及被涂物的棱角、线脚、外观质量等方面，均有非常重要的影响。

1. 研磨材料

在研磨材料中使用最广泛的是砂纸和砂布，其磨料分为天然和人造两种。天然磨料有钢玉、石榴石、石英、火燧石、浮石、矽藻土、白垩等；人造磨料有人造钢玉、玻璃和各种金属碳化物。磨料的性质与其形状、硬度和韧性有密切关系，磨料的粒度是按每平方英寸的筛孔进行计算的。常用的木砂纸和砂布的代号，就是根据磨料的粒度而划分的，代号的数字越大则磨粒越粗；而水砂纸却恰恰相反，代号的数字越大则磨粒越细。表 8.15 为油漆涂饰工程中常用砂纸和砂布的类型及主要用途。

2. 打磨类型

根据涂饰工程施工阶段、油漆涂料的不同品种、不同要求和不同打磨的目的，可分为基层打磨、层间打磨、面层打磨等。不同施涂阶段的打磨要求，如表 8.16 所示。

3. 打磨方式

打磨方式一般分为干磨和湿磨两种。干磨即使用砂纸、砂布及浮石等对磨退部位直接进行研磨；湿磨是由于卫生防护的需要，以及为防止打磨时涂膜受热变软使粉尘黏附于磨粒间而影响研磨质量，将水砂纸或浮石蘸水（或润滑剂）进行轻磨，硬质涂料的层间打磨和面层打磨，一般需要采用湿磨的方式。

表 8.15　常用砂纸和砂布的类型及主要用途

种　类	磨料粒度号数	砂纸、砂布的代号	主　要　用　途
最细	240～320	水砂纸:400,500,600	清漆、硝基漆、油基漆的层间打磨及漆面的精磨
细	100～220	玻璃砂纸:1,0,00 金刚砂布:1,0,00,000,0000 水砂纸:220,240,280,320	打磨金属基面上的轻微锈蚀,涂底漆或封闭底漆前的最后一次打磨
中	80～100	玻璃砂纸:1,1.5 金刚砂纸:1,1.5 水砂纸:180	清除锈蚀,打磨一般的粗糙面,墙面在涂饰前的打磨
粗	40～80	玻璃砂纸:1.5,2 金刚砂布:1.5,2	对粗糙麻面、深痕及其他表面不平整缺陷的磨除
最粗	12～40	玻璃砂纸:3,4 金刚砂布:3,4,5,6	打磨清除瓷漆、清漆或堆积的涂膜以及比较严重的锈蚀

表 8.16　不同施涂阶段的打磨要求

打磨部位	打磨方式	打磨要求及注意事项
基层表面	干磨	用1～1.5号砂纸打磨,线脚及转角处要用对折砂纸的边角砂磨,边缘棱角要打磨光滑,去除锐角以利于涂料的黏附
涂层之间	干磨或湿磨	用0号砂纸、1号旧砂纸或280～320号水砂纸,木质材料表面的透明涂层应顺着木纹方向直磨,遇有凹凸线脚部位可适当运用直磨与横磨交叉进行的轻磨
涂饰表面	湿磨	该工序仅适用于硬质涂层的面漆打磨; 采用400号以上的水砂纸蘸清水或肥皂水打磨,磨至从正面观察呈暗光,而在水平侧面观察呈镜面效果; 打磨饰面边角部位和曲面时,不可使用垫块,应轻磨并密切察看,以避免将装饰涂膜磨透、磨穿

　　对于易吸水物面或湿度较大的环境,在涂层进行湿磨时,可用松香水与亚麻油(比例为3:1)的混合物作为润滑剂打磨。对于木质材料表面不易磨除的硬刺、木丝,可用稀释的虫胶[虫胶漆:酒精＝1:(7～8)]进行涂刷,待其干燥后再进行打磨;也可用湿布擦抹表面使木材毛刺吸水胀起,待其干燥后再进行磨除。

　　(二)配料

　　配料是确保饰面施工质量和装饰效果极其重要的环节,指在施工现场根据设计、样板或操作所需,将油漆涂料饰面施工的原材料合理地按配比调制出工序材料,如色漆调配、基层填孔料及着色剂的调配等。

　　配料在传统的油漆涂饰施工中,会直接或间接地影响到方便施涂、涂膜外观质量和耐久性,以及节约材料等多方面的实效。传统的油漆施工配料工艺比较复杂,且要求较为严格、繁琐,如腻子的自制、油漆涂料色彩的调配、木质面填孔料调配、对油漆施工黏度的调配、油性漆的调配、硝基漆韧性的调配、醇酸漆油度的调配、无光色漆的调配等。随着科技进步和建材业的发展,油漆施工材料的现场配料工作将会逐渐减少,而成熟的油漆涂料商品将会越来越多。

　　四、溶剂型油漆的施涂

　　(一)油漆的刷涂

　　在现代室内装饰装修工程中,油漆的刷涂施工多用于需要显露木纹的清漆透明涂饰,按上述工序要求进行精工细作，会体现出木装修的优异特点，创造出美观的饰面。对于混色的油漆，通常是采用手工扫漆涂装局部木质材料造型及线脚类表面，以取得较为丰富的色彩效果。

油漆刷涂的优点是：操作简便，节省材料，不受场地大小、物面形状与尺寸的限制，涂膜的附着力和油漆的渗透性等均优于其他涂饰的做法。其缺点是：工效比较低，涂膜外观质量不够理想。对于挥发比较迅速的油漆（如硝基漆、过氯乙烯漆等），一般不宜采用刷涂施工方法。

（二）油漆的喷涂

喷涂做法所用的油漆品种，与刷涂做法正好相反，应当采用干燥快的挥发性油漆涂料。油漆喷涂的类别和方式有：空气喷涂、高压无气喷涂、热喷涂及静电喷涂等。在建筑装饰装修工程施工现场，采用最多的是空气喷涂和高压无气喷涂。

1. 空气喷涂

空气喷涂也称为有气喷涂，即指利用压缩空气作为喷涂动力的油漆喷涂，其主要机具是油漆喷枪，操作比较简便，喷涂迅速，质量较好。油漆喷涂常用的喷枪形式，主要有吸出式、对嘴式和流出式（如图8.3所示）。使用最广泛的是对嘴式 PQ-1 型和 PQ-2 型喷漆枪，其工作参数如表8.17所示。

(a) 吸出式喷枪　　　　　(b) 对嘴式喷枪　　　　　(c) 流出式喷枪

图 8.3　油漆喷涂常用的喷枪类型

表 8.17　对嘴式及吸出式喷枪的主要工作参数

主　要　工　作　参　数	PQ-1 型	PQ-2 型
工作压力/MPa	0.28～0.35	0.40～0.60
喷涂有效距离为25cm时的喷涂面积/cm²	3～8	13～14
喷嘴直径/mm	0.2～4.5	1.8

2. 高压无气喷涂

高压无气喷涂通常是利用0.4～0.8MPa的压缩空气作为动力，带动高压泵将油漆涂料吸入，加压至15MPa左右通过特制的喷嘴喷出。承受高压的油漆涂料喷至空气中时，即刻剧烈膨胀雾化成扇形气流射向被涂物面。高压无气喷涂设备（如图8.4所示）可以喷涂高黏度油漆涂料，施工效率高，喷涂质量好，喷涂过程中涂料损失很小，饰面涂膜较厚，遮盖率高，涂层附着力也优于普通喷涂。由于操作时产生的漆雾少，所以改善了操作者的劳动条件，并增强了喷涂施工的安全性。

3. 喷涂施工

普通油漆喷涂施工比较简单，其喷涂的主要工序如表8.18所示。

（三）油漆的辊涂

油漆的辊涂是油漆涂饰中最常用的方法，主要包括底漆、中间涂层和面漆，凡是可以采用辊涂的油漆品种及其油漆涂层，必要时均可使用辊涂工具施涂。选用羊毛、马海羊、化纤绒毛及泡沫塑料之类的不同辊筒套筒，在涂料底盘或置于油漆涂料桶内的辊网上滚沾油漆，

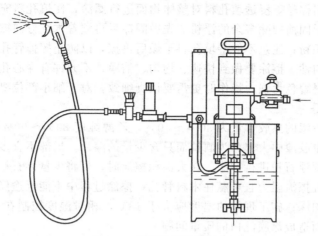

图 8.4　高压无气喷涂设备

表 8.18　普通油漆喷涂施工的主要工序

项次	主要工序	说明
1	基层处理	按各种物面基层处理的常规做法
2	喷涂底漆	基层处理干燥后进行,用底漆封闭基层
3	嵌批腻子	分层嵌补凹坑、裂缝等,先后满刮两道腻子并分别砂磨平整、清扫干净
4	喷涂第二道底漆	为加强后道腻子的粘接力,进一步封闭基底层
5	批刮腻子	用以嵌补二道底漆后的细小洞眼,干燥后用水砂纸打磨,并清洗干净
6	喷涂第三道底漆	底漆干燥后用水砂纸打磨,并用湿布将表面擦净
7	喷涂 2～3 道面漆	面漆喷涂由薄至厚,但不可过薄或过厚,各道面漆均用水砂纸打磨
8	擦砂蜡和上光蜡	砂蜡擦至表面十分平整,上光蜡擦至出现光亮

然后再于被涂物面上轻力滚压而达到涂饰的效果。在油漆辊涂中,应有顺序地朝一个方向辊涂,有光或半光油漆的最后一遍涂层,应当进行表面滚压处理,或用油漆刷配合涂饰涂层的表面。油漆辊涂所用的工具如图 8.5 所示。

（四）油漆的擦涂

作为在木质材料表面做透明涂饰以及打蜡抛光的特殊手工工艺,采用专用油漆擦具,或是采用棉丝、刨花或竹丝等软质疏松材料,运用圈涂、横涂、直涂和顺物面转角涂等不同方式进行擦涂操作。

1. 擦涂填孔料

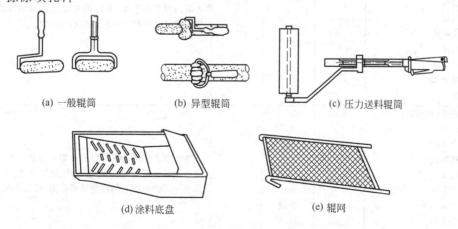

(a) 一般辊筒　　　　　(b) 异型辊筒　　　　　(c) 压力送料辊筒

(d) 涂料底盘　　　　　(e) 辊网

图 8.5　油漆辊涂所用的工具

擦涂填孔料是用棉丝等浸透填孔料对整体物面进行圈涂，使填孔料充分擦入木料的管孔内，在填孔料完全干固前扫除多余的浮粉。先做圈擦后再顺着木纹方向擦，同时剔除和清理边角及线脚部位的积粉；注意不能待填孔料干燥后再擦，以防止擦掉管孔内的粉质，并防止影响表面色泽的均匀性。擦涂要做到快速、均匀、洁净，不允许有穿心孔、横擦痕及周边积粉现象。水性填孔料着色力强，操作时更需要认真细致，对于细小部位要随涂随擦。

2. 擦涂虫胶清漆

擦涂用的虫胶清漆的虫胶含量为 30%～40%，乙醇纯度 80%～90%；虫胶漆应逐渐稀释，擦涂至最后的虫胶漆中大部分为酒精而只含少量的漆片。局部不宜多擦，有棕眼处宜用棉丝蘸虫胶漆后再蘸浮石粉进行擦涂。在大面积擦涂时，可将少量浮石粉或滑石粉撒匀，滴入少量亚麻油以减轻擦涂阻力且可腻住木料管孔。擦涂过程中不能半途停工，否则停顿处的涂膜会变厚、颜色加深；施工现场的温度应大于 18℃，相对湿度控制在 60%～70%，否则由于虫胶漆吸潮，而造成涂膜泛白的质量问题。

3. 擦涂着色颜料

擦涂着色颜料是将颜料调成糊状，用毛刷蘸取后在被涂物面上涂刷均匀，每次涂刷面积为 $0.5m^2$ 左右，然后用浸湿后拧干的软布用力涂擦，填平所有的棕眼后，再顺着木纹擦掉多余颜料。各施工段要在 2～3min 内完成，间隔时间不要过久，以免颜料干燥形成接槎痕迹。待被涂物面全部着色后，再用干布满擦一遍。

4. 擦砂蜡及上光蜡

砂蜡是专用于油漆涂层抛光的辅助材料，是由细度高、硬度小的磨料粉与油脂或黏结剂混合制成的膏状物。上光蜡是溶解于松节油中的膏状物，主要有汽车蜡和地板蜡两类。砂蜡和上光蜡为常用的涂饰工程的抛光材料，其基本组成如表 8.19 所示。

表 8.19 抛光材料的组成和应用

名称	材料组成				主要用途
	成分	配合比(质量比)			
		I	II	III	
砂蜡	硬蜡(棕榈蜡)	—	10.0	—	主要用于擦平硝基漆、丙烯酸漆、聚氨酯漆等涂膜表面的凹凸不平处，并可消除涂层表面的发白污染、橘皮现象及粗粒造成的饰面不良影响
	液体石蜡	—	—	20.0	
	白蜡	10.3	—	—	
	皂片	—	—	2.0	
	硬脂酸锌	9.5	10.0	—	
	铅红	—	—	60.0	
	硅藻土	16.0	16.0	—	
	蓖麻油	—	—	10.0	
	煤油	40.0	40.0	—	
	松节油	24.0	—	—	
	松香水	—	24.0	—	
	水	—	—	8.0	
上光蜡	硬蜡(棕榈蜡)	3.0	20.0		主要有乳白色的汽车蜡和黄褐色的地板蜡，可用于油漆涂料饰面的最后抛光，增加涂膜亮度，并可使之具有一定的防水和防污物黏附作用，延长涂层寿命
	白蜡	—	5.0		
	合成蜡	—	5.0		
	牦脂锰皂液/%	—	5.0		
	松节油	10.0	40.0		
	平平加 O 乳化液	3.0	—		
	有机硅油	0.005	少量		
	松香水	—	25.0		
	水	83.995	—		

擦砂蜡时，先将砂蜡捻细浸入煤油内使之成糊状，用棉纱蘸取后顺着木纹方向着力进行涂擦。涂膜的面积由小到大，当表面呈现光泽后，用干净的棉纱将表面多余的砂蜡擦除；如果此时光泽还不满足要求，需另用棉纱蘸取少许煤油以同样方法反复擦涂至透亮为止，最后擦净残余的煤油。

当聚氨酯或硝基漆面不采用擦砂蜡时，也可使用乙醇与稀释剂的混合液进行擦涂抛光。其具体做法是：乙醇和香蕉水的混合液用于硝基漆面的抛光；乙醇与聚氨酸稀释剂的混合液用于聚氨酯涂膜表面的抛光。混合液的配比要根据气温条件适当掌握，当环境气温大于25℃时，乙醇与稀释剂的配合比为 7∶3 或 6∶4，当环境气温为 15～25℃时，其配合比为1∶1。

五、聚氨酯水性漆的施涂

杭州长城精细化工有限公司研制的梦迩 PUQ 系列聚氨酯水性漆，是取代上述传统溶剂型油基漆的典型产品。这种产品系采用航天高科技及先进工艺设备，以甲苯三异氰酸酯、聚醚和扩链剂等为主要原料，经预聚、扩链、中和、乳化等工序精制而成的单组分水性漆，拥有浙江省科委颁发的科学技术成果鉴定证书（浙科鉴字［2000］555 号），并通过上海市化工产品质量监督检测中心、上海市预防医学研究院、浙江省消防产品质量监督检验站等相关部门的检测检验。

此产品以清水为分散剂，无毒、无刺激性气味，对环境无污染，对人体无毒害，属于一种"环保型"产品；涂装后涂膜坚硬丰满，韧性较好，表面平整，涂膜光滑，附着力强，耐磨耐候，干燥迅速，质量可靠。

梦迩水性清漆与溶剂型清漆的性能对比，如表 8.20 所示。

表 8.20　梦迩水性清漆与溶剂型清漆的性能对比

项　目	梦迩水性漆	溶剂型漆
环保性能	无毒、无臭、无污染，涂装后即可投入使用	有毒、有异味、有污染，涂饰后有害成分较长时间内难以散尽
有机溶剂	不含苯、醛、酯等有害溶剂	含有苯、醛、酯等有害溶剂
稀释剂	清水	香蕉水、二甲苯
施工技术	施工简单，容易掌握，不需要特殊技巧	操作复杂，不易掌握，须有专业技术
施工工期	全套涂饰过程一般需 2～3d	全套涂饰过程一般需 4～8d
显示性能	涂膜透明，可真实展现木纹效果	涂膜易发黄变色
安全性	运输储存和使用较安全	运输、储存和使用时容易发生燃烧爆炸等事故
单位面积用量	$0.03～0.05kg/m^2$（单遍涂层计）	$0.08～0.13kg/m^2$（单遍涂层计）
单位面积费用	20～35 元/m^2	18～32 元/m^2
涂膜附着力	特强	较强
干燥时间	表干 15min，实干小于 3h	表干 30min，完全固化 12h
稳定性	稳定	易变干
流平性	优，刷涂无痕迹	较差，易产生刷痕
耐久性	优于传统油漆，为硝基漆的 2 倍以上	

梦迩 PUQ2000 系列聚氨酯水性漆的主要品种有光亮漆、半亚型漆、全亚型漆、有色底漆和色漆等，可用于室内装修、木器制品、竹器制品、藤器制品及地板的保护和装饰。该系列产品已被应用于国家奥林匹克体育中心综合馆，使用实践证明，其施工的简易性、干燥速

度、涂膜硬度、耐磨性、色泽光度、阻燃性、环保性能等各项指标，均符合国家标准的规定。

1. 涂饰工艺要点

（1）基层的表面应当在干燥后进行涂饰，并且先对基层表面进行清扫，使其无灰尘、无油污及其他化学物质。

（2）产品黏度已调配至最佳状态，施工时不需要再添加任何助剂，不可与其他油漆混用；所用腻子应采用该产品配套的专用复合底漆。

（3）除光亮漆以外，其他品种在施工前必须搅拌均匀，过滤后静置的时间要大于 5min，待表面泡沫消失后才能使用。

（4）木质材料表面施涂清漆时，可按下述工序进行。

①刷涂清漆 1 遍，补钉眼，用 180 号以上砂纸磨平；②喷涂清漆一遍；③采用复合底漆（取代普通腻子的作用）刮涂 2 遍，用 400 号以上砂纸磨平；④喷涂清漆 2～3 遍，用 1000 号以上砂纸磨平；⑤喷涂防水清漆 1 遍。

（5）木质材料表面施涂色漆时，可按下述工序进行。

先刷涂清漆 1 遍，补钉眼，用 180 号以上砂纸磨平；再喷涂清漆一遍；采用复合底漆（取代普通腻子的作用）刮涂 2 遍，用 400 号以上砂纸磨平；喷涂有色漆 2～3 遍，用 400 号以上砂纸磨平；喷涂清漆 2～3 遍，用 1000 号以上砂纸磨平；最后喷涂防水清漆 1 遍。

（6）被涂物面为水平面或平放状态时，漆层施涂可以略厚；立面施涂时要注意均匀薄刷，防止产生流坠。

（7）最后一遍涂刷时，允许加入适量的清洁水将漆料调稀，以便均匀覆盖。

（8）根据施工的环境空气中的干湿度，适当控制每遍漆层的厚薄及间隔时间，北方空气干燥时，施涂可以略厚，间隔时间稍短；南方湿度较大时，施涂可以略薄，间隔时间可以适当加长。

（9）对于梦迩涂膜可能出现的质量问题，可参考表 8.21 予以适当预防和处理。

表 8.21　梦迩涂膜可能出现的质量问题及其预防和处理方法

质量问题	原因分析	预防和处理方法
有刷痕	①刷具粗硬；②反复涂刷；③涂层即将干燥时复刷；④刷涂时用力太大	①采用细羊毛刷；②不要重复多刷；③涂膜即将干燥时不可重刷；④轻刷
流痕或堆积	涂刷过厚，基层不平	每遍涂刷适当减薄，基材平放或处理平整
湿涂膜有气泡	搅拌后气泡未完全消失；涂刷不当	应待气泡全部消失后涂刷；涂刷时注意轻刷；将有气泡处刷涂一次或将气泡吹破
湿涂膜不平整或光泽不均匀	漆层未干时遇水；搅拌不均匀；涂饰施工不均匀；涂刷用力不均匀	打磨后重新涂刷；注意漆料搅拌均匀；刷涂或喷涂时注意均匀；刷涂用力要均匀
涂膜缩孔	混入有机溶液或其他油性物质	用水磨清除后重新涂刷
附着力较差	基材有油性物质；打磨后清除不干净；腻子附着力差；涂层干燥速度过快	基材处理干净再涂刷；采用梦迩底漆替代腻子材料；适当加厚涂膜或在施涂前用细砂纸适当打磨基层的表面
丰满度较差	未刮梦迩复合底漆；施涂遍数少	应刮梦迩复合底漆将基层填补平整；适当增加施涂的遍数
手感较差	施工环境中浮尘过多；打磨不好；漆料未经过滤	清洁施工环境；认真打磨；漆料要经过 200 目以上纱布过滤；饰面可打蜡，也可用湿布擦拭一遍

2. 梦迩漆的储存

（1）冬季宜注意防冻，储存温度一般应在 0℃以上；梦迩漆一旦出现冻结，将其加热融化后依然可以照常使用。

（2）夏季应注意避免阳光暴晒或长时间处于高温环境，其储存温度应低于 40℃，应存于阴凉透风处。

（3）此种产品在 5～35℃ 温度下保质期为 18 个月，过期的产品经检验合格后方可使用。

第三节 建筑涂料涂饰施工

建筑涂料的涂饰施工，在实际工程中有两种情况，一是施工单位根据设计要求和规范规定按所用涂料的具体应用特点进行涂饰施工；二是由提供涂料产品的生产厂家自备或指定的专业施工队伍进行施工，并确保涂饰工程质量的跟踪服务。鉴于新型涂料产品层出不穷且日新月异，本节除对室内涂料涂饰施工基本技术概略讲述外，仅举例介绍部分不同类别的涂料产品及其施涂要点。

一、室内涂饰施工基本技术

（一）涂料喷涂施工工艺

喷涂施工的突出优点是涂膜外观质量好，工效高，适合于大面积施工，并可通过调整涂料黏度、喷嘴口径大小及喷涂压力而获得不同的装饰质感。

1. 喷涂施工的机具

喷涂施工所用的机具，主要有空气压缩机、喷枪及高压胶管等，也可以采用高压无气喷涂设备。

2. 一般喷涂工艺

（1）基层处理后，用稍作稀释的同品种涂料打底，或按所用涂料的具体要求采用其成品封底涂料进行基层封闭涂装。

（2）大面积喷涂前宜先试喷，以利于获得涂料黏度、喷嘴及喷涂压力的大小等施涂数据；同时，其样板的涂层附着力、饰面色泽、质感和外观质量等指标应符合设计要求，并经建筑单位（或房屋的业主）认可后再进行正式喷涂施工。

（3）喷涂时，空气压缩机的压力控制在 0.4～0.8MPa 范围内，排气量一般为 0.6m³/h。根据气压、喷嘴直径、涂料稠度适当调节气门，以将涂料喷成雾状为佳。

（4）喷枪与被涂面应保持垂直状态，喷嘴距喷涂面的距离，以喷涂后不流挂为度，通常为 500mm 左右，喷嘴应与被喷涂面作平行移动，运行中要保持匀速。纵横方向作 S 形连续移动，相邻两行喷涂面重叠宽度宜控制在喷涂宽度的 1/3。当喷涂两个平面相交的墙角时，应将喷嘴对准墙角线。

（5）涂层不应出现有施工接槎，必须接槎时，其接槎应在饰面较隐蔽部位；每一独立单元墙面不应出现涂层接槎。如果不能将涂层接槎留在理想部位时，第二次喷涂必须采取遮挡措施，以避免出现不均匀缺陷。若涂层接槎部位出现颜色不匀时，可先用砂纸打磨掉较厚涂层，然后大面满涂，不应进行局部修补。

（6）按设计要求进行面层较粗颗粒涂料喷涂时，涂层以盖底为佳，不宜过厚。喷嘴直径的选用，可根据涂层表面效果及所用喷枪性能适当选择，一般如砂粒状喷涂可用 4.0～4.5mm 的喷嘴；云母片状可用 5.0～6.0mm 的喷嘴；细粉状可用 2.0～3.0mm 的喷嘴；外罩薄涂料时可选用 1.0～2.0mm 直径的喷嘴。

（二）涂料辊涂施工工艺

涂料辊涂也称为滚涂，即将相应品种的涂料采用纤维毛辊（滚）类工具直接涂装于建筑基面上；或是先将底层和中层涂料采用喷或刷的方法进行涂饰，而后使用压花辊筒压出凹凸花纹效果，表面再罩面漆的浮雕式施工做法。采用辊涂施工的装饰涂层外观浑厚自然，或形成明晰的图案，具有良好的质感。

1. 辊涂施工的工具

辊涂所用的施工工具，一般为图 8.5 所示的油漆辊涂用具，其中最常用的合成纤维长毛绒辊筒，绒毛长度为 10～20mm；有的表面为橡胶或塑料，此类压花辊筒主要用于在涂层上滚压出浮雕式图案效果。

2. 辊涂施工工艺

（1）辊涂施工的关键是涂料的表面张力，应适于辊涂做法。要求所有涂料产品具有较好的流平性能，以避免出现拉毛现象。

（2）采用辊涂的涂料产品中，填充料的比例不能太大，胶黏度不能过高，否则施涂后的饰面容易出现皱纹。

（3）采用直接辊涂施工时，将蘸取涂料的毛辊先按 W 方式运动，将涂料大致辊涂于基层上，然后用不蘸取涂料的毛辊紧贴基层上下、左右往复滚动，使涂料在基层上均匀展开；最后用蘸取涂料的毛辊按一定方向满滚一遍。阴角及上下口等转角和边缘部位，宜采用排笔或其他毛刷另行刷涂修饰和找齐。

（4）浮雕式涂饰的中层涂料应颗粒均匀，用专用塑料或橡胶辊筒蘸煤油或水均匀滚压，注意涂层厚薄一致；完全固化干燥后（间隔时间宜＞4h）再进行面层涂饰。

当面层采用水性涂料时，浮雕涂饰的面层施工应采用喷涂。当面层涂料为溶剂型涂料时，应采取刷涂做法。

（三）涂料刷涂施工工艺

涂料的刷涂法施工大多用于地面涂料涂布，或者用于较小面积的墙面涂饰工程，特别是装饰造型、美术涂饰或与喷涂、辊涂做法相配合的工序涂层施工。刷涂的施工温度不宜太低，一般不得小于 10℃。

1. 涂刷施工的工具

建筑涂料的涂刷工具通常为不同大小尺寸的油漆刷和排笔等，油漆刷多用于溶剂型涂料（油漆）的刷涂操作，排笔适用于水性涂料的涂饰。必要时，也可以采用油画笔、毛笔、海绵块等与刷涂相配合进行美术涂装。

采用排笔刷涂时的附着力较小，刷涂后的涂层较厚，油漆刷则反之。在施工环境气温较高及涂料黏度较小而容易进行刷涂操作时，可选择排笔刷涂操作；在环境气温较低、涂料黏度较大而不宜采用排笔时，宜选用油漆刷施涂。也可以第一遍用油漆刷施涂，第二遍再用排笔涂刷，这样涂层薄而均匀，色泽一致。

2. 涂刷施工工艺

一般的涂料刷涂工程两遍即可完成，每一刷（或排笔）的涂刷拖长范围约在 20～30cm，反复涂刷 2～3 次即可，不宜在同一处过多涂抹，如果过多易造成涂料堆积、起皱、脱皮、塌陷等弊病。两次刷涂衔接处要连续、严密，每一个单元的涂饰要一气刷完。涂刷施工工艺的施工要点如下。

（1）刷涂操作宜按照先左右后、先上后下、先难后易、先边后面（先刷涂边角部位后涂刷大面）的顺序进行。

（2）室内装饰装修木质基层涂刷清漆时，木料表面的节疤、松脂部位应当用虫胶漆进行封闭；钉眼处应用油性腻子嵌补。在刮腻子、上色之前，应涂刷一遍封闭底漆，然后反复对局部进行拼色和修色。每修完一次，刷一遍中层漆，干燥后再打磨，直至色调统一，最后施涂透明清漆罩面涂层。

（3）木质基层涂刷调和漆时，应先刷清油一遍，待其干燥后用油性腻子将钉眼、裂缝、凹凸残缺处嵌补批刮平整，干燥后打磨光滑，再涂刷中层和面层油漆。

（4）对泛碱、析盐的基层，应先用3％的草酸溶液清洗，然后用清水冲刷干净或在基层满刮一遍耐碱底漆，待其干燥后刮腻子，再涂刷面层涂料。

（5）涂料（油漆）表面的打磨，应待涂膜完全干透后进行；打磨时应注意用力均匀，不得磨透露底。

二、改性复合涂料的施工

某化工有限公司生产的COLOYS涂料产品系列，通过了我国国家标准GB/T 9001及英国ISO 9001标准的质量检测，并通过了国际绿色环保质量认证。其产品的应用技术，对于当前新型涂料施涂工艺具有一定的指导作用。

（一）COLOYS涂料产品系列

COLOYS涂料产品分为氟树脂涂料、硅改性矿物涂料、丙烯酸涂料、硅改性丙烯酸涂料，以及抗碱底漆、中涂和强力黏结找补材料等，共分为七大系列，主要特点和施工方式如表8.22所示。

表8.22 COLOYS系列产品的性能特点及施工方式

品 种	主要性能和应用特点	理论涂布率及包装	施工方式
高性能氟树脂涂料	抗污染、抗静电、耐腐蚀、耐磨蚀、耐擦洗、不霉变、高硬度、色泽稳定、黏结力优异，超强的自洁功能	$0.18L/m^2$(1遍) 5L/桶，20L/桶	喷涂
浮雕外墙涂料	耐候、耐酸碱、抗霉变，化学性质及饰面色泽稳定，单向透气，对外防水，自洁，高硬度，附着力优异	$0.13\sim0.19L/m^2$(1遍) 5L/桶，20L/桶	喷涂 辊涂
弹性外墙涂料	耐候、抗霉变，色泽稳定，耐酸碱，化学性质稳定，单向透气，对外防水，自洁，高硬度，附着力优异	$0.12\sim0.16L/m^2$(1遍) 5L/桶，20L/桶	辊涂
柔性外墙涂料	耐候、色泽稳定，耐酸碱，耐霉变，化学性质稳定，单向透气，对外防水，自洁，高硬度，附着力强	$0.27L/m^2$(1遍) 5L/桶，20L/桶	辊涂
硅改性丙烯酸涂料	耐候、色泽稳定，耐酸碱，化学性质稳定，附着力强，高硬度，防霉效果好，单向透气，对外防水	$0.11\sim0.19L/m^2$(1遍) 5L/桶，20L/桶	喷涂 辊涂或刷涂
丙烯酸涂料	耐候、色泽稳定，耐酸碱，化学性质稳定，附着力强，高硬度，防霉效果好，单向透气，对外防水	$0.10\sim0.17L/m^2$(1遍) 5L/桶，20L/桶	喷涂 辊涂或刷涂
专用找补料和腻子材料	配套使用	$2.0kg/m^2$，25kg/袋 $1.0kg/m^2$，25kg/袋	批刮
专用底漆	配套使用	$0.6\sim0.8L/m^2$(1遍) 5L/桶，20L/桶	喷涂 辊涂或刷涂
专用中涂	配套使用	$0.15\sim0.21L/m^2$(1遍) 5L/桶，20L/桶	喷涂 辊涂或刷涂

（二）硅改性复合外墙涂料

COLOYS有机无机复合涂料是将有机涂料的优点（填补遮盖基层微裂缝、耐擦洗及防水等性能）和无机涂料的优点（附着力强、透气性好及不易褪色等性能）相结合为目标而研制的新型矿物涂料，即硅改性硅酸盐树脂复合涂料，其基本原理是由硅原子与氟原子交替形成无机骨架，硅酸盐取代基同水泥基面进行硅化反应。

1. 全面石化作用

新型硅改性矿物涂料网状结构的硅树脂，可将硅酸钾游离单体进行有序的排布，而使硅石反应更为彻底，形成防水、抗裂的柔性硅酸盐，提高了涂层整体性并与被涂基面结为一体，永不分离。

2. 涂层透气性能

硅改性硅酸盐树脂的网状结构间隙，恰好可使水汽分子通过，而液态大分子则不能通过，由此形成涂层的单向透气性和饰面的防水性能。

3. 抗水自洁性

新型硅改性矿物涂料的硅树脂，具有较大的表面张力，不仅使涂膜抗水防水，而且使灰尘难以附着其上，提高了涂料层饰面的自洁性。

4. 涂膜柔韧性

由于弹性网状硅树脂的作用，使涂层既具有无机涂料的较高强度，又具备有机涂料的柔性特点。由于此类涂料的涂膜弹性能够适应被涂基层的细小裂缝，所以涂刷于基层后一般不易开裂。

5. 抗化学侵蚀性

硅改性硅酸盐涂料成膜的特殊分子结构，使涂层具有很强的抗碱性能，并能够抵御大气中酸雨的侵蚀。

6. 色泽持久性

由于涂料中的颜料是用性能比较稳定的金属氧化物组合而成，所以不会因阳光紫外线的照射及酸碱的侵蚀而变色。

（三）COLOYS涂料的施工工艺

COLOYS涂料的施工工艺，根据装饰效果的不同而不同。该化工有限公司拥有涂料专业施工队伍，其建筑外墙涂料产品及其专业化工程施工实施质量承诺和跟踪服务。COLOYS涂料的施工工艺如表8.23所示。

三、多彩喷涂的施工

多彩喷涂涂料即多彩内墙涂料（MC），其传统产品为水包油型（O/W）涂料，即由两种或两种以上的油性着色粒子悬浮在水性介质中，经喷涂后能形成多彩涂层的建筑内墙涂料。多彩喷涂的涂层，可在一种面层中同时展现多种色彩和花纹的立体效果，故有"无缝墙纸"之称，但它不会出现壁纸裱糊饰面极易发生的突显接缝、开胶、发霉等缺陷。

（一）水包油型多彩涂料

由于多彩涂料所形成的涂膜和施工方式为厚质复层，特别是其优异的装饰效果以及防潮防污、坚固耐久、耐化学侵蚀、耐洗刷并可降低室内噪声等良好的使用性能，因而曾经盛行于世。然而，水包油型多彩涂料所含挥发性溶剂的毒副作用会污染环境，会对人体造成一定伤害，势必被市场淘汰。

根据国家建工行业标准JG/T 3003《多彩内墙涂料》的规定，水包油型多彩内墙涂料的技术性能要求如表8.24所示。

表 8.23　COLOYS 涂料的施工工艺

产品及效果	仿铝塑板涂饰	仿金属涂饰	仿玻璃涂饰	纹理涂饰	浮雕(压花)涂饰
主要施工工序	基面处理	基面处理	基面处理	基面处理	基面处理
	专用找补料 (1遍)	专用找补料	专用找补料	专用找补料	专用找补料
	专用找补料 (1遍)	专用腻子	专用腻子	专用底漆 (1遍)	专用底漆 (1遍)
	专用腻子 (1遍)	仿金属涂料 (1遍)	仿玻璃涂料 (1遍)	专用中涂 (1遍)	专用浮雕 喷点骨料
	仿铝塑板涂料 (1遍)	仿金属涂料 (1遍)	仿玻璃涂料 (1遍)	面涂(1遍) 细小纹理	(压花)
	仿铝塑板涂料 (1遍)	仿金属涂料 (1遍)	仿玻璃涂料 (1遍)	面涂(1遍) 中度纹理	专用中涂 (1遍)
	仿铝塑板涂料 (1遍)	仿金属涂料 保护层(1遍)	仿玻璃涂料 (1遍)		面涂 (1遍)
	仿铝塑板涂料 (1遍)	—	仿玻璃涂料 保护层(1遍)	—	面涂 (1遍)
工序 总计	12道工序	13道工序	15道工序	8道工序	9道工序 (压花10道工序)

注：1. 嘉达公司经主管部门批准，具有承担涂料工程施工及建筑防水工程施工资格，对于所承接的工程有严格的质量管理和保证。

2. 产品的基本质量保证为15年，保质期内涂膜不起泡、不褪色、不脱落；仿铝塑板、仿金属、仿玻璃涂料施工的保质期为20年，并保证8年使用期内涂饰表面不霉变。

3. 嘉达公司实施质量跟踪服务，定期检查产品质量，访问产品使用情况。

表 8.24　多彩内墙涂料的技术性能

试验类别	项　目	技　术　指　标
涂料性能	容器中的状态	搅拌后呈均匀状态，无结块
	黏度(25℃,B法)/kU	80～100
	不挥发物含量/%	≥19
	施工性	喷涂无困难
	储存稳定性(0～30℃)/月	6
涂层性能	实干时间/h	≤24
	涂膜外观	与样本相比无明显差别
	耐水性(去离子水,23℃±2℃)	96h不起泡、不掉粉，允许有轻微失光和变色
	耐碱性(饱和氢氧化钙溶液,23℃±2℃)	48h不起泡、不掉粉，允许有轻微失光和变色
	耐洗刷性/次	≥300

（二）全水性多彩涂料

1. 全水性多彩涂料的品种

（1）WINNER（威耐）牌三合一多彩涂料　这种涂料是深圳汇力建筑实业发展有限公司的安全环保型亚光多彩涂料产品，具有无毒无味、耐火、阻燃、耐酸碱、耐磨洗、耐冲击和耐老化等优良的综合性能。特别是将传统多彩涂料的底层涂料、中层涂料和面层涂料三者合而为一，实现了"三合一"成膜，不需要再进行复层施工。

这种多彩涂料通过喷、滚、弹、刮、拉等施工工艺，可使涂层表面色彩丰富自然，并能形成平面、立体、藤蔓、幻影、流淌、彩箔、石板质感饰面或工艺壁画等多种良好装饰效果。

（2）多高雅牌全水性多彩涂料　这种涂料是深圳市多高雅装饰材料有限公司的全水性多彩涂料产品，既保留了多彩涂料原有的优异技术性能，又克服了水包油型多彩涂料在环境保护问题上的严重缺点，使多彩涂料成为真正的全水性环保型建筑装饰涂料。

多高雅牌全水性多彩涂料的最低成膜温度为5℃；涂膜表干时间在常温下为2h，完全固结时间为24h。其成品桶装涂料储存在10～25℃环境中稳定保持时间为3个月。

2. 全水性多彩涂料的施工

全水性多彩涂料的复层施涂方法，与传统水包油型多彩涂料的喷涂做法大致相同。

（1）基层表面处理　清理基层表面的油污、浮尘及疏松物，必要时批刮腻子嵌平基层裂缝或凹坑麻点等缺陷，墙面干燥后用砂纸打磨平整并清理洁净。注意处理好的基层pH值应小于9.5。

（2）底层涂料施涂　在干燥清洁并坚实平整的基层表面，采用辊涂、喷涂做法，刷涂底层涂料1～2遍。注意施工温度不能小于5℃，并应避免在雨天或潮湿气候条件下施工。

（3）中层涂料施涂　待底层涂料干燥后，采用辊涂或刮涂方法施涂中层涂料1～2遍。如果配套材料的中层与面层涂料并无区别，即均为主涂层材料时，可采用喷涂法。

（4）面层涂料喷涂　中层涂料干燥后，即喷涂面层涂料，一般分为两层涂装，以达到样板确定的效果。

不论底涂、中涂和面涂施工，均应事先将涂料搅拌均匀，但既不得采用机械搅拌，也不得进行稀释。

多彩涂料的喷涂设备，主要由空气压缩机、管道和喷枪组成。喷涂时应首先进行试喷，调整好喷涂压力后，一般不再任意改变其压力，通常用的压力为0.3～0.4MPa；喷枪嘴距离墙面40cm左右，理论耗量约为4～5m²/kg。手持喷枪时，手臂、肩头及手腕要一致地移动，保持喷嘴喷射方向与施工表面始终为垂直状态。

四、天然岩石漆涂饰施工

天然岩石漆也称为真石漆、石头漆、花岗石漆等，是由天然石料与水性耐候树脂混合加工制成的新产品，是资源再生利用的一种高级水溶性建筑装饰涂料。这种涂料不仅具有凝重、华美和高档的外观效果，而且具有坚硬耐用、防火隔热、防水耐候、耐酸碱、不褪色等优良特点，可用于混凝土、砌筑体、金属、塑料、木材、石膏、玻璃钢等材质表面的涂装，设计灵活，应用自由，施工简易。

1. 涂饰基层的要求

（1）被涂基体的表面不可有油脂、脱模剂或疏松物等影响涂膜附着力的物质，如果有此类物质应彻底清除。

（2）结构体不能有龟裂或渗漏，必要部位应先做好修补和防水处理。

（3）建筑基体应确保干燥，新墙体应在干燥后24h以上才可进行涂料的施涂。

（4）基层表面有旧涂膜时，应先做涂料附着力及溶剂破坏实验，合格后才能进行涂饰施工。否则，必须将旧涂膜清除干净。

（5）被涂基层为木质材料时，应注意封闭木材色素的渗出对涂料饰面的影响，宜先涂布底漆两遍或两遍以上，直至木质材料基层表面看不出有渗色现象为止。

2. 天然岩石漆施工要点

在正式施工前应对基层进行认真检查，确保基层符合涂料涂饰的要求。同时，应按设计要求进行试喷，做出小面积样板，以确定操作技巧及色彩和花样的控制标准。

（1）喷涂或辊涂底漆1～2遍，确保均匀并完全遮盖被涂的基层。

（2）待底漆涂层完全干燥（常温下一般3～6h）后，即可均匀喷涂主涂层涂料1～2遍，一般掌握6～8kg/m²的用量，涂层厚度为1.5～3.0mm，应能够完全覆盖底漆表面。

（3）待主漆涂层彻底干燥后，均匀喷涂或辊涂罩面漆，面漆一般为特殊水溶性矿物盐及高分子的结合物。这样可以增加美感并延长饰面的寿命。

（4）岩石漆喷涂施工时，需使用相应的专门喷枪，并应按下述方法操作。

① 检查各紧固连接部位是否有松动现象；

② 调整控制开关以控制工作时的气压；

③ 旋转蝶形螺帽，变动气嘴前后位置，以调整饰面的粒状（花点）大小；

④ 合理控制喷枪的移动速度；

⑤ 气嘴口径有1.8mm和2.2mm等多种，涂料嘴内径分为4mm、6mm、8mm等，可按需要配套选用；

⑥ 用完后注意及时洗净、清除气管与固定节间的残余物，以防止折断气管。

3. 涂饰施工中的注意事项

（1）在岩石漆主涂层干燥后，应注意检查重要大面部位，以及窗套、线脚、廊柱或各种艺术造型转角细部，是否有过分尖利锐角影响美观和使用安全，否则应采取必要的磨除技术措施。

（2）天然岩石漆产品在储存中，不生锈的铁桶包装可在25℃干燥库房保存10～12个月，施工前注意搅拌均匀。

五、乳胶漆系列涂料的施工

深圳市某实业有限公司是集油漆、涂料、胶黏剂产品生产为一体的大型中外合资企业，由美国W.S化工集团提供技术支持，不仅有严格的质量检测和完善的售后服务系统，而且产品全部通过ISO 9002质量体系认证。这个公司生产的乳胶漆系列的涂料，具有优异的配套性和其他优良性能，主要产品有水性封墙底漆、丝绸乳胶漆、珠光乳胶漆和外墙乳胶漆等。

（一）水性封墙底漆

栢纷牌水性封墙底漆为改良的丙烯酸共聚物乳胶漆产品，适用于砖石建筑结构墙体的表面、混凝土墙体的表面、水泥砂浆抹灰层表面及各种板材表面，特别适用于建筑物内外结构高碱性表面作基层封闭底漆，可以有效地保护饰面层乳胶漆涂膜不受基体的化学侵蚀而遭破坏变质。

1. 水性封墙底漆的技术性能

栢纷牌水性封墙底漆具有附着力强、防霉抗藻性能好、抗碱性能优异、抗风化粉化、固化速度快等突出优点。该产品的主要技术性能如表8.25所示。

表8.25　栢纷牌水性封墙底漆主要技术性能

项　次	技术性能项目	技术性能指标
1	容器中的状态	均匀白色黏稠液体
2	固体含量（体积分数）/%	＞50
3	表观密度/(kg/L)	1.42±0.03
4	黏度（K值）/kU	80～85
5	涂膜表干时间/min	10(30℃)
6	涂层重涂时间/h	5
7	盖耗比（理论值,30μm干膜厚度计）/(m²/L)	12.7

2. 水性封墙底漆的基层处理

栢纷牌水性封墙底漆采用刷涂或辊涂方式进行施涂，要求被封闭的基层应确保表面洁净、干燥，并应整体稳固。因此，对基层的处理应注意以下事项。

（1）对于基层表面的灰尘粉末，应当彻底清除干净，室外可用高压水冲洗，室内可用湿布擦净。

（2）旧涂膜或模板脱模剂等，采用相应的物理化学方法进行清除，如冲洗、刮除、火焰清除等。

（3）基层不平整或残留灰浆，应采用剔凿或机具进行打磨；必要时采用相同的水泥砂浆予以修补平整。

（4）基层的含水率必须控制在小于 6％，并严格防止建筑基体的渗漏缺陷。

（5）基层表面的霉菌，采用高压水冲洗；或用抗霉溶剂清除后，再用清水彻底冲洗干净。

（6）对于油脂污渍，可用中性清洁剂及溶剂清除，再用清水彻底洗净。

3. 施涂施工的注意事项

封墙底漆稀释时，可采用清洁水，加水的比例最大值为 20％。施工时应避免直接接触皮肤。施工完毕后必须用清水将工具清洗干净。剩余的涂料必须盖好封严，存放于阴凉干燥处。

（二）丝绸乳胶漆

栢纷牌丝绸乳胶漆为特殊改良的醋酸共聚乳胶漆内墙涂料，可用于混凝土、水泥砂浆及木质材料等各种表面的具有保护性能的涂膜装饰。漆面有丝绸质感及淡雅柔和的丝光效果。施工比较简易，有防碱抗藻性能。

1. 丝绸乳胶漆的技术性能

（1）固体含量

丝绸乳胶漆的固体含量与水性封墙底漆差不多，一般大于 48％（体积分数）。

（2）表观密度

丝绸乳胶漆的表观密度与水性封墙底漆相同，一般为（1.42±0.03）kg/L。

（3）黏度

丝绸乳胶漆比水性封墙底漆的黏度稍大些，一般为 96kU。

2. 丝绸乳胶漆的使用方法

丝绸乳胶漆可采用刷涂、辊涂或喷涂的方法施涂，可选用其色卡所示的标准色，也可由用户提出要求进行配制。

其施工温度要求大于 5℃；在封墙底漆干燥后，施涂丝绸面漆 2 遍，二者间隔时间至少 2h；可用清水进行稀释，但加水率不得大于 10％。

所有工具在用完后应及时用清水冲洗干净，施工时尽可能避免直接接触皮肤。涂料储存环境应当阴凉干燥，其保质期一般为 36 个月。

（三）珠光乳胶漆

栢纷牌珠光乳胶漆为改良的苯丙共聚物乳胶漆，具有水性漆与油性漆的共同优点，是一种涂膜细滑并有光泽的装饰性涂料，可用于建筑内墙或建筑外墙。施工后形成的涂膜坚韧耐久，无粉化或爆裂等不良现象，不褪色，抗水性能佳，容易清洗，耐候性能优异。

1. 珠光乳胶漆的技术性能

（1）固体含量：（37±3）％（体积分数）。

（2）表观密度：（1.42±0.03）kg/L（白色）。

（3）干燥时间：30min 触干；1h 硬固。

（4）重涂时间：至少 2h。

2. 珠光乳胶漆的施工要点

（1）基层处理。做法同上，必要时用防藻防霉溶液清洗缺陷部位。

（2）涂底漆。在处理好的基层表面，宜涂刷一道封闭底漆。

（3）涂珠光漆。栢纷牌珠光乳胶漆可采用刷涂、辊涂或高压无气喷涂，先后施涂 2 层。如需进行稀释，可用清水，但加水量≤15%。涂布的理论耗用量为 9.3m²/L（以 40μm 的涂膜厚度计）。施工温度应大于 5℃。

3. 珠光乳胶漆的注意事项

所有工具使用后，应及时用清水冲洗干净。施工时要避免涂料直接接触皮肤，接触后应及时用清水冲洗。涂料应存放于阴凉干燥处，其保质期一般为 36 个月。

（四）外墙乳胶漆

1. 半光外墙乳胶漆

栢纷牌半光外墙乳胶漆 5100 产品，是以苯丙乳液为基料的高品质半光水性涂料，对建筑外墙面提供保护和装饰作用。该产品具有优良的附着力，涂膜色泽持久，能抵御天气变化，能抵抗碱和一般化学品的侵蚀，不易粘尘，并具有防霉性能。

（1）技术参数　栢纷牌半光外墙乳胶漆的固体含量为 40%；颜色按内墙产品的标准色选择，有 6000 类、7000 类和 8000 类标准颜色。涂层施工后 2h 表干，8h 坚硬固结；当施工温度为 25℃、相对湿度为 70% 时，重涂间隔时间至少 3h 以上。

（2）基层处理　基层应当清除污垢及黏附的杂质，其表面应保持洁净、干燥，并已经涂刷底漆。旧墙表面可用钢丝刷清除松浮或脱落的旧涂膜，在涂漆前用钢丝刷或高压洗墙机除去粉化涂膜，再涂刷底漆。

（3）施工操作　可以采用人工刷涂、辊涂、普通喷涂或无气喷涂，涂料不需要进行稀释。如果需要稀释时，普通喷涂为 10 份油漆加 2 份清水，其他做法为 10 份油漆加 1 份清水。涂料的理论耗用量为 7.6m²/L（以涂膜厚度 50μm 计）。

（4）注意事项　栢纷牌半光外墙乳胶漆的储存和使用应当注意以下事项。

① 该产品不能储存于温度低于 0℃ 的环境中，在施涂施工时的温度不得低于 5℃。

② 在施涂过程中必须注意空气的流通，并应避免沾染皮肤及吸入过量的油漆喷雾。

③ 如果涂料已沾染皮肤，应及时用肥皂和温水或适当的清洗剂冲洗。如果被涂料沾染了眼睛，应立即用清水或稀释的硼酸冲洗至少 10min，并立即请医生治疗。

2. 高光外墙乳胶漆

栢纷牌高光外墙乳胶漆 5300 型产品，是以纯丙烯酸为基料的高品质高光泽外用乳胶漆，涂膜坚固，附着力强，具有特别的耐变黄性及优良的抗霉性能，色泽持久，能抵抗一般酸、碱、溶剂及化学品的侵蚀，并能抵御各种天气变化。

（1）主要技术参数　栢纷牌高光外墙乳胶漆产品的主要技术性能和施工参数如下。

① 固体含量：一般为 55%。

② 理论涂布耗用量：9.0m²/L（以涂膜厚度 50μm 计）。

③ 重涂时间间隔：在施工温度 25℃、相对湿度为 60%～70% 情况下，最少 6h，最多不限。

④ 涂膜干燥时间：在施工温度 25℃、相对湿度为 70% 情况下检测，表干 2h，坚硬固结为 24h。

⑤ 色彩选择：按栢纷牌内墙乳胶漆 6000 类、7000 类和 8000 类标准颜色选定。

（2）基层处理　先清洁基层表面并保持干燥，旧墙面可用钢丝刷清除松浮旧涂膜或用高压洗墙机除去粉化旧涂膜。涂刷适当的底漆，干透后除去杂质。

（3）涂装施工　施涂该产品时，施工的环境温度不得低于 5℃，并应注意以下要点。

① 可采用扫涂（刷涂）、辊涂、普通喷涂或高压无气喷涂的施工方法。

② 采用刷涂、辊涂及无气喷涂做法时，无需稀释涂料就可以施工。在采用普通喷涂施工时，如果需要对涂料加以稀释，可加入小于乳胶漆用量 20％的清洁水进行稀释。

③ 施工时必须注意空气流通；应尽可能避免沾染皮肤或吸入过量的涂料喷雾。若已经沾染皮肤，应及时用肥皂和温水，或适当的清洗剂冲洗。如果被涂料沾染了眼睛，应立即用清水或稀释的硼酸冲洗至少 10min，并立即请医生治疗处理。

（4）产品储存　该产品应储存于阴凉干燥的地方，储存的环境温度不得低于 0℃；产品所储存的位置应是儿童不可能接触到的地方。

复习思考题

1. 涂饰工程在施工中需要哪些环境条件？
2. 涂饰工程施工对基层处理有哪些一般要求？如何对基层进行清理、修补和复查？
3. 简述混凝土及抹灰内墙、外墙、顶棚涂饰工程施工的主要工序。
4. 涂料选择的原则和涂料颜色调配的方法是什么？
5. 简述油漆及其新型水性漆涂饰的施工工艺。
6. 简述建筑涂料喷涂、辊涂、刷涂的施工工艺。
7. 简述改性复合涂料的施工工艺。
8. 简述水包油多彩涂料、全水性多彩涂料多彩喷涂的施工工艺。
9. 简述天然岩石喷涂的施工工艺。在喷涂施工中应注意哪些事项？
10. 简述乳胶漆系列涂料（水性封墙底漆、丝绸乳胶漆、珠光乳胶漆等）的施工工艺。

第九章　裱糊饰面工程施工

本章简单介绍了壁纸和墙布种类、常用胶黏剂和施工机具，重点介绍了裱糊饰面施工的作业条件、施工工艺，软包装饰工程施工的有关规定，人造革、装饰布等的施工工艺，介绍了软包装饰工程的质量要求和检验方法。通过对本章内容的学习，初步了解裱糊与软包工程施工的基本知识。

裱糊工艺是一种古老而传统的装饰工艺，同涂料工艺一样，随着科学的进步和工业的发展，新材料、新工艺和新技术使裱糊工程的内容向多样化发展。

裱糊饰面工程，简称"裱糊工程"，是指在室内平整光洁的墙面、顶棚面、柱体面和室内其他构件表面，用壁纸、墙布等材料裱糊的装饰工程。

当代高档壁纸新品种层出不穷，一般 PVC 塑料壁纸，由于对室内环境有影响，已被"绿色"壁纸替代。如不含毒素的荧光壁纸、金属壁纸、植绒壁纸、藤皮壁纸、熟麻壁纸、草丝壁纸和棉纱或棉麻加工而成的纱线墙布，具有耐燃功能的胶面布底墙布、EVA 豪华弹性墙布、珍贵微薄木墙布、瓷砖造型墙布、无纺贴墙布等，品种繁多，各具特点，豪华富丽，而且无毒无害。

壁纸有以下几个特点。

（1）装饰效果好　由于裱糊材料色彩鲜艳丰富、图案变化多样，有的壁纸表面凹凸不平，富有良好的质感和主体效果，因此只要通过精心设计、细致施工，裱糊饰面工程可以满足各种装饰要求，而且装饰效果较好。

（2）多功能性　墙布除具有较好的装饰效果外，还具有良好的吸声、隔热、防霉、耐水等多种功能，还具有较好的实用性。

（3）施工方便　壁纸施工一般采用胶黏材料粘贴，施工方便。

（4）维护保养简便　多数壁纸都有一定的耐擦性和防污染性，所以饰面容易保持清洁。用久后，调换翻新也很容易。

（5）使用寿命长　只要保养得当，多数壁纸的寿命要比传统性涂料长。

第一节　裱糊的基本知识

一、壁纸和墙布的种类

（1）纸面纸基壁纸　在纸面上有各种印花或压花花纹图案，价格便宜，透气性好，但因不耐水、不耐擦洗、不耐久、易破裂、不易施工，故很少采用。

（2）天然材料面墙纸　用草、树叶、草席、芦苇、木材等制成的墙纸，可给人一种返朴归真的氛围。

（3）金属墙纸　在基层上涂金属膜制成的墙纸，具有不锈钢面与黄铜面的质感与光泽，给人一种金碧辉煌、豪华贵重的感觉，适用于大厅、大堂等气氛热烈的场所。

（4）无毒 PVC 壁纸　无毒 PVC 壁纸是使用最多的壁纸。它不同于传统塑料壁纸，不但无害且款式新颖，图案美观，有的瑰丽辉煌，雍容华贵；有的凝重典雅，清新怡人。

（5）装饰墙布　装饰墙布是用丝、毛、棉、麻等纤维编织而成的墙布，它能给人和谐、舒适、温馨的感觉，具有强度大、静电小、无光、无毒、无味、花纹色彩艳丽的优点，可用于室内高级饰面裱糊，但价格偏高。

（6）无纺墙布　无纺墙布是用棉、麻等天然纤维或涤腈等合成纤维，经过无纺成型、上树脂、印刷花纹而成的一种贴墙材料。它具有以下特点：挺括，富有弹性，不易折断，纤维不老化、不散失，对皮肤无刺激作用，色彩鲜艳，图案雅致，粘贴方便等。同时还具有一定的透气性和防潮性，可擦洗而不褪色，适用于各种建筑物的室内墙面装饰，特别适用于高级宾馆、高级住宅等建筑物。

（7）波音软片　波音软片材料表面强度较好，花色品种多，背部有自粘胶，适用于中高档室内装饰和家具饰面。

二、壁纸、墙布性能的国际通用标志

壁纸、墙布性能的国际通用标志，如图 9.1 所示。

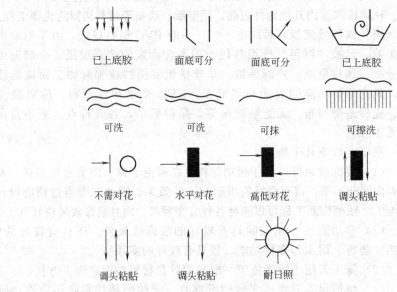

图 9.1　壁纸、墙布性能的国际通用标志

三、裱糊饰面工程施工的常用胶黏剂与机具

（一）粉末壁纸胶

粉末壁纸胶的品种、用途和性能，详见表 9.1。

（二）裱糊工程常用机具

1. 剪裁工具

（1）剪刀　对于较重型的壁纸或纤维墙布，宜采用长刃剪刀。剪裁时先依直尺用剪刀背划出印痕，再沿印痕将壁纸或墙布剪断。

表 9.1　粉末壁纸胶的品种、用途和性能

品　种	用　途	性　能
BJ 8504 粉末壁纸胶	适用于纸基塑料壁纸的粘贴	①初始粘接力:粘贴壁纸不剥落、边角不翘起 ②粘接力:干燥后剥离时,胶接面未剥离 ③干燥速度:粘贴后 10min 可取下 ④耐潮性:在室温,湿度 85% 下 3 个月不翘边、不脱落、不鼓泡
SJ 8505 粉末壁纸胶	适用于纸基塑料壁纸的粘贴	①初始粘接力优于 8504 干胶 ②干燥时间:刮腻子砂浆面 3h 后基本干燥,涂料及桐油面为 2h ③除能用于水泥、抹灰、石膏板、木板等墙面外,还可用于涂料及刷底油等墙面

（2）裁刀　裱糊材料较多采用活动裁纸刀，即普通多用刀。另外，裁刀还有轮刀，分为齿形轮刀和刃形轮刀两种。齿形轮刀能在壁纸上需要裁割的部位压出连串小孔，能够沿孔线将壁纸很容易地整齐扯开；刃形轮刀通过对壁纸的滚压而直接将其切断，适宜用于质地较脆的壁纸和墙布的裁割。

2. 刮涂工具

（1）刮板　刮板主要用于刮抹基层腻子及刮压平整裱糊操作中的壁纸墙布，可用薄钢片、塑料板或防火胶板自制，要求有较好的弹性且不能有尖锐的刃角，以利于抹压操作，但不至于损伤壁纸墙布表面。

（2）油灰铲刀　油灰铲刀主要用于修补基层表面的裂缝、孔洞及剥除旧裱糊面上的壁纸残留，如油漆涂料工程中的嵌批铲刀。

3. 刷具

用于涂刷裱糊胶黏剂的刷具，其刷毛可以是天然纤维或合成纤维，宽度一般为 15～20mm；此外，涂刷胶黏剂较适宜的是排笔。另外，还有裱糊刷（也称墙纸刷），专用于在裱糊操作中将壁纸墙布与基面扫（刷）平、压平、粘牢，其刷毛有长短之分，短刷毛适宜扫（刷）压重型壁纸墙布，长刷毛适宜刷抹压平金属箔等较脆弱类型的壁纸。

4. 滚压工具

滚压工具主要是指辊筒，其在裱糊工艺中有三种作用：一是使用绒毛辊筒辊涂胶黏剂、底胶或壁纸保护剂；二是采用橡胶辊筒以滚压铺平、粘实、贴牢壁纸墙布；三是使用小型橡胶轧辊或木制轧辊，通过滚压而迅速压平壁纸墙布的接缝和边缘部位，滚压时在胶黏剂干燥前做短距离快速滚压，特别适用于重型壁纸墙布的拼缝压平与贴严。

对于发泡型、绒絮型或较为质脆的裱糊材料，则适宜采用海绵块以取代辊筒类工具进行压平操作，避免裱糊饰面的滚压损伤。

5. 其他工具及设备

裱糊施工的其他工具及设备，主要有抹灰、基层处理及弹线工具、托线板、线锤、水平尺、量尺、钢尺、合金直尺、砂纸机、裁纸工作台与水槽等。

第二节　裱糊工程主要材料

一、壁纸和墙布

目前较广泛使用的壁纸、墙布的主要类型与品种及其应用特点，参见表 9.2。

表 9.2　壁纸、墙布主要品种及其应用特点

类别与品种	说　明	应 用 特 点
复合纸质壁纸	由双层纸(底纸和表纸)通过施胶、层压复合后，再经压花、涂布、印刷等工艺制成，其多色印刷(如6色预印刷、3色沟底和点涂印刷)及同步压花工艺，使产品具有鲜明的立体浮雕质感和丰富色彩效果	由于是纸质壁纸，故造价较为低廉；无异味，火灾事故中发烟低，不产生有毒有害气体；多色深压花纸质复合壁纸可以达到一般高发泡PVC塑料壁纸及装饰墙布的质感、层次感以及色泽和凹凸花纹持久美观的效果；由于其表面涂敷透明涂层，故具有耐擦洗特性
聚氯乙烯(PVC)塑料壁纸	以纸为基材，以聚氯乙烯塑料薄膜为面层，经复合、压延、印花、压花等工艺制成，有普通型、发泡型、特种型(功能型)以及仿瓷砖、仿文化墙、仿碎拼大理石、仿皮革或织物等外观效果的浮雕装饰型等众多花色品种	执行国家标准GB 8945，以及国际壁纸标准(IGI 1987)、欧洲标准(PREN 233)等，此类产品具有一定的伸缩性和抗裂强度，耐折、耐磨、耐老化，装饰效果好，适用于各种建筑物内墙、顶棚、梁柱等贴面的装饰；其缺点是有的品种会散发塑料异味和火灾燃烧时发烟，有一定的危害
纺织艺术壁纸	由棉、麻、毛、丝等天然纤维及化学纤维制成的各种色泽花式的粗细纱或织物与纸质基材复合而成；另有用扁草、竹丝或麻条与棉线交织后同纸基贴合制成的植物纤维壁纸，也属于此类，具有鲜明的肌理效果	此类裱糊材料的大部分品种具有无毒、环保、吸声、透气及一定的调湿和保温功效，饰面的视觉效果独特，尤其是天然纤维的质感淳朴、生动；其缺点是防污及可擦洗性能较差，易受机械损伤，对于保养要求较高；适宜于饭店、宾馆重要房间、接待室、会议室及商用橱窗等裱糊工程
金属壁纸	主要是以铝箔为面层复合于纸质基材的壁纸产品，表面进行各种处理，亦可印花或压花	表面具有镜面不锈钢和黄铜等金属饰面质感及鲜明的光泽效果，耐老化、耐擦洗、抗沾污，使用寿命长，多用于室内天花板、柱面裱糊及墙面局部与其他饰面配合进行贴覆装饰
玻璃纤维墙布	以中碱玻璃纤维布为基材，表面涂覆耐磨树脂再进行印花等加工制成	色彩鲜艳，花式繁多，不褪色，不老化，不变形，耐洗刷性优异，在工程中可以掩盖基层裂缝等缺陷，最适宜用于轻质板材基面的裱糊装饰；由于该材料具有优良的自熄性能，故宜用于防火要求高的建筑室内；其缺点是盖底能力比较差，涂层磨损后会有少量纤维散出而影响美观
无纺贴墙布	采用棉、麻等天然植物纤维或涤纶、腈纶等化工合成纤维，经无纺成型、涂布树脂及印花等加工制成	表面光洁，色彩鲜艳，图案雅致，有弹性、耐折、耐擦洗、不褪色，纤维不老化、不分散，有一定的透气性和防潮性能，且裱糊方便；适用于各种建筑室内裱糊工程，其中涤纶无纺墙布尤其适宜高级宾馆及住宅的高级装饰
化纤装饰墙布	以化学纤维布为基材，经加工处理后印花而成	具有无毒、无味、透气、防潮、耐磨、无分层等优点，其应用技术与PVC壁纸基本相同
棉质装饰墙布	采用纯棉平布经过前处理、印花、涂层等加工制成	无毒、无异味、强度好、静电小、吸声、色彩及花型美观大方，适用于高级装饰工程
石英纤维墙布(奥地利海吉布)	采用天然石英材料编织的基材，背带黏结剂，表面为双层涂饰，总厚度为0.7～1.4mm，具有各种色彩和不同的肌理效果，形成胶黏剂、墙布和涂料三者结合的复合装饰材料	不燃、无毒、抗菌、防霉、不变色，安全环保，可使用任何化学洗涤剂进行清洗，耐洗刷可达10000次以上；饰面具有透气性，可保证15年以上的使用寿命，并可5次更换表面涂层颜色；可用于各种材质的墙面裱糊
锦缎墙布	为丝织物的裱糊饰面品种	花纹图案绚丽，风格典雅，可营造高贵富丽的环境气氛；突出缺点是不能擦洗、容易长霉，且造价较高，只适用于特殊工程的裱糊饰面
装饰墙毡	以天然纤维或化学纤维，如麻、毛、丙烯腈、聚丙烯、尼龙、聚氯乙烯等纤维，经黏合、缩绒或纺粘等工艺加工制成，品种分为机织毡、压呢毡和针刺毡等	具有优良的装饰效果，并有一定的吸声功能，易于清洁，为建筑室内高档的裱糊饰面材料，可以用于墙面或柱面的水泥砂浆基层、木质胶合板基层及纸面石膏板等轻质板材基层表面

　　在新型的或传统的裱糊材料中，当前应用最为普遍的壁纸是聚氯乙烯（PVC）塑料壁纸，其产品有多种类型和品种，如立体发泡型凹凸花纹壁纸，防火、防水、防菌、防静电等功能型壁纸，以及方便施工的无基层壁纸（印花膜背面涂有压敏胶，并覆有一层可剥离的纸，裱糊时将背面纸剥除即可直接裱贴于基层上）、预涂胶壁纸（背面自带水溶性胶黏剂，裱糊时用清水浸润溶解即可粘贴）、分层壁纸（预涂胶壁纸背面由双层纸基贴合，贴合强度小于底纸预涂胶的黏结强度，当需要更换时只需剥去面纸，新壁纸可直接贴合于仍留在墙面的纸基上）等。

　　常用的装饰墙布，是目前在室内装饰中首选的装饰材料，其主要是以棉、麻等天然纤维材料，或涤、腈等合成纤维材料，经无纺成型、涂布树脂并印制彩色花纹而成的无纺贴墙布；或以纯棉平布经过前处理、印花和涂层等工艺制成的棉质装饰布。此外，以平绒、墙毡、家具布（装饰布）、毛藤、蒲草等装饰织（编）物进行墙面或造型构件裱糊的做法，也被广泛应用于室内装饰工程中。

　　壁纸、墙布的一般规格尺寸，可参见表 9.3。根据国家标准《聚氯乙烯壁纸》（GB 8945）中的规定，每卷壁纸的长度为 10m 者，每卷为 1 段；每卷壁纸的长度为 50m 者，其每卷的段数及每段长度应符合表 9.4 中的要求。

表 9.3　常用壁纸、墙布的规格尺寸

品　　种	规　格　尺　寸			备　　注
	宽度/mm	长度/m	厚度/mm	
聚氯乙烯壁纸	530(±5) 900～1000(±10)	10(±0.05) 50(±0.50)		国家标准 GB 8945
纸基涂塑壁纸	530	10		天津新型建材二厂产品
纺织纤维墙布	500,1000	按用户要求		西安市建材厂产品
玻璃纤维墙布	910(±1.5)		0.15(±0.015)	统一企业标准 CW150
装饰墙布	820～840	50	0.15～0.18	天津第十六塑料厂产品
无纺贴墙布	850～900		0.12～0.18	上海无纺布厂产品

表 9.4　50m/卷壁纸的每卷段数及段长

级　　别	每　卷　段　数	每　小　段　长　度
优等品	≤2 段	≥10m
一等品	≤3 段	≥3m
合格品	≤6 段	≥3m

　　塑料壁纸的外观质量要求，应符合表 9.5 中的规定；塑料壁纸的物理性能，应符合表 9.6 中的规定。

表 9.5　塑料壁纸的外观质量

缺陷名称	等　级　指　标		
	优 等 品	一 等 品	合 格 品
色差	不允许有	不允许有明显差异	允许有差异,但不影响使用
伤痕和皱折	不允许有	不允许有	允许基纸有明显痕迹,但壁纸表面不允许有死折
气泡	不允许有	不允许有	不允许有影响外观的气泡
套印精度偏差	偏差≤0.7mm	偏差≤1mm	偏差≤2mm
露底	不允许有	不允许有	允许有 2mm 的露底,但不允许密集
漏印	不允许有	不允许有	不允许有影响外观的漏印
污染点	不允许有	不允许有目视明显的污染点	允许有目视明显的污染点,但不允许密集

表 9.6　塑料壁纸的物理性能

项　目		等　级　指　标		
		优等品	一等品	合格品
褪色性/级		>4	≥4	≥3
耐摩擦色牢度试验/级	干摩擦 纵向	>4	≥4	≥3
	横向			
	湿摩擦 纵向	>4	≥4	≥3
	横向			
遮蔽性/级		4	≥3	≥3
湿润拉伸负荷 /(N/15mm)	纵向	>2.0	≥2.0	≥2.0
	横向			
胶黏剂可拭性①	横向	20 次无外观上的损伤和变化	20 次无外观上的损伤和变化	20 次无外观上的损伤和变化

① 可拭性是指施工操作中粘贴塑壁纸的胶黏剂附在壁纸的正面,在其未干时,应有可能用湿布或海绵拭去,而不留下明显痕迹。

二、胶黏剂

1. 成品胶黏剂

用于壁纸、墙布裱糊的成品胶黏剂,按其基料不同可分为:聚乙烯醇、纤维素醚及其衍生物、聚醋酸乙烯乳液和淀粉及其改性聚合物等;按其物理形态不同可分为:粉状、糊状和液状三种;按其用途不同可分为:适用于普通纸基壁纸裱糊的胶黏剂和适用于各种基底和材质的壁纸墙布裱糊的胶黏剂。

裱糊工程成品胶黏剂的基本类别、材性及现场应用,可参见表 9.7。

表 9.7　裱糊工程成品胶黏剂的类别及其应用

形态类别	主要黏料	分类代号		现　场　调　用
		第 1 类	第 2 类	
粉状胶	一般为改性聚乙烯醇、纤维素及其衍生物等	1F	2F	根据产品使用说明将胶粉缓慢撒入定量清水中,边撒边搅拌或静置后搅拌,使之溶解直至均匀无团块
糊状胶	淀粉类及其改性胶等	1H	2H	按产品使用说明直接施用或用清水稀释搅拌至均匀无团块直接施用或用清水稀释搅拌至均匀无团块
液体胶	聚醋酸乙烯、聚乙烯醇及其改性胶等	1Y	2Y	按产品使用说明

注:应按裱糊材料品种及基层特点选配胶黏剂,一般壁纸可选用第 1 类胶黏剂;要求高湿黏性、高干强度的裱糊工程,可选用第 2 类胶黏剂。

根据国家标准《胶黏剂产品包装、标志、运输和贮存的规定》(GB 2944),成品胶黏剂在其标志中应注明产品标记和粘料,选用时可明确鉴别。成品胶的储存温度一般为 5～30℃,有效储存期通常为 3 个月,但不同生产厂家的不同产品会有一定差别,选用时应注意具体产品的使用说明。

2. 现场调制胶黏剂

现场自制裱糊胶黏剂的常用材料为聚醋酸乙烯乳液、羧甲基纤维素(化学糨糊)以及传统材料配制的面粉糊等。为克服淀粉面糊容易产生发霉的缺陷,配制时可加入适量的明矾、酚醛或硼酸等作为防腐。自配胶黏剂中掺加定量羧甲基纤维素水溶液的做法,可提高胶液的保水性，使胶液稠滑方便涂刷而且不粘刷具，同时可使胶液避免流淌并增强黏结力，使用时要将适量羧甲基纤维素先搅拌均匀，放置隔夜后再与聚醋酸乙烯乳液等胶料混合配制。

裱糊工程常用的胶黏剂的现场调制配方，可参见表 9.8。施工时胶黏剂应集中进行配制，并由专人负责，用 400 孔/cm² 筛网过滤。现场调制的胶黏剂应当日用完，聚醋酸乙烯乳液类材料应使用非金属容器盛装。

表 9.8 裱糊工程常用胶黏剂的现场调制配方

材 料 组 成	配合比（质量比）	适用壁纸墙布	备 注
白乳胶：2.5%羧甲基纤维素：水	5：4：1	无纺墙布或 PVC 壁纸	配比可经试验调整
白乳胶：2.5%羧甲基纤维素溶液	6：4	玻璃纤维墙布	基层颜色较深时可掺入 10% 白色乳胶漆
SJ-801 胶：淀粉糊	1：0.2		
面粉（淀粉）：明矾：水	1：0.1：适量	普通壁纸 复合纸基壁纸	调配后煮成糊状
面粉（淀粉）：酚醛：水	1：0.002：适量		
面粉（淀粉）：酚醛：水	1：0.002：适量		
成品裱糊胶粉或化学糨糊	加水适量	墙毡、锦缎	胶粉按使用说明

注：根据目前的裱糊工程实践，宜采用与壁纸墙布产品相配套的裱糊胶黏剂，或采用裱糊材料生产厂家指定的胶黏剂品种，尤其是金属壁纸等特殊品种的壁纸墙布裱糊，应采用专用壁纸胶粉。此外，胶黏剂在使用时，应按规范规定先涂刷基层封闭底胶。

第三节 裱糊饰面工程的施工

一、裱糊工程的作业条件

裱糊工程一般是在顶棚基面、门窗及地面装修施工均已完成，电气及室内设备安装也基本结束后才能开始；影响裱糊操作及其饰面的临时设施或附件应全部拆除，并应确保后续工程的施工项目不会对被裱糊造成污染和损伤。

裱糊工程的作业条件包括内容非常广泛，主要是施工基层条件和施工环境条件两个方面，两者缺一不可、同等重要。

1. 施工基层条件

根据国家标准《建筑装饰装修工程质量验收规范》（GB 50210—2001）及《住宅装饰装修工程施工规范》（GB 50327—2001）等的规定，在裱糊之前，基层处理质量应达到下列要求。

（1）新建筑物的混凝土或水泥砂浆抹灰层在刮腻子前，应先涂刷一道抗碱底漆。

（2）旧基层在裱糊前，应清除疏松的旧装饰层，并涂刷界面剂，以利于黏结牢固。

（3）混凝土或抹灰基层的含水率不得大于 8%，木材基层的含水率不得大于 12%。

（4）基层的表面应坚实、平整，不得有粉化、起皮、裂缝和突出物，色泽应基本一致。有防潮要求的基体和基层，应事先进行防潮处理。

（5）基层批刮腻子应平整、坚实、牢固，无粉化、起皮和裂缝；腻子的黏结强度应符合《建筑室内用腻子》（JG/T 3049）中 N 型腻子的规定。

（6）裱糊基层的表面平整度、立面垂直度及阴阳角方正，应符合《建筑装饰装修工程质量验收规范》（GB 50210—2001）中对于高级抹灰的要求。

（7）裱糊前，应用封闭底胶涂刷基层。

2. 施工环境条件

在裱糊施工过程中及裱糊饰面干燥之前，应避免穿堂风劲吹或气温突然变化，这些对刚裱糊工程的质量有严重影响。冬期施工应当在采暖的条件下进行，施工环境温度一般应大于15℃。裱糊时的空气相对湿度不宜过大，一般应小于85％。在潮湿季节施工时，应注意对裱糊饰面的保护，白天打开门窗适度通气，夜晚关闭门窗以防潮湿气体的侵袭。

二、裱糊饰面工程的施工

裱糊饰面工程的施工工艺主要包括：基层处理→基层弹线→壁纸与墙布处理→涂刷胶黏剂→裱糊。

（一）基层处理

为达到上述规范规定的裱糊基层质量要求，在基层处理时还应注意以下几个方面。

（1）清理基层上的灰尘、油污、疏松和黏附物；安装于基层上的各种控制开关、插座、电气盒等凸出的设置，应先卸下扣盖等影响裱糊施工的部分。

（2）根据基层的实际情况，对基层进行有效嵌补，采取腻子批刮并在每遍腻子干燥后均用砂纸磨平。对于纸面石膏板及其他轻质板材或胶合板基层的接缝处，必须采取其专用接缝技术措施处理合格，如粘贴牛皮纸带、玻璃纤维网格胶带等防裂处理。各种造型基面板上的钉眼，应用油性腻子填补，防止隐蔽的钉头生锈时锈斑渗出而影响裱糊的外观。

（3）基层处理经工序检验合格后，即采用喷涂或刷涂的方法施涂封底涂料或底胶，做基层封闭处理一般不少于两遍。封底涂刷不宜过厚，并要均匀一致。

封底涂料的选用，可采用涂饰工程使用的成品乳胶底漆，也可以根据装卸部位、设计要求及环境情况而定，如相对湿度较大的南方地区或室内易受潮部位，可采用酚醛清漆或光油：200 号溶剂汽油＝1：3（质量比）混合后进行涂刷；在干燥地区或室内通风干燥部位，可采用适度稀释的聚醋酸乙烯乳液涂刷于基层即可。

（二）基层弹线

（1）为了使裱糊饰面横平竖直、图案端正、装饰美观，每个墙面第一幅壁纸墙布都要挂垂线找直，作为裱糊施工的基准标志线，自第二幅开始，可先上端后下端对缝依次裱糊，以保证裱糊饰面分幅一致，并防止累积歪斜。

（2）对于图案形式鲜明的壁纸墙布，为保证做到整体墙面图案对称，应在窗口横向中心部位弹好中心线，由中心线再向两边弹分格线；如果窗口不在中间位置，为保证窗间墙的阳角处图案对称，可在窗间墙弹中心线，然后由此中心线向两侧分幅弹线。对于无窗口的墙面，可以选择一个距离窗口墙面较近的阴角，在距壁纸墙布幅宽 50mm 处弹垂线。

（3）对于壁纸墙布裱糊墙面的顶部边缘，如果墙面有挂镜线或天花阴角装饰线时，即以此类线脚的下缘水平线为准，作为裱糊饰面上部的收口；如无此类顶部收口装饰，则应弹出水平线以控制壁纸墙布饰面的水平度。

（三）壁纸与墙布处理

1. 裁割下料

墙面或顶棚的大面裱糊工程，原则上应采用整幅裱糊。对于细部及其他非整幅部位需要进行裁割时，要根据材料的规格及裱糊面的尺寸统筹规划，并按裱糊顺序进行分幅编号。壁纸墙布的上下端各自留出 50mm 的修剪余量；对于花纹图案较为具体明显的壁纸墙布，要事先明确裱糊后的花饰效果及其图案特征，应根据花纹图案和产品的边部情况，确定采用对口拼缝或是搭口裁割拼缝的具体拼接方式，应保证对接准确无误。

裁割下刀（剪）前，还应再认真复核尺寸有无差错；裁割后的材料边缘应平直整齐，不得有飞边毛刺。下料后的壁纸墙布应编号卷起平放，不能竖立，以免产生皱折。

2. 浸水润纸

对于裱糊壁纸的事先湿润，传统称为闷水，这是针对纸胎的塑料壁纸的施工工序。对于玻璃纤维基材及无纺贴墙布类材料，遇水后无伸缩变形，所以不需要进行湿润；而复合纸质壁纸则严禁进行闷水处理。

① 聚氯乙烯塑料壁纸遇水或胶液浸湿后即膨胀，大约需 5～10min 胀足，干燥后又自行收缩，掌握和利用这一特性是保证塑料壁纸裱糊质量的重要环节。如果将未经润纸处理的此类壁纸直接上墙裱贴，由于壁纸虽然被胶固定但其继续吸湿膨胀，因而裱糊饰面就会出现难以消除的大量气泡、皱折，不能满足裱糊质量要求。

闷水处理的一般做法是将塑料壁纸置于水槽中浸泡 2～3min，取出后抖掉多余的水，再静置 10～20min，然后再进行裱糊操作。

② 对于金属壁纸，在裱糊前也需要进行适当的润纸处理，但闷水时间应当短些，即将其浸入水槽中 1～2min 取出，抖掉多余的水，再静置 5～8min，然后再进行裱糊操作。

③ 复合纸基壁纸的湿强度较差，严禁进行裱糊前的浸湿处理。为达到软化此类壁纸以利于裱糊的目的，可在壁纸背面均匀涂刷胶黏剂，然后将其胶面对胶面自然对折静置 5～8min，即可上墙裱糊。

④ 带背胶的壁纸，应在水槽中浸泡数分钟后取出，并由底部开始图案朝外卷成一卷，待静置 1min 后，便可进行裱糊。

⑤ 纺织纤维壁纸不能在水中浸泡，可先用洁净的湿布在其背面稍作擦拭，然后即可进行裱糊操作。

（四）涂刷胶黏剂

壁纸墙布裱糊胶黏剂的涂刷，应当做到薄而均，不得漏刷；墙面阴角部位应增刷胶黏剂 1～2 遍。对于自带背胶的壁纸，则无需再涂刷胶黏剂。

根据壁纸墙布的品种特点，胶黏剂的施涂分为：在壁纸墙布的背面涂胶、在被裱糊基层上涂胶以及在壁纸墙布背面和基层上同时涂胶。基层表面的涂胶宽度，要比壁纸墙布宽出 20～30mm；胶黏剂不要施涂过厚而裹边或起堆，以防裱贴时胶液溢出太多而污染裱糊饰面，但也不可施涂过少，涂胶不均匀到位会造成裱糊面起泡、脱壳、粘接不牢。相关品种的壁纸墙布背面涂胶后，宜将其胶面对胶面自然对叠（金属壁纸除外），使之正、背面分别相靠平放，可以避免胶液过快干燥而造成图案面污染，同时也便于拿起上墙进行裱糊。

（1）聚氯乙烯塑料壁纸用于墙面裱糊时，其背面可以不涂胶黏剂，只在被裱糊基层上施涂胶黏剂。当塑料壁纸裱糊于顶棚时，基层和壁纸背面均应涂刷胶黏剂。

（2）纺织纤维壁纸、化纤贴墙布等品种，为了增强其裱贴黏结能力，材料背面及装饰基层表面均应涂刷胶黏剂。复合纸基壁纸于纸背涂胶进行静置软化后，裱糊时其基层也应涂刷胶黏剂。

（3）玻璃纤维墙布和无纺贴墙布，要求选用粘接强度较高的胶黏剂，只需将胶黏剂涂刷于裱贴面基层上，而不必同时也在布的背面涂胶。这是因为玻璃纤维墙布和无纺贴墙布的基材分别是玻璃纤维及合成纤维，本身吸水极少，又有细小孔隙，如果在其背面涂胶会使胶液浸透表面而影响饰面美观。

（4）金属壁纸质脆而薄，在其纸背涂刷胶黏剂之前，应准备一卷未开封的发泡壁纸或一个长度大于金属壁纸宽度的圆筒，然后一边在已经浸水后阴干的金属壁纸背面刷胶，一边将刷过胶的部分向上卷在发泡壁纸卷或圆筒上。

（5）锦缎涂刷胶黏剂时，由于材质过于柔软，传统的做法是先在其背面衬糊一层宣纸，使其略挺韧平整，而后在基层上涂刷胶黏剂进行裱糊。

（五）裱糊

裱糊的基本顺序是：先垂直面，后水平面；先细部，后大面；先保证垂直，后对花拼缝；垂直面先上后下，先长墙面，后短墙面；水平面是先高后低。裱糊饰面的大面，尤其是装饰的显著部位，应尽可能采用整幅壁纸墙布，不足整幅者应裱贴在光线较暗或不明显处。

与顶棚阴角线、挂镜线、门窗装饰包框等线脚或装饰构件交接处，均应衔接紧密，不得出现亏纸而留下残余缝隙。

（1）根据分幅弹线和壁纸墙布的裱糊顺序编号，从距离窗口处较近的一个阴角部位开始，依次到另一个阴角收口，如此顺序裱糊，其优点是不会在接缝处出现阴影而方便操作。

（2）无图案的壁纸墙布，接缝处可采用搭接法裱糊。相邻的两幅在拼连处，后贴的一幅搭压前一幅，重叠 30mm 左右，然后用钢尺或合金铝直尺与裁纸刀在搭接重叠范围的中间将两层壁纸墙布割透，随即把切掉的多余小条扯下。此后用刮板从上向下均匀赶胶，排出气泡，并及时用洁净的湿布或海绵擦除溢出的胶液。对于质地较厚的壁纸墙布，需用胶辊进行辊压赶平。但应注意，发泡壁纸及复合纸基壁纸不得采用刮板或辊筒一类的工具赶压，宜用毛巾、海绵或毛刷进行压敷，以避免把花型赶平或是使裱糊饰面出现死折。

（3）对于有图案的壁纸墙布，为确保图案的完整性及其整体的连续性，裱糊时可采用拼接法。先对花，后拼缝，从上至下图案吻合后，用刮板斜向刮平，将拼缝处赶压密实；拼缝处挤出的胶液，及时用洁净的湿毛巾或海绵擦除。

对于需要重叠对花的壁纸墙布，可将相邻两幅对花搭叠，待胶黏剂干燥到一定程度时（约为裱糊后 20～30min）用钢尺或其他工具在重叠处拍实，用刀从重叠搭口中间自上而下切断，随即除去切下的余纸并用橡胶刮板将拼缝处刮压严密平实。注意用刀切割时下力要匀，应一次直落，避免出现刀痕或拼缝处起丝。

（4）为了防止在使用时由于被碰、划而造成壁纸墙布开胶，裱糊时不可在阳角处甩缝，应包过阳角不小于 20mm。阴角处搭接时，应先裱糊压在里面的壁纸或墙布，再裱贴搭在上面者，一般搭接宽度为 20～30mm；搭接宽度不宜过大，否则其褶痕过宽会影响饰面美观。需要在面装饰造型部位的阳角采用搭接时，应考虑采取其他包角、封口形式的配合装饰措施，由设计确定。

与顶棚交接（或与挂镜线及天花阴角线条交接）处应划出印痕，然后用刀、剪修齐，或用轮刀切齐；以同样的方法修齐下端与踢角板或墙裙等的衔接收口处边缘。

（5）遇有基层卸不下的设备或附件，裱糊时可在壁纸墙布上剪口。方法是将壁纸或墙布轻糊于裱贴面凸出物件上，找到中心点，从中心点往外呈放射状剪裁（即所谓"星形剪切"），再使壁纸墙布舒平，用笔描出物件的外轮廓线，轻手拉起多余的壁纸墙布，剪去不需要的部分，如此沿轮廓线套割贴严，不留缝隙。

（6）顶棚裱糊时，宜沿房间的长度方向，先裱糊靠近主窗的部位。裱糊前先在顶棚与墙壁交接处弹一道粉线，基层涂胶后，将已刷好胶并保持折叠状态的壁纸墙布托起，展开其顶褶部分，边缘靠齐粉线，先敷平一段，然后沿粉线铺平其他部分，直至整幅贴牢。按此顺序完成顶棚裱糊，分幅赶平铺实，剪除多余部分并修齐各处边缘及衔接部位。

第四节　软包装饰工程施工

软包装饰工程的饰面有两种常用做法，一是固定式软包，二是活动式软包。固定式做法一般采用木龙骨骨架，铺钉胶合板衬板，按设计要求选定包面材料钉装于衬板上并填充矿棉、岩棉或玻璃棉等软质材料；也可将衬板、包面和填充材料分块、分件制作成单体，然后固定于木龙骨骨架。活动式做法通常是在建筑墙面固定上下单向或双向实木线脚，线脚带有凹槽，上下线脚或双向线脚的凹槽相互对应，软包饰件分块（件）事先做好，即采用规则的泡沫塑料、岩绵板块、海绵块等为填充芯材，外包装饰布之类的织物面料，可以整齐而准确地利用其弹性特点卡装于木线之间；另一种活动式做法是分件（块）采用胶合板衬板及软质填充材料分别包覆制作成单体，然后卡嵌于装饰线脚之间。

固定式软包适宜于较大面积的饰面工程，活动式软包适用于小空间的墙面装饰。不论采用何种软包做法，其装饰美感都侧重于造型艺术处理、包面材料外观及填充后的立体效果。

一、软包工程施工的有关规定

根据国家标准《建筑装饰装修工程质量验收规范》（GB 50210—2001）及《住宅装饰装修工程施工规范》（GB 50327—2001）等的规定，用于墙面、门等部位的软包工程，应符合以下规定。

（1）软包面料、内衬材料和边框的材质、颜色、图案等以及木材的含水率，均应符合设计要求及国家现行标准的有关规定。

（2）软包墙面所用的填充材料、纺织面料和龙骨、木质基层等，均应进行防火处理。

（3）软包工程的安装位置及构造做法，应符合设计要求。

（4）基层墙面有防潮要求时，应均匀涂刷一层清油或满铺油纸（沥青纸），不得采用沥青油毡作为防潮层。

（5）木龙骨宜采用凹榫工艺进行预制，可整体或分片安装，与墙体连接紧密、牢固。

（6）填充材料的制作尺寸应正确，棱角应方正，固定安装时应与木基层衬板黏结紧密。

（7）织物面料裁剪时，应经纬顺直。安装时应紧贴基面，接缝应严密，无凹凸不平，花纹应吻合，无波纹起伏、翘边和褶皱，表面应清洁。

（8）软包饰面与压线条、贴脸板、踢脚板、电气盒等交接处，应严密、顺直，无毛边。电气盒盖等开洞处，套割尺寸应准确。

（9）单块软包面料不应有接缝，四周应绷压严密。

二、人造革软包饰面的施工

皮革或人造革软包饰面，具有质地柔软、消声减震、保温性能好等特点，传统上常被用于健身房、练功房、幼儿园等防止碰撞损伤的房间的墙面或柱面。

人造革的种类，按其基底材料的不同，可分为棉布基聚氯乙烯人造革和化纤基人造革；按其表面特征不同，可分为光面革、花纹革、套色印花革等；按其塑料层结构不同，可分为单面人造革、双面人造革、泡沫人造革和透气人造革等。人造革的新型品种是以无纺布为基材的微孔聚氨酯薄膜贴层合成革，具有重量轻、透气、弹性好等特点，其防虫、耐水、防腐和防霉变等性能优于动物皮革。

用人造革包覆进行凹凸立体处理的现代建筑室内局部造型饰面、墙裙、保温门、吧台或服务台立面、背景墙等，可发挥人造革的耐水、可刷洗及外观典雅精美等优点，但应重视其色彩、质感和表面图案效果与装修空间的整体风格相协调。

（一）基层处理

软包饰面的基体应有足够的强度，要求其构造合理、基层牢固。对于建筑结构墙面或柱体表面，为防止结构内的潮气造成软包基面板、衬板的翘曲变形而影响使用质量，对于砌筑墙体应进行抹灰，对于混凝土和水泥砂浆基层应做防潮处理。通常的做法是采用1:3水泥砂浆分层抹灰至20mm厚，涂刷清油、封闭底漆或高性能防水涂料，于于龙骨安装前在基层满铺油纸。究竟采用何种防潮措施，由设计确定。

（二）构造做法

当在建筑基体表面进行软包时，其墙筋木龙骨一般采用（30mm×50mm）～（50mm×50mm）断面尺寸的木方条，钉子预埋防腐木砖或钻孔打入木楔上。木砖或木楔的位置，亦即龙骨排布的间距尺寸，可在400～600mm单向或双向布置范围调整，按设计图纸的要求进行分格安装，龙骨应牢固地钉装于木砖或木楔上。

　　墙筋木龙骨固定合格后，即可铺钉基面板（衬板），基面板一般采用五层胶合板。根据设计要求的软包构造做法，当采用整体固定时，将基面板满铺钉于龙骨上，要求钉装牢固、表面平整。然后将矿棉、泡沫塑料、玻璃棉或棕丝等填充材料规则地铺装于基面衬板上，采用粘接或暗钉方式进行固定，应形状正确，厚度符合设计要求，同时将人造革面层包覆其上；采用电化铝帽头钉或其他装饰钉件以及压条（木压条、铜条或不锈钢压条等）按设计分格进行固定。

　　（三）面层固定

　　皮革和人造革（或其他软包面料）软包饰面的固定式做法，可选择成卷铺装或分块固定等不同方式（如图 9.2 所示）；此外，还有压条法、平铺刨钉压角法等其他做法，由设计选用确定。

　　1. 成卷铺装法

　　由于人造革可以成卷供应，当较大面积的软包施工时，可采用成卷铺装法。要求人造革卷材的幅面宽度大于横向龙骨间距尺寸 60～80mm，并要保证基面胶合板的接缝必须固定于龙骨中线上。

　　2. 分块固定法

　　分块固定法是先将人造革与胶合板衬板按设计要求的分格、划块尺寸进行预裁，然后一并固定于龙骨上。在安装时，从一端开始以胶合板压住人造革面层，压边 20～30mm 与龙骨钉固，同时塞入被包覆材料；另一端则不压人造革而直接固定于龙骨继续安装，即重复以

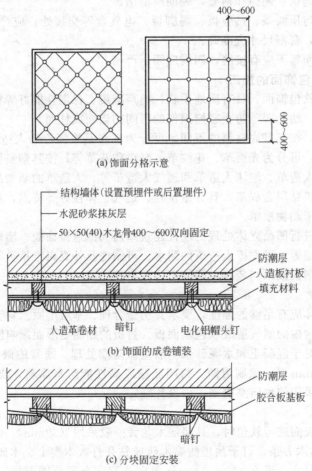

(a) 饰面分格示意

结构墙体（设置预埋件或后置埋件）
水泥砂浆抹灰层
50×50(40) 木龙骨 400～600 双向固定

防潮层
人造板衬板
填充材料

人造革卷材　暗钉　电化铝帽头钉

(b) 饰面的成卷铺装

防潮层
胶合板基板

暗钉

(c) 分块固定安装

图 9.2　软包饰面做法示例

上过程。要求五合板的搭接必须置于龙骨中线。人造革剪裁时应注意必须大于装饰分格划块尺寸，并足以在下一条龙骨上剩余 20～30mm 的压边料头。

三、装饰布软包饰面的施工

装饰布软包饰面是近几年发展起来的一种新型饰面，其质地柔软、色彩多样、颜色鲜艳、纹理清晰、图案丰富，深受人们的喜爱。其与人造革的区别在于装饰表面效果和适宜应用的动与静、大与小的不同场合。例如，红色平绒布通常被使用于具有喜庆特点和较大空间的场合；家具布多用于同人的活动和休息密切靠近的床头墙面，或是有声学要求的小空间立面的软包饰面。

装饰布软包饰面的施工方法，主要有固定式软包和活动式软包两种。

（一）装饰布的固定式软包

1. 平绒布软包饰面

作为棉织物中的高档产品，由于其表面被柔软厚实的平整绒毛所覆盖，故被称为平绒。平绒布的主要特点是绒毛丰满，绒面具有柔润、均匀的光泽和优良弹性及高耐磨性。

平绒布用作较大面积背景墙面装饰时，为突出绒面质感效果和饰面立体感，一般均应采用软包的做法。对混凝土或水泥砂浆抹灰墙面进行防潮处理，固定单向或双向木龙骨，在木龙骨上铺钉胶合板（或其他人造板）作为基面，按设计要求分格弹线，按分格划块固定10～15mm 厚度的泡沫塑料板，然后用压条固定面层平绒布。所用压条可以采用镜面铜条或不锈钢条，一般在水平方向每隔 1～2m 即做竖向分格条。

2. 家具布软包饰面

室内墙面装饰工程实践证明，选用各种颜色图案和不同质感的家具布料做软包饰面，可以满足建筑室内一定的声学要求。其固定式软包做法与人造革和平绒布饰面相同，但其填充层的泡沫塑料、矿棉、海绵或玻璃棉等材料的铺设厚度，可根据设计或实际需要适当增大。

（二）装饰布的活动式软包

装饰布活动式软包施工比固定式软包复杂一些，主要包括基层处理、基面造型、框线设置、软包单体预制和单体嵌装。

1. 基层处理

按照设计要求对基层进行认真处理，并涂刷高性能防潮涂料。

2. 基面造型

根据设计图纸规定的尺寸进行实测实量、分格划块；或是按设计要求利用木龙骨、胶合板等进行护壁装修造型处理，按造型尺寸确定软包单体饰面的面积。

3. 框线设置

按设计图纸要求的方式固定带凹槽的装饰线脚，线脚的槽口尺寸和相互间的对应关系应与软包单体的嵌入相适应。清漆涂饰框线的颜色、木纹应协调一致；其他材质的线脚应符合设计要求；进行造型处理的饰面框线，应保证直接固定在结构基体或装修造型构造的龙骨骨架上。

4. 软包单体预制

按分格划块尺寸制作单体软包饰件，采用泡沫塑料、海绵块等规则的软包芯材，外面包上装饰布。弹性芯材的厚度、品种和装饰织物的品种、色彩、花纹，以及是否同时设置胶合板等，均应符合设计要求。表面装饰布的封口处理，必须保证在单体安装后不露其封口的接缝，以确保美观。

5. 单体嵌装

将软包单体分块或分组嵌装于饰面框线之间，嵌装时注意尺寸要吻合，表面应平整，各块之间要协调。

第五节 裱糊与软包装饰工程质量标准

根据国家标准《建筑装饰装修工程质量验收规范》（GB 50210—2001）中的规定，裱糊与软包工程的质量标准应分别符合下列要求。

一、裱糊与软包工程的一般规定

（1）裱糊与软包工程验收时应检查下列文件和记录：①裱糊与软包工程的施工图、设计说明及其他设计文件。②饰面材料的样板及确认文件。③材料的产品合格证书、性能检测报告、进场验收记录和复验报告。④施工记录。

（2）各分项工程的检验批应按下列规定划分：同一品种的裱糊或软包工程每50间（大面积房间和走廊按施工面积30m²为一间）应划分为一个检验批，不足50间也应划分为一个检验批。

（3）检查数量应符合下列规定：

① 裱糊工程每个检验批应至少抽查10%，并不得少于3间，不足3间时应全数检查。

② 软包工程每个检验批应至少抽查20%，并不得少于6间，不足6间时应全数检查。

（4）裱糊前，基层处理质量应达到下列要求：

① 新建筑物的混凝土或抹灰基层墙面在刮腻子前应涂刷抗碱封闭底漆。

② 旧墙面在裱糊前应清除疏松的旧装修层，并涂刷界面剂。

③ 混凝土或抹灰基层含水率不得大于8%；木材基层的含水率不得大于12%。

④ 基层腻子应平整、坚实、牢固，无粉化、起皮和裂缝；腻子的粘接强度应符合《建筑室内用腻子》（JG/T 3049）N型的规定。

⑤ 基层表面平整度、立面垂直度及阴阳角方正应达到《建筑装饰装修工程质量验收规范》（GB 50210—2001）中高级抹灰的要求。

⑥ 基层表面颜色应一致。

⑦ 裱糊前应用封闭底胶涂刷基层。

二、裱糊工程质量

本节适用于聚氯乙烯塑料壁纸、复合纸质壁纸、墙布等裱糊工程的质量验收，其质量要求与检验方法见表9.9。

表9.9 裱糊工程的质量要求与检验方法

项目	项次	质量要求	检验方法
主控项目	1	壁纸、墙布的种类、规格、图案、颜色和燃烧性能等级必须符合设计要求及国家现行标准的有关规定	观察；检查产品合格证书、进场验收记录和性能检测报告
	2	裱糊工程基层处理质量应符合《建筑装饰装修工程质量验收规范》（GB 50210—2001）中本第11.1.5条的要求	观察；手摸检查；检查施工记录
	3	裱糊后各幅拼接应横平竖直，拼接处花纹、图案应吻合，不离缝，不搭接，不显拼缝	观察；拼缝检查距离墙面1.5m处正视
	4	壁纸、墙布应粘贴牢固，不得有漏贴、补贴、脱层、空鼓和翘边	观察；手摸检查
一般项目	5	裱糊后的壁纸、墙布表面应平整，色泽应一致，不得有波纹起伏、气泡、裂缝、皱折及斑污，斜视时应无胶痕	观察；手摸检查
	6	复合压花壁纸的压痕及发泡壁纸的发泡层应无损坏	观察
	7	壁纸、墙布与各种装饰线、设备线盒应交接严密	观察
	8	壁纸、墙布边缘应平直整齐，不得有纸毛、飞刺	观察
	9	壁纸、墙布阴角处搭接应顺光，阳角处应无接缝	观察

三、软包工程质量

本节适用于墙面、门等软包工程的质量验收，其质量要求与检验方法见表 9.10，软包工程安装的允许偏差和检验方法见表 9.11。

表 9.10 软包工程的质量要求与检验方法

项目	项次	质 量 要 求	检 验 方 法
主控项目	1	软包面料、内衬材料及边框的材质、颜色、图案、燃烧性能等级和木材的含水率应符合设计要求及国家现行标准的有关规定	观察；检查产品合格证书、进场验收记录和性能检测报告
	2	软包工程的安装位置及构造做法应符合设计要求	观察；尺量检查；检查施工记录
	3	软包工程的龙骨、衬板、边框安装牢固，无翘曲，拼缝应平直	观察；手扳检查
	4	单块软包面料不应有接缝，四周应绷压严密	观察；手摸检查
一般项目	5	软包工程表面应平整、洁净，无凹凸不平及皱折；图案应清晰、无色差，整体应协调美观	观察
	6	软包边框应平整、顺直、接缝吻合。其表面涂饰质量应符合《建筑装饰装修工程质量验收规范》(GB 50210—2001)中第 10 章的有关规定	观察；手摸检查
	7	清漆涂饰木制边框的颜色、木纹应协调一致	观察
	8	软包工程安装的允许偏差和检验方法应符合表 9.11 的规定	

表 9.11 软包工程安装的允许偏差和检验方法

项次	项 目	允许偏差/mm	检 验 方 法
1	垂直度	3	用 1m 垂直检测尺检查
2	边框宽度、高度	0~2	用钢尺检查
3	对角线长度差	1~3	用钢尺检查
4	裁口、线条接缝高低差	1	用钢直尺和塞尺检查

复习思考题

1. 壁纸装饰材料主要有什么特点？目前有哪些新的品种？
2. 壁纸和墙布主要分为哪几类？各适用于什么场合？
3. 简述裱糊饰面工程施工的常用胶黏剂种类和施工机具。
4. 简述裱糊饰面工程施工的主要施工工艺。
5. 软包工程施工有哪些有关规定？
6. 简述人造革软包饰面施工的基本方法。
7. 简述装饰布软包饰面施工的基本方法。
8. 裱糊与软包工程验收时一般有哪些规定？
9. 裱糊工程验收质量要求与检验方法是什么？
10. 软包工程验收质量要求与检验方法是什么？软包工程安装的允许偏差与检验方法是什么？

第十章 建筑幕墙工程施工

本章简要介绍了建筑幕墙的种类，在幕墙设计、选材和施工等方面应当严格遵守的重要规定；重点介绍了玻璃幕墙（有框、无框、全玻璃）、石材幕墙、金属幕墙的技术要求、组成与构造、施工工艺和施工质量要求、验收检验方法等。通过对本章内容的学习，掌握玻璃幕墙、石材幕墙和金属幕墙的基本组成和主要施工工艺。

随着科学技术的进步，外墙装饰材料和施工技术也在突飞猛进地发展，不仅涌现了外墙涂料和装饰饰面，而且产生了玻璃幕墙、石材幕墙和金属幕墙等一大批新型外墙装饰形式，并越来越向着环保、节能、智能化方向发展，使建筑显示出亮丽风光和现代化的气息。

幕墙工程按帷幕饰面材料不同，可分为玻璃幕墙、石材幕墙、金属幕墙、混凝土幕墙和组合幕墙等。其中玻璃幕墙按其结构形式及立面外观情况，可分为金属框架式玻璃幕墙、玻璃肋胶接式全玻璃幕墙、点式连接玻璃幕墙；又可细分为金属明框式玻璃幕墙、隐框式玻璃幕墙、半隐框式玻璃幕墙、后置式玻璃肋胶接全玻璃结构幕墙、骑缝式或平齐式玻璃肋胶接全玻璃结构幕墙、接驳式点连接全玻璃幕墙、张力索杆结构点式玻璃幕墙。其中金属框架式玻璃幕墙工程按其构件加工和组装方式，又分为元件式玻璃幕墙和单元式玻璃幕墙。

幕墙工程应遵循安全可靠、实用美观和经济合理的原则；幕墙工程材料、设计、制作、安装施工及工程质量验收，应执行中华人民共和国行业标准《玻璃幕墙工程技术规范》（JGJ 102—2003）、《玻璃幕墙工程质量验收标准》（JGJ/T 139—2001）、《金属与石材幕墙工程技术规范》（JGJ 133—2001）和国家标准《建筑装饰装修工程质量验收规范》（GB 50210—2001）等相关强制性规定；对幕墙的设计、制作和安装施工要进行全过程的质量监控。

幕墙技术的应用为建筑装饰提供了更多的选择，它新颖耐久、美观时尚、装饰感强，与传统外装饰技术相比，具有施工速度快、工业化和装配化程度高、便于维修等特点，它是融建筑技术、建筑功能、建筑艺术、建筑结构为一体的建筑装饰构件。由于幕墙材料及技术要求高，相关构造具有特殊性，同时它又是建筑结构的一部分，所以工程造价要高于一般做法的外墙。幕墙的设计和施工除应遵循美学规律外，还应遵循建筑力学、物理、光学、结构等规律的要求，做到安全、实用、经济、美观。

第一节　幕墙工程的重要规定

幕墙工程是外墙非常重要的装饰工程，其设计计算、所用材料、结构形式、施工方法等，关系到幕墙的使用功能、装饰效果、结构安全、工程造价、施工难易等各个方面。因此，为确保幕墙工程的装饰性、安全性、易装性和经济性，在幕墙的设计、选材和施工等方面，应严格遵守下列重要规定。

（1）幕墙及其连接件应具有足够的承载力、刚度和相对于主体结构的位移能力。幕墙构架立柱的连接金属角码与其他连接件应采用螺栓连接，并应有防松动措施。

（2）隐框、半隐框幕墙所采用的结构黏结材料，必须是中性聚硅氧烷（硅酮）结构密封胶，其性能必须符合《建筑用硅酮结构密封胶》（GB 16776—2005）中的规定；聚硅氧烷结构密封胶必须在有效期内使用。

（3）立柱和横梁等主要受力构件，其截面受力部分的壁厚应经过计算确定，且铝合金型材的壁厚≥3.0mm，钢型材壁厚≥3.5mm。

（4）隐框、半隐框幕墙构件中，板材与金属之间聚硅氧烷结构密封胶的黏结宽度，应分别计算风荷载标准值和板材自重标准值作用下聚硅氧烷结构密封胶的黏结宽度，并选取其中较大值，且≥7.0mm。

（5）聚硅氧烷结构密封胶应打注饱满，并应在温度15～30℃、相对湿度＞50％、洁净的室内进行；不得在现场的墙上打注。

（6）幕墙的防火除应符合现行国家标准《建筑设计防火规范》（GB 50016—2006）和《高层建筑设计防火规范》（GB 50045—1995）（2005年版）的有关规定外，还应符合下列规定。

①应根据防火材料的耐火极限决定防火层的厚度和宽度，并应在楼板处形成防火带。

②防火层应采取隔离措施。防火层的衬板应采用经过防腐处理，且厚度≥1.5mm的钢板，不得采用铝板。

③防火层的密封材料应采用防火密封胶。

④防火层与玻璃不应直接接触，一块玻璃不应跨两个防火分区。

（7）主体结构与幕墙连接的各种预埋件，其数量、规格、位置和防腐处理必须符合设计要求。

（8）幕墙的金属框架与主体结构预埋件的连接、立柱与横梁的连接及幕墙面板的安装，必须符合设计要求，安装必须牢固。

（9）单元幕墙连接处和吊挂处的铝合金型材的壁厚应通过计算确定，并应不小于5.0mm。

（10）幕墙的金属框架与主体结构应通过预埋件连接，预埋件应在主体结构混凝土施工时埋入，预埋件的位置必须准确。当没有条件采用预埋件连接时，应采用其他可靠的连接措施，并应通过试验确定其承载力。

（11）立柱应采用螺栓与角码连接，螺栓的直径应经过计算确定，并应不小于10mm。不同金属材料接触时应采用绝缘垫片分隔。

（12）幕墙上的抗裂缝、伸缩缝、沉降缝等部位的处理，应保证缝的使用功能和饰面的完整性。

（13）幕墙工程的设计应满足方便维护和清洁的要求。

第二节　玻璃幕墙的施工

玻璃幕墙是目前最常用的一种幕墙，其是由金属构件与玻璃板组成的建筑外墙围护结构。玻璃幕墙多用于混凝土结构体系的建筑物，建筑框架主体建成后，外墙用铝合金、不锈钢或型钢制成骨架，与框架主体的柱、梁、板连接固定，骨架外再安装玻璃而组成玻璃幕墙，玻璃幕墙的组成如图 10.1 所示。

随着幕墙施工技术的提高，玻璃幕墙的种类越来越多。目前，在工程上常见的有有框玻璃幕墙、无框全玻璃幕墙和支点式玻璃幕墙等。

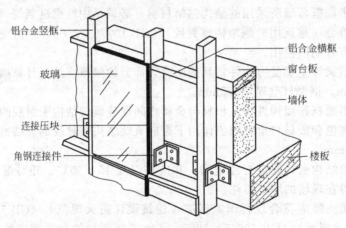

图 10.1　玻璃幕墙的组成

一、玻璃幕墙材料及机具

（一）玻璃幕墙所用材料

玻璃幕墙所用材料包括骨架及连接材料、幕墙玻璃和其他相关辅助材料等。

1. 骨架材料

玻璃幕墙所用的骨架材料，主要有铝合金型材、型钢型材等。

（1）铝合金型材　铝合金型材一般为特殊挤压成型的铝合金型材。材料进场应提供型材产品合格证、型材力学性能检验报告，进口的型材应有国家商检部门的商检证，资料不齐全不能进场使用。

检查铝合金型材的外观质量，材料表面应清洁，色泽应均匀，不应有皱纹、裂纹、起皮、腐蚀斑点、气泡、电灼伤、流痕、发黏以及膜（涂）层脱落等缺陷存在，否则应予以修补，达到要求后方可使用。

铝合金型材作为受力杆件时，其型材壁厚应根据使用条件，通过力学计算选定，门窗受力杆件型材的最小实测壁厚应不小于 1.2mm，幕墙用受力杆件型材的最小实测壁厚应不小于 3.0mm。

按照设计图纸的要求，检查铝合金型材尺寸是否符合设计要求。玻璃幕墙采用的铝合金型材应符合国家标准《铝合金建筑型材》（GB 5237—2004）中高精级的规定。铝合金型材壁厚采用精度为 0.05mm 的游标卡尺测量，应在杆件同一截面的不同部位量测，不得少于 5 个，并取其最小值。

　　铝合金型材的长度小于等于 6m 时，允许偏差为 +15mm，长度大于 6m 时允许偏差由双方协商确定。材料现场的检验，应将同一厂家生产的同一型号、规格、批号的材料作为一个验收批，每批应随机抽取 3%，且不得少于 5 件。

　　（2）型钢材料

　　① 玻璃幕墙的型钢材料宜采用奥氏不锈钢，不锈钢的技术要求应符合国家现行标准的规定。

　　② 当玻璃幕墙高度超过 40m 时，钢构件宜采用高耐候结构钢，并应在其表面涂刷防腐涂料。

　　③ 钢构件采用冷弯薄壁型钢时，其壁厚不得小于 3.5mm，承载力应进行验算，表面处理应符合现行国家标准《钢结构工程施工质量验收规范》（GB 50205—2001）中的有关规定。

　　④ 玻璃幕墙采用的标准五金件，应当符合铝合金门窗标准件现行国家或行业标准的有关规定。

　　⑤ 玻璃幕墙采用的非标准五金件应符合设计要求，并应有出厂合格证。

　　2. 连接材料

　　连接件通常由角钢、槽钢或钢板加工而成。随着幕墙不同的结构类型、骨架形式及安装部位而有所不同。连接件均要在厂家预制加工好，材质及规格尺寸要符合设计要求。

　　玻璃幕墙采用的紧固件主要有膨胀螺栓、螺帽、钢钉、铝铆钉与射钉等，为了防止其腐蚀，紧固件的表面应镀锌处理，紧固件与预埋在混凝土梁、柱、墙面上的埋件固定时，应采用不锈钢或镀锌螺栓。紧固件的规格尺寸应符合设计要求，并应有出厂合格证。

　　3. 幕墙玻璃

　　玻璃幕墙采用的玻璃应是安全玻璃，主要有钢化玻璃、夹层玻璃、中空玻璃、防火玻璃、阳光控制镀膜玻璃和低辐射玻璃等。

　　幕墙玻璃的外观质量和性能应符合下列现行国家标准的规定：《建筑用安全玻璃　第 2 部分　钢化玻璃》（GB 15763.2—2005）、《夹层玻璃》（GB 9962—1999）、《中空玻璃》（GB/T 11944—2002）、《建筑用安全玻璃　防火玻璃》（GB 15763.2—2001）、《镀膜玻璃　第 1 部分　阳光控制镀膜玻璃》（GB/T 18915.1—2002）、《镀膜玻璃　第 2 部分　低辐射玻璃》（GB/T 18915.1—2002）、《着色玻璃》（GB/T 18701—2002）等。

　　要根据设计要求选用玻璃类型，制作厂家对玻璃幕墙应进行风压计算，要提供出厂质量合格证明及必要的试验数据；玻璃进场后要开箱抽样检查外观质量，玻璃颜色一致，表面平整，无污染、翘曲，镀膜层均匀，不得有划痕和脱膜缺陷。整箱进场要有专用钢制靠架，如拆箱后存放，要立式放在室内特制的靠架上。

　　4. 辅助材料

　　玻璃幕墙的辅助材料很多，如建筑密封材料、发泡双面胶带、填充材料、隔热保温材料、防水防潮材料、硬质有机材料垫片、橡胶片等。

　　（1）玻璃幕墙的建筑密封材料多指聚硫密封胶、氯丁密封胶和硅酸酮密封胶，是保证幕墙具有防水性能、气密性能和抗震性能的关键。其材料必须具有很好的防渗透、抗老化、抗腐蚀性能，并具有能适应结构变形和温度胀缩的弹性，应有出厂证明和防水试验记录。

　　玻璃幕墙一般采用三元乙丙橡胶、氯丁橡胶密材料；密封胶条应挤出成形，橡胶块应压模成形。若用聚硫密封胶，其应具有耐水、耐溶剂和耐大气老化性，并应有低温弹性与低透气性等特点。耐候硅酸酮密封胶应是中性胶，凡是用在半隐框、隐框玻璃幕墙上与结构胶共同工作时，都要进行建筑密封胶与结构胶之间相容性试验，由生产厂家出具相容性试验报告，经允许后方可使用。

（2）发泡双面胶带：通常根据玻璃幕墙的风荷载、高度、面积和玻璃的大小，可选用低发泡间隔双面胶带。低发泡间隔双面胶带的质量应符合行业标准《玻璃幕墙工程技术规范》（JGJ 102—2003）中的规定。

（3）填充材料：主要用于幕墙型材凹槽两侧间隙内的底部起填充作用。聚乙烯发泡材料作填充材料，其密度不应大于 $0.037g/cm^3$，也可用橡胶压条。一般还应在填充料的上部使用橡胶密封材料和硅酮系列的防水密封胶。

（4）隔热保温材料：用岩棉、矿棉、玻璃棉、防火板等不燃烧性或是难燃烧性材料作隔热保温材料。隔热保温材料的导热系数、防水性能和厚度要符合设计要求。

（5）防水防潮材料：一般可用铝箔或塑料薄膜包装的复合材料作为防水和防潮材料。

（6）硬质有机材料垫片：主体结构与玻璃幕墙构件之间耐热的硬质有机材料垫片。

（7）橡胶条、橡胶垫：系指玻璃幕墙立柱与横梁之间的连接处橡胶片等，应具有耐老化、阻燃性能试验出厂证明，尺寸符合设计要求，无断裂现象。

（二）玻璃幕墙所用机具

玻璃幕墙施工所用的主要机具：垂直运输机具、电焊机、砂轨切割机、电锤、电动螺钉刀、焊灯枪、氧气切割设备、电动真空吸盘、手动吸盘、热压胶带电炉、电动吊篮、经纬仪、水准仪、激光测试仪等。

二、有框玻璃幕墙的施工

有框玻璃幕墙的类别不同，其构造形式也不同，施工工艺有较大差异。现以铝合金全隐框玻璃幕墙为例，说明这类幕墙的构造。所谓全隐框是指玻璃组合件固定在铝合金框架的外侧，从室外观看只看见幕墙的玻璃及分格线，铝合金框架完全隐蔽在玻璃幕的后边，如图10.2(a) 所示。

（一）有框玻璃幕墙的组成

有框玻璃幕墙主要由幕墙立柱、横梁、玻璃、主体结构、预埋件、连接件，以及连接螺栓、垫杆和胶缝、开启扇等组成，如图 10.2(a) 所示。

竖直玻璃幕墙立柱应悬挂连接在主体结构上，并使其处于受拉工作状态。

（二）有框玻璃幕墙的构造

1. 基本构造

从图10.2(b) 中可以看到，立柱两侧角码是∟ 100mm×60mm×10mm 的角钢，它通过M12×110mm 的镀锌连接螺栓将铝合金立柱与主体结构预埋件焊接，立柱又与铝合金横梁连接，在立柱和横梁的外侧再用连接压板通过 M6×25mm 圆头螺钉将带副框的玻璃组合件固定在铝合金立柱上。

为了提高幕墙的密封性能，在两块中空玻璃之间填充直径为 18mm 的泡沫条并填耐候胶，形成15mm 宽的缝，使得中空玻璃发生变形时有位移的空间。《玻璃幕墙工程技术规范》（JGJ 102—2003）中规定，隐框玻璃幕墙拼缝宽度不宜小于15mm。

为了防止接触腐蚀物质，在立柱连接杆件（角钢）与立柱（铝合金方管）间垫 1mm 厚的隔离片。中空玻璃边上有大、小两个"⊠"符号，这个符号代表接触材料——干燥剂和双面胶贴。干燥剂（大符号）放在两片玻璃之间，用于吸收玻璃夹层间的湿气。双面胶贴（小符号）用于玻璃和副框之间灌注结构胶前固定胶缝位置和厚度用的呈海绵状的低发泡黑色胶带。两片中空玻璃周边凹缝中填有结构胶，使两片玻璃黏结在一起。使用的结构胶是玻璃幕墙施工成功与否的关键，必须使用国家定期公布的合格成品，并且必须在保质期内使用。玻璃还必须用结构胶与铝合金副框黏结，形成玻璃组合件，挂接在铝合金立柱和横梁上形成幕墙装饰面。图10.2(c) 反映横梁与立柱的连接构造，以及玻璃组合件与横梁的连接关系。玻璃组合件应在符合洁净要求的车间中生产，然后运至施工现场进行安装。

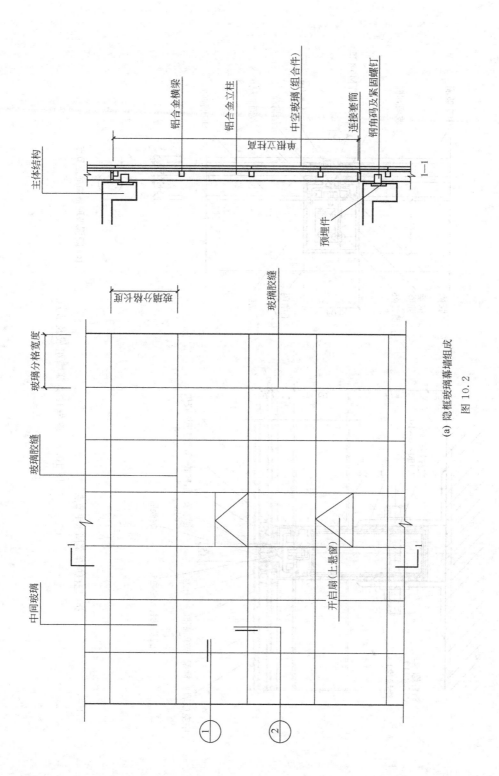

（a）隐框玻璃幕墙组成

图 10.2

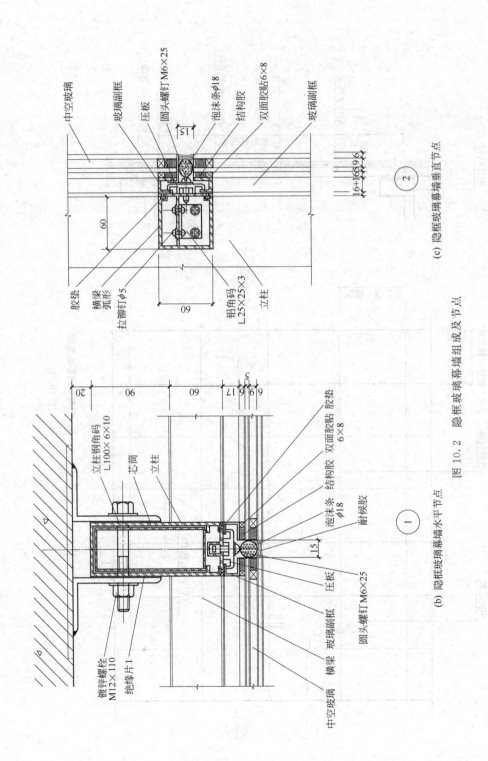

(c) 隐框玻璃幕墙垂直节点

(b) 隐框玻璃幕墙水平节点

图 10.2　隐框玻璃幕墙组成及节点

幕墙构件应连接牢固，接缝处必须用密封材料使连接部位密封［图 10.2（b）中玻璃副框与横梁、主柱相交均有胶垫］，用于消除构件间的摩擦声，防止串烟串火，并消除由于温差变化引起的热胀冷缩应力。

玻璃幕墙立柱与混凝土结构宜通过预埋件连接，预埋件应在主体结构施工时埋入。没有条件采用预埋件连接时，应采用其他可靠的连接措施，如采用后置钢锚板加膨胀螺栓的方法，但要经过试验决定其承载力。

2. 防火构造

为了保证建筑物的防火能力，玻璃幕墙与每层楼板、隔墙处以及窗间墙、窗槛墙的缝隙应采用不燃烧材料（如填充岩棉等）填充严密，形成防火隔层。隔层的隔板必须用经防火处理的厚度不小于 1.5mm 的钢板制作，不得使用铝板、铝塑料等耐火等级低的材料，否则起不到防火的作用。如图 10.3 所示，在横梁位置安装厚度不小于 100mm 的防护岩棉，并用 1.5mm 钢板包制。

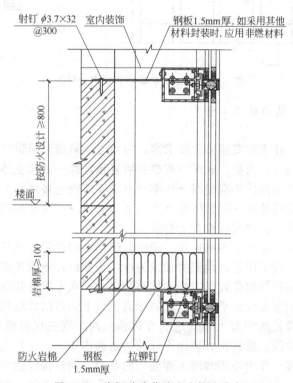

图 10.3　隐框玻璃幕墙防火构造节点

3. 防雷构造

建筑幕墙大多用于多、高层建筑，防雷是一个必须解决的问题。《建筑物防雷设计规范》（GB 50057—94）（2000 年版）规定，高层建筑应设置防雷用的均压环（沿建筑物外墙周边每隔一定高度的水平防雷网，用于防侧雷），环间垂直间距不应大于 12m，均压环可利用梁内的纵向钢筋或另行安装。如采用梁内的纵向钢筋做均压环时，幕墙位于均压环处的预埋件的锚筋必须与均压环处梁的纵向钢筋连通；设均压环位置的幕墙立柱必须与均压环连通，该位置处的幕墙横梁必须与幕墙立柱连通；未设均压环处的立柱必须与固定在设均压环楼层的立柱连通，如图 10.4 所示。以上接地电阻应小于 4Ω。

幕墙防顶雷可用避雷带或避雷针，由建筑防雷系统考虑。

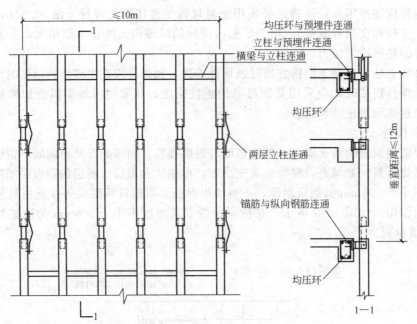

图 10.4　隐框玻璃幕墙防雷构造简图

（三）有框玻璃幕墙的施工工艺

1. 施工工艺

玻璃幕墙工序多，技术和安装精度要求高，应由专业幕墙公司设计、施工。

幕墙施工工艺流程为：测量、放线→调整和后置预埋件→确认主体结构轴线和各面中心线→以中心线为基准向两侧排基准竖线→按图样要求安装钢连接件和立柱、校正误差→钢连接件满焊固定、表面防腐处理→安装横框→上、下边封修→安装玻璃组件→安装开启窗扇→填充泡沫棒并注胶→清洁、整理→检查、验收。

（1）弹线定位　由专业技术人员操作，确定玻璃幕墙的位置，这是保证工程安装质量的第一道关键性工序。弹线工作是以建筑物轴线为准，依据设计要求先将骨架的位置线弹到主体结构上，以确定竖向杆件的位置。工程主体部分以中部水平线为基准，向上下返线，每层水平线确定后，即可用水准仪抄平横向节点的标高。以上测量结果应与主体工程施工测量轴线一致，如果主体结构轴线误差大于规定的允许偏差时，则在征得监理和设计人员的同意后，调整装饰工程的轴线，使其符合装饰设计及构造的需要。

（2）钢连接件安装　作为外墙装饰工程施工的基础，钢连接件的预埋钢板应尽量采用原主体结构预埋钢板，无条件时可采用后置钢锚板加膨胀螺栓的方法，但要经过试验决定其承载力。目前应用化学浆锚螺栓代替普通膨胀螺栓效果较好。玻璃幕墙与主体结构连接的钢构件，一般采用三维可调连接件，其特点是对预埋件埋设的精度要求不太高，在安装骨架时，上下、左右及幕墙平面垂直度等可自如调整。

（3）框架安装　将立柱先与连接件连接，连接件再与主体结构预埋件连接，并进行调整、固定。立柱安装标高偏差不应大于 3mm，轴线前后偏差不应大于 2mm，左右偏差不应大于 3mm。相邻两根立柱安装的标高偏差不应大于 3mm，同层立柱的最大标高偏差不应大于 5mm，相邻两根立柱的距离偏差不应大于 2mm。

同一层横梁安装由下向上进行，当安装完一层高度时，进行检查，调整校正，符合质量要求后固定。相邻两根横梁的水平标高偏差不应大于 1mm。同层横梁标高偏差：当一幅幕墙宽度小于或等于 35m 时，不应大于 5mm；当一幅幕墙宽度大于 35m 时，不应大于 7mm。

　　横梁与立柱相连处应垫弹性橡胶垫片，主要用于消除横向热胀冷缩应力以及变形造成的横竖杆间的摩擦响声。铝合金框架构件和隐框玻璃幕墙的安装质量应符合表 10.1 和表 10.2 中的规定。

表 10.1　铝合金构件安装质量要求

项　　目		允许偏差/mm	检查方法
幕墙垂直度	幕墙高度≤30m	10	激光仪或经纬仪
	30m＜幕墙高度≤60m	15	
	60m＜幕墙高度≤90m	20	
	幕墙高度＞90m	25	
竖向构件直线度		3	3m 靠尺,塞尺
横向构件水平度	构件长度≤2m	2	水准仪
	构件长度＞2m	3	
同高度相邻两根横向构件高度差		1	钢直尺,塞尺
幕墙横向水平度	幅宽≤35m	5	水准仪
	幅宽＞35m	7	
分格框对角线	对角线长≤2000mm	3	3m 钢卷尺
	对角线长＞2000mm	3.5	

　　注：1. 前 5 项按抽样根数检查，最后一项按抽样分格数检查。
　　2. 垂直于地面的幕墙，竖向构件垂直度包括幕墙平面内及平面外的检查。
　　3. 竖向垂直度包括幕墙平面内和平面外的检查。
　　4. 在风力小于 4 级时测量检查。

表 10.2　隐框玻璃幕墙安装质量要求

项　　目		允许偏差/mm	检查方法
竖缝及墙面垂直度	幕墙高度≤30m	10	激光仪或经纬仪
	30m＜幕墙高度≤30m	15	
	60m＜幕墙高度≤90m	20	
	幕墙高度＞90m	25	
幕墙平面度		3	3m 靠尺,钢直尺
竖缝直线度		3	3m 靠尺,钢直尺
横缝直线度		3	3m 靠尺,钢直尺
拼缝宽度(与设计值相比)		2	卡尺

　　（4）玻璃安装　玻璃安装前将表面尘土污物擦拭干净，所采用镀膜玻璃的镀膜面朝向室内，玻璃与构件不得直接接触，以防止玻璃因温度变化引起胀缩导致破坏。玻璃四周与构件凹槽底应保持一定空隙，每块玻璃下部应设不少于 2 块的弹性定位垫块（如氯丁橡胶等），垫块宽度应与槽口宽度相同，长度不小于 100mm。隐框玻璃幕墙用经过设计确定的铝压板用不锈钢螺钉固定玻璃组合件，然后在玻璃拼缝处用发泡聚乙烯垫条填充空隙。塞入的垫条表面应凹入玻璃外表面 5mm 左右，再用耐候密封胶封缝，胶缝必须均匀、饱满，一般注入深度在 5mm 左右，并使用修胶工具修整，之后揭除遮盖压边胶带并清洁玻璃及主框表面。玻璃副框与主框间设橡胶条隔离，其断口留在四角，斜面断开后拼成预定的设计角度，并用胶粘接牢固，提高其密封性能。玻璃安装可参见图 10.2(b)、(c)。

　　（5）缝隙处理　这里所讲的缝隙处理，主要是指幕墙与主体结构之间的缝隙处理。窗间墙、窗槛墙之间采用防火材料堵塞，隔离挡板采用厚度为 1.5mm 的钢板，并涂防火涂料 2 遍。接缝处用防火密封胶封闭，保证接缝处的严密，参见图 10.3。

　　（6）避雷设施安装　在安装立柱时应按设计要求进行防雷体系的可靠连接。均压环应与主体结构避雷系统相连，预埋件与均压环通过截面积不小于 48mm² 的圆钢或扁钢连接。圆钢或扁钢与预埋件均压环进行搭接焊接，焊缝长度不小于 75mm。位于均压环所在层的每个立柱与支座之间应用宽度不小于 24mm、厚度不小于 2mm 的铝条连接，保证其电阻小于 10Ω。

2. 施工安装要点及注意事项

(1) 测量放线

① 放线定位前使用经纬仪、水准仪等测量设备，配合标准钢卷尺、重锤、水平尺等复核主体结构轴线、标高及尺寸，注意是否有超出允许值的偏差。对超出者需经监理工程师、设计师同意后，适当调整幕墙的轴线，使其符合幕墙的构造要求。

② 高层建筑的测量放线应在风力不大于 4 级时进行，测量工作应每天定时进行。质量检验人员应及时对测量放线情况进行检查。测量放线时，还应对预埋件的偏差进行校验，其上下、左右偏差不应大于 45mm，超出允许偏差的预埋件必须进行适当处理或重新设计，应把处理意见上报监理、业主和项目部。

(2) 立柱安装

① 立柱安装的准确性和质量，将影响整个玻璃幕墙的安装质量，是幕墙施工的关键工序之一。安装前应认真核对立柱的规格、尺寸、数量、编号是否与施工图纸一致。单根立柱长度通常为一层楼高，因为立柱的支座一般都设在每层边楼板位置（特殊情况除外），上下立柱之间用铝合金套筒连接，在该处形成铰接、构成变形缝，从而适应和消除幕墙的挠度变形和温度变形，保证幕墙的安全和耐久。

② 施工人员必须进行有关高空作业的培训，并取得上岗证书后方可参与施工活动。在施工过程中，应严格遵守《建筑施工高处作业安全技术规范》（JGJ 80—91）的有关规定。特别注意在风力超过 6 级时，不得进行高空作业。

③ 立柱和连接杆（支座）接触面之间一定要加防腐隔离垫片。

④ 立柱按表 10.1 要求初步定位后应进行自检，对合格的部分应进行调整修正，自检完全合格再报质检人员进行抽检。抽检合格后方可进行连接件（支座）的正式焊接，焊缝位置及要求按设计图样进行。焊缝质量必须符合现行《钢结构工程施工验收规范》。焊接好的连接件必须采取可靠的防腐措施。焊工是一种技术性很强的特殊工种，需经专业安全技术学习和训练，考试合格获得"特殊工种操作证书"后，才能参与施工。

⑤ 玻璃幕墙立柱安装就位后应及时固定，并及时拆除原来的临时固定螺栓。

(3) 横梁安装

① 横梁安装定位后应进行自检，对不合格的应进行调整修正；自检合格后再报质检人员进行抽检。

② 在安装横梁时，应注意设计中如果有排水系统，冷凝水排出管及附件应与横梁预留孔连接严密，与内衬板出水孔连接处应设橡胶密封条，其他通气孔、雨水排出口应按设计进行施工，不得出现遗漏。

(4) 玻璃安装

① 玻璃安装前应将表面及四周尘土、污物擦拭干净，保证嵌缝耐候胶可靠黏结。玻璃的镀膜面朝向室内，如果发现玻璃色差明显或镀膜脱落等，应及时向有关部门反映，得到处理方案后方可安装。

② 用于固定玻璃组合件的压块或其他连接件及螺钉等，应严格按设计或有关规范执行，严禁少装或不装紧固螺钉。

③ 玻璃组合件安装时应注意保护，避免碰撞、损伤或跌落。当玻璃面积较大或自身质量较大时，应采用机械安装，或利用中空吸盘帮助提升安装。

隐框幕墙玻璃的安装质量要求如表 10.2 所示。

（5）拼缝及密封

① 玻璃拼缝应横平竖直、缝宽均匀，并符合设计要求及允许偏差要求。每块玻璃初步定位后进行自检，不符合要求的应进行调整，自检合格后再报质检人员进行抽检。每幅幕墙抽检 5％的分格，且不少于 5 个分格。允许偏差项目有 80％抽检实测值合格，其余抽检实测值不影响安全和使用的，则判为合格。抽检合格后才能进行泡沫条嵌填和耐候胶灌注。

② 耐候胶在缝内相对两面粘接，不得三面粘接，较深的密封槽口应先嵌填聚乙烯泡沫条。耐候胶施工厚度应大于 3.5mm，施工宽度不应小于施工厚度的 2 倍。注胶后胶缝饱满、表面光滑细腻，不污染其他表面，注胶前应在可能导致污染的部位贴上纸基胶带（即美纹纸条），注胶完成后再将其揭除。

③ 玻璃幕墙的密封材料，常用的是耐候聚硅氧烷密封胶，立柱、横梁等交接部位填胶一定要密实、无气泡。当采用明框玻璃幕墙时，在铝合金的凹槽内玻璃应用定形的橡胶压条进行嵌填，然后再用耐候胶嵌缝。

（6）窗扇安装

① 安装时应注意窗扇与窗框的配合间隙是否符合设计要求，窗框胶条应安装到位，以保证其密封性。如图 10.5 所示为隐框玻璃幕墙开启扇的竖向节点详图，除与图 10.2(c) 所示相同者外，增加了开启扇固定框和活动框，用圆头螺钉（M5×32mm）连接，扇框相交处垫有胶条密封。

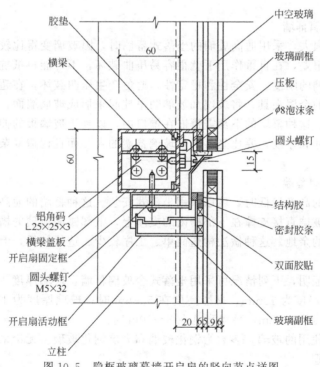

图 10.5　隐框玻璃幕墙开启扇的竖向节点详图

② 窗扇连接件的品种、规格、质量一定要符合设计要求，并采用不锈钢或轻钢金属制品，以保证窗扇的安全、耐用。严禁私自减少连接螺钉等紧固件的数量，并应严格控制螺钉的底孔直径。

（7）保护和清洁

① 在整个施工过程中的玻璃幕墙，应采取适当的措施加以保护，防止产生污染、碰撞和变形受损。

② 工程完工后应从上到下用中性洗涤剂对幕墙表面进行清洗，清洗剂在清洗前要进行腐蚀性试验，确实证明对玻璃、铝合金无腐蚀作用后方可使用。清洗剂清洗后应用清水冲洗干净。

（四）玻璃幕墙安装的安全措施

（1）安装玻璃幕墙用的施工机具，应进行严格检验。手电钻、电动螺钉旋具、射钉枪等电动工具应做绝缘性试验，手持玻璃吸盘、电动玻璃吸盘应进行吸附质量和吸附持续时间的试验。

（2）施工人员进入施工现场，必须佩戴安全帽、安全带、工具袋等。

（3）在高层玻璃幕墙安装与上部结构施工交叉时，结构施工下方应设安全防护网。在离地 3m 处，应搭设挑出 6m 的水平安全网。

（4）在施工现场进行焊接时，在焊件下方应吊挂接渣斗。

三、无框全玻璃幕墙的施工

由玻璃板和玻璃肋制作的玻璃幕墙称为全玻璃幕墙。这种幕墙通透性特别好、造型简捷明快。由于该幕墙通常采用较厚的玻璃，所以其隔声效果较好，加之视线的无阻碍性，用于外墙装饰时，使室内、室外环境浑然一体，显得非常宽广、明亮，被广泛应用于各种底层公共空间的外装饰。

（一）全玻璃幕墙的分类

全玻璃幕墙根据其构造方式的不同，可分为吊挂式全玻璃幕墙和坐落式全玻璃幕墙两种。

1. 吊挂式全玻璃幕墙

当建筑物层高很大，采用通高玻璃的坐落式幕墙时，因玻璃变得比较细长，其平面的外刚度和稳定性相对很差，在自重作用下就很容易压曲破坏，不可能再抵抗其他各种水平力的作用。为了提高玻璃的刚度、安全性和稳定性，避免产生压曲破坏，在超过一定高度的通高玻璃上部设置专用的金属夹具，将玻璃和玻璃肋吊挂起来形成玻璃墙面，这种玻璃幕墙称为吊挂式全玻璃幕墙。这种幕墙的下部需镶嵌在槽口内，以利于玻璃板的伸缩变形。吊挂式全玻璃幕墙的玻璃尺寸和厚度，要比坐落式全玻璃幕墙的大，而且构造复杂，工序较多，因此造价也较高。

2. 坐落式全玻璃幕墙

当全玻璃幕墙的高度较低时，可以采用坐落式安装。这种幕墙的通高玻璃板和玻璃肋上下均镶嵌在槽内，玻璃直接支撑在下部槽内的支座上，上部镶嵌玻璃的槽与玻璃之间留有空隙，使玻璃有伸缩的余地。这种做法构造简单、工序较少、造价较低，但只适用于建筑物层高较小的情况下。

根据工程实践证明，下列情况可采用坐落式全玻璃幕墙：玻璃厚度为 10mm，幕墙高度在 4～5m 时；玻璃厚度为 12mm，幕墙高度在 5～6m 时；玻璃厚度为 15mm，幕墙高度在 6～8m 时；玻璃厚度为 19mm，幕墙高度在 8～10m 时。

全玻璃幕墙所使用的玻璃，多数为钢化玻璃和夹层钢化玻璃。无论采用何种玻璃，其边缘都应进行磨边处理。

（二）全玻璃幕墙的构造

1. 坐落式全玻璃幕墙的构造

坐落式全玻璃幕墙为了加强玻璃板的刚度、保证玻璃幕墙整体在风压等水平荷载作用下的稳定性，构造中应加设玻璃肋。这种玻璃幕墙的构造组成为：上下金属夹槽、玻璃板、玻璃肋、弹性垫块、聚乙烯泡沫垫杆或橡胶嵌条、连接螺栓、聚硅氧烷结构胶及耐候胶等，如图 10.6（a）所示。上下夹槽为 5 号槽钢，槽底垫弹性垫块，两侧嵌填橡胶条，封口用耐候胶。当玻璃高度小于 2m 且风压较小时，可不设置玻璃肋。

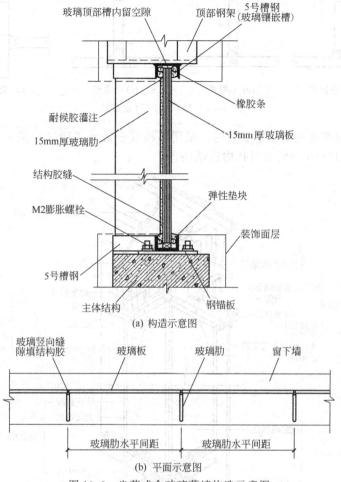

(a) 构造示意图

(b) 平面示意图

图 10.6 坐落式全玻璃幕墙构造示意图

玻璃肋应垂直于玻璃板面布置，间距根据设计计算而确定。图 10.6(b) 为坐落式全玻璃幕墙平面示意图。从图中可看到，玻璃肋均匀设置在玻璃板面的一侧，并与玻璃板垂直相交，玻璃竖缝嵌填结构胶或耐候胶。

玻璃肋的布置方式很多，各种布置方式各具有不同特点。在工程中常见的有后置式、骑缝式、平齐式和突出式。

（1）后置式 后置式是玻璃肋置于玻璃板的后部，用密封胶与玻璃板粘接成为一个整体，如图 10.7(a) 所示。

（2）骑缝式 骑缝式是玻璃肋位于两玻璃板的板缝位置，在缝隙处用密封胶将三块玻璃粘接起来，如图 10.7(b) 所示。

（3）平齐式 平齐式玻璃肋位于两块玻璃之间，玻璃肋前端与玻璃板面平齐，两侧缝隙用密封胶嵌填、粘接，如图 10.7(c) 所示。

（4）突出式 突出式玻璃肋夹在两玻璃板中间，两侧均突出玻璃表面，两面缝隙内用密封胶嵌填、粘接，如图 10.7(d) 所示。

玻璃板、玻璃肋之间交接处留缝尺寸应根据玻璃的厚度、高度、风压等确定，缝中灌注透明的聚硅氧烷耐候胶，使玻璃连接、传力，玻璃板通过密封胶缝将板面上的一部分作用力传给玻璃肋，再经过玻璃肋传递给结构。

2. 吊挂式全玻璃幕墙构造

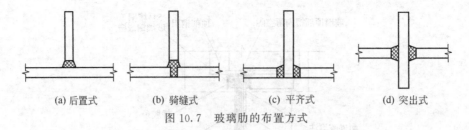

(a) 后置式   (b) 骑缝式   (c) 平齐式   (d) 突出式

图 10.7 玻璃肋的布置方式

当幕墙的玻璃高度超过一定数值时，采用吊挂式全玻璃幕墙做法是一种较成功的方法。现以图 10.8～图 10.10 为例说明其构造做法。

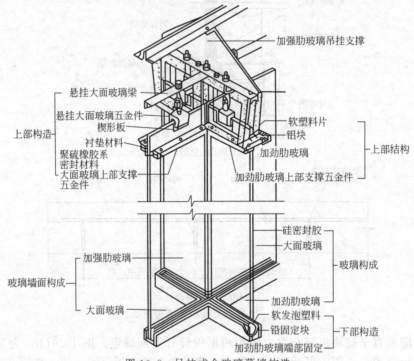

图 10.8 吊挂式全玻璃幕墙构造

吊挂式全玻璃幕墙主要构造方法是：在玻璃顶部增设钢梁、吊钩和夹具，将玻璃竖直吊挂起来，然后在玻璃底部两角附近垫上固定垫块，并将玻璃镶嵌在底部金属槽内，槽内玻璃两侧用密封条及密封胶嵌实，以便限制其水平位移。

3. 全玻璃幕墙的玻璃定位嵌固

全玻璃幕墙的玻璃需插入金属槽内定位和嵌固，其安装方法有以下三种。

（1）干式嵌固 干式嵌固是指在固定玻璃时，采用密封条嵌固的安装方法，如图 10.10 (a) 所示。

（2）湿式嵌固 湿式嵌固是指当玻璃插入金属槽内、填充垫条后，采用密封胶（如聚硅氧烷密封胶等）注入玻璃、垫条和槽壁之间的空隙，凝固后将玻璃固定的方法，如图 10.10 (b) 所示。

（3）混合式嵌固 混合式嵌固是指在放入玻璃前先在金属槽内一侧装入密封条，然后再放入玻璃，在另一侧注入密封胶的安装方法，这是以上两种方法的结合，如图 10.10 (c) 所示。

工程实践证明，湿式嵌固的密封性能优于干式嵌固，聚硅氧烷密封胶的使用寿命长于橡

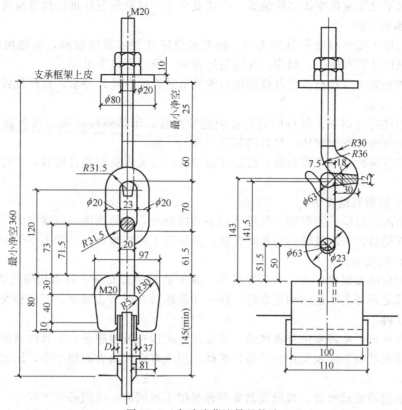

图 10.9 全玻璃幕墙吊具构造

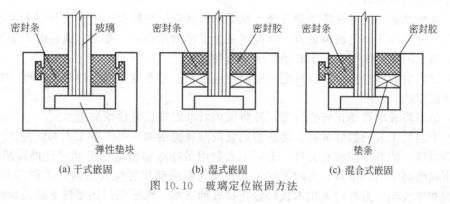

(a) 干式嵌固   (b) 湿式嵌固   (c) 混合式嵌固

图 10.10 玻璃定位嵌固方法

胶密封条。玻璃在槽底的坐落位置，均应垫以耐候性良好的弹性垫块，以使受力合理，防止玻璃破碎。

（三）全玻璃幕墙施工工艺

全玻璃幕墙的施工因玻璃质量大、属于易碎品，移动吊装困难、精度要求高、操作难度大，所以技术和安全要求高、施工责任大，施工前一定要做好施工组织设计，搞好施工准备工作，按照科学规律办事。现以吊挂式全玻璃幕墙为例，说明全玻璃幕墙的施工工艺。

全玻璃幕墙的施工工艺流程为：定位放线→上部钢架安装→下部和侧面嵌槽安装→玻璃肋、玻璃板安装就位→嵌固及注入密封胶→表面清洗和验收。

1. 定位放线

定位放线方法与有框玻璃幕墙相同。使用经纬仪、水准仪等测量设备，配合标准钢卷尺、重锤、水平尺等复核主体结构轴线、标高及尺寸，对原预埋件进行位置检查、复核。

2. 上部钢架安装

上部钢架用于安装玻璃吊具的支架，强度和稳定性要求都比较高，应使用热渗镀锌钢材，严格按照设计要求施工、制作。在安装过程中，应注意以下事项。

（1）钢架安装前要检查预埋件或钢锚板的质量是否符合设计要求，锚栓位置离开混凝土外缘不小于 50mm。

（2）相邻柱间的钢架、吊具的安装必须通顺平直，吊具螺杆的中心线在同一铅垂平面内，应分段拉通线检查、复核，吊具的间距应均匀一致。

（3）钢架应进行隐蔽工程验收，需要经监理公司有关人员验收合格后，方可对施焊处进行防锈处理。

3. 下部和侧面嵌槽安装

嵌固玻璃的槽口应采用型钢，如尺寸较小的槽钢等，应与预埋件焊接牢固，验收后做防锈处理。下部槽口内每块玻璃的两角附近放置两块氯丁橡胶垫块，长度不小于 100mm。

4. 玻璃板的安装

大型玻璃板的安装难度大、技术要求高，施工前要检查安全、技术措施是否齐全到位，各种工具机具是否齐备、适用和正常等，待一切就绪后方可吊装玻璃。玻璃板安装的主要工序包括以下几种。

（1）检查玻璃。在将要吊装玻璃前，需要再一次检查玻璃质量，尤其注意检查有无裂纹和崩边，粘接在玻璃上的铜夹片位置是否正确，用干布将玻璃表面擦干净，用记号笔做好中心标记。

（2）安装电动玻璃吸盘。玻璃吸盘要对称吸附于玻璃面，吸附必须牢固。

（3）在安装完毕后，先进行试吸，即将玻璃试吊起 2～3m，检查各个吸盘的牢固度，试吸成功才能正式吊装玻璃。

（4）在玻璃适当位置安装手动吸盘、拉缆绳和侧面保护胶套。手动吸盘用于在不同高度工作的工人能够用手协助玻璃就位，拉缆绳是为了玻璃在起吊、旋转、就位时，能控制玻璃的摆动，防止因风力作用和吊车转动发生玻璃失控。

（5）在嵌固玻璃的上下槽口内侧粘贴低发泡垫条，垫条宽度同嵌缝胶的宽度，并且留有足够的注胶深度。

（6）吊车将玻璃移动至安装位置，并将玻璃对准安装位置徐徐靠近。

（7）上层的工人把握好玻璃，防止玻璃就位时碰撞钢架。等下层工人都能握住深度吸盘时，可将玻璃一侧的保护胶套去掉。上层工人利用吊挂电动吸盘的手动吊链慢慢吊起玻璃，使玻璃下端略高于下部槽口，此时下层工人应及时将玻璃轻轻拉入槽内，并利用木板遮挡，防止碰撞相邻玻璃。另外有人用木板轻轻托扶玻璃下端，保证在吊链慢慢下放玻璃时，能准确落入下部的槽口中，并防止玻璃下端与金属槽口碰撞。

（8）玻璃定位。安装好玻璃夹具，各吊杆螺栓应在上部钢架的定位处，并与钢架轴线重合，上下调节吊挂螺栓的螺钉，使玻璃提升和准确就位。第一块玻璃就位后要检查其侧边的垂直度，以后玻璃只需要检查其缝隙宽度是否相等、符合设计尺寸即可。

（9）做好上部吊挂后，嵌固上下边框槽口外侧的垫条，使安装好的玻璃嵌固到位。

5. 灌注密封胶

（1）在灌注密封胶之前，所有注胶部位的玻璃和金属表面，均用丙酮或专用清洁剂擦拭干净，但不得用湿布和清水擦洗，所有注胶面必须干燥。

（2）为确保幕墙玻璃表面清洁美观，防止在注胶时污染玻璃，在注胶前需要在玻璃上粘贴上美纹纸加上保护。

（3）安排受过训练的专业注胶工施工，注胶时内外两侧同时进行。注胶的速度要均匀，厚度要均匀，不要夹带气泡。胶道表面要呈凹曲面。注胶不应在风雨天气和温度低于5℃的情况下进行。温度太低胶凝固速度慢，不仅易产生流淌，甚至影响拉伸强度。总之，一切应严格遵守产品说明进行施工。

（4）耐候聚硅氧烷胶的施工厚度为3.5～4.5mm，胶缝太薄对保证密封性能不利。

（5）胶缝厚度应遵守设计中的规定，结构聚硅氧烷胶必须在产品有效期内使用。

6. 清洁幕墙表面

认真清洗玻璃幕墙的表面，使之达到竣工验收的标准。

（四）全玻璃幕墙施工注意事项

（1）玻璃磨边。每块玻璃四周均需要进行磨边处理，不要因为上下不露边而忽视玻璃安全和质量。科学试验证明，玻璃在生产、施工和使用过程中，其应力是非常复杂的。玻璃在生产、加工过程中存在一定内应力；玻璃在吊装中下部可能临时落地受力；在玻璃上端有夹具夹固，夹具具有很大的应力；吊挂后玻璃又要整体受拉，内部存在着应力。如果玻璃边缘不进行磨边，在复杂的外力、内力共同作用下，很容易产生裂缝而破坏。

（2）夹持玻璃的铜夹片一定要用专用胶粘接牢固，密实且无气泡，并按说明书要求充分养护后，才可进行吊装。

（3）在安装玻璃时应严格控制玻璃板面的垂直度、平整度及玻璃缝隙尺寸，使之符合设计及规范要求，并保证外观效果的协调、美观。

四、点支式玻璃幕墙的施工

由玻璃面板、点支撑装置和支撑结构构成的玻璃幕墙称为点支式玻璃幕墙。根据支撑结构点支式玻璃幕墙可分为工形截面钢架、格构式钢架、柱式钢桁架、鱼腹式钢架、空腹弓形钢架、单拉杆弓形钢架、双拉杆梭形钢架等。

点支式玻璃幕墙是一门新兴技术，它体现的是建筑物内外的流通和融合，改变了过去用玻璃来表现窗户、幕墙、天顶的传统做法，强调的是玻璃的透明性。透过玻璃，人们可以清晰地看到支撑玻璃幕墙的整个结构系统，将单纯的支撑结构系统转化为可视性、观赏性和表现性。由于点支式玻璃幕墙表现方法奇特，尽管它诞生的时间不长，但应用却极为广泛，并且日新月异地发展着。

（一）点支式玻璃幕墙的特性

（1）通透性好。玻璃面板仅通过几个点连接到支撑结构上，几乎无遮挡，透过玻璃视线达到最佳，视野达到最大，将玻璃的透明性应用到极限。

（2）灵活性好。在金属紧固件和金属连接件的设计中，为减少、消除玻璃板孔边的应力集中，使玻璃板与连接件处于铰接状态，使得玻璃板上的每个连接点都可自由地转动，并且还允许有少许的平动，用于弥补安装施工中的误差，所以点支式玻璃幕墙的玻璃一般不产生安装应力，并且能顺应支撑结构受荷载作用后产生的变形，使玻璃不产生过度的应力集中。同时，采用点支式玻璃幕墙技术可以最大限度地满足建筑造型的需求。

（3）安全性好。由于点支式玻璃幕墙所用玻璃全都是钢化的，属安全玻璃，并且使用金属紧固件和金属连接件与支撑结构相连接，耐候密封胶只起密封作用，不承受荷载，即使玻璃意外被破坏，钢化玻璃破裂成碎片，会形成所谓的"玻璃雨"，不会出现整块玻璃坠落的严重伤人事故。

（4）工艺感好。点支式玻璃幕墙的支撑结构有多种形式，支撑构件加工精细、表面光滑，具有良好的工艺感和艺术感，因此，许多建筑师喜欢选用。

（5）环保节能性好。点支式玻璃幕墙的特点之一是通透性好，因此在玻璃的使用上多选择无光污染的白玻璃、超白玻璃和低辐射玻璃等，尤其是中空玻璃的使用，节能效果更加明显。

（二）钢架式点支玻璃幕墙施工

钢架式点支玻璃幕墙是最早的点支式玻璃幕墙结构，按其结构型式又有钢架式、拉锁式，其中钢架式是采用最多的结构类型。

1. 钢架式点支玻璃幕墙安装工艺流程

钢架式点支玻璃幕墙安装工艺流程：检验并分类堆放幕墙构件→现场测量放线→安装钢桁架→安装不锈钢拉杆→安装接驳件（钢爪）→玻璃就位→钢爪紧固螺钉→固定玻璃→玻璃缝隙打胶→表面清理。

2. 安装前的准备工作

在玻璃幕墙正式施工前，应根据土建结构白基础验收资料复核各项数据，并标注在检测资料上，预埋件、支座面和地脚螺栓的位置、标高的尺寸偏差，应符合现行技术规定及验收规范，钢柱脚下的支撑预埋件应符合设计要求。

在正式安装前，应检验并分类堆放幕墙所用的构件。钢结构在装卸、运输堆放的过程中，应防止损坏和变形。钢结构运送到安装地点的顺序，应满足安装程序的需要。

3. 施工测量放线

钢架式点支玻璃幕墙分格轴线的测量应与主体结构的测量配合，其误差应及时调整，不得出现积累。钢结构的复核定位应使用轴线控制点和测量标高的基准点，保证幕墙主要竖向构件及主要横向构件的尺寸允许偏差符合有关规范及行业标准。

4. 钢桁架的安装

钢桁架安装应按现场实际情况及结构采用整体或综合拼装的方法施工。确定几何位置的主要构件，如柱、桁架等应吊装在设计位置上，在松开吊挂设备后应进行初步校正，构件的连接接头必须经过检查合格后，方可紧固和焊接。对焊接要进行打磨消除棱角和尖角，达到光滑过渡要求的钢结构表面应根据设计要求喷涂防锈漆和防火漆。

5. 接驳件（钢爪）安装

在安装横梁的同时按顺序及时安装横向及竖向拉杆。对于拉杆接驳结构体系，应保证驳接件位置的准确，紧固拉杆或调整尺寸偏差时，宜采用先左后右、由上自下的顺序，逐步固定接驳件位置，以单元控制的方法调整校核结构体系安装精度。

在接驳件安装时，不锈钢爪的安装位置一定要准确，在固定孔、点和接驳件间的连接应考虑可调整的余量。所有固定孔、点和玻璃连接的接驳件螺栓都应用测力扳手拧紧，其力矩的大小应符合设计规定值，并且所有的螺栓都应用自锁螺母固定。常见的钢爪示意图如图10.11所示；钢爪安装示意图如图10.12所示。

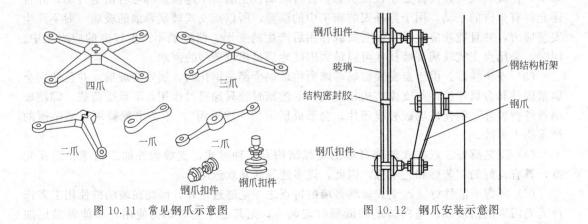

图 10.11　常见钢爪示意图　　　　　　　图 10.12　钢爪安装示意图

6. 幕墙玻璃安装

在进行玻璃安装前，首先应检查校对钢结构主支撑的垂直度、标高、横梁的高度和水平度等是否符合设计要求，特别要注意安装孔位的复查。然后清洁钢件表面杂物，驳接玻璃底部"U"形槽内应装入橡胶垫块，对应于玻璃支撑面的宽度边缘处应放置垫块。

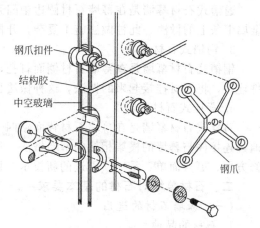

在进行玻璃安装时，应清洁玻璃及吸盘上的灰尘，根据玻璃重量及吸盘规格确定吸盘个数。然后检查驳接爪的安装位置是否正确，经校核无误后，方可安装玻璃。正式安装玻璃时，应先将驳接头与玻璃在安装平台上装配好，然后再与驳接爪进行安装。为确保驳接头处的气密性、水密性，必须使用扭矩扳手，根据驳接系统的具体尺寸来确定扭矩的头小。玻璃安装示意图，如图 10.13 所示。

图 10.13　玻璃安装示意图

玻璃在现场初步安装后，应当认真调整玻璃上下左右的位置，以保证玻璃安装水平偏差在允许范围内。玻璃全部调整好后，应进行立面平整度的检查，经检查确认无误后，才能打密封胶。

7. 玻璃缝打密封胶

在进行打密封胶前应进行认真清洁工作，以确保密封胶与玻璃结合牢固。打胶前在需要打胶的部位粘贴保护胶纸，并要注意胶纸与胶缝要平直。打胶时要持续均匀，其操作顺序是：先打横向缝，后打竖向缝；竖向胶缝宜自上而下进行，胶注满后，应检查里面是否有气泡、空心、断缝、夹杂，如果有应及时处理。

第三节　石材幕墙的施工

石材幕墙是指利用金属挂件将石材饰面板直接挂在主体结构上，或当主体结构为混凝土框架时，先将金属骨架悬挂于主体结构上，然后再利用金属挂件将石材饰面板挂于金属骨架上的幕墙。前者称为直接式干挂幕墙，后者称为骨架式干挂幕墙。石材幕墙同玻璃幕墙一样，需要承受各种外力的作用，还需要适应主体结构位移的影响，所以石材幕墙必须按照《金属与石材幕墙工程技术规范》（JGJ 133—2001）进行强度计算和刚度验算，另外还应满足建筑隔热、隔声、防水、防火和防腐蚀等方面的要求。

石材幕墙的分格应满足建筑物外装饰的要求，也应注意石板在各种荷载作用下的安全问题。同时，分格尺寸也应符合建筑模数化尺寸，尽量减少石板规格的数量，为方便施工创造有利条件。

一、石材幕墙的种类

按照施工方法不同，石材幕墙主要分为短槽式石材幕墙、通槽式石材幕墙、钢销式石材幕墙和背栓式石材幕墙等。

1. 短槽式石材幕墙

短槽式石材幕墙是在幕墙石材侧边中间开短槽，用不锈钢挂件挂接、支撑石板的做法。短槽式做法的构造简单，技术成熟，目前应用较多。

2. 通槽式石材幕墙

通槽式石材幕墙是在幕墙石材侧边中间开通槽，嵌入和安装通长金属卡条，石板固定在金属卡条上的做法。此种做法施工复杂，开槽比较困难，目前应用较少。

3. 钢销式石材幕墙

钢销式石材幕墙是在幕墙石材侧面打孔，穿入不锈钢钢销，将两块石板连接，钢销与挂件连接，将石材挂接起来的做法，这种做法目前应用也较少。

4. 背栓式石材幕墙

背栓式石材幕墙是在幕墙石材背面钻四个扩底孔，孔中安装柱锥式锚栓，然后再把锚栓通过连接件与幕墙的横梁相接的幕墙做法。背栓式是石材幕墙的新型做法，它受力合理、维修方便、更换简单，是一项引进的新技术，目前正在推广应用。

二、石材幕墙对石材的基本要求

（一）幕墙石材的选用

1. 石材的品种

由于幕墙工程属于室外墙面装饰，要求它具有良好的耐久性，因此宜选用火成岩，通常选用花岗石。因为花岗石的主要结构物质是长石和石英，其质地坚硬，具有耐酸碱、耐腐蚀、耐高温、耐日晒雨淋、耐寒冷、耐摩擦等优异性能，比较适宜作为建筑物的外饰面。

2. 石材的厚度

幕墙石材的常用厚度一般为 25～30mm。为满足强度计算的要求，幕墙石材的厚度最薄应等于 25mm。火烧石材的厚度应比抛光石材的厚度尺寸大 3mm。石材经过火烧加工后，在板材表面形成细小的不均匀麻坑效果而影响了板材厚度，同时也影响了板材的强度，故规定在设计计算强度时，对同厚度火烧板一般需要按减薄 3mm 进行。

（二）板材的表面处理

石板的表面处理方法，应根据环境和用途决定。其表面应采用机械加工，加工后的表面应用高压水冲洗或用水和刷子清理。

严禁用溶剂型的化学清洁剂清洗石材。因石材是多孔的天然材料，一旦使用溶剂型的化学清洁剂就会有残余的化学成分留在微孔内，与工程密封材料及粘接材料会起化学反应而造成饰面污染。

（三）石材的技术要求

1. 吸水率

由于幕墙石材处于比较恶劣的使用环境中，尤其是冬季冻胀的影响，容易损伤石材，因此用于幕墙的石材吸水率要求较高，应小于 0.80%。

2. 弯曲强度

用于幕墙的花岗石板材弯曲强度，应经相应资质的检测机构进行检测确定，其弯曲强度应≥8.0MPa。

3. 技术性能

幕墙石板材的技术要求和性能试验方法应符合国家现行标准的有关规定。

① 石材的技术要求应符合行业标准《天然花岗石荒料》（JC/T 204—2004）、国家标准《天然花岗石建筑板材》（GB/T 18601—2009）的规定。

② 石材的主要性能试验方法，应符合下列现行国家标准的规定：《天然饰面石材试验方法 干燥、水饱和、冻融循环后压缩强度试验方法》（GB/T 9966.1—2001）；《天然饰面石材试验方法 弯曲强度试验方法》（GB/T 9966.2—2001）；《天然饰面石材试验方法 体积密度、真密度、真气孔率、吸水率试验方法》（GB/T 9966.3—2001）；《天然饰面石材试验方法 耐磨性试验方法》（GB/T 9966.5—2001）；《天然饰面石材试验方法 耐酸性试验方法》（GB/T 9966.6—2001）。

三、石材幕墙的组成和构造

石材幕墙主要是由石材面板、不锈钢挂件、钢骨架（立柱和横撑）及预埋件、连接件和石材拼缝嵌胶等组成。然而直接式干挂幕墙将不锈钢挂件安装于主体结构上，不需要设置钢骨架，这种做法要求主体结构的墙体强度较高，最好为钢筋混凝土墙，并且要求墙面平整度、垂直度要好，否则应采用骨架式做法。石材幕墙的横梁、立柱等骨架，是承担主要荷载的框架，可以选用型钢或铝合金型材，并由设计计算确定其规格、型号，同时也要符合有关规范的要求。

图 10.14 为有金属骨架的石材幕墙的组成示意图；图 10.15 为短槽式石材幕墙的构造；图 10.16 为钢销式石材幕墙的构造；图 10.17 为背栓式石材幕墙的构造。

石材幕墙的防火、防雷等构造与有框玻璃幕墙基本相同。

四、石材幕墙施工工艺

干挂石材幕墙安装施工工艺流程为：测量放线→预埋位置尺寸检查→金属骨架安装→钢结构防锈漆涂刷→防火保温棉安装→石材干挂→嵌填密封胶→石材幕墙表面清理→工程验收。

1. 预埋件检查、安装

预埋件应在进行土建工程施工时埋设，幕墙施工前要根据该工程基准轴线和中线以及基准水平点对预埋件进行检查、校核，当设计无明确要求时，一般位置尺寸的允许偏差为 ±20mm，预埋件的标高允许偏差为 ±10mm。如有预埋件标高及位置偏差造成无法使用或漏放时，应当根据实际情况提出选用膨胀螺栓或化学锚栓加钢锚板（形成候补预埋件）的方案，并应在现场做拉拔试验，并做好记录。

2. 测量放线

（1）根据干挂石材幕墙施工图，结合土建施工图复核轴线尺寸、标高和水准点，并予以校正。

（2）按照设计要求，在底层确定幕墙定位线和分格线位置。

（3）用经纬仪将幕墙的阳角和阴角位置及标高线定出，并用固定在屋顶钢支架上的钢丝线作标志控制线。

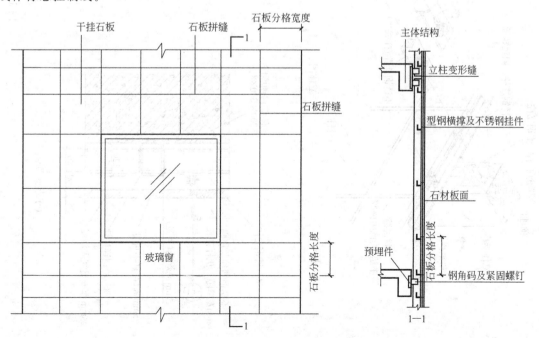

图 10.14　石材幕墙的组成示意图

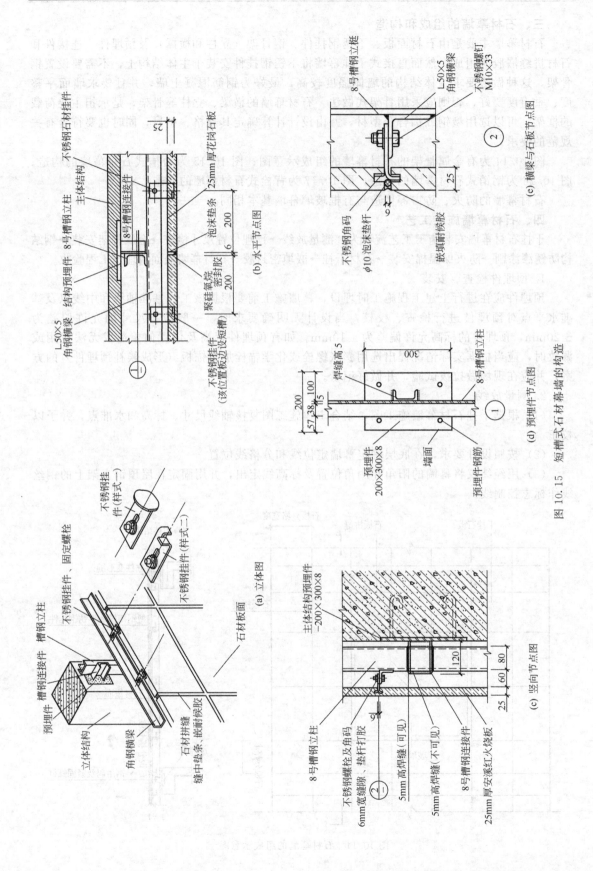

图 10.15 短槽式石材幕墙的构造

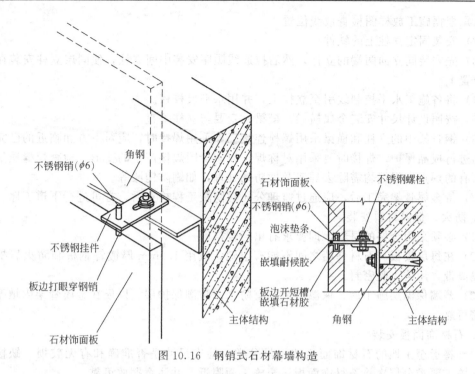

图 10.16　钢销式石材幕墙构造

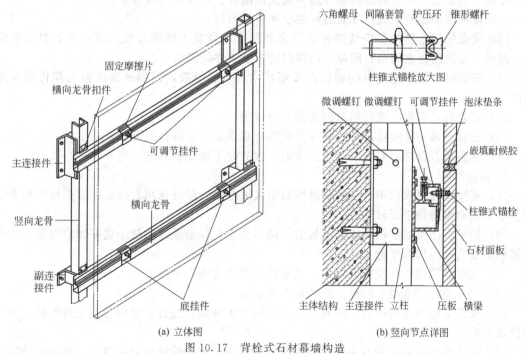

(a) 立体图　　　　　　　　(b) 竖向节点详图

图 10.17　背栓式石材幕墙构造

（4）使用水平仪和标准钢卷尺等引出各层标高线。

（5）确定好每个立面的中线。

（6）测量时应控制分配测量误差，不能使误差积累。

（7）测量放线应在风力不大于 4 级情况下进行，并要采取避风措施。

（8）放线定位后要对控制线定时校核，以确保幕墙垂直度和金属立柱位置的正确。

3. 金属骨架安装

（1）根据施工放样图检查放线位置。

（2）安装固定立柱上的铁件。

（3）先安装同立面两端的立柱，然后拉通线顺序安装中间立柱，使同层立柱安装在同一水平位置上。

（4）将各施工水平控制线引至立柱上，并用水平尺校核。

（5）按照设计尺寸安装金属横梁，横梁一定要与立柱垂直。

（6）钢骨架中的立柱和横梁采用螺栓连接。如采用焊接时，应对下方和临近的已完工装饰饰面进行成品保护。焊接时要采用对称焊，以减少因焊接产生的变形。检查焊缝质量合格后，所有的焊点、焊缝均需除去焊渣及做防锈处理，如刷防锈漆等。

（7）待金属骨架完工后，应通过监理公司对隐蔽工程检查后，方可进行下道工序。

4. 防火、保温材料安装

（1）必须采用合格的材料，即要求有出厂合格证。

（2）在每层楼板与石材幕墙之间不能有空隙，应用 1.5mm 厚镀锌钢板和防火岩棉形成防火隔离带，用防火胶密封。

（3）幕墙保温层施工后，保温层最好有防水、防潮保护层，以便在金属骨架内填塞固定后严密可靠。

5. 石材饰面板安装

（1）将运至工地的石材饰面板按编号分类，检查尺寸是否准确和有无破损、缺棱、掉角。按施工要求分层次将石材饰面板运至施工面附近，并注意摆放可靠。

（2）按幕墙墙面基准线仔细安装好底层第一层石材。

（3）注意每层金属挂件安放的标高，金属挂件应紧托上层饰面板（背栓式石材安装除外）而与下层饰面板之间留有间隙（间隙留待下道工序处理）。

（4）安装时，要在饰面板的销钉孔或短槽内注入石材胶，以保证饰面板与挂件的可靠连接。

（5）安装时，宜先完成窗洞口四周的石材镶边。

（6）安装到每一楼层标高时，要注意调整垂直误差，使得误差不积累。

（7）在搬运石材时，要有安全防护措施，摆放时下面要垫木方。

6. 嵌胶封缝

（1）要按设计要求选用合格且未过期的耐候嵌缝胶。最好选用含硅油少的石材专用嵌缝胶，以免硅油渗透污染石材表面。

（2）用带有凸头的刮板填装聚乙烯泡沫圆形垫条，保证胶缝的最小宽度和均匀性。选用的圆形垫条直径应稍大于缝宽。

（3）在胶缝两侧粘贴胶带纸保护，以免嵌缝胶迹污染石材表面。

（4）用专用清洁剂或草酸擦洗缝隙处石材表面。

（5）安排受过训练的注胶工注胶。注胶应均匀无流淌，边打胶边用专用工具勾缝，使嵌缝胶成型后呈微弧形凹面。

（6）施工中要注意不能有漏胶污染墙面，如墙面上粘有胶液应立即擦去，并用清洁剂及时擦净余胶。

（7）在刮风和下雨时不能注胶，因为刮起的尘土及水渍进入胶缝会严重影响密封质量。

7. 清洗和保护

施工完毕后，除去石材表面的胶带纸，用清水和清洁剂将石材表面擦洗干净，按要求进行打蜡或刷防护剂。

8. 施工注意事项

（1）严格控制石材质量，材质和加工尺寸都必须合格。

（2）要仔细检查每块石材有没有裂纹，防止石材在运输和施工时发生断裂。

（3）测量放线要精确，各专业施工要组织统一放线、统一测量，避免各专业施工因测量和放线误差发生施工矛盾。

（4）预埋件的设计和放置要合理，位置要准确。

（5）根据现场放线数据绘制施工放样图，落实实际施工和加工尺寸。

（6）安装和调整石材板位置时，可用垫片适当调整缝宽，所用垫片必须与挂件是同质材料。

（7）固定挂件的不锈钢螺栓要加弹簧垫圈，在调平、调直、拧紧螺栓后，在螺母上抹少许石材胶固定。

9. 施工质量要求

（1）石材幕墙的立柱、横梁的安装应符合下列规定。

① 立柱安装标高偏差不应大于 3mm，轴线前后偏差不应大于 2mm，轴线左右偏差不应大于 3mm。

② 相邻两立柱安装标高偏差不应大于 3mm，同层立柱的最大标高偏差不应大于 5mm，相邻两根立柱的距离偏差不应大于 2mm。

③ 相邻两根横梁的水平标高偏差不应大于 1mm，同层标高偏差：当一幅幕墙宽度小于等于 35m 时，不应大于 5mm；当一幅幕墙宽度大于 35m 时，不应大于 7mm。

（2）石板安装时左右、上下的偏差不应大于 1.5mm。石板空缝安装时必须有防水措施，并有符合设计的排水出口。石板缝中填充聚硅氧烷密封胶时，应先垫比缝略宽的圆形泡沫垫条，然后填充聚硅氧烷密封胶。

（3）幕墙钢构件施焊后，其表面应进行防腐处理，如涂刷防锈漆等。

（4）幕墙安装施工应对下列项目进行验收。

① 主体结构与立柱、立柱与横梁连接节点安装及防腐处理。

② 墙面的防火层、保温层安装。

③ 幕墙的伸缩缝、沉降缝、防震缝及阴阳角的安装。

④ 幕墙的防雷节点的安装。

⑤ 幕墙的封口安装。

五、石材幕墙施工安全

（1）应符合《建筑施工高处作业安全技术规范》（JGJ 80—91）的规定，还应遵守施工组织设计确定的各项要求。

（2）安装幕墙的施工机具和吊篮在使用前应进行严格检查，符合规定后方可使用。

（3）施工人员应佩戴安全帽、安全带、工具袋等。

（4）工程上下部交叉作业时，结构施工层下方应采取可靠的安全防护措施。

（5）现场焊接时，在焊件下方应设接渣斗。

（6）脚手架上的废弃物应及时清理，不得在窗台、栏杆上放置施工工具。

第四节 金属幕墙的施工

金属幕墙是幕墙面板材料为金属板材的建筑幕墙，如以铝塑复合板、铝单板、蜂窝铝板等作为饰面的金属幕墙。金属幕墙由于金属板材优良的加工性能，色彩丰富且安全性良好，能够完全适应各种复杂造型的设计，可以任意增加凹进和凸出的线条，加上艺术性强、重量轻、抗震好、安装和维修方便等优点，给建筑设计师以巨大的发挥空间，为越来越多的建筑外装饰所采用，获得了突飞猛进的发展。

一、金属幕墙材料及机具

（一）金属幕墙所用材料

金属幕墙所用材料主要有面板材料、骨架材料、建筑密封材料。

1. 面板材料

金属幕墙所用的面板材料主要为重量较轻的铝合金板材，如铝合金单板、铝塑复合板、铝合金蜂窝板等。另外，还可采用不锈钢板。铝合金板材和不锈钢板的技术性能应达到国家相关标准及设计要求，并应有出厂合格证和相关的试验证明。

铝塑复合板是由内外两层均为 0.5mm 厚的铝板中间夹持厚 2～5mm 的聚乙烯或硬质聚乙烯发泡膜构成，板面涂有氟碳树脂涂料，形成一种坚韧、稳定的膜层，附着力和耐久性非常强，色彩极其丰富，板的背面涂有聚酯漆以防止可能出现的腐蚀。铝塑复合板是金属幕墙早期出现时常用的面板材料。

铝合金单板采用 2.5mm 或 3.0mm 厚的铝合金板，外幕墙用铝合金单板两个表面与铝塑复合板正面涂膜一致，膜层具有良好的坚韧性和稳定性，其附着力和耐久性完全一致。铝合金单板是继铝塑复合板之后，一种金属幕墙常用的面板材料，并且有广阔的应用前景。

铝合金蜂窝板又称蜂窝铝板，是两块铝板中间加蜂窝芯材粘接成的一种复合材料。根据幕墙的使用功能和耐久年限的要求，分别选用厚度为 10mm、12mm、15mm、20mm 和 25mm 的蜂窝铝板。金属幕墙用的蜂窝铝板应为铝蜂窝，蜂窝的形状有正六角形、扁六角形、长方形、正方形、十字形、扁方形等。蜂窝芯材要经过特殊处理，否则其强度低、寿命短。由于铝合金蜂窝板造价较高，在幕墙工程中应用不广泛。

不锈钢板主要有镜面不锈钢板、亚光不锈钢板和钛金板等。不锈钢板的耐久性、耐磨性均非常好，但过薄的不锈钢板会出现鼓凸，过厚的不锈钢板自重大、价格高，所以不锈钢板幕墙使用较少，只是用于幕墙的局部装饰。

彩涂钢板是一种带有有机涂层的钢板，具有耐蚀性好、色彩鲜艳、外观美观、加工方便、强度较高、成本较低等优点。彩涂钢板的基板为冷轧基板、热镀锌基板和电镀锌基板，涂层的种类可分为聚酯、硅改性聚酯、偏聚二氟乙烯和塑料溶胶。彩涂钢板广泛用于建筑家电和交通运输等行业，对于建筑业主要用于钢结构厂房、机场、库房和冷冻等工业及商业建筑的屋顶、墙面和门等，民用建筑采用彩涂钢板很少。

2. 骨架材料

金属幕墙所用骨架是由横竖杆件拼装而成的，主要材质为铝合金型材或型钢等。由于型钢价格便宜、强度较高、安装方便，所以多数金属幕墙采用角钢或槽钢。但对型钢材料应预先进行防腐处理。

金属幕墙所用的不锈钢宜采用奥氏体不锈钢材，其技术要求应符合设计要求和国家行业现行标准的规定。钢结构幕墙高度超过 40m 时，钢构件宜采用高耐候结构钢，并应在其表面涂刷防腐涂料。钢构件采用冷弯薄壁型钢时，其壁厚不得小于 3.5mm。

铝合金型材应符合设计要求和现行国家标准《铝合金建筑型材》（GB/T 5237—2008）中有关高精级的规定；铝合金的表面处理层厚度和材质应符合《铝合金建筑型材》的有关规定。

固定骨架的连接件主要有膨胀螺栓、铁垫板、垫圈、螺帽及与骨架固定的各种设计和安装所需的连接件，应符合设计要求，并应有出厂合格证，同时应符合现行国家或行业标准的有关规定。

3. 建筑密封材料

金属幕墙所用的建筑密封材料，橡胶制品有三元乙丙橡胶、氯丁橡胶；密封胶条应为挤出成形，橡胶块应为压模成形。密封胶条的技术性能应符合设计要求和国家现行标准的规定。金属幕墙应采用中性硅酮耐候密封胶，同一幕墙工程应采用同一品牌的硅酮结构密封胶和硅酮耐候密封胶配套使用，其技术性能应符合设计要求和国家现行标准的规定。

金属幕墙所用的中性硅酮耐候密封胶，分为单组分和双组分，其技术性能应符合现行国家标准《建筑用硅酮结构密封胶》（GB 16776—2005）中的规定。同一幕墙工程应采用同一品牌的单组分或双组分硅酮结构密封胶，并应有保质年限的质量证书和无污染的试验报告。

（二）金属幕墙所用机具

金属幕墙施工所用机具主要有切割机、成型机、弯边机具、砂轮机、连接金属板的手提电钻、混凝土墙打眼电钻等。

二、金属幕墙类型与构造

1. 金属幕墙的类型

金属幕墙按照面板的材质不同，可以分为铝单板、蜂窝铝板、搪瓷板、不锈钢板幕墙等。有的还用两种或两种以上材料构成金属复合板，如铝塑复合板、金属夹心板幕墙等。

按照表面处理不同，金属幕墙又可分为光面板、亚光板、压型板、波纹板等。

金属幕墙主要由金属饰面板、连接件、金属骨架、预埋件、密封条和胶缝等组成。

2. 金属幕墙的构造

金属幕墙的构造与石材幕墙的构造基本相同。按照安装方法不同，也有直接安装和骨架式安装两种。与石材幕墙构造不同的是金属面板采用折边加副框的方法形成组合件，然后再进行安装。图 10.18 所示为铝塑复合板面板的骨架式幕墙构造示例，它是用镀锌钢方管作为横梁立柱，用铝塑复合板做成带副框的组合件，用直径为 4.5mm 自攻螺钉固定，板缝垫杆嵌填聚硅氧烷密封胶。

在实际应用中对金属幕墙使用的铝塑复合板的要求是：用于外墙时板的厚度不得小于4mm，用于内墙时的厚度不小于 3mm；铝塑复合板的铝材应为防锈铝（内墙板可使用纯铝）。外墙铝塑复合板所用铝板的厚度不小于 0.5mm，内墙板所用铝板的厚度不小于0.2mm，外墙板氟碳树脂涂层的含量不应低于 75%。

在金属幕墙中不同的金属材料接触处除不锈钢外，均应设置耐热的环氧树脂玻璃纤维布和尼龙 12 垫片。有保温要求时，金属饰面板可与保温材料结合在一起，但应与主体结构外表面有 50mm 以上的空气层。金属板拼缝处嵌填泡沫垫杆和聚硅氧烷耐候密封胶进行密封处理，也可采用密封橡胶条。

金属饰面板组合件的大小根据设计确定，当尺寸较大时组合件内侧应增设加劲肋，铝塑复合板折边处应设边肋。加劲肋可用金属方管、槽形或角形型材，应与面板可靠连接并采取防腐措施。

金属幕墙的横梁、立柱等骨架可采用型钢或铝型材。

三、金属幕墙的施工工艺

金属幕墙施工工艺流程为：测量放线→预埋件位置尺寸检查→金属骨架安装→钢结构刷防锈漆→防火保温棉安装→金属板安装→注密封胶→幕墙表面清理→工程验收。

四、金属幕墙施工方法和质量要求

1. 施工准备

在施工之前做好科学规划，熟悉图样，编制单项工程施工组织设计，做好施工方案部署，确定施工工艺流程和工、料、机安排等。

详细核查施工图样和现场实际尺寸，领会设计意图，做好技术交底工作，使操作者明确每一道工序的装配、质量要求。

2. 预埋件检查

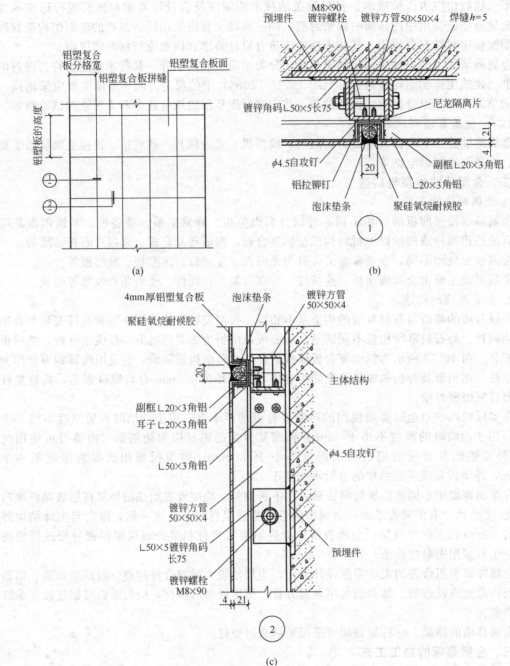

图 10.18　铝塑复合板面板幕墙构造

该项内容同石材幕墙做法。

3. 测量放线

幕墙安装质量很大程度上取决于测量放线的准确与否，如轴网和结构标高与图样有出入时，应及时向业主和监理工程师报告，得到处理意见进行调整，由设计单位做出设计变更。

4. 金属骨架安装

做法同石材幕墙。注意在两种金属材料接触处应垫好隔离片，防止接触腐蚀，不锈钢材料除外。

5. 金属板制作

金属饰面板种类很多，一般是在工厂加工后运至工地安装。铝塑复合板组合件一般在工地制作、安装。现在以铝单板、铝塑复合板、蜂窝铝板为例说明加工制作的要求。

（1）铝单板　铝单板在弯折加工时弯折外圆弧半径不应小于板厚的 1.5 倍，以防止出现折裂纹和集中应力。板上加劲肋的固定可采用电栓钉，但应保证铝板外表面不变形、不褪色，固定应牢固。铝单板的折边上要做耳子用于安装，如图 10.19 所示。

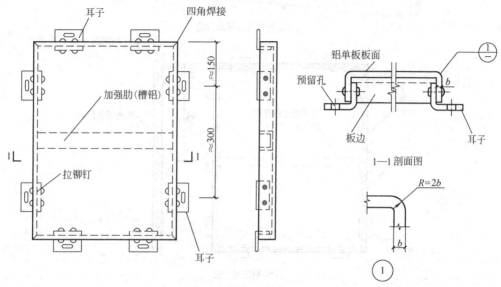

图 10.19　铝单板

耳子中心间距一般为 300mm 左右，角端为 150mm 左右。表面和耳子的连接可用焊接、铆接或在铝板上直接冲压而成。铝单板组合件的四角开口部位凡是未焊接成型的，必须用聚硅氧烷密封胶密封。

（2）铝塑复合板　铝塑复合板面有内外两层铝板，中间复合聚乙烯塑料。在切割内层铝板和聚乙烯塑料时，应保留不小于 0.3mm 厚的聚乙烯塑料，并不得划伤外层铝板的内表面，如图 10.20 所示。

打孔、切口后外露的聚乙烯塑料及角缝应采用中性的聚硅氧烷密封胶密封，防止水渗漏到聚乙烯塑料内。加工过程中铝塑复合板严禁与水接触，以确保质量。其耳子材料用角铝。

（3）蜂窝铝板　应根据组装要求决定切口的尺寸和形状。在去除铝芯时不得划伤外层铝板的内表面，各部位外层铝板上应保留 0.3～0.5mm 的铝芯。直角部位的加工，折角内弯成圆弧，角缝应采用聚硅氧烷密封胶密封。边缘的加工应将外层铝板折合 180°，并将铝芯包封。

（4）金属幕墙的吊挂件、安装件　金属幕墙的吊挂件、安装件应采用铝合金件或不锈钢件，并应有可调整范围。采用铝合金立柱时，立柱连接部位的局部壁厚不得小于 5mm。

6. 防火、保温材料安装

同有框玻璃幕墙安装做法。

7. 金属幕墙的吊挂件、安装件

金属面板安装同有框玻璃幕墙中的玻璃组合件安装。金属面板是经过折边加工、装有耳子（有的还有加劲肋）的组合件，通过铆钉、螺栓等与横竖骨架连接。

8. 嵌胶封缝与清洁

板的拼缝的密封处理与有框玻璃幕墙相同，以保证幕墙整体有足够的、符合设计的防渗漏能力。施工时注意成品保护和防止构件污染。待密封胶完全固化后再撕去金属板面的保护膜。

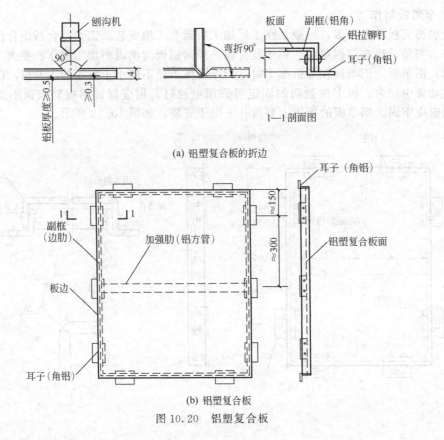

(a) 铝塑复合板的折边

(b) 铝塑复合板

图 10.20　铝塑复合板

9. 施工注意事项

(1) 金属面板通常由专业工厂加工成型。但因实际工程的需要，部分面板由现场加工是不可避免的。现场加工应使用专业设备和工具，由专业操作人员操作，以确保板件的加工质量和操作安全。

(2) 各种电动工具使用前必须进行性能和绝缘检查，吊篮必须做荷载、各种保护装置和运转试验。

(3) 金属面板不要重压，以免发生变形。

(4) 由于金属板表面上均有防腐及保护涂层，应注意聚硅氧烷密封胶与涂层黏结的相容性问题，事先做好相容性试验，并为业主和监理工程师提供合格成品的试验报告，保证胶缝的施工质量和耐久性。

(5) 在金属面板加工和安装时，应当特别注意金属板面的压延纹理方向，通常成品保护膜上印有安装方向的标记，否则会出现纹理不顺、色差较大等现象，影响装饰效果和安装质量。

(6) 固定金属面板的压板、螺钉，其规格、间距一定要符合规范和设计要求，并要拧紧不松动。

(7) 金属板件的四角如果未经焊接处理，应当用聚硅氧烷密封胶来嵌填，保证密封、防渗漏效果。

(8) 其他注意事项同隐框玻璃幕墙和石材幕墙。

10. 金属幕墙施工质量要求

金属幕墙的施工质量要求同石材幕墙。

五、金属幕墙安装施工的安全措施

金属幕墙施工的安全措施也与玻璃幕墙和石材幕墙相同。

第五节　幕墙工程质量标准

玻璃幕墙、金属幕墙、石材幕墙等分项工程的质量验收，是确保幕墙工程施工质量极其重要的环节。在进行工程质量验收中，应遵循现行国家标准《建筑装卸装修工程质量验收规范》（GB 50210—2001）中的规定。

一、幕墙工程质量一般规定

为确保幕墙工程的施工质量和使用功能，装饰幕墙施工中应当进行文件和记录检查、工程材料的复验、隐蔽工程的验收等工作，在检查验收中应按照规定的检验批划分和检查数量进行检验。

1. 文件和记录检查

幕墙工程在进行验收时，应当检查下列文件和记录：

（1）幕墙工程的施工图、结构计算书、设计说明及其他设计文件。

（2）建筑设计单位对幕墙工程设计的确认文件。

（3）幕墙工程所用各种材料、五金配件、构件及组件的产品合格证书、性能检测报告、进场验收记录和复验报告。

（4）幕墙工程所用硅酮结构胶的认定证书和抽查合格证明；进口硅酮结构胶的商检证；国家指定检测机构出具的硅酮结构胶相容性和剥离粘接性试验报告；石材用密封胶的耐污染性试验报告。

（5）后置埋件的现场拉拔强度检测报告。

（6）幕墙的抗风压性能、空气渗透性能、雨水渗漏性能及平面变形性能检测报告。

（7）打胶、养护环境的温度、湿度记录；双组分硅酮结构胶的混匀性试验记录及拉断试验记录。

（8）防雷装置测试记录。

（9）隐蔽工程验收记录。

（10）幕墙构件和组件的加工制作记录；幕墙的安装施工记录。

2. 工程材料复验

幕墙工程在正式施工前，应对下列材料及其性能指标进行复验：

（1）铝塑复合板的剥离强度。

（2）石材的弯曲强度；寒冷地区石材的耐冻融性；室内用花岗石的放射性。

（3）玻璃幕墙用结构胶的邵氏硬度、标准条件拉伸粘接强度、相容性试验；石材用结构胶的粘接强度；石材用密封胶的污染性。

3. 隐蔽工程验收

在正式施工前，应对下列隐蔽工程项目进行验收：

（1）预埋件（或后置埋件）。

（2）构件的连接节点。

（3）变形缝及墙面转角处的构造节点。

（4）幕墙防雷装置。

（5）幕墙防火构造。

4. 检验批的划分

幕墙工程各分项工程的检验批，应按下列规定进行划分：

（1）相同设计、材料、工艺和施工条件的幕墙工程，每 $500 \sim 1000 m^2$ 应划为一个检验批，小于 $500 m^2$ 的也应划为一个检验批。

（2）同一单位工程的不连续的幕墙工程，与连续的幕墙工程的检验批划分不同，应当单独划分检验批。

（3）对于异型或有特殊要求的幕墙，检验批的划分应根据幕墙的结构、工艺特点及幕墙工程规模，由监理单位（或建设单位）和施工单位协商确定。

5. 幕墙检查数量

幕墙工程完成后，应对施工质量进行抽查，其检查数量应符合下列规定：

（1）每个检验批每 $100m^2$ 应至少抽查一处，每处面积应大于或等于 $10m^2$。

（2）对于异型或有特殊要求的幕墙工程，应根据幕墙的结构和工艺特点，由监理单位（或建设单位）和施工单位协商确定。

6. 幕墙其他方面的检查

（1）幕墙及其连接件应具有足够的承载力、刚度和相对于主体结构的位移能力。幕墙构架立柱的连接金属角码与其他连接件应采用螺栓连接，并应有防松动的措施。

（2）隐框、半隐框幕墙所采用的结构粘接材料必须是中性硅酮胶，其性能必须符合国家标准《建筑用硅酮结构密封胶》（GB 16776—2005）中的规定，硅酮结构密封胶必须在有效期内使用。

（3）立柱和横梁等是幕墙中的主要受力构件，其截面受力部分的壁厚应经计算确定，且铝合金型材的壁厚不应小于 3.0mm，钢型材的壁厚不应小于 3.5mm。

（4）隐框、半隐框幕墙构件中，板材与金属框之间硅酮结构密封胶的粘接宽度，应分别计算风荷载标准值和板材自重标准值作用下硅酮结构密封胶的粘接宽度，并取其较大值，且不得小于 7.0mm。

（5）在注入硅酮结构密封胶时应当饱满，并应在温度 15～30℃、相对湿度 50% 以上、洁净的室内进行；不得在现场墙上进行注胶。

（6）幕墙的防火除应符合现行国家标准《建筑设计防火规范》（GB 50016—2006）和《高层民用建筑设计防火规范》（GB 50045—95）（2005 年版）中的有关规定外，还应符合下列规定：

① 应根据所用防火材料的耐火极限决定防火层的厚度和宽度，并应在楼板处形成防火带。

② 防火层应采取隔离措施。防火层的衬板应采用经防腐处理且厚度不小于 1.5mm 的钢板，不得采用铝板。

③ 防火层的密封材料应采用防火密封胶。

④ 防火层与玻璃不能直接接触，一块玻璃不应跨两个防火区。

（7）主体结构与幕墙连接的各种预埋件，其数量、规格、位置和防腐处理等，必须符合设计要求。

（8）幕墙的金属框架与主体结构预埋件的连接、立柱与横梁的连接及幕墙面板的安装，必须符合设计的要求，连接和安装必须牢固。

（9）单元幕墙连接处和吊挂处的铝合金型材的壁厚，应当通过计算确定，并且不得小于 5.0mm。

（10）幕墙的金属框架与主体结构应通过预埋件进行连接，预埋件应在主体结构混凝土施工时插入，预埋件的位置应正确；当没有条件采用预埋件连接时，应采用其他可靠的连接措施，并应通过试验确定其承载力。

（11）立柱应采用螺栓与角码连接，螺栓的直径应通过计算确定，并不应小于 10mm，不同金属材料在接触时，应采用绝缘垫片加以分隔。

（12）幕墙中的抗震缝、伸缩缝和沉降缝等部位的处理，应保证缝具有的使用功能和装饰面的完整性。

（13）幕墙工程的设计应满足清洁和维护的要求。

二、玻璃幕墙质量标准

对于建筑高度不大于150m、抗震设防烈度不大于8度的隐框玻璃幕墙、半隐框玻璃幕墙、明框玻璃幕墙、全玻幕墙及点支撑玻璃幕墙工程，其工程质量验收按国家标准《建筑装饰装修工程质量验收规范》（GB 50210—2001）、《玻璃幕墙工程技术规范》（JGJ 102—2003）中的有关规定进行，其中相关规定如下。

1. 主控项目

玻璃幕墙工程质量验收的主控项目，如表10.3所示。

表10.3　玻璃幕墙工程质量验收的主控项目

项次	质 量 要 求	检 验 方 法
1	玻璃幕墙工程所使用的各种材料、构件和组件的质量，应符合设计要求及国家现行产品标准和工程技术规范的规定	检查材料、构件、组件的产品合格证书、进场验收报告、性能检测报告和材料的复验报告
2	玻璃幕墙的造型和立面分格应符合设计要求	观察；尺量检查
3	玻璃幕墙使用的玻璃应符合下列要求： ①幕墙应使用安全玻璃，玻璃的品种、规格、颜色、光学性能及安装方向应符合设计要求； ②幕墙玻璃的厚度不应小于6.0mm；全玻幕墙肋玻璃的厚度不应小于12mm； ③幕墙的中空玻璃应采用双道密封；明框幕墙的中空玻璃应采用聚硫密封胶及丁基密封胶；隐框和半隐框幕墙的中空玻璃应采用硅酮结构密封胶及丁基密封胶；镀膜面应在中空玻璃的第2或第3面上 ④幕墙的夹层玻璃应采用聚乙烯醇缩丁醛（PVC）胶片干法加工合成的夹层玻璃；点支撑玻璃幕墙夹层玻璃的夹层胶片（PVC）厚度不应小于0.76mm； ⑤钢化玻璃表面不得有损伤；8.0mm的钢化玻璃应进行引爆处理； ⑥所有幕墙玻璃　均应进行边缘处理	观察；尺量检查；检查施工记录
4	玻璃幕墙与主体结构连接的各种预埋件、连接件、紧固件必须安装牢固，其数量、规格、位置、连接方法和防腐处理应符合设计要求	观察；检查隐蔽工程验收记录和施工记录
5	各种连接件、紧固件的螺栓应有防松动措施；焊接连接应符合设计要求和焊接规范的规定	观察；检查隐蔽工程验收记录和施工记录
6	隐框和半隐框玻璃幕墙，每块玻璃下端应设置两个铝合金或不锈钢托条，其长度不应小于100mm，厚度不应小于2mm，托条外端低于玻璃外表面2mm	观察；检查施工记录
7	明框幕墙的玻璃安装应符合下列规定： ①玻璃槽口与玻璃的配合尺寸应符合设计要求知技术标准的规定； ②玻璃与构件不得直接接触，玻璃四周与构件凹槽底部应保持一定的空隙，每块玻璃下部应至少放置2块宽度与槽口宽度相同、长度不应小于100mm的弹性定位垫块；玻璃两边的嵌入量及空隙应符合设计要求； ③玻璃四周橡胶条的材质、型号应符合设计要求，镶嵌应平整，橡胶条长度应比边框内槽长1.5%～2.0%，橡胶条在转角处应斜面断开，并应用黏结剂粘接牢固后嵌入槽内	观察；检查施工记录
8	高度超过4m的全玻幕墙应吊挂在主体结构上，吊夹具应符合设计要求；玻璃与玻璃、玻璃与玻璃肋之间的缝隙，应采用硅酮结构密封胶填嵌严密	观察；检查隐蔽工程验收记录和施工记录
9	点支撑玻璃幕墙应采用带万向头的活动不锈钢爪，其钢爪间的中心距离应大于250mm	观察；尺量检查
10	玻璃幕墙四周、玻璃幕墙内表面与主体结构之间的连接节点、各类变形缝、墙角的连接点应符合设计要求知技术标准的规定	观察；检查隐蔽工程验收记录和施工记录
11	玻璃幕墙应无渗漏	在易渗漏部位进行淋水检查
12	玻璃幕墙结构胶和密封胶的打注应饱满、密实、连续、无气泡，宽度和厚度应符合设计要求知技术标准的规定	观察；尺量检查；检查施工记录
13	玻璃幕墙开启窗的配件应齐全，安装应牢固，安装位置和开启方向、角度应正确；开启应灵活，关闭应严密	观察；手扳检查；开启和关闭检查
14	玻璃幕墙的防雷装置必须与主体结构的防雷装置可靠连接	观察；检查隐蔽工程验收记录和施工记录

2. 一般项目

玻璃幕墙工程质量验收的一般项目，如表 10.4 所示。

表 10.4　玻璃幕墙工程质量验收的一般项目

项次	质 量 要 求	检 验 方 法
1	玻璃幕墙表面应平整、洁净；整幅玻璃的色泽应当均匀一致；玻璃表面不得有污染和渡膜损坏	观察
2	每平方米玻璃的表面质量和检验方法应符合表 10.5 的规定	
3	一个分格玻璃幕墙铝合金型材的表面质量和检验方法应符合表 10.6 的规定	
4	明框玻璃幕墙的外露框或压条应横平竖直，颜色、规格应符合设计要求，压条安装应牢固；单元玻璃幕墙的单元拼缝或隐框玻璃幕墙的分格玻璃拼缝应横平竖直、均匀一致	观察；手扳检查；检查进场验收记录
5	玻璃幕墙的密封胶缝应横平竖直、深浅一致、宽窄均匀、光滑顺直	观察；手摸检查
6	防火、保温材料填充饱满、均匀，表面应密实、平整	检查隐蔽工程验收记录
7	玻璃幕墙隐蔽节点的遮封装修应牢固、整齐、美观	观察；手扳检查
8	明框玻璃幕墙安装的允许偏差和检验方法应符合表 10.7 的规定	
9	隐框、半隐框玻璃幕墙安装的允许偏差和检验方法应符合表 10.8 的规定	

3. 其他检验

玻璃幕墙中每平方米玻璃的表面质量和检验方法，如表 10.5 所示；一个分格铝合金型材的表面质量和检验方法，如表 10.6 所示；明框玻璃幕墙安装的允许偏差和检验方法，如表 10.7 所示；隐框、半隐框玻璃幕墙安装的允许偏差和检验方法，如表 10.8 所示。

表 10.5　每平方米玻璃的表面质量和检验方法

项次	项　　目	质 量 要 求	检 验 方 法
1	明显划伤和长度＞100mm 的轻微划伤	不允许	观察
2	长度≤100mm 的轻微划伤	≤8 条	用钢尺检查
3	擦伤总面积	≤500mm²	用钢尺检查

表 10.6　一个分格玻璃幕墙铝合金型材的表面质量和检验方法

项次	项　　目	质 量 要 求	检 验 方 法
1	明显划伤和长度＞100mm 的轻微划伤	不允许	观察
2	长度≤100mm 的轻微划伤	≤2 条	用钢尺检查
3	擦伤总面积	≤500mm²	用钢尺检查

表 10.7　明框玻璃幕墙安装的允许偏差和检验方法

项次	项　　目		允许偏差/mm	检 验 方 法
1	幕墙垂直度	幕墙高度≤30m	10	用经纬仪检查
		30m＜幕墙高度≤60m	15	
		60m＜幕墙高度≤90m	20	
		幕墙高度＞90m	25	
2	幕墙水平度	幕墙幅宽≤35m	5	用水平仪检查
		幕墙幅宽＞35m	7	
3	构件直线度		2	用 2m 靠尺和塞尺检查
4	构件水平度	构件长度≤2m	2	用水平仪检查
		构件长度＞2m	3	
5	相邻构件		1	用钢尺检查
6	分格框对角线长度差	对角线长度≤2m	3	用钢尺检查
		对角线长度＞2m	4	

表 10.8　隐框、半隐框玻璃幕墙安装的允许偏差和检验方法

项次	项　目		允许偏差/mm	检　验　方　法
1	幕墙垂直度	幕墙高度≤30m	10	用经纬仪检查
		30m<幕墙高度≤60m	15	
		60m<幕墙高度≤90m	20	
		幕墙高度>90m	25	
2	幕墙水平度	层高≤3m	3	用水平仪检查
		层高>3m	5	
3	幕墙表面平整度		2	用2m靠尺和塞尺检查
4	板材立面垂直度		2	用垂直检测尺检查
5	板材上沿水平度		2	用1m水平尺和钢直尺检查
6	相邻板材板角错位		1	用钢直尺检查
7	阳角方正		2	用直角检测尺检查
8	接缝直线度		3	拉5m线,不足5m拉通线,用钢直尺检查
9	接缝高低差		1	用钢直尺和塞尺检查
10	接缝宽度		1	用钢直尺检查

三、金属幕墙质量标准

建筑高度不大于150m的金属幕墙工程,应符合《建筑装饰装修工程质量验收规范》(GB 50210—2001)和《金属与石材幕墙工程技术规范》(JGJ 133—2001)中的规定。

1. 主控项目

金属幕墙工程质量验收的主控项目,如表10.9所示。

表 10.9　金属幕墙工程质量验收的主控项目

项次	项　目	检　验　方　法
1	金属幕墙工程所使用的各种材料和配件,应符合设计要求及国家现行产品标准和技术规范的规定	检查产品合格证书、性能检测报告、材料进场验收报告和材料的复验报告
2	金属幕墙的造型和立面分格应符合设计要求	观察;尺量检查
3	金属幕墙的品种、规格、颜色、光学性能及安装方向应符合设计要求	观察;检查进场验收报告
4	金属幕墙与主体结构上的预埋件、后置埋件的数量、位置及后置埋件的拉拔力必须符合设计要求	检查拉拔力检测报告和隐蔽工程验收记录
5	金属幕墙的金属框架立柱与主体结构预埋件的连接、立柱与横梁的连接、金属面板的安装必须符合设计要求,安装必须牢固	手扳检查;检查隐蔽工程验收记录
6	金属幕墙的防火、保温、防潮材料的设置应符合设计要求,并应密实、均匀、厚度一致	检查隐蔽工程验收记录
7	金属框架及连接件的防腐处理应符合设计要求	检查隐蔽工程验收记录和施工记录
8	金属幕墙的防雷装置必须与主体结构的防雷装置可靠连接	检查隐蔽工程验收记录
9	各类变形缝、墙角的连接点应符合设计要求知技术标准的规定	观察;检查隐蔽工程验收记录
10	金属幕墙的板缝注胶应饱满、密实、连续、均匀、无气泡,宽度和厚度应符合设计要求知技术标准的规定	观察;尺量检查;检查施工记录
11	金属幕墙应无渗漏	在易渗漏部位进行淋水检查

2. 一般项目

金属幕墙工程质量验收的一般项目,如表10.10所示。

表 10.10　金属幕墙工程质量验收的一般项目

项次	项　目	检验方法
1	金属板表面应平整、洁净、色泽一致	观察
2	金属幕墙的压条应平直、洁净、接口严密、安装牢固	观察;手扳检查
3	金属幕墙的密封胶缝应横平竖直、深浅一致、宽窄均匀、光滑顺直	观察
4	金属幕墙上的滴水线、流水坡向应正确、顺直	观察;用水平尺检查
5	每平方米金属板的表面质量和检验方法应符合表 10.11 的规定	
6	金属幕墙安装的允许偏差和检验方法应符合表 10.12 的规定	

3. 其他检验

金属幕墙中每平方米玻璃的表面质量和检验方法，如表 10.11 所示；金属幕墙安装的允许偏差和检验方法，如表 10.12 所示。

表 10.11　每平方米金属板的表面质量和检验方法

项次	项　目	质量要求	检验方法
1	明显划伤和长度>100mm 的轻微划伤	不允许	观察
2	长度≤100mm 的轻微划伤	≤8 条	用钢尺检查
3	擦伤总面积	≤500mm^2	用钢尺检查

表 10.12　金属幕墙安装的允许偏差和检验方法

项次	项　目		允许偏差/mm	检验方法
1	幕墙垂直度	幕墙高度≤30m	10	用经纬仪检查
		30m<幕墙高度≤60m	15	
		60m<幕墙高度≤90m	20	
		幕墙高度>90m	25	
2	幕墙水平度	层高≤3m	3	用水平仪检查
		层高>3m	5	
3	幕墙表面平整度		2	用 2m 靠尺和塞尺检查
4	板材立面垂直度		2	用垂直检测尺检查
5	板材上沿水平度		2	用 1m 水平尺和钢直尺检查
6	相邻板材板角错位		1	用钢直尺检查
7	阳角方正		2	用直角检测尺检查
8	接缝直线度		3	拉 5m 线,不足 5m 拉通线,用钢直尺检查
9	接缝高低差		1	用钢直尺和塞尺检查
10	接缝宽度		1	用钢直尺检查

四、石材幕墙质量标准

建筑高度不大于 100m、抗震设防烈度不大于 8 度的石材幕墙工程，应当按《建筑装饰装修工程质量验收规范》（GB 50210—2001）中的如下强制性条文规定进行质量验收。

1. 主控项目

石材幕墙工程质量验收的主控项目，如表 10.13 所示。

表 10.13　石材幕墙工程质量验收的主控项目

项次	质 量 要 求	检 验 方 法
1	石材幕墙工程所用材料的品种、规格、性能和等级,应符合设计要求及国家现行产品标准和技术规范的规定;石材的弯曲强度不应小于 8.0MPa,吸水率应小于 0.8%;石材幕墙的铝合金挂件厚度不应小于 4.0mm,不锈钢挂件厚度不应小于 3.0mm	观察;尺量检查;检查产品合格证书、性能检测报告、材料进场验收记录和复验报告
2	石材幕墙的造型、立面分格、颜色、光泽、花纹和图案应符合设计要求	观察
3	石材孔、槽的数量、深度、位置、尺寸应符合设计要求	检查进场验收记录或施工记录
4	石材幕墙主体结构上的预埋件和后置埋件的数量、位置及后置埋件的拉拔力必须符合设计要求	检查拉拔力检测报告和隐蔽工程验收记录
5	石材幕墙的金属框架立柱与主体结构预埋件的连接、立柱与横梁的连接、连接件与金属框架的连接、连接件与石材面板的连接必须符合设计要求,安装必须牢固	手扳检查;检查隐蔽工程验收记录
6	金属框架及连接件的防腐处理应符合设计要求	检查隐蔽工程验收记录
7	石材幕墙的防雷装置必须与主体结构的防雷装置可靠连接	观察;检查隐蔽工程验收记录和施工记录
8	石材幕墙的防火、保温、防潮材料的设置应符合设计要求,并应密实、均匀、厚度一致	检查隐蔽工程验收记录
9	各种结构变形缝、墙角的连接点应符合设计要求知技术标准的规定	检查隐蔽工程验收记录和施工记录
10	石材表面和板缝的处理应符合设计要求	观察
11	石材幕墙的板缝注胶应饱满、密实、连续、均匀、无气泡,宽度和厚度应符合设计要求知技术标准的规定	观察;尺量检查;检查施工记录
12	石材幕墙应无渗漏	在易渗漏部位进行淋水检查

2. 一般项目

石材幕墙工程质量验收的一般项目,如表 10.14 所示。

表 10.14　石材幕墙工程质量验收的一般项目

项次	质 量 要 求	检 验 方 法
1	石材幕墙表面应平整、洁净,无污染、缺损和裂痕;颜色和花纹应协调一致,无明显色差,无明显修痕	观察
2	石材幕墙的压条应平直、洁净、接口严密、安装牢固	观察;手扳检查
3	石材接缝应横平竖直、宽窄均匀;阴阳角石板压向应正确,板边合缝应顺直;凹凸线出墙厚度应一致,上下口应平直;石材面板上洞口、槽边应套割吻合,边缘应齐整	观察;尺量检查
4	石材幕墙的密封胶缝应横平竖直、深浅一致、宽窄均匀、光滑顺直	观察
5	石材幕墙上的滴水线、流水坡向应正确、顺直	观察;用水平尺检查
6	每平方米石材的表面质量和检验方法应符合表 10.15 的规定	
7	石材幕墙安装的允许偏差和检验方法应符合表 10.16 的规定	

3. 其他检验

石材幕墙中每平方米玻璃的表面质量和检验方法,如表 10.15 所示;石材幕墙安装的允许偏差和检验方法,如表 10.16 所示。

表 10.15 石材幕墙中每平方米玻璃的表面质量和检验方法

项次	项　　目	质 量 要 求	检 验 方 法
1	明显划伤和长度>100mm 的轻微划伤	不允许	观察
2	长度≤100mm 的轻微划伤	≤8 条	用钢尺检查
3	擦伤总面积	≤500mm²	用钢尺检查

表 10.16 石材幕墙安装的允许偏差和检验方法

项次	项　　目		允许偏差/mm		检 验 方 法
			光面	麻面	
1	幕墙垂直度	幕墙高度≤30m	10		用经纬仪检查
		30m<幕墙高度≤60m	15		
		60m<幕墙高度≤90m	20		
		幕墙高度>90m	25		
2	幕墙水平度		3		用水平仪检查
3	板材立面垂直度		3		用垂直检测尺检查
4	板材上沿水平度		2		用 1m 水平尺和钢直尺检查
5	相邻板材板角错位		1		用钢直尺检查
6	幕墙表面平整度		2	3	用 2m 靠尺和塞尺检查
7	阳角方正		2	4	用直角检测尺检查
8	接缝直线度		3	4	拉 5m 线,不足 5m 拉通线,用钢直尺检查
9	接缝高低差		1	—	用钢直尺和塞尺检查
10	接缝宽度		1	2	用钢直尺检查

复习思考题

1. 建筑幕墙可以从哪几个方面进行分类?

2. 幕墙工程在设计、选材和施工等方面应遵守哪些规定?

3. 玻璃幕墙所用材料有哪些要求? 在施工中主要用的机具有哪些?

4. 有框玻璃幕墙、无框玻璃幕墙、点支玻璃幕墙各自的施工工艺如何?

5. 石材幕墙的种类及对石材的基本要求是什么?

6. 石材幕墙的组成和构造和其主要的施工工艺是什么?

7. 金属幕墙的分类、组成和构造和其主要的施工工艺是什么?

8. 幕墙工程质量有哪些一般规定?

9. 玻璃幕墙的质量标准和检验方法是什么?

10. 石材幕墙的质量标准和检验方法是什么?

11. 金属幕墙的质量标准和检验方法是什么?

第十一章

玻璃装饰工程施工

本章简要介绍了玻璃装饰加工中切割、打孔、表面处理、热加工、钢化处理等方面的基本方法，玻璃安装中的基本知识；重点介绍了玻璃屏风（木骨架、金属骨架）、玻璃镜安装、玻璃栏板、空心玻璃砖墙、装饰玻璃饰面的施工工艺。通过对本章内容的学习，了解玻璃装饰工程中的基本知识，掌握以上几种工程的施工工艺。

玻璃装饰是建筑装饰工程中的重要组成部分，玻璃的性能、品种、规格、色彩的多样化，可以满足不同建筑装饰的需要，特别是玻璃的二次加工，给建筑装饰增加了更大的空间。目前常用的各种玻璃幕墙、玻璃饰面、光亮透明的玻璃家具、家具隔板、玻璃屏风、艺术玻璃门、玻璃艺术品等，均达到了非常理想的装饰和使用效果。

第一节　玻璃装饰的基本知识

一、玻璃加工的基本知识

（一）玻璃的裁割与打孔

1. 玻璃裁割的原理

玻璃是均质连续的脆性材料，特别是表面非常均匀连续，当其受到非连续破坏时，在外力的作用下，其内应力会在其破坏部位集中，这就是应力集中原理，而正是利用这一原理使玻璃在破坏处产生集中的拉应力，从而使玻璃发生脆性破坏，达到裁割的目的。

2. 玻璃裁割的方法

玻璃裁割应根据不同的玻璃品种、厚度、外形尺寸采用不同的操作方法。

（1）平板玻璃裁割　裁割薄玻璃，可用 12mm×12mm 细木条直尺，量出裁割尺寸，再在直尺上定出所划尺寸。要考虑留 3mm 空当和 2mm 刀口。操作时将直尺上的小钉紧靠玻璃一端，玻璃刀紧靠直尺的另一端，一手握小钉按住玻璃边口使之不松动，另一手握刀笔直向后退划，然后扳开。若为厚玻璃，需要在裁口上刷煤油，一可防滑，二可使划口渗油，容易产生应力集中，易于裁开。

（2）夹丝玻璃裁割　夹丝玻璃因高低不平，裁割时刀口容易滑动难以掌握，因此要认清刀口，握稳刀头，用力比裁割一般玻璃要大，速度相应要快，这样才不致出现弯曲不直。裁割后双手紧握玻璃，同时用力向下扳，使玻璃沿裁口线裂开。如有夹丝未断，可在玻璃缝口内夹一细长木条，再用力向下扳，夹丝即可扳断。然后用钳子将夹丝压平，以免搬运时划破手掌，裁割边缘宜刷防锈涂料。

（3）压花玻璃裁割　裁割压花玻璃时，压花面应向下，裁割方法与夹丝玻璃相同。

（4）磨砂玻璃裁割　裁割磨砂玻璃时，毛面应向下，裁割方法与平板玻璃相同，但向下扳时用力要大、要均匀。

3. 玻璃打孔的方法

玻璃打孔按所打孔径大小，一般采用两种方法，一种是台钻钻孔，另一种是玻璃刀划孔。玻璃裁内圆的方法是利用应力集中原理和化整为零的思路，将内外圆要裁部分化整为零。

（1）玻璃刀划孔　当孔径较大时，采用玻璃刀划孔，先划出圆的边缘线，然后从背后敲出边缘裂痕，再利用微分化整为零的思路，将内圆用玻璃刀横竖排列成小方块，越小越好，从背后先敲出一小块，逐渐敲完，最后用磨边机磨边修圆，这是玻璃内圆。当要裁圆形玻璃即保留中间部分时，将圆外的部分去掉，方法同样。

（2）玻璃钻孔　利用台钻和金刚砂或玻璃钻头直接在玻璃上钻孔，方法如下。

① 研磨法钻孔。先定出圆心并点上墨水，将玻璃垫实，平放于台钻平台上，不得移动，再将内掺煤油的 280～320 目金刚砂点在玻璃钻眼处，不断上下运动钻磨，边磨边点金刚砂。研磨自始至终用力要轻而均匀，尤其是接近磨穿时，用力更要轻，要有耐心。

② 直接钻孔。孔也可以用专用的、不同直径的玻璃钻头直接钻孔，但注意钻孔过程中要用水冷却。

4. 玻璃裁割中的注意事项

（1）根据玻璃种类、厚薄和裁割要求的不同正确选用割切方法。

（2）玻璃应集中裁割，按先大后小、先宽后窄顺序进行。

（3）钢化玻璃严禁裁割，也不能局部取舍（钢化玻璃是普通玻璃先裁好后钢化而成的玻璃）。

（4）玻璃和框之间的配合变形间隙不小于玻璃的厚度。

（5）玻璃裁割的质量，关键在刀口。刀口的质量关键是裁割时用力要均匀一致，划时只能听到割声而不能看见刀痕，见刀痕说明用力不均，刀不稳，刀口处的玻璃表面会出现不规则的破坏。因此必须使刀口均匀一致非常细腻，不可见划痕，才能保证质量。

（二）玻璃的表面处理

玻璃的表面处理种类很多，在建筑装饰工程中常见到的主要有喷砂、磨砂、磨边与倒角、镜面和铣槽等。

1. 喷砂

利用专用设备，将准备好的玻璃放在设备内，用高压喷枪将喷料喷在其表面，产生均匀麻面。

2. 磨砂

常用于人工研磨，即将平板玻璃平放在垫有棉毛毯等柔软物的操作台上，将 280～300 目金刚砂堆放在玻璃面上并用粗瓷碗反扣住，然后用双手轻压碗底，并推动碗底打圈移动研磨；或将金刚砂均匀地铺在玻璃上，再将另一块玻璃覆盖在上面，一手拿稳上面一块玻璃的边角，一手轻轻压住另一玻璃一边，推动玻璃来回打圈研磨；也可在玻璃上放置适量的矿砂或石英砂，再加少量的水，用磨砂铁板研磨。研磨时用力要适当，速度可慢一些，以避免玻璃压裂或缺角。

3. 磨边与倒角

玻璃的磨边和倒角是利用专用设备将玻璃边按设计磨掉并抛光。

4. 镜面

由平板玻璃经抛光而制成，有单面抛光和双面抛光两种，其表面光滑有光泽。

5. 铣槽

在玻璃上按要求的槽的长、宽尺寸划出墨线，将玻璃平放在固定的砂轮机的砂轮下，紧贴工作台，使砂轮对准槽口的墨线，选用厚度稍小于槽宽的细金刚砂轮，开磨后，边磨边加水冷却，注意控制槽口深度，直至完成。

（三）玻璃的热加工

将平板玻璃加热到一定温度，使玻璃产生一定的变形而不破坏，按需要的形状定形后逐渐冷却而固定成型，如圆弧玻璃的加工制作。

（四）玻璃钢化处理

玻璃钢化可以提高普通玻璃的抗拉强度。方法是先按使用要求裁好，再放到加热炉中，加热到一定温度后急速冷却，这样就在玻璃内部产生了预压应力，使玻璃的抗拉强度提高到原来的 3～5 倍。钢化玻璃破碎后成为均匀小块，不至于伤人，是安全玻璃的一种。

二、玻璃安装的基本知识

1. 玻璃脆性的处理

玻璃脆性决定其不能与其他硬质材料直接接触，接触处必须解决好缓冲过渡处理，一般可采用抗老化橡胶材料过渡。

2. 玻璃热胀冷缩处理

玻璃的变形要在安装时给予充分的考虑，一般平面内变形余量不小于玻璃的厚度，故安装尺寸应小于设计尺寸。

3. 玻璃牢固性处理

玻璃的安装应根据使用情况的不同而采用不同的固定形式，但无论何种形式，均离不开玻璃胶的粘接，这样处理使玻璃永远受到均匀一致的支承反力作用。所以要充分注意受力均匀的问题，才会确保安装的安全、牢固。

第二节　玻璃屏风的施工

玻璃屏风是建筑装饰工程中常见的装饰形式，一般是以单层玻璃板安装在框架上，常用的框架为木骨架和不锈钢柱架。玻璃板和骨架相配有两种方式，一种是挡位法，另一种是粘接法。

一、木骨架玻璃屏风的施工

在木骨架玻璃屏风施工中，主要应注意以下事项。

（1）玻璃与骨架木框的结合不能过于紧密，玻璃放入木框后，在木框的上部和侧面应留有 3mm 左右的缝隙，该缝隙是为玻璃热胀冷缩而设置的。对于大面积玻璃板来说，留缝是非常重要的，否则在受热膨胀时发生开裂。

（2）在玻璃正式安装时，要检查玻璃的四角是否方正，检查木框的尺寸是否准确，是否有变形的现象。在校正好的木框内侧，定出玻璃安装的位置线，并固定好玻璃板靠位线条（如图 11.1 所示）。

（3）把玻璃装入木框内，其两侧距木框的缝隙应当相等，并在缝隙中注入玻璃胶，然后钉上固定压条，固定压条最好用钉枪钉牢。

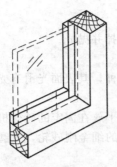

图 11.1　木框内玻璃的安装方式　　　　　　图 11.2　大面积玻璃用吸盘器安装

对于面积较大的玻璃板，安装时应用玻璃吸盘器吸住玻璃，再用手握吸盘器将玻璃提起来进行安装，如图 11.2 所示。

（4）木压条的安装形式有多种多样，在建筑装饰工程中常见的安装形式如图 11.3 所示。

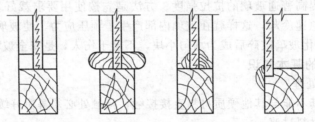

图 11.3　木压条固定玻璃的常见形式

二、金属骨架玻璃屏风的施工

在金属骨架屏风的施工中，主要应当注意以下事项。

（1）玻璃与金属框架安装时，先要安装玻璃靠位线条，靠位线条可以是金属角线，也可以是金属槽线。固定靠位线条通常是用自攻螺钉。

（2）根据金属框架的尺寸裁割玻璃，玻璃与框架的结合不能太紧密，应该按小于框架 3～5mm 的尺寸裁割玻璃。

（3）玻璃安装之前，在框架下部的玻璃放置面上涂一层厚度为 2mm 的玻璃胶（如图 11.4 所示）。玻璃安装后，玻璃的底边压在玻璃胶层上，或者放置一层橡胶垫，玻璃底边压在橡胶垫上。

（4）把玻璃放入框内，并靠在靠位线条上。如果玻璃的面积比较大，应用玻璃吸盘器进行安装。玻璃板距金属框两侧的缝隙距离应当相等，并在缝隙中注入玻璃胶，然后安装封边压条。

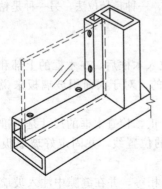

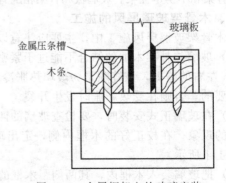

图 11.4　玻璃靠位线条及底边涂玻璃胶　　　　图 11.5　金属框架上的玻璃安装

如果封边压条是金属槽，而且为了表面美观不能直接用自攻螺钉固定时，可先在金属框上固定木条，然后在木条上涂万能胶，把不锈钢槽条或铝合金槽条卡在木条上，以达到装饰的目的。如果没有特殊要求，可用自攻螺钉直接将压条槽固定在框架上。常用的自攻螺钉为M4或M5。安装时先在槽条上打孔，再通过此孔在框架上打孔，这样安装就不会走位。打孔的钻头要小于自攻螺钉的直径0.8mm。在全部槽条的安装孔位都打好后，再进行玻璃的安装。玻璃的安装方式如图11.5所示。

第三节　玻璃镜的安装施工

室内装饰中玻璃镜的使用较为广泛，玻璃镜的安装部位主要有顶面、墙面和柱面。安装固定通常用玻璃钉、粘接和压条等方式。

一、顶面玻璃镜的安装施工

1. 对基面的要求

基面应为板面结构，通常是木夹板基面，如果采用嵌压式安装基面，也可以是纸面石膏板基面。基面要求平整、无鼓肚现象。

2. 嵌压式固定安装

嵌压式固定安装常用的压条为木压条、铝合金压条、不锈钢压条，其固定方式如图11.6所示。

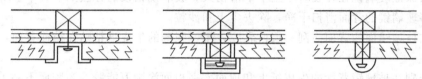

图11.6　嵌压式固定镜面玻璃的几种形式

顶面嵌压固定前，需要根据吊顶骨架的布置进行弹线，因为压条应固定在吊顶骨架上，并根据骨架来安排压条的位置和数量。

固定木压条，最好用20～25mm的钉枪钉固定，避免用普通圆钉，以防止在钉压条时震破玻璃镜。

铝压条和不锈钢压条可用木螺钉固定在其凹部。如采用无钉工艺，应先用木衬条卡住玻璃镜，再用万能胶将不锈钢压条粘卡在木衬条上，然后在不锈钢压条与玻璃镜之间的角位处封玻璃胶（如图11.7所示）。

3. 玻璃钉固定安装

（1）玻璃钉需要固定在木骨架上，安装前应按木骨架的间隔尺寸在玻璃板上打孔，孔径小于玻璃钉端头直径3mm。每块玻璃板上需钻出四个孔，孔位均匀布置，并不能太靠近镜面的边缘，以防开裂。

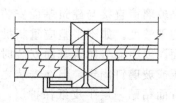

图11.7　嵌压式无钉工艺

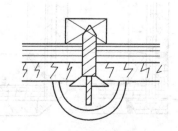

图11.8　玻璃钉固定安装

（2）根据玻璃镜面的尺寸和木骨架的尺寸，在顶面基面板上弹线，确定镜面的排列方式。玻璃镜应尽量按每块尺寸相同进行排列。

（3）玻璃镜安装应逐块进行。镜面就位后，先用直径 2mm 的钻头，通过玻璃镜上的孔位在吊顶骨架上钻孔，然后再拧入玻璃钉。拧入玻璃钉后应对角拧紧，以玻璃不晃动为准，最后在玻璃钉上拧上装饰帽（图 11.8 所示）。

（4）玻璃镜在垂直面的衔接安装。玻璃镜在两个面垂直相交时的安装方法有角线托边和线条收边等几种形式（如图 11.9 所示）。

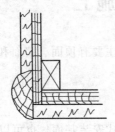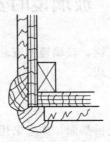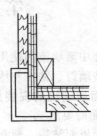

图 11.9　玻璃镜在垂直面的衔接安装

4. 粘接加玻璃钉双重固定安装

在一些重要场所，或玻璃面积大于 $1m^2$ 的顶面、墙面，经常采用粘接后加玻璃钉固定的方法，以保证玻璃镜在开裂时不至于下落伤人。玻璃镜粘接的方法如下。

（1）将玻璃镜的背面清扫干净，除去尘土和沙粒。

（2）在玻璃镜面的背面涂刮一层白乳胶，用一张薄的牛皮纸粘贴在镜面背面，并用塑料片刮平整。

（3）分别在玻璃镜背面的牛皮纸上和顶面木夹板面涂刷万能胶，当胶面不粘手时，玻璃镜按弹线位置粘贴到顶面木夹板上。

（4）用手抹压玻璃镜，使其与顶面粘贴紧密，并注意边角处的粘贴情况。

粘接后再用玻璃钉将镜面固定四个点，固定方法如前述。

注意：粘贴玻璃镜时，不得直接用万能胶涂在玻璃镜面背后，以防止对镜面涂层的腐蚀损伤。

二、墙面、柱面玻璃镜安装

墙面、柱面上的玻璃镜安装与顶面安装的要求和工艺均相同。

另外，墙面组合粘贴小块玻璃镜面时，应从下边开始，按弹线位置向上逐块粘贴，并在块与块的对接缝中涂少许玻璃胶。

玻璃镜在墙、柱面转角处的衔接有线条压边、磨边对角和用玻璃胶收边等方式。用线条压边时，应在粘贴玻璃镜的面上，留出一条线条的安装位置，以便固定线条；用玻璃胶收边，可将玻璃胶注在线条的角位，也可注在两块镜面的对角口处。常见的角位收边方式如图 11.10 所示。

如果玻璃镜直接与建筑基面安装，应检查其基面的平整度。如不平整应重新批刮或加木夹板基面。玻璃镜与建筑基面安装时，通常用线条嵌压或玻璃钉固定，但在安装之前，应在玻璃镜背面粘贴一层牛皮纸保护层，线条和玻璃钉都是钉在埋入墙内的木楔上。

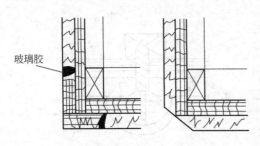

玻璃胶

图 11.10　角位收边方式

第四节　玻璃栏板的安装施工

玻璃栏板又称"玻璃栏河"或"玻璃扶手"，是以大块透明的安全玻璃为楼梯栏板，以不锈钢、铜或木制扶手立柱为骨架，固定于楼地面基座上，用于建筑回廊（跑马廊）或高级宾馆的主楼梯栏板等部位。

玻璃扶手厚玻璃安装主要有半玻式和全玻式两类。半玻式是厚玻璃用卡槽安装于楼梯扶手立柱之间，或者在立柱上开出槽位，将厚玻璃直接安装在立柱内，并用玻璃胶固定。全玻式是厚玻璃在下面与地面安装，上部与不锈钢管和全铜管连接。

玻璃栏板上安装的玻璃，其规格、品种由设计而定，而且强度、刚度、安全性均应作计算，以满足不同场所使用的要求。

一、回廊栏板的安装

回廊栏板由三部分组成扶手、玻璃栏板、栏板底座。

1. 扶手安装

扶手固定必须与建筑结构相连且必须连接牢固，不得有变形。同时扶手又是玻璃上端的固定支座。一般用膨胀螺栓或预埋件将扶手的两端与墙或柱连接在一起，扶手的尺寸、位置和表面装饰依据设计确定。

扶手固定必须与建筑结构相连且必须连接牢固，不得有变形。同时扶手又是玻璃上端的固定支座。一般用膨胀螺栓或预埋件将扶手的两端与墙或柱连接在一起，扶手的尺寸、位置和表面装饰依据设计确定。

2. 扶手与玻璃的固定

木质扶手、不锈钢扶手和黄铜扶手与玻璃板的连接，一般做法是在扶手内加设型钢，如槽钢、角钢或 H 型钢等。图 11.11、图 11.12 所示为木扶手及金属扶手内部设置型钢与玻璃栏板相配合的构造做法。有的金属圆管扶手在加工成型时，即将嵌装玻璃的凹槽一次制成，这样可减少现场焊接工作量，如图 11.13 所示。

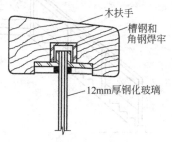

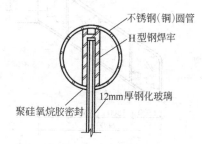

图 11.11　木扶手与玻璃栏板的连接　　　　图 11.12　金属扶手加设型钢安装玻璃栏板

3. 玻璃栏板单块间的拼接

玻璃栏板单块与单块之间，不得拼接过于太紧，一般应留出 8mm 的间隙。玻璃与其他材料的相交部位也不能贴靠过紧，要留出 8mm 的间隙。但在间隙之间一定要注入聚硅氧烷系列密封胶。

4. 栏板底座的做法

玻璃栏板底座的构造处理，主要是解决玻璃栏板的固定和踢脚部位的饰面处理。固定玻璃的做法非常多，一般是采用角钢焊成的连接铁件，两条角钢之间留出适当的间隙，即玻璃栏板的厚度再加上每侧 3～5mm 的填缝间隙，如图 11.14 所示。此外，也可采用角钢与钢板

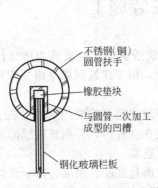

图 11.13　一次加工成型的金属
扶手与玻璃栏板的安装固定

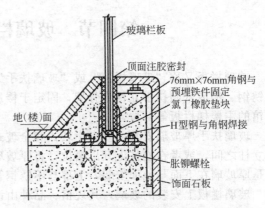

图 11.14　用角钢固定玻璃的底座做法示例

相配合的做法，即一侧用角钢，另一侧用同角钢长度相等的 6mm 厚的钢板。钢板上钻 2 个孔并设自攻螺纹，在安装玻璃栏板时，在玻璃和钢板之间垫设氯丁橡胶胶条，拧紧螺钉，将玻璃固定。

玻璃栏板的下端不能直接坐落在金属固定件或混凝土地面上，应采用橡胶垫块将其垫起。玻璃板两侧的间隙，可填塞氯丁橡胶定位条将玻璃栏板夹紧，而后在缝隙上口注入聚硅氧烷胶密封。

二、楼梯玻璃栏板的安装

对于室内楼梯栏板，其形式可以是全玻璃，称为全玻式玻璃楼梯栏板，如图 11.15 所示；也可以是部分玻璃，称为半玻式玻璃楼梯栏板，如图 11.16 所示。

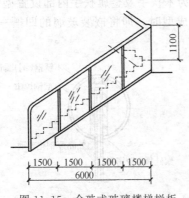

图 11.15　全玻式玻璃楼梯栏板

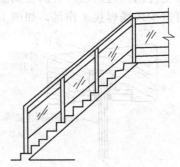

图 11.16　半玻式玻璃楼梯栏板

室内楼梯玻璃栏板构造做法比较灵活，施工工艺也较简单，下面介绍几种常用的安装方法。

1. 全玻式栏板上部的固定

全玻式楼梯扶手结构比较简单，主要由不锈钢管、厚玻璃、角钢、玻璃胶等组成（如图 11.17 所示）。全玻式楼梯栏板的上部与不锈钢或黄铜管扶手的连接，一般有三种方式：第一种是金属管的下部开槽，厚玻璃栏板插入槽内，以玻璃胶进行封口；第二种是在扶手金属管的下部安装卡槽，厚玻璃栏板嵌装在卡槽内；第三种是用玻璃胶将厚玻璃栏板直接与金属管黏结，如图 11.18 所示。

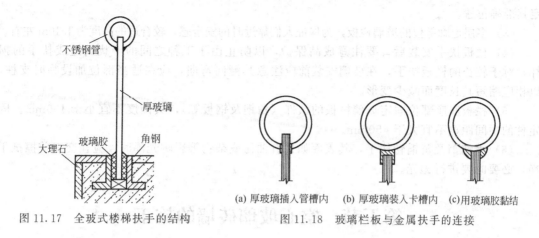

图 11.17　全玻式楼梯扶手的结构　　　　　图 11.18　玻璃栏板与金属扶手的连接

（a）厚玻璃插入管槽内　（b）厚玻璃装入卡槽内　（c）用玻璃胶黏结

2. 半玻式玻璃栏板的固定

半玻式玻璃栏板的安装固定方式，多是用金属卡槽将玻璃栏板固定于立柱之间；或者是在栏板立柱上开出槽位，将玻璃栏板嵌装在立柱上并用玻璃胶固定，如图 11.19 所示。

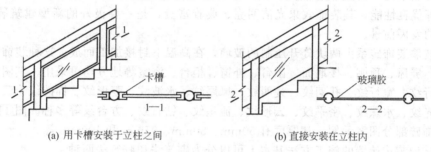

（a）用卡槽安装于立柱之间　　　　　　（b）直接安装在立柱内

图 11.19　半玻式楼梯栏板玻璃的安装方式

3. 全玻式栏板下部的固定

玻璃栏板下部与楼梯结构的连接多采用较简易的做法。图 11.20（a）所示为用角钢将玻璃板夹住定位，然后打玻璃胶并封闭缝隙。图 11.20（b）所示为采用天然石材饰面板作为楼梯面装饰，在安装玻璃栏板的位置留槽，留槽宽度要大于玻璃厚度的 5～8mm，将玻璃栏板安放于槽内之后，再加注玻璃胶封闭。玻璃栏板下部可加垫橡胶垫块。

三、玻璃栏板施工注意事项

（1）在墙、柱等结构进行施工时，应注意栏板扶手的预埋件埋设，并保证其位置准确。

（2）玻璃栏板底座在土建施工时，其固定件的埋设应符合设计要求。需加立柱时，应确

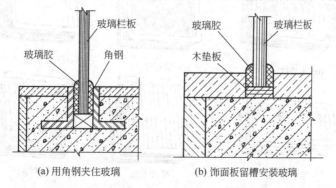

（a）用角钢夹住玻璃　　　　　　　（b）饰面板留槽安装玻璃

图 11.20　全玻式栏板下部与楼梯地面的连接方式

定其准确位置。

（3）多层走廊部位的玻璃栏板，为保证人们靠近时的安全感，较合适的高度为 1.10m 左右。

（4）栏板扶手安装后，要注意成品保护，以防止由于工种之间的干扰而造成扶手的损坏。对于较长的栏板扶手，在玻璃安装前应注意其侧向弯曲，应在适当部位加设临时支柱，以相应缩短其长度而减少变形。

（5）栏板底座部位固定玻璃栏板的铁件（角钢及钢板等），其高度不宜小于 100mm。固定件的中间距离不宜大于 450mm。

（6）不锈钢及黄铜管扶手，其表面如果有油污或杂物等影响光泽时，应在交工前擦拭干净，必要时要进行抛光。

第五节　空心玻璃砖墙的施工

空心玻璃装饰砖亦称玻璃透明花砖，是当代建筑装饰中较为新颖、档次较高的装饰材料之一。空心玻璃装饰砖主要为方扁体空心的玻璃半透明体，其表面或内部有花纹显出，不仅可以提供自然采光，而且兼有隔热、隔声、防透光和散光的作用，还具有抗压、耐磨、防火、防潮等优良性能，其装饰效果光洁明亮、典雅富贵，是一种极好的新型建筑装饰材料，有非常好的发展前景。

空心玻璃装饰砖系由两块分开压制的玻璃，在高温下封接加工而成。这种装饰材料用途十分广泛，屏风、顶棚、楼地面、阳台、外窗、柜台、浴室等地方均可采用。其图案极为丰富，有平行纹、宽行纹、孔羽纹、爱明纹、凤尾纹、水波纹、菱形纹、锦砖纹、云雾纹、斜格纹、激光纹、水珠纹、密平纹、云形纹、流星纹、钻石纹、方台纹等多种。图 11.21 为空心玻璃装饰砖部分图案示例，其厚度有 50mm、80mm、95mm 和 100mm 等。

空心玻璃装饰砖墙的施工方法基本上可以分为砌筑法和胶筑法两种。

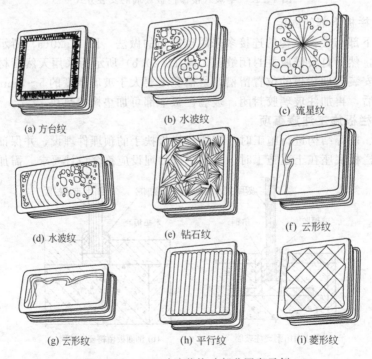

(a) 方台纹　　(b) 水波纹　　(c) 流星纹

(d) 水波纹　　(e) 钻石纹　　(f) 云形纹

(g) 云形纹　　(h) 平行纹　　(i) 菱形纹

图 11.21　空心玻璃装饰砖部分图案示例

一、空心玻璃装饰砖墙的砌筑法

砌筑法是将空心玻璃装饰砖用 1∶1 的白水泥石英彩色砂浆（白砂或彩砂），与加固钢筋砌筑成空心玻璃砖墙（或隔断）的一种构造做法，如图 11.22 和图 11.23 所示。

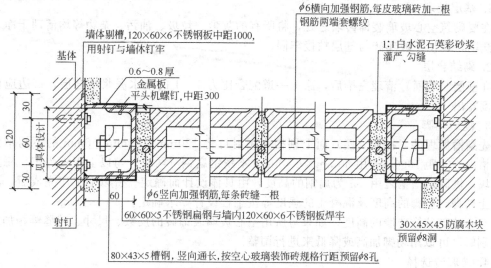

图 11.22　砌筑法节点示意图（一）

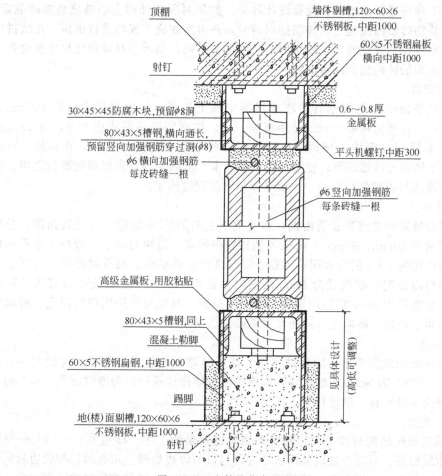

图 11.23　砌筑法节点示意图（二）

（一）砌筑法施工工艺

空心玻璃装饰砖墙砌筑法的施工是比较复杂的，其主要的施工工艺流程为：基层处理→砌结合层→浇筑勒脚→玻璃砖选择→安装固定件→砌筑玻璃砖→砖缝勾缝→封口与收边→清理表面。

1. 基层处理

在要砌筑空心玻璃装饰砖墙之处，将所有的灰尘、垃圾、油污、杂物等均清理干净，并洒水洗刷，以便于玻璃砖与基层粘接牢固。

2. 砌结合层

在基层（地面）清理完毕后，涂上一道配合比为 1∶1 的素水泥浆结合层，每边应比勒脚宽度宽出 150mm。

3. 浇筑勒脚

先剔槽做埋件，在地（楼）面上剔槽，用射钉将 120mm×60mm×6mm 的不锈钢钢板钉于槽内。间距 1000mm 用 60mm×h×5mm 不锈钢扁钢（两块）与以上钢板焊牢，每边焊上一块，供固定槽钢之用。h 为扁钢的高度，由具体设计而确定。待以上工序完成后，浇筑混凝土勒脚，勒脚的高度及混凝土的强度等按工程设计要求确定。

空心玻璃装饰砖墙的高度，如果与所用空心玻璃装饰砖的皮数、尺寸、砖缝等相加之和有差别时，可以用勒脚加高或降低来进行调整。

4. 玻璃砖选择

根据具体的设计要求及其所处的环境，认真进行空心玻璃装饰砖规格尺寸、花色图案的选择，并在施工现场进行干砌试摆检验设计效果。如果对所选择的空心玻璃装饰砖确定后，应将空心玻璃装饰砖墙面按施工大样图排列编号，并再次在施工现场进行试拼，在试拼中要特别注意砖缝宽度及加强钢筋等，校正四边尺寸是否正确，是否与具体设计尺寸相吻合，分析在施工中会出现的砖的模数配套问题。

5. 安装固定件

在空心玻璃装饰砖墙两侧原有砖墙或混凝土墙上剔槽，槽的规格为：长 120mm、宽 60mm、深 6mm，在竖向每隔 1000mm 距离剔一个。槽剔完毕后要清理干净，将 120mm×60mm×6mm 不锈钢扁钢放入槽内，用两个射钉将该钢板与墙体钉牢，在每块 60mm×60mm×5mm 不锈钢与该板焊牢，使之形成一个"卡"形固定件，用以固定槽钢之用。空心玻璃装饰砖墙顶端与顶棚衔接之处，一般可参照上述程度施工。

6. 砌筑玻璃砖

在砌筑空心玻璃砖之前先安装槽钢，即将上下左右的匚80 槽钢一一安装到位，并用平头机螺钉将槽钢与 60mm×60mm×5mm 不锈钢扁钢拧牢，每块扁钢上一般拧 4 个平头机螺钉。然后用配合比为 1∶1 的白水泥石英彩砂浆砌筑空心玻璃砖。砌筑时每砌一皮空心玻璃砖，在横向砖缝内加配一根直径为 6mm 的横向加强钢筋；整个空心玻璃砖每条竖向砖缝内，也加配一根直径为 6mm 的竖向钢筋。钢筋应拉紧，两端与槽钢用螺钉固定。每砌完一层，须用湿布将空心玻璃砖面上所沾的水泥彩砂浆擦拭干净。

7. 砖缝勾缝

空心玻璃砖墙砌筑完毕后，应清理表面、整理缝隙，准备进行勾缝。勾缝大小、造型（凸缝、凹缝、平缝、其他缝）、颜色等，均应按照具体设计进行。勾缝时应先勾水平缝，再勾竖直缝，缝应平滑顺直、颜色相同、深度一致。

8. 封口与收边

空心玻璃装饰砖墙的封口与收边是关系到装饰效果的工序。即用 0.6～0.8mm 厚的高级金属板或木线饰条，对空心玻璃装饰砖墙进行封口与收边处理。所有封口与收边材料均粘贴于扁钢之上，使之与扁钢取平，然后再粘贴饰条。当空心玻璃装饰砖墙位于洞口内，且四周用灰缝封口、收边时，横竖向加强钢筋锚固方向的变更，不锈钢扁钢及槽钢均予取消，玻璃砖墙四周封口、收边用 1∶1 白水泥石英彩砂浆灰缝，其他施工相同。

9. 清理表面

当空心玻璃装饰砖墙体砌完后，应用棉丝将玻璃砖墙表面擦拭干净，并对墙身平整度、垂直度等进行检查。如有不符合有关规范规定之处，应按规范要求修正补救。

（二）施工注意事项

（1）加配的直径 6mm 的钢筋在安装前，必须将两端先行套好螺纹。

（2）配制的 1∶1 白水泥石英彩砂浆，其稠度一定要适宜，过稀、过干均不得使用。

（3）所有用的加强钢筋、钢板及槽钢等，凡不是不锈钢者，均应当进行防锈处理。

（4）硬木线脚封边饰条的规格及线脚形式等，均必须按照具体设计进行施工。

（5）空心玻璃装饰砖墙不能承受任何垂直方向的荷载，设计、施工时应特别注意。

（6）凡砖墙射钉处，均需在墙内预砌 C20 细石混凝土预制块一块（规格见具体设计）。如预砌细石混凝土块有困难时，应将射钉改为不锈钢膨胀螺栓。

（7）选空心玻璃砖时，凡有缺棱、掉角、裂纹、碰伤、色差较大、图案模糊、四角不方者，应一律剔除，并运离工地，以免与好砖混淆。

（8）玻璃砖墙宜以 1.5m 高为一个施工段，待下部施工段胶结材料达到设计强度后再进行上部施工。

二、空心玻璃装饰砖墙的胶筑法

胶筑法是将空心玻璃装饰砖用胶黏结成空心玻璃砖墙（或隔断）的一种新型构造做法。其构造如图 11.24 和图 11.25 所示。

1. 安装四周固定件

（1）将玻璃砖墙两侧原有砖墙或钢筋混凝土墙剔槽，槽剔完毕清理干净，将 120mm×60mm×6mm 不锈钢板放入槽内，用射钉与墙体钉牢。

（2）在每块 120mm×60mm×6mm 不锈钢板上，将 80mm×6mm 通长不锈钢扁钢与该板焊牢，使之形成固定件，供固定防腐木条及硬质泡沫塑料（胀缝）之用。

2. 安装防腐木条及胀缝、滑缝材料

（1）将四周通长防腐木条用高强自攻螺钉与固定件上的不锈钢扁钢钉牢（扁钢先钻孔），自攻螺钉中距 300～400mm，胶点涂于防腐木条顶面（即与硬质泡沫塑料粘贴之面），沿木条两边每隔 1000mm 点涂 20mm 胶点一个，边涂边将 10mm 厚硬质泡沫塑料粘于木条之上，供作玻璃砖墙胀缝之用。

（2）在硬质泡沫塑料之上，干铺一层防潮层，供作玻璃砖墙滑缝之用。

3. 胶筑空心玻璃装饰砖墙墙体

（1）在空心玻璃装饰砖墙勒脚上皮防潮层上涂石英彩色砂浆（彩色砂浆中掺入胶拌匀）一道，厚度、胶砂配合比及彩砂颜色等均由具体设计决定，边涂边砌空心玻璃砖。

（2）第一皮空心玻璃装饰砖墙砌毕，经检查合格无误后，再砌第二皮及以上各皮空心玻璃砖。每皮空心玻璃砖砌前必须先安装防腐木垫块（用胶合板制作），使之卡于上下皮玻璃砖凹槽以内，木垫块宽度等于空心玻璃砖厚减 15～20mm。木垫块顶面、底面及与空心玻璃砖凹槽接触面上，均应满涂胶一道，每块玻璃砖上应放木垫块 2～3 块，边放边砌上皮玻璃砖。如此继续由下向上一皮一皮地进行胶粘砌筑，直至砌至顶部为止。木垫块及安放方式如图 11.26 所示。

（3）空心玻璃装饰砖墙四周（包括墙的两侧、顶棚底、勒脚上皮等处）均需增加 φ6 加强钢筋两根，每隔三条直砖缝，加竖向 φ6 加强钢筋一根，钢筋两端套螺纹。

其他工序与砌筑法相同。

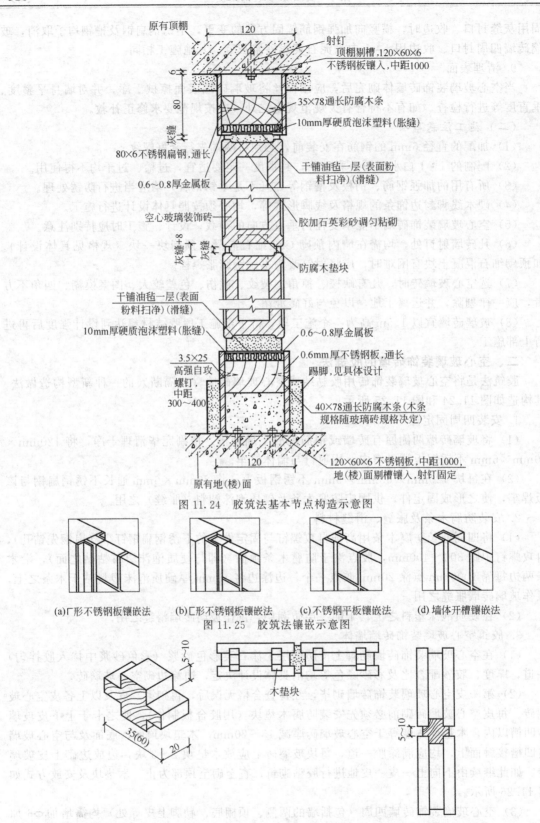

图 11.24　胶筑法基本节点构造示意图

(a)厂形不锈钢板镶嵌法　　(b)匸形不锈钢板镶嵌法　　(c)不锈钢平板镶嵌法　　(d)墙体开槽镶嵌法

图 11.25　胶筑法镶嵌示意图

(a)木垫块　　　　　　　　(b)木垫块的安放

图 11.26　木垫块及安放方式

第六节　装饰玻璃饰面的施工

在现代建筑装饰工程中，玻璃板饰面已被广泛采用，越来越受到人们的喜爱。玻璃制作技术发展非常迅速，玻璃板饰面种类繁多，目前装饰工程上常用的有：镭射玻璃装饰板饰面、微晶玻璃装饰板饰面、幻影玻璃装饰板饰面、彩金玻璃装饰板饰面、珍珠玻璃装饰板饰面、宝石玻璃装饰板饰面、浮雕玻璃装饰板饰面、热反射玻璃装饰板饰面、镜面玻璃装饰板饰面、彩釉钢化玻璃装饰板饰面和无线遥控聚光有声动感画面玻璃装饰板饰面等。

在外墙建筑装饰饰面中，常用的有镭射玻璃装饰板饰面、微晶玻璃装饰板饰面、幻影玻璃装饰板饰面、彩釉钢化玻璃装饰板饰面、玻璃幕墙、空心玻璃砖等。至于其他的玻璃装饰板饰面，则适宜用于内墙装饰及外墙局部造型装饰面。

一、装饰玻璃饰面板

（一）镭射玻璃装饰板装饰施工

镭射玻璃装饰板饰面也称为激光玻璃装饰板、光栅玻璃装饰板，这是当代激光技术与建材技术相结合的一种高科技新产品。中国北京的五洲大酒店、深圳阳光酒店、上海外贸大厦、广州越秀公园、珠海酒店等一些著名的现代高层建筑，都不同程度地采用了镭射玻璃装饰板饰面，取得了良好的效果。

镭射玻璃装饰板饰面的抗压、抗折、抗冲击强度，都明显高于天然石材。其用途十分广泛，不仅可用作内墙面装饰，而且还可用于顶棚和楼地面以及吧台、隔断、灯饰、屏风、柱面、家具、工艺品等的装饰。

1. 镭射玻璃装饰板的分类

镭射玻璃装饰板的分类方法很多，从结构上分，可分为单片、夹层两种；从材质上分，有单层浮法玻璃、单层钢化玻璃、表层钢化底层浮法玻璃、表底层均为钢化玻璃、表底层均为浮法玻璃；从透明度上分，有反射不透明玻璃、反射半透明玻璃及全透明玻璃三种；从花型上分，有根雕、水波纹、星空、叶状、彩方、风火轮、大理石纹、花岗石纹、山水、人物等多种；从色彩上分，有红、白、蓝、黑、黄、绿、茶等颜色；从几何形状上分，有方形板、圆形板、矩形板、曲面板、椭圆板、扇形板等多种。

2. 镭射玻璃装饰板墙体装饰施工

镭射玻璃装饰板建筑装饰的做法，一般有铝合金龙骨贴墙做法、直接贴墙做法和离墙吊挂做法三种。

（1）铝合金龙骨贴墙做法　镭射玻璃装饰板铝合金龙骨贴墙做法，是将铝合金龙骨直接粘贴于建筑墙体上，再将镭射玻璃装饰板与龙骨粘牢固，如图 11.27 和图 11.28 所示。铝合金龙骨贴墙做法施工简便、快捷，造价也比较经济。

铝合金龙骨贴墙做法还是比较复杂的，其主要施工工艺流程为：墙体表面处理→抹砂浆找平层→安装贴墙龙骨→镭射玻璃装饰板试拼编号→上胶处打磨净、磨糙→调胶→涂胶→镭射玻璃装饰板就位、粘贴→加胶补强→清理嵌缝。

① 墙体表面处理。墙体表面处理比较简单，即将墙体表面上的灰尘、污垢、油渍等清除干净，并洒水湿润。

② 找平层施工。在砖墙的表面抹一层 12mm 厚 1∶3 的水泥砂浆找平层，这是整个工程施工质量高低的基础，必须保证十分平整。

③ 安装贴墙龙骨。用射钉将龙骨与墙固定，射钉的间距一般为 200～300mm，小段水平龙骨与竖直龙骨之间应留 25mm 的缝隙，竖龙骨顶端与顶层结构之间（如地面）均应留

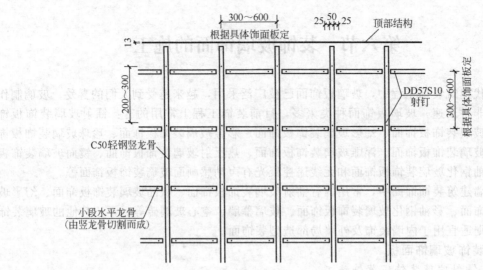

图 11.27　龙骨贴墙做法布置、锚固示意图

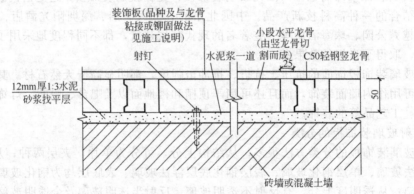

图 11.28　龙骨贴墙做法示意图

13mm 缝隙，作通风之用。全部龙骨安装完结后，必须进行抄平、修整。

④ 试拼、编号。按具体设计的规格、花色、几何图形等翻制施工大样图，排列编号，进行试拼，校正尺寸，四角套方。

⑤ 调胶。随调随用，超过施工时效时间的胶，不得继续使用。

⑥ 涂胶。在镭射玻璃装饰板背面沿竖向及横向龙骨位置，点涂胶，胶点厚 3～4mm，各胶点面积总和按每 50kg 玻璃板为 120cm² 掌握。

⑦ 镭射玻璃装饰板就位、粘贴。按镭射玻璃装饰板试拼的编号，顺序上墙就位，进行粘贴。利用玻璃装饰板背面的胶点及其他施工设备，使镭射玻璃装饰板临时固定，然后迅速将玻璃板与相邻板进行调平、调直。必要时可用快干型大力胶涂于板边帮助定位。

⑧ 加胶补强。粘贴后，对粘合点详细检查，必要时需加胶补强。

⑨ 清理嵌缝。镭射玻璃装饰板全部安装粘贴完毕后，将板面清理干净，板间是否留缝及留缝宽度应按具体设计办理。

镭射玻璃装饰板采用的品种如玻璃基片种类、厚度、层数以及玻璃装饰板的花色、规格、透明度等均需在具体施工图内注明。为了保证装饰质量及安全，室外墙面装饰所用的镭射玻璃装饰板宜采用双层钢化玻璃。

如所用装饰板并非方形板或矩形板，则龙骨的布置应另出施工详图，安装时应照具体设计的龙骨布置详图进行施工。

内墙除可用铝合金龙骨外，还可用木龙骨和轻钢龙骨。

木龙骨或轻钢龙骨胶粘镭射玻璃装饰板分两种，一种是在木龙骨或轻钢龙骨上先钉一层胶合板，再将镭射玻璃装饰板用胶黏剂贴于胶合板上；另外一种是将镭射玻璃装饰板用胶黏剂直接贴于木龙骨或轻钢龙骨上。前者称龙骨加底板胶贴做法，后者称龙骨无底板胶贴做法。

墙体在钉龙骨之前，必须涂 5～10mm 厚的防潮层一道，均匀找平，至少三遍成活，以兼做找平层用。木龙骨应用 30mm×40mm 的龙骨，正面刨光，满涂防腐剂一道，再满涂防火涂料三道。

木龙骨与墙的连接，可以预埋防腐木砖，也可用射钉固定。轻钢龙骨只能用射钉固定。

镭射玻璃装饰板与龙骨的固定，除采用粘贴之外，其与木龙骨的固定还可用玻璃钉锚固法，与轻钢龙骨的固定用自攻螺钉加玻璃钉锚固或采用紧固件镶钉做法。

（2）直接贴墙做法　镭射玻璃装饰板直接贴墙做法不要龙骨，而将镭射玻璃装饰板直接粘贴于墙体表面之上，如图 11.29 所示。该做法要求墙体砌得特别平整，并要求墙体表面找平层的施工必须特别注意下列两点：第一要求找平层特别坚固，与墙体要粘接好，不得有任何空鼓、疏松、不实、不牢之处；第二要求找平层必须十分平整，不论在垂直方向还是水平方向，均不得有正负偏差，否则镭射玻璃装饰板装饰质量难以保证。

施工工艺流程为：墙体表面处理→刷一道素水泥浆→找平层→涂封闭底漆→板编号、试拼→上胶处打磨净、磨糙→调胶→点胶→板就位、粘贴→加胶补强→清理、嵌缝。

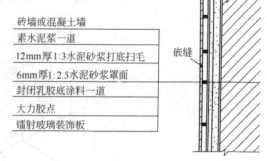

图 11.29　直接贴墙做法示意图

① 刷素水泥时，为了黏结牢固，必须掺胶。

② 找平层。底层为 12mm 厚 1：3 水泥砂浆打底、扫毛，再抹 6mm 厚 1：2.5 水泥砂浆罩面。

③ 涂封闭底漆。罩面灰养护 10d 后，当含水率小于 10％时，刷或涂封闭乳胶漆一道。

④ 粘贴。直接向墙体粘贴的镭射玻璃装饰板产品，其背面必须有铝箔。凡不加铝箔者，不得用本做法施工。

找平层粘贴镭射玻璃装饰板如有不平之处，必须垫平者，可用快干型大力胶加细砂，调匀补平，必须铲平者可用铲刀铲平。其余同铝合金龙骨贴墙做法。

（3）离墙吊挂做法　镭射玻璃装饰板离墙吊挂做法适用于具体设计中必须将玻璃装饰板离墙吊挂之处，如墙面突出部分、突出的腰线部分、突出的造型面部分、墙内必须加温部分等。图 11.30～图 11.32 为离墙吊挂做法及吊挂件示意图。

离墙吊挂做法也比较复杂，其主要施工工艺为：墙体表面处理→墙体钻孔打洞装膨胀螺栓→装饰板与胶合板基层粘贴复合→板试拼与编号→安装不锈钢挂件→上胶处打磨净、磨糙→调胶与点胶→板就位粘贴→清理嵌缝。

① 镭射玻璃装饰板与胶合板基层的粘贴。镭射玻璃装饰板在上墙安装以前，必须先与12～15mm 厚胶合板基层粘贴。在粘贴之前，胶合板满涂防火涂料三遍，防腐涂料一遍，且镭射玻璃装饰板必须用背面带有铝箔者。将胶合板的正面与大力胶粘接、接触之处，应预先打磨干净，将所有浮松物以及不利于粘接的杂物等清除彻底。镭射玻璃装饰玻璃板背面涂胶处，只需将浮松物及不利于粘接的杂物清除即可，不需打磨处理，也不得将铝箔损坏。

由于镭射玻璃装饰板的品种特别多，其装饰板的基片种类不同，结构层数也不同，则装饰板单位面积的质量也不相同，所以涂胶应当按面积来控制。

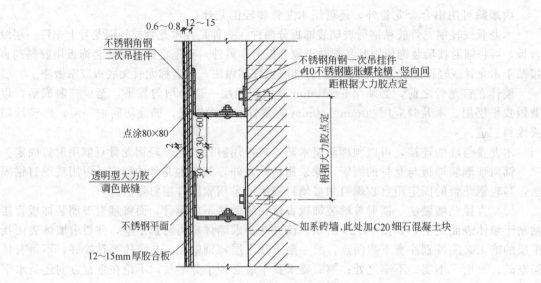

图 11.30 离墙吊挂做法示意图

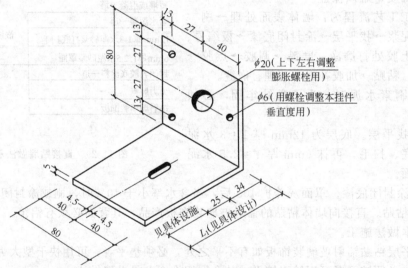

图 11.31 离墙吊挂做法一次吊挂件示意图

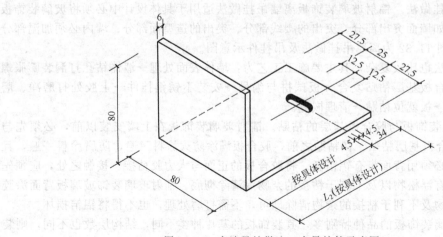

图 11.32 离墙吊挂做法二次吊挂件示意图

② 将不锈钢一次吊挂件及二次吊挂件安装就绪，并借吊挂件的调整孔将一次吊挂件调垂直，上下、左右的位置调准。按墙板高低前后要求，将二次吊挂件调正。

注意：上述做法也可改为先将 12～15mm 厚胶合板用胶粘贴于不锈钢二次吊挂件上（施工方法同上），然后再将镭射玻璃装饰板粘贴于胶合板上（施工方法也同上）。这两种做法各有优缺点，施工时可按具体情况分别采用。

3. 镭射玻璃装饰板墙体装饰施工注意事项

镭射玻璃装饰板的特点是具有较好的光栅效果，但光栅效果是随着环境条件的变化而变化。同一块镭射玻璃装饰板放在某一处，可能是色彩万千，但如果放在另一处，也可能是光彩全无。因此，镭射玻璃装饰板墙面装饰，设计时必须根据其环境条件科学地选择其装饰位置。

普通镭射玻璃装饰板的太阳光直接反射比，在设计时应当特别注意，国家标准规定应大于 4％。但是，由于生产厂家的工艺、选材不同，其反射比差别较大，有的产品最高可达到 25％左右。

太阳光直接反射比随着视角和光线入射角的变化而变化。在一般条件下，镭射玻璃装饰板建筑外墙面装饰，设计时应将该板布置在与视线位于同一水平面处或低于视线之处，这样装饰效果最佳。当仰视角在 45°以内时，效果则逐渐减弱。因此，设计时应充分考虑装饰位置的高度以及光照、朝向和远距离视觉效果等因素。

（二）微晶玻璃装饰板装饰施工

微晶玻璃装饰板也是当代高级建筑新型装饰材料之一。这种玻璃装饰板具有耐磨、耐风化、耐高温、耐腐蚀及良好的电绝缘和抗电击穿等优良性能，其各项物理、化学、力学性能指标均优于天然石材。板的表面光滑如镜，色泽均匀一致，光泽柔和莹润，适用于建筑物内外墙面、顶棚、楼地面装饰。

微晶玻璃装饰板色彩多种，有白、灰、黑、绿、黄、红等色，并有平面板、曲面板两类。用于外墙装饰的装饰板，需采用板后涂有 PVA 树脂的产品。

微晶玻璃装饰板，基本上也分为铝合金龙骨贴墙做法、直接贴墙做法和离墙吊挂做法三种，其构造及施工工艺与镭射玻璃装饰板装饰墙面相同。

（三）幻影玻璃装饰板装饰施工

幻影玻璃装饰板是一种具有闪光及镭射反光性能的玻璃装饰板，其基片为浮法玻璃或钢化玻璃，分为单层和夹层两种。

幻影玻璃装饰板不仅可以用于建筑内外墙的装饰，也可以用于建筑顶棚或楼地面的装饰。其色彩鲜艳多样，有金、银、紫、玉、绿、宝石蓝和七彩珍珠等色，各种彩色的幻影玻璃装饰板可单独使用，也可互相搭配组合。幻影玻璃装饰板有硬质和软质两种，硬质适用于平面装饰，软质适用于曲面装饰。另外，3mm 厚钢化玻璃基片适用于建筑墙面装饰，5mm 厚钢化玻璃基片适用于建筑墙面及楼地面装饰，8mm 厚钢化玻璃基片适用于舞厅、戏台地面装饰，（8＋5）mm 厚钢化玻璃基片适用于舞厅架空地面，可在玻璃下面装灯。

幻影玻璃装饰板发展很快，现有幻影玻璃装饰板、幻影玻璃壁面、幻影玻璃地砖、幻影玻璃软板（片）、幻影玻璃吧台等多种产品。

幻影玻璃装饰板装饰效果很好，图 11.33 和图 11.34 所示是用幻影玻璃装饰板装饰室内的效果。

幻影玻璃装饰板建筑装饰的基本构造及做法，与镭射玻璃装饰板装饰相同，这里不再重复讲述。

（四）彩釉钢化玻璃装饰板施工

彩釉钢化玻璃装饰板，系以釉料通过丝网（或辊筒）印刷机印刷在玻璃背面，经过烘

图 11.33　幻影玻璃装饰板效果（一）

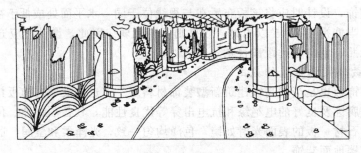

图 11.34　幻影玻璃装饰板效果（二）

干、钢化处理，将釉料永久性烧结于玻璃面上而制成，具有反射光和不透光两大功能及色彩、图案永不褪色等特点，既是安全玻璃装饰板，又是艺术装潢玻璃，不仅适用于建筑室内外墙面装饰及玻璃幕墙等处，而且还适用于顶棚、楼地面、造型面及楼梯栏板、隔断等处。

1. 彩釉钢化玻璃装饰板的分类

（1）彩釉钢化玻璃装饰板按色彩分类　彩釉钢化玻璃装饰板按色彩不同，可以分为 S 系列（单色、多色，透明及不透明）、M 系列（金司釉料）、G 系列（仿花岗石图案）和非标准系列（任何花色均可按要求加工）。

（2）彩釉钢化玻璃装饰板按图案分类　彩釉钢化玻璃装饰板按图案不同，可以分为圆点系列（各种底色、各色圆点）、色条系列（各种底色，各色条纹，横条、竖条、斜条、宽条、窄条等）、碎点系列（各种底色，各色碎点）、色带系列（各种底色，各色色带）、仿花岗石系列（各种名贵花岗石装饰板，花色俱全）。不是以上标准图案者，均可根据要求进行加工。

以上各种花色图案的彩釉钢化玻璃装饰板在装饰中，既可以分别单独使用，也可以互相搭配使用。

2. 彩釉钢化玻璃装饰板的规格

彩釉钢化玻璃装饰板的厚度有 4mm、5mm、6mm、8mm、10mm、12mm、15mm、19mm 等多种，规格最小者有 300mm×500mm，最大者有 2000mm×10000mm 等，吊挂式玻璃幕墙所用的最大规格可达 2000mm×10000mm 左右。

3. 彩釉钢化玻璃装饰板的施工

彩釉钢化玻璃装饰板装饰的构造及施工方法与镭射玻璃装饰板装饰相同，但在施工中应当注意以下事项（如表 11.1 所示）。

表 11.1　彩釉钢化玻璃装饰板装饰施工的注意事项说明

序号	注　意　事　项　说　明
1	彩釉钢化玻璃装饰板应保存于材料仓库内或防雨、防潮、干燥通风之处,如受条件所限不得不露天存放时,装饰板须用防水篷布盖严,以防雨水流入,下面必须用100mm以上厚的木台垫高,并在木台上加铺防水材料如油毡等加以防水。另外,必须定期打开篷布以使通风,并及时检查装饰板是否受潮受湿
2	在接近彩釉钢化玻璃装饰板附近,进行喷砂、切割、焊接等作业时,应用隔板将彩釉钢化玻璃装饰板隔开,以免损伤装饰板
3	在施工或风雨期间,混凝土浆、砌筑砂浆及抹灰砂浆和钢材受水湿后的流液等,对彩釉钢化玻璃装饰板均有腐蚀作用,应严防装饰板遭受到上述各种侵蚀、污染,以免腐蚀
4	彩釉钢化玻璃装饰板在安装之前,不要过早开箱,以免开箱后由于不能及时安装而在搬运及再存放过程中受到损伤
5	彩釉钢化玻璃装饰板不能进行切割、打眼等第二次加工,故在订货时必须提出准确的装饰板的几何图形、规格尺寸及所有切角、打孔等的位置尺寸,让生产单位按要求生产
6	施工过程中对彩釉钢化玻璃装饰板上的指纹、油污、灰尘、胶迹、灰浆、残渣等,应随时清理干净,以免日久装饰板上产生霉迹,影响装饰效果。在保证不损坏密封胶及铝合金框架的前提下,可使用玻璃清洁剂进行清理
7	彩釉钢化玻璃装饰板在安装时要分清其正、反两面,千万不可用颠倒,光滑无釉的面为装饰板的正面
8	彩釉钢化玻璃装饰板虽然具有优良的热稳定性,但也不宜距蒸汽管过近,过近易发生性能变化,一般以距离管道150～200mm为宜

（五）水晶玻璃墙面砖等装饰施工

水晶玻璃墙面砖等装饰施工包括内容很多,如水晶玻璃墙面砖装饰施工、珍珠玻璃装饰板施工、彩金玻璃装饰板施工、彩雕玻璃装饰板施工、宝石玻璃装饰板建筑内墙装饰施工。以上这些施工均系当代建筑内墙高档新型装饰,千姿百态,各有特点。

水晶玻璃墙面砖系以钢化玻璃加工而成,光滑坚固,耐腐蚀、耐摩擦,分为浮雕、彩雕两类。

珍珠玻璃装饰板质地坚硬,耐摩擦、耐酸碱,反射率和折射率均很高,具有珍珠光泽。

彩金玻璃装饰板是当代最新的一种装潢材料,表面光彩夺目,金光闪闪,质地坚硬,耐磨性好,耐酸碱及各类溶剂,适用于墙面、水晶舞台、顶棚等处的装饰。

彩雕玻璃装饰板,又称彩绘玻璃装饰板,其色彩迷人,立体感强,在夜间打上灯光,艺术效果更佳。

宝石玻璃装饰板,质地坚硬,耐磨性高,耐酸碱及各类溶剂。

以上各种新型装饰板（砖）的规格尺寸,与高级浮法玻璃、钢化玻璃相同,主要适用于装饰墙面、顶棚,尤其适用于舞台、舞厅的装饰。

上述几种装饰板（砖）建筑内墙的基本构造做法及施工工艺,与镭射玻璃装饰板建筑内墙装饰相同。

二、镜面玻璃建筑内墙装饰施工

镜面玻璃建筑内墙装饰所用的镜面玻璃,在构造与材质等方面和一般玻璃镜均有所不同。镜面玻璃是以高级浮法平板玻璃为基材,经过镀银、镀铜、镀漆等特殊工艺加工而制成,与一般镀银玻璃镜、真空镀铝玻璃镜相比,这种玻璃具有镜面尺寸比较大、成像清晰逼真、抗盐雾性优良、抗热性能好、使用寿命长等特点。表11.2中为镜面玻璃的抗蒸汽、抗盐雾性能及产品规格。

表 11.2　镜面玻璃的抗蒸汽、抗盐雾性能及产品规格

项　目		说　　明		
等　级		A 级	B 级	C 级
镜面玻璃反射表面	抗 50℃ 蒸汽性能	759h 后无腐蚀现象	506h 后无腐蚀现象	253h 后无腐蚀现象
	抗盐雾性能	759h 后不应有腐蚀	506h 后不应有腐蚀	253h 后不应有腐蚀
镜面玻璃的边缘	抗 50℃ 蒸汽性能	506h 后无腐蚀现象	253h 后,平均腐蚀边缘不应大于 $100\mu m$,其中最大者不得超过 $250\mu m$	253h 后,平均腐蚀边缘不应大于 $150\mu m$,其中最大者不得超过 $400\mu m$
	抗盐雾性能	506h 后,平均腐蚀边缘不应大于 $250\mu m$,其中最大者不得超过 $400\mu m$	253h 后,平均腐蚀边缘不应大于 $250\mu m$,其中最大者不得超过 $400\mu m$	253h 后,平均腐蚀边缘不应大于 $400\mu m$,其中最大者不得超过 $600\mu m$
产品规格/mm		厚度:2～12 最大尺寸:2200×3300	厚度:2～12 最大尺寸:2200×3300	厚度:2～12 最大尺寸:2200×3300

（一）镜面玻璃内墙木龙骨施工工艺

镜面玻璃内墙木龙骨施工工艺比较简单,其主要工艺流程为:墙面清理、修整→涂防潮层→装防腐、防火木龙骨→安装阻燃型胶合板→安装镜面玻璃→清理嵌缝→封边、收口。其主要工序做法如下。

1. 墙体表面涂防潮（水）层

墙体表面涂防潮层一道,非清水墙体的防潮层厚 4～5mm,至少 3 遍成活。清水墙体的防潮层厚 6～12mm,兼作找平层用,至少 3～5 遍成活。

2. 安装防腐、防火木龙骨

镜面玻璃内墙所用木龙骨,一般为 30mm×40mm 的木龙骨,正面刨光,背面刨一道通长防翘凹槽,并满涂氟化钠防腐剂一道,防火涂料三道。按中距为 450mm 双向布置,用射钉与墙体钉牢,钉头必须射入木龙骨表面 0.5～1.0mm 左右,钉眼用油性腻子抹平。木龙骨要切实钉牢固,不得有松动、不牢、不实之处。在木龙骨与墙面之间的缝隙处,要用防腐、防火木片（或木块）垫平塞实。

3. 安装镜面玻璃

安装镜面玻璃常用紧固件镶钉法和胶黏法。

（1）紧固件镶钉法做法　紧固件镶钉法做法主要包括弹线、安装、修整表面和封边收口等主要工序。

① 弹线。根据具体设计和镜面玻璃规格尺寸,在胶合板上将镜面玻璃位置及镜面玻璃分块一一弹出,作为施工的标准和依据。

② 安装。按照具体设计用紧固件及装饰压条等,将镜面玻璃固定于胶合板及木龙骨上。钉距和采用何种紧固件、何种装饰压条,以及镜面玻璃的厚度、尺寸等,均按具体工程实际和具体设计办理。紧固件一般有螺钉固定、玻璃钉固定、嵌钉固定和托压固定等,如图 11.35～图 11.38 所示。

③ 修整表面。整个镜面玻璃墙面安装完毕后,应当严格检查装饰质量是否符合规范要求。如果发现不牢、不实、不平、松动、倾斜、压条不直及平整度、垂直度、方正度偏差不符合质量要求之处,均应彻底进行修正,必须符合规范规定。

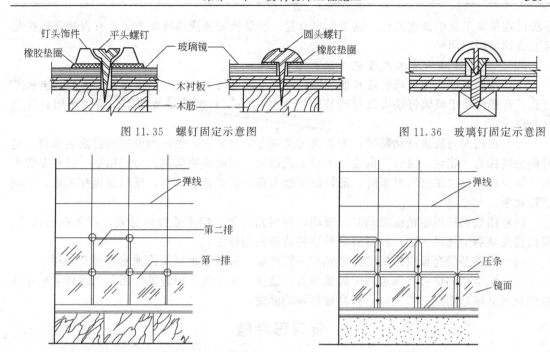

图 11.35 螺钉固定示意图　　　　　图 11.36 玻璃钉固定示意图

图 11.37 嵌钉固定示意图　　　　　图 11.38 托压固定示意图

④ 封边收口。整个镜面玻璃墙面装饰的封边、收口及采用何种封边压条、收口装饰条等，均按照具体设计办理。

（2）胶粘法做法　胶粘法做法的施工工艺为：弹线→做保护层→打磨、磨糙→上胶→上墙胶贴→清理嵌缝→封边收口。

① 弹线。胶粘法做法的弹线与紧固件镶钉法相同。

② 做保护层。做保护层即做镜面玻璃保护层，将镜面玻璃背面清扫干净，所有尘土、砂粒、杂物、碎屑等彻底清除。在背面满涂白乳胶一道，满堂粘贴薄牛皮纸保护层一层，并用塑料薄板（片）将牛皮纸刮贴平整。也可以在准备点胶处刷一道混合胶液，粘贴上铝箔保护层，周边铝箔宽 150mm，与四边等长。其余部分铝箔均为 150mm 见方。

③ 打磨、磨糙。凡胶合板表面与大力胶点粘接之处，均要预先打磨净，将浮松物、垃圾、杂物、碎屑等，以及不利于粘接之物清除干净，以利于粘接。对于表面过于光滑之处，还应进行磨糙处理。镜面玻璃背面保护层上点涂胶处，亦应清理干净，不得有任何不利于粘接之处，但不准采用打磨的处理方法。

④ 上胶（涂胶）。上胶即在镜面玻璃背面保护层上进行点式涂胶，也就是将大力胶点涂于玻璃背面。

⑤ 上墙胶贴。将镜面玻璃按胶合板上的弹线位置，按照预先编号依次上墙就位，逐块进行粘贴。利用镜面玻璃背面中间的快干型大力胶点及其他施工设备，使镜面玻璃临时固定，然后迅速将镜面玻璃与相邻玻璃进行调正、顺直，同时将镜面玻璃按压平整。待大力胶硬化后将固定设备拆除。

⑥ 清理嵌缝。待镜面玻璃全部安装和粘贴完毕后，将镜面玻璃的表面清理干净，玻璃之间是否留缝及留缝宽度，均应按具体设计办理。

⑦ 封边收口。镜面玻璃装饰面的封边与收口，应按具体设计施工。

无龙骨的做法与木龙骨的做法基本相同，只是玻璃直接粘贴在墙上或直接用压条、线脚固定，其余的可按木龙骨的做法。

玻璃顶棚做法分两部分，一部分为吊顶龙骨，另一部分为安装玻璃板。吊顶龙骨的具体做法已在吊顶工程中详细叙述，这里不再重复。玻璃板安装同墙柱面方法，有直接粘贴在龙骨上或找平层上两种。

（二）镜面玻璃内墙木龙骨施工注意事项

（1）镜面玻璃如用玻璃钉或其他装饰钉镶钉于木龙骨上时，应当预先在镜面玻璃上加工打孔。孔径应小于玻璃钉端头直径或装饰钉直径 3mm。钉的数量及具体位置应按照具体设计办理。

（2）在用大力胶进行粘贴时，为了满足美观方面的要求，也可加设玻璃钉或装饰钉。这种做法被称为"胶粘、镶钉"做法。工程实践证明，镜面玻璃采用大力胶粘贴，已经非常牢固，如设计上无"镶钉"要求时，最好以不加为宜，否则处理不当，反而会画蛇添足，影响装饰效果。

（3）用玻璃钉固定镜面玻璃时，玻璃钉应对角拧紧，但不能拧得过紧，以免损伤玻璃，应以镜面玻璃不晃动为准。拧紧后应最后将装饰钉帽拧上。

（4）阻燃型胶合板应采用两面刨光的一级产品，板面上也可加涂油基封底剂一道。

（5）镜面玻璃也可将四边加工磨成斜边。这样，由于光学原理的作用，光线折射后可使玻璃直观立体感增强，给人以一种高雅新颖的感受。

复习思考题

1. 简述玻璃裁割、打孔、表面处理、热加工、钢化处理的方法，以及在裁割中的注意事项。

2. 简述玻璃脆性处理和热胀冷缩处理的方法。

3. 简述木骨架玻璃屏风、金属骨架玻璃屏风的施工工艺。

4. 玻璃镜固定的基本方法有哪几种？

5. 简述回廊玻璃栏板、楼梯玻璃栏板的施工工艺，以及玻璃栏板施工中的注意事项。

6. 简述空心玻璃装饰砖墙砌筑法和胶筑法的施工方法。

7. 简述在装饰工程中常见的装饰玻璃饰面的种类。

8. 简述镭射玻璃装饰板、微晶玻璃装饰板、幻影玻璃装饰板、彩釉钢化玻璃装饰板和水晶玻璃装饰板的施工工艺。

9. 简述镜面玻璃内墙木龙骨的施工工艺和注意事项。

第十二章

细木工程施工

本章简要介绍了细木工程中所用木材的种类、性能、识别方法，木构件制作加工原理，施工准备与材料选用；重点讲述了木窗帘盒、窗台板、筒子板、贴脸板、木楼梯、吊柜、壁柜、厨房台柜、墙面木饰、室内线饰等的制作与安装方法。通过对本章内容的学习，了解细木工程的主要组成及制作、安装的基本方法。

在传统的装饰工程施工中，细木制品工程系指室内的木制窗帘盒、窗台板、筒子板、贴脸板、挂镜线、木楼梯、吊柜、壁柜、厨房台柜、室内线饰和墙面木饰等一些木制品的制作与安装工程。在建筑室内装饰工程中，这些细木制品往往处于比较醒目的位置，有的还是能直接触摸到的，其质量如何对整个工程都有较大影响。为此，细木制品应选择优质木材，精心制作、仔细安装，使工程质量达到国家的质量标准。

第一节 细木工程的基本知识

一、木材的识别方法

（一）木材的种类

1. 软木材

用针叶树生产的木材称为软木材。其树干通直高大，纹理平顺，材质均匀，木质较软，易加工，强度高，密度、变形小，如松、柏木等。

2. 硬木材

用阔叶树生产的木材称为硬木材。其树干通直部分较短，密度比较大，木质比较硬，纹理不如软木材平顺，较难加工，易变形且变形较大，易开裂，但其表面有美丽的天然花纹，如榉木、柞木、水曲柳等。

（二）木材的性能指标

1. 含水率

木材中所含水的质量与木材干燥质量的百分比称为含水率。

2. 平衡含水率

木材的含水率与相对环境的湿度达到恒定时的含水率叫平衡含水率。

3. 纤维饱和点

木材细胞壁中的吸附水达到饱和时，细胞腔和细胞之间无自由水时的含水率称为纤维饱和点。

（三）湿胀干缩

木材体积随纤维细胞壁含水率的变化而变化，这是木材非常重要的物理性质。由于木材构造具有不均匀性，从而造成了在不同方向的湿胀干缩程度不同。试验充分证明，纵向干缩比较小，一般约为 0.1%～0.35%；径向干缩比较大，一般约为 3%～6%；弦向干缩性最大，一般约为 6%～12%。

（四）强度

木材强度与木材的构造、受力方向、含水率、承受荷载持续时间以及其缺陷等因素有关。

木材的强度有抗拉、抗压、抗弯、抗剪强度，而这些强度又与木材的纹路有关，如表 12.1 所示。

表 12.1　木材强度/MPa

抗压强度		抗拉强度		抗弯强度	抗剪强度	
顺　纹	横　纹	顺　纹	横　纹	150～200	顺　纹	横　纹
100	10～20	200～300	6～20		15～20	50～100

（五）木材识别

木材根据树种不同，其纹理、花色、气味也各不相同，特别是在纹理方面比较明显，有直纹、斜纹和乱纹等。

1. 不同树种的识别

（1）根据年轮的状态来识别不同树种的木材　年轮的宽窄反映树木生长的快慢。生长快的树种有泡桐、轻木、沙兰杨等，生长较慢的树种有云杉、黄杨木、侧柏等。生长快的树种，一个年轮的宽度达 3～4cm 以上；生长慢的树种，1cm 宽度有 5 个以上的年轮。

（2）根据射线的状态来识别不同树种的木材

① 宽木射线。在肉眼下极显著或明晰，宽度一般在 0.2mm 以上，如青岗栎、麻栎等。

② 窄木射线。在横切面或径切面上能用肉眼看得见，宽度通常在 0.1～0.2mm 之间，如榆木、椴木等。

③ 极窄木射线。肉眼完全看不见，宽度在 0.1mm 以下，如杨木、桦木和针叶树木等。

（3）根据边材和心材的不同来识别不同树种的木材

① 显心材树种。凡心材、边材区别明显的树种，称为显心材树种。属显心材类的针叶树材有落叶松、马尾松、红松、银杏、杉木、柳杉、水杉、紫杉、柏木等，阔叶树材有水曲柳、黄菠萝、山槐、榆木、核桃楸、麻栎等。

② 隐心材树种。凡心材、边材没有颜色上的区别，而有含水量区别的树种，称为隐心材树种。属隐心材类的针叶树材有云杉、鱼鳞云杉、臭冷杉、冷杉等，阔叶树材有椴木、山杨、水青冈等。

③ 边材树种。凡是从颜色或含水量上都看不出边材与心材界限的树种，称为边材树种。属边材类的有很多的阔叶树种，如桦木、杨木等。

（4）根据树皮的不同形态来识别不同树种的木材　树皮的外部形态、颜色、气味、质地及剥落情况均为现场识别原木的主要特征。在现场识别原木时，主要抓住树皮的以下特点。

① 看外皮。大部分常见树种根据树木的外皮即可确定其名称。外皮的颜色各异，如杉

木的外皮为红褐色、白桦的外皮雪白、青榨槭为绿色。年长的树皮不可辨别。

② 看内皮。树木内皮的颜色、厚薄、质地都可作为识别树种的依据。如落叶松的内皮颜色为紫红色、黄菠萝的内皮为鲜黄色等。

③ 看树皮厚度。树皮有厚有薄，如栓皮栎、黄菠萝的树皮很厚，木栓层发达，达 1cm以上。

④ 看树皮开裂和剥离的形态。树皮的形态也是识别木材的重要依据。外皮形态一般分为两类：一类是不开裂的；另一类是开裂的。不开裂的又有粗糙、平滑、皱褶、瘤状突出等特征，开裂的又可分为平行纵裂、交叉纵裂、深裂及条状剥离和块状剥离等。梧桐树不开裂，桦木横向开裂，不同树种的树皮都有其不同的外部形态。

2. 针叶树材的区别

树脂道大而多的木材在原木的端面有明显的树脂圈，这是识别针叶材树种的重要标志之一。针叶树木材中的树脂道是由分泌细胞围绕而成，中间充满树脂的通道，它分为纵生树脂道和横生树脂道。纵生树脂道与树干轴向平行，在木材的横切面上呈现出深浅不一的小点状。横生树脂道存在于木射线中，在木材弦切面上呈现褐色小斑点。纵横树脂道彼此贯通构成树脂的网络。

同为针叶树材，可根据有无正常树脂道等来鉴别针叶树材中的不同树种，主要从以下几个方面来进行区分。

（1）具有正常树脂道的针叶树种主要有六属，即松属、云杉属、落叶松属、银杉属、黄杉属和油杉属，其余的针叶树不具备正常树脂道。

（2）在常见的针叶树材中，无正常树脂道的有杉木、铁杉、冷杉、柳杉等。

（3）对于具有正常树脂道的树种，可进一步根据树脂道的大小、多少来识别不同的针叶材树种。松属树种中的红松、马尾松、油松、华山松等树脂道大而多，非常明显；黄杉、云杉、落叶松等树材的树脂道小而少。

3. 阔叶树材的区别

导管是阔叶树独有的输导组织，在木材的横切面呈现出许多大小不同的孔眼，也称为管孔。导管是用来给树木纵向输送养料的，在木材的纵切面上呈沟槽状，构成了美丽的木材花纹。阔叶树材的管孔大小并不一样，随树种而异，有的肉眼明显易见，如青冈栎、楠木、麻栎、核桃、楸木、水曲柳、樟木等。有的肉眼看不清，要在放大镜下才能看到，如桦木、杨木、枫香等。根据在年轮内管孔的分布情况，阔叶树材分为环孔材、散孔材、半散孔材三类。

（1）环孔材　环孔材指在一个年轮内，早材管孔比晚材管孔大，沿着年轮呈环状排列，如水曲柳、黄菠萝、麻栎等阔叶树种。

（2）散孔材　散孔材指在一个年轮内，早、晚管孔的大小没有显著的区别，均匀或比较均匀地分布，如桦木、椴木、枫香等阔叶树种。

（3）半散孔材　半散孔材指在一个年轮内，管孔分布于环孔材和散孔材之间，即早材管孔较大，略呈环状排列，从早材到晚材管孔逐渐变小，界限不明显，如核桃、楸木等阔叶树种。

二、木构件制作加工原理

1. 选择木料

根据所制作构件的形式和作用以及木材的性能，正确选择木料是木作的一个基本要求。首先选择硬木还是软木。硬木因为变形大不宜作重要的承重构件。但其有美丽的花纹，因此是饰面的好材料。硬木可作小型构件的骨架，如家具骨架，不宜作吊顶、龙骨架、门窗框等。软木变形小，强度较高，特别是顺纹强度，可作承重构件，也可作各类龙骨，但花纹平淡。其次根据构件在结构中所在位置以及受力情况来选择使用边材还是心材（木材在树中横截面的位置不同，其变形、强度均不一致），是用树根部还是树中、树头处。总之，认真正确选材是非常重要的。

2. 构件的位置、受力分析

构件在结构中位置不同受力也不同，所以要分清构件的受力情况，是轴心受压受拉还是偏心受压受拉等。常见的木构件有龙骨类、板材类，龙骨有隐蔽的和非隐蔽的。板材多数是作面层或基层，受弯较多。通过受力分析可进一步正确选材和用材，从而与木材的变形情况相协调，充分利用其性能。

3. 下料

根据选好的材料，进行配料和下料。

（1）充分利用，配套下料，不得大材小用，长材短用。

（2）留有合理余量。木作下料尺寸要大于设计尺寸，这是留有加工余量所致，但余量的多少，视加工构件的种类以及连接形式的不同而不同。如单面刨光留 3mm，双面刨光留 5mm。

（3）方形框料纵向通长，横向截断，其他形状与图样要吻合，但要注意受力分析。

4. 连接形式

连接的关键是要注意搭接长度满足受力要求，形式有钉接、榫接、胶接、专用配件连接。

5. 组装与就位

当构件加工好后进行装配，装配的顺序应先里后外，先部分后总体进行，先临时固定调整准确后固结。

三、施工准备与材料选用

（一）施工准备

细木制品的安装工序并不十分复杂，其主要安装工序一般是：窗台板是在窗框安装后进行；无吊顶采用明窗帘盒的房间，明窗帘盒的安装应在安装好窗框、完成室内抹灰标筋后进行；有吊顶的暗窗帘盒的房间，窗帘盒安装与吊顶施工可同时进行；挂镜线、贴脸板的安装应在门窗框安装完、地面和墙面施工完毕后再进行；筒子板、木墙裙的龙骨安装，应在安装好门窗框与窗台板后进行。

细木制品在施工时，应当注意以下事项。

（1）细木制品制成后，应当立即刷一遍底油（干性油），以防止细木制品受潮或干燥发生变形。

（2）细木制品及配件在包装、运输、堆放和安装时，一定要轻拿轻放，不得暴晒和受潮，防止变形和开裂。

（3）细木制品必须按照设计要求，预埋好防腐木砖及配件，保证安装牢固。

（4）细木制品与砖石砌体、混凝土或抹灰层的接触处，埋入砌体或混凝土中的木砖应进行防腐处理。除木砖外，其他接触处应设置防潮层，金属配件应涂刷防锈漆。

（5）施工中所用的机具应在使用前安装好，进行认真检查，确认安装和机具完好后，接好电源并进行试运转。

（二）材料选用

1. 木制材料选用

（1）细木制品所用木材要认真挑选，保证所用木材的树种、材质、规格符合设计要求。在施工中应避免大材小用、长材短用和优质劣用的现象。

（2）由木材加工厂制作的细木制品，在出厂时应配套供应，并附有合格证明；进入现场后应验收，施工时要使用符合质量标准的成品或半成品。

（3）细木制品露明部位要选用优质材料，当作清漆油饰显露木纹时，应注意同一房间或同一部位选用颜色、木纹近似的相同树种。细木制品不得有腐朽、节疤、扭曲和劈裂等质量弊病。

（4）细木制品用材必须干燥，应提前进行干燥处理。重要工程，应根据设计要求做含水率的检测。

2. 胶黏剂与配件

（1）细木制品的拼接、连接处，必须加胶。可采用动物胶（鱼鳔、猪皮胶等），还可用聚醋酸乙烯（乳胶）、脲醛树脂等化学胶。

（2）细木制品所用的金属配件、钉子、木螺丝的品种、规格、尺寸等应符合设计要求。

3. 防腐与防虫

采用马尾松、木麻黄、桦木、杨木等易腐朽、虫蛀的树种木材制作细木制品时，整个构件应用防腐、防虫药剂处理。木材防腐、防虫药剂的特性及适用范围如表 12.2 所示。

表 12.2　木材防腐、防虫药剂的特性及适用范围

类别	编号	名　称	特　性	适　用　范　围
水溶性	1	氟酚合剂	不腐蚀金属，不影响油漆，遇水较易流失	室内不受潮的木构件的防腐及防虫
	2	硼酚合剂	不腐蚀金属，不影响油漆，遇水较易流失	室内不受潮的木构件的防腐及防虫
	3	硼铬合剂	无臭味，不腐蚀金属，不影响油漆，遇水较易流失，对人、畜无毒	室内不受潮的木构件的防腐及防虫
	4	氟砷铬合剂	无臭味，毒性较大，不腐蚀金属，不影响油漆，遇水较不易流失	防腐及防虫效果较好，但不应用于与人经常接触的木构件
	5	钠铬砷合剂	无臭味，毒性较大，不腐蚀金属，不影响油漆，遇水不易流失	防腐及防虫效果较好，但不应用于与人经常接触的木构件
	6	六六六乳剂（或粉剂）	有臭味，遇水流失	杀虫效果良好，用于毒杀有虫害的木构件
油溶性	7	五氯酚、林丹合剂	不腐蚀金属，不影响油漆，遇水较不流失，对防火不利	用于腐朽的木材、虫害严重地区的木构件
油类	8	混合防腐油（或蒽油）	有恶臭，木材处理后呈黑褐色，不能油漆，遇水不流失，对防火不利	用于经常受潮或与砌体接触的木构件的防腐和防白蚁
	9	强化防腐油	有恶臭，木材处理后呈黑褐色，不能油漆，遇水不流失，对防火不利	用于经常受潮或与砌体接触的木构件的防腐和防白蚁，效果较好
浆膏	10	氟砷沥青膏	有恶臭，木材处理后呈黑褐色，不能油漆，遇水不流失	用于经常受潮或处于通风不良情况下的木构件的防腐和防虫

注：1. 油溶性药剂是指溶于柴油。

2. 沥青只能防水，不能防腐，用于构成浆膏。

第二节　细木构件的制作与安装

细木构件的制作与安装是指木质构件的制作安装，主要包括基层板、面板、家具、建筑细部木作及其他装饰木作的配合。细木构件的制作与安装，在我国有悠久的历史，具有独特的风格和技艺。随着科学发展、工艺改进，细木工程又增添了新的内容，如微薄木贴、雕刻、机制线条等。

一、木窗帘盒的安装

木窗帘盒有明盒和暗盒两种,明窗帘盒整个都暴露于外部,一般是先加工半成品,再在施工现场进行安装;暗窗帘盒的仰视部分露明,适用于有吊顶装饰的房间。窗帘盒里悬挂窗帘,简单的用木棍或钢筋棍,普遍采用窗帘轨道,轨道有单轨、双轨和三轨之分。窗帘的启闭有手动和电动之分。

1. 窗帘盒的制作

窗帘盒可以制作成各种式样,在具体制作时,首先根据施工图或标准图的要求,认真地选料、配料,先加工成半成品,再细致加工成型。加工时一般是将木料粗略进行刨光,再用线刨子顺着木纹起线,线条光滑顺直、深浅一致,线型力求清秀。然后根据设计图纸进行组装,组装时应当先抹胶再用钉子钉牢,并将溢出的胶及时擦拭干净,不得有明榫,不得露钉帽。

当采用木制窗帘杆时,在窗帘盒横头板上打眼,一端打成上下眼(上眼深、下眼浅);另一端则只打一浅眼(与以上浅眼对称),这样以便于安装木杆。

2. 检查窗帘盒预埋件

为将窗帘盒安装牢固,位置正确,应先检查预埋件。木窗帘盒与墙的固定,少数在墙内砌入木砖,多数在墙内预埋铁件。预埋铁件的尺寸、位置及数量,应符合设计要求。如果出现差错应采取补救措施,如预埋件不在同一标高时,应进行调整使其高度一致;如预制过梁上漏放预埋件,可利用射钉枪或胀管螺栓将铁件补充固定,或者将铁件焊在过梁的箍筋上。图 12.1 为常用的预埋铁件示意图。

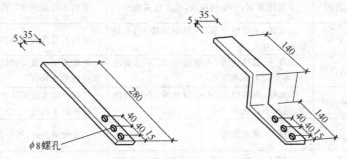

图 12.1 常用预埋铁件示意图

3. 窗帘盒的安装

窗帘轨道安装前,先检查是否平直,如有弯曲应调直后再进行安装。明窗帘盒宜先安装轨道,暗窗帘盒可后安装轨道。当窗宽度大于 1.2m 时,窗帘轨中间应断开,断头处煨弯错开,弯曲度应平缓,搭接长度不少于 200mm。图 12.2 为单轨窗帘盒仰视平面图。

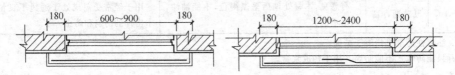

图 12.2 单轨窗帘盒仰视平面图

窗帘盒的长度由窗洞口的宽度决定,一般窗帘盒的长度比窗洞口的宽度大 300mm 或 360mm。

根据室内 50cm 高的标准水平线往上量,确定窗帘盒安装的标高。在同一墙面上有几个窗帘盒,安装时应拉一通线,使其高度一致。将窗帘盒的中线对准窗洞口中线,使其两端高度一致。窗帘盒靠墙部分应与墙面紧贴,不得有缝隙。如果墙面局部不平,应刨盖板加以调整。根据预埋铁件的位置,在盖板上钻孔,用机螺栓加垫圈拧紧。如果挂较重的窗帘,明窗帘盒安装轨道采用机制螺丝；暗窗帘盒安装轨道时，小角应加密，木螺丝不小于 3.175cm（1.25in）。采用电动窗帘轨道，应按产品说明书进行组装调试。

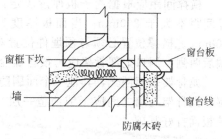

图 12.3　木窗台板装钉示意图

二、窗台板的安装

木窗台板的截面形状、尺寸，装钉方法一般应按照设计施工图施工，常用施工方法如图 12.3 所示。

在窗台墙上，预先砌入防腐木砖，木砖间距为 500mm 左右，每樘窗不少于两块。在窗框的下坎裁口或打槽（深 12mm、宽 10mm）。将窗台板刨光起线后，放在窗台墙顶上居中，里边嵌入下坎槽内。窗台板的长度一般比窗樘宽度长 120mm 左右，两端伸出的长度应一致。

在同一房间内同标高的窗台板应拉线找平、找齐，使其标高及突出墙面尺寸一致。应注意，窗台板上表面向室内略有倾斜，坡度大约为 1% 左右。

如果窗台板的宽度大于 150mm，拼接时，背面应穿暗带以防止翘曲。用明钉把窗台板与木砖钉牢，钉帽要砸扁，顺木纹冲入板的表面，在窗台板的下面与墙交角处，要钉窗台线（三角压条），窗台线预先刨光，按窗台长度两端刨成弧形线脚，用明钉与窗台板斜向钉牢，钉帽也要砸扁，冲入板内。

三、筒子板的安装

筒子板设置在室内门窗洞口处，也称为"堵头板"，其面板一般用五层胶合板（也称五夹板）制作并采用镶钉方法。门头筒子板及其构造如图 12.4 所示，窗樘筒子板的构造如图 12.5 所示。

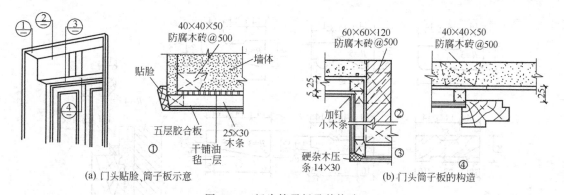

(a) 门头贴脸、筒子板示意　　　　　　　　　(b) 门头筒子板的构造

图 12.4　门头筒子板及其构造

木筒子板的操作工序为：检查门窗洞口及埋件→制作及安装木龙骨→装钉面板。

木筒子板的安装，一般是根据设计要求在砖或混凝土墙体中埋入经过防腐处理的木砖，间距一般为 500mm。采用木筒子板的门窗洞口应比门窗樘宽 400mm，洞口比门窗樘高出 25mm，以便于安装筒子板。

1. 检查门窗洞口及埋件

首先检查门窗洞口尺寸是否符合要求，是否垂直方正，预埋木砖或连接铁件是否齐全，位置是否准确，如发现有不符合要求的地方，必须修理或校正。

2. 制作和安装木龙骨

根据门窗洞口的实际尺寸，先用木方制成龙骨架，一般骨架分成三片，洞口上部一片，两侧各一片，每片一般分为两根立杆。当筒子板宽度大于 50mm 需要拼缝时，中间应当适当增加立杆。

横撑间距应根据筒子板厚度决定：当面板厚度为 10mm 时，横撑间距不大于 300mm；当面板厚度为 5mm 时，横撑间距不大于 200mm。横撑位置必须与预埋件位置对应，安装龙骨架一般是先上端后两侧，洞口上部骨架应与预埋螺栓或铅丝拧紧。

龙骨架表面刨光，其他三个面刷防腐剂（氟化钠）。为了防止潮湿，龙骨架与墙之间应干铺油毡一层。龙骨架必须平整牢固，为安装板面打好基础。

3. 装钉面板

面板应精心挑选，木纹和颜色应当尽量一样，尤其在同一房间内，更要仔细选用和比较。板的裁割要使其略大于龙骨架的实际尺寸，大面净光，小面刮直，木纹根部向下；长度方向需要对接时，木纹应当通顺，其接头位置应避开视线范围。一般窗筒子板拼缝应在室内地坪 2m 以上；门筒子板的拼缝应离地坪 1.2m 以下。同时，接头位置必须留在横撑上。当采用厚木板材，板背应作为卸力槽，以免板面产生弯曲；卸力槽一般间距为 100mm，槽宽 10mm，深度 5～8mm。

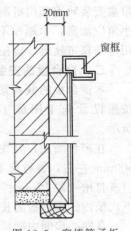

图 12.5　窗橙筒子板

固定面板所用钉子的长度为面板厚度的 3 倍，间距一般为 100mm，钉帽要砸扁，并用较尖的冲子将钉帽顺木纹方向冲入面层 1～2mm。

筒子板里侧要装进门窗框预先做好的凹槽内，外侧要与墙面齐平，割角严密方正。

四、贴脸板的安装

贴脸板也称为门头线与窗头线，是装饰门窗洞口的一种木制装饰品。门窗贴脸板的式样很多，尺寸各异，应按照设计施工。常用的构造和安装形式如图 12.6 所示。

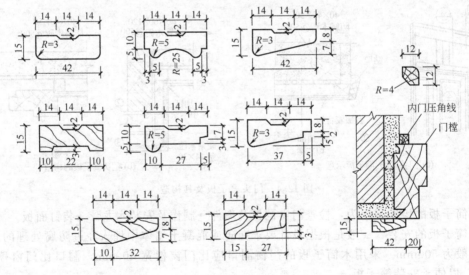

图 12.6　门窗贴脸板的构造与安装形式

贴脸板下部宜设贴脸墩，贴脸墩要稍微比踢脚板厚些。不设贴脸墩时，贴脸板的厚度不能小于踢脚板的厚度，以免踢脚板冒出而影响美观。横竖贴脸板的线条要对正，割角应准确平整，对缝严密，安装牢固。

1. 贴脸板的制作

首先检查配料的规格、质量和数量，待符合要求后，先用粗刨子刮一遍，再用细刨子刨光。先创大面，再创小面。刨得平直光滑，背面打凹槽。然后用线刨子顺木纹起线，线条应清晰、挺秀，并且深浅一致。

如果做圆形贴脸，必须先套出样板，然后根据样板划线刮料。

2. 贴脸板的装钉

门框与窗框安装完毕后，即可进行贴脸板的安装。贴脸板距门窗洞口边 15～20mm。当贴脸板的宽度大于 80mm 时，其接头应做成暗榫；其四周与抹灰墙面必须接触严密，搭盖墙的宽度一般为 20mm，最少不得少于 10mm。

装钉贴脸板，一般是先钉横向的，后钉竖向的。先量出横向贴脸板所需要的长度，两端锯成 45°斜角（即割角），紧贴在框的上坎上，其两端伸出的长度应一致。将钉帽砸扁，顺木纹冲入木板表面 1～3mm，钉长宜为板厚的 2 倍，钉距不大于 500mm。接着量出竖向贴脸板的长度，钉在边框上。

五、木楼梯的施工

以木质材料制作楼梯并结合传统的工艺技术，使室内楼梯与其他装饰项目相配套，进而追求古朴典雅或豪华的艺术风格，这种做法在近年来又重新流行起来。与室内木质护墙板、木吊顶装饰、硬木地板、装饰木门、木质家具一样，木楼梯以其独特的优势受到用户的青睐，但在实际工程中又与传统的木装修工程有较大区别。比如，木楼梯的扶手、梯柱和栏杆等构件，不仅市场上现在均有成品出售，而且材质高级、造型豪华，其艺术形式和装饰风格可以说是涵盖古今中外，无需再像以前那样进行现场作业，只要按需要款式和尺寸去采购成品材料，即可在设计部位装配固定，其余主要工作只是油漆饰面。

我国建筑的木构架、木装修及其相应的工艺技术，都有极高的水平和成熟的经验，木楼梯的制作更是木质制品中的精品。从当前装饰工程的实际情况看，木楼梯主要适宜人流不大的场所或复式住宅之类的小型装饰性楼梯，而且主要是采用木质楼梯柱、立杆和扶手。

（一）木楼梯的组成

木楼梯由踏脚板、踢脚板、平台、斜梁、楼梯柱、栏杆和扶手等几部分组成。脚踏板是楼梯梯级上的踏脚平板；踢脚板是楼梯梯级的垂直板；平台是楼梯段中间平坦无踏步的地方，也称为休息平台；楼梯斜梁是支承楼梯踏步的大梁，承担着楼梯的全部荷载；楼梯柱是装置扶手的立柱；栏杆和扶手装置在梯级和平台临空的一边，高度一般为 900～1100mm，起着维护和上下依扶的作用。

（二）木楼梯的构造

1. 明步楼梯

明步楼梯是指在侧面外观时由踏脚板形成的齿状梯级效果明露。这种楼梯的宽度以800mm 为限，当超过 1000mm 时，中间需要加设一根斜梁，在斜梁上钉三角木。三角木可根据楼梯坡度及踏步尺寸进行预制，在其上面铺钉踏脚板和踢脚板。踏脚板的厚度为 30～40mm，踢脚板的厚度为 25～30mm，踏脚板和踢脚板用开槽方法结合。如果有挑口线，踏脚板应挑出踢脚板 20～25mm；如果无挑口线，踏脚板应挑出 30～40mm。为了防滑和耐磨，可在踏脚板上口加钉铁板。踏步靠墙处的墙面也需要做踢脚板，以保护墙面和遮盖竖缝。

在斜梁上应镶钉外护板，用以遮盖斜梁与三角木的接缝，而使楼梯外侧立面美观。斜梁的上下两端做吞肩榫，与楼梯格栅（或平台梁）及地面格栅相结合，同时用铁件进一步加固。在底层斜梁的下端也可做凹槽，将其压在垫木（枕木）上。明步楼梯的构造与组成如图12.7 所示。

2. 暗步楼梯

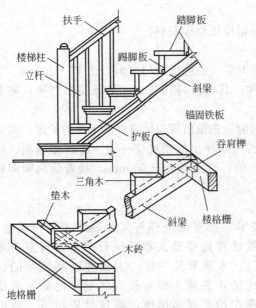

图 12.7　明步楼梯的构造与组成

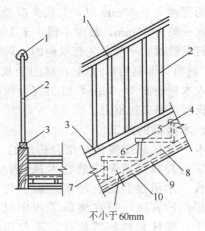

不小于60mm

图 12.8　暗步楼梯的构造

1—扶手；2—立杆；3—压条；4—斜梁；5—踏脚板；6—挑口线；7—踢脚板；8—板条筋；9—板条；10—粉刷

　　暗步楼梯是指其踏步被斜梁遮掩，其侧立面外观梯级效果藏而不露。暗步楼梯的宽度一般可达 1200mm，其结构特点是在安装踏脚板一面的斜梁上开凿凹槽，将踏脚板和踢脚板逐块镶入，然后与另一根斜梁合拢敲实。踏脚板应挑出踢脚板的部分与上述明步楼梯相同；踏脚板应比斜梁稍有缩进。楼梯背面可做成板条抹灰，也可铺钉纤维板等，进而采用涂料涂饰或其他面层处理。暗步楼梯的构造如图 12.8 所示。

　　3. 栏杆与扶手

　　楼梯栏杆是为了上下楼梯时的安全而设置的安全构件，同时也是装饰性很强的装饰构件。木质的栏杆多是加工为富有装饰美感的在断面上方圆多变的柱子体，在明步楼梯构造中，其上部做凸榫插入木扶手，其下端凸榫则是插入斜梁的压条上，如果斜梁不设压条，即直接插入斜梁。木栏杆之间的距离一般不超过 150mm，有的还在立杆之间加设横档连接。在传统的木质材料楼梯中，还有一种不露立杆的栏杆构造，称为实心栏杆，实际上是一种木质栏板。其构造做法是将板墙木筋钉在楼梯斜梁上，再以横撑加固，而后即在骨架两面铺钉木质胶合板或纤维板，以装饰线条盖缝并加以装饰，最后做油漆涂饰。

　　楼梯木扶手作为上下楼梯时的依扶构件，其类型主要有两种：一种是与楼梯组合安装的栏杆扶手，另一种是不设楼梯栏杆的靠墙扶手。传统的木质扶手样式多变，用料非常考究，手感舒适。木扶手的形式如图 12.9 所示。

　　（三）木楼梯的制作与安装

　　1. 木楼梯的制作

　　木楼梯制作前，在铺好的木板或水泥地面上，根据施工图纸把楼梯的踏步高度、宽度、级数及平台尺寸放出尺寸大样；或者是按图纸计算出各部分构件的构造尺寸，制作出样板。其中踏步三角按设计图一般都是画成直角三角形，如图 12.10 中的虚线所示，但在实际制作时必须将 b 点移出 10～20mm 至 b' 点（见图 12.10 中实线部分）。按 $ab'c$ 套取的样板称作冲头三角板；按 abc 套取的样板称为扶梯三角板，其坡度与楼梯坡度一致。

　　开始配料时，应注意楼梯斜梁长度必须将其两端的榫头尺寸计算在内。踏脚板应使用整

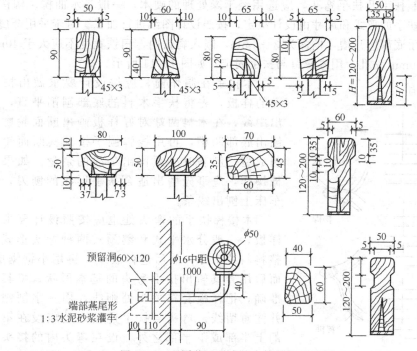

图 12.9　不同截面形式的木楼梯扶手示例

块木板，如果采用拼板时，必须有防止错缝开裂的措施。制作三角木、踏脚板、斜梁、扶手和栏杆时，其尺寸和形状必须符合设计规定。

2. 木楼梯的安装

安装前先确定楼格栅和地格栅的中心线和标高，安装好楼格栅与地格栅之后再安装楼梯斜梁。三角木由下而上依次进行铺钉，它与楼梯肩的结合处应将钉子打入楼梯斜梁内 60mm，每钉一级必须加上临时踏板。在钉好三角木后，必须用水平尺把三角木的顶面校正，并拉线，同时校核各三角木顶端使其在同一直线上。

踏脚板安装应保持其水平度；安装踢脚板时应按图 12.10 中的实线要求即上端向外倾出 10～20mm。踏脚板与踏脚板、踢脚板与踢脚板之间均应相互平行。在安装靠楼梯的墙面踢脚板时，应将踢脚板锯割成踏步形状，或者按踏步形状进行拼板安装时，应保证与楼梯踏步结合紧密，封住沿墙的踏步边缘的缝隙。在安装斜梁外护板时，也必须将其上边加工成踏步侧面的形状，为使踢脚板的顶头不外露，踢脚板与外护板的结合处应锯成 45°的割角。楼梯柱与踏脚板及扶手的结合处要做榫头，立杆与扶手结合处开半榫。

3. 扶手的制作与安装

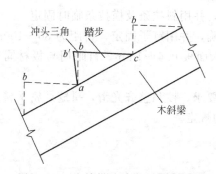

图 12.10　木楼梯的踏步三角示意图

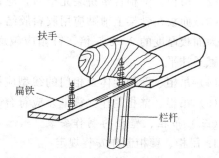

图 12.11　采用金属栏杆的木扶手的固定

楼梯的木制扶手及扶手弯头，应选用经干燥处理的硬木，一般是水曲柳、柳桉木、柚木、樟木等。扶手的形式和尺寸由设计决定，按照设计图纸进行加工。对于采用金属栏杆的楼梯，其木扶手底部应开槽，槽深为 3～4mm，嵌入扁铁内，扁铁宽度不应大于 40mm，在扁铁上每隔 300mm 钻孔，用木螺钉与扶手固定，如图 12.11 所示。

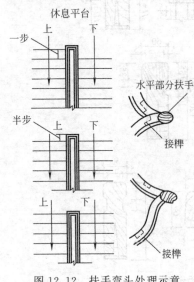

图 12.12　扶手弯头处理示意

木扶手在制作前，应按设计要求做出扶手横断面的样板，先将扶手木料的底部刨削平直，然后画出中线，在木料两端对好样板画出断面轮廓，然后刨出底部凹槽，再用线脚刨子按顶头断面轮廓线刨制成型，刨制时必须留出半线的余量。如果采用机械操作，应事先磨出适合扶手形状的刨刀，在铲口车床上刨出线条。

木楼梯扶手的弯头处也应按照设计要求先做出样板，一般分水平式和鹅颈式两种弯头形式。先将整料斜纹出方，然后进行放线，再用小锯锯成毛坯，而后用斧具斫出扶手弯头的基本形状。将其底面做准确，把样板套在顶头处画线，用一字刨刨平成型并注意留线。弯头与扶手连接之处应设在第一踏步的上半部或下半部之外。设在弯头内的接头应是在扶手或弯头的顶头朝里 50mm 处，在此处方可凿眼钻孔进行连接，多是采用 $\phi 8mm \times (130 \sim 150)mm$ 的双头螺丝将弯头与扶手连接固定，而后将接头处修平修光（如图 12.12 所示）。

安装靠墙扶手时，应按图纸要求的标高弹出坡度线，在墙内埋设防腐木砖或固定法兰盘，然后将木扶手的支撑件与木砖或法兰盘固定。

六、吊柜、壁柜的安装

现代家庭居室室内装饰更加注重适用、美观、高效、简捷，在住宅室内功能区域划分过程中，吊柜、壁柜的优势就在于如何划分空间、利用空间，为住宅室内空间带来生机活力，也给主人带来方便。

（一）吊柜、壁柜的一般尺寸

在一般情况下，吊柜与壁柜的尺寸，应根据实际和用户的要求确定。如果用户无具体要求，其制作的一般尺寸为：吊柜的深度不宜大于 450mm，壁柜的深度不宜大于 620mm。

（二）吊柜、壁柜制作的质量要求

（1）吊柜、壁柜应采取榫连接，立梃、横档、中梃、中档等拼接时，榫槽应严密嵌合，应用胶料粘接，并用胶楔加紧，不得用钉子固定连接。

（2）吊柜、壁柜骨架拼装完毕后，应校正规方，并用斜拉条及横拉条临时固定。

（3）面板在骨架上铺贴应用胶料胶结，位置正确，并用钉子固定，钉距为 80～100mm，钉长为面板厚度的 2～2.5 倍。钉帽应敲扁，并进入面板 0.5～1mm。钉眼用与板材同色的油性腻子抹平。

（4）吊柜、壁柜柜体及柜门的线型应符合设计要求，棱角整齐光滑，拼缝严密平整。

（5）吊柜、壁柜制作允许偏差应符合表 12.3 的规定。

（三）吊柜、壁柜的制作安装

1. 吊柜、壁柜制作安装规定

吊柜、壁柜的柜体与柜门安装的缝隙宽度如表 12.4 所示。

表 12.3　吊柜、壁柜制作允许偏差

项　　目	构件名称	允许偏差/mm
翘曲	柜体	3
	柜门	2
对角线长度	柜体、柜门	2
高、宽	柜体	0、−2
	柜门	+2、0

表 12.4　柜体与柜门安装的缝隙宽度

项　　目	缝隙宽度/mm
柜门对口缝	≤0.8
柜门与柜体上缝	≤0.5
柜门与柜体的下缝	≤1.0
柜门与柜体铰接缝	≤0.8

2. 吊柜、壁柜制作安装方法

吊柜、壁柜由旁板、顶板、搁板、底板、面板、门、隔板、抽屉组合而成，安装方法如下。

(1) 施工准备。材料、小五金、机具等工具齐备。墙面、地面湿作业已完成。

(2) 施工工艺流程为：弹线→框架制作→粘贴胶合板→粘贴木压条→装配底板、顶板与旁板→安装隔板、搁板→框架就位固定→安装背板、门、抽屉、五金件。

3. 吊柜、壁柜制作安装通病

吊柜、壁柜制作安装的质量通病主要包括：①框板内木挡间距错误；②罩面板、胶合板出现崩裂；③门扇出现翘曲，关闭比较困难；④吊柜、壁柜出现发霉腐烂质量问题；⑤抽屉开启不灵活。

4. 吊柜、壁柜小五金安装

(1) 小五金应安装齐全、位置适宜、固定可靠。

(2) 柜门与柜体连接宜采用弹性连接件安装，用木螺钉固定，亦可用合页连接。

(3) 拉手应在柜门中点下安装。

(4) 柜门锁应安装于柜门的中点处，位于拉手之上。

(5) 吊柜宜用膨胀螺栓吊装。安装后应与墙及顶棚紧靠，无缝隙，安装牢固，无松动，安全可靠，位置正确，不变形。

(6) 壁柜应用木螺钉对准木榫固定于墙面，接缝紧密，无缝隙。

(7) 所有吊柜、壁柜安装后，必须垂直、水平，所有外角应用砂纸磨钝。

(8) 凡混凝土小型空心砌块墙、空心砖墙、多孔砖墙、轻质非承重墙，不允许用膨胀管木螺钉固定安装吊柜，应采取加固措施后，用膨胀螺栓安装吊柜。

七、厨房台柜的制作与安装

在现代家庭居室室内空间的规划布置中，对厨房间的吊柜、壁柜、台柜越来越强调采用工厂化制品及按图纸设计施工，因此如何按厨房操作流程装饰厨房间台柜也是十分重要的。

1. 厨房间台柜的有关尺寸

厨房间台柜安装一定要绘制施工图。

(1) 台柜的台面宽度应不小于 500mm，高度宜为 800mm（包括台面铺贴材料厚度）。煤气灶台高度不应大于 700mm（包括台面铺贴材料厚度），宽度不应小于 500mm。

(2) 台柜底板距地面宜不小于 100mm。

2. 厨房间台柜制作质量要求

(1) 采用细木制作台柜及门扇或混合结构台柜的门框、门扇应以榫连接，并加胶结材料粘接，用胶楔加紧。

(2) 砖砌支墩应平直，标高准确，与混凝土板连接牢固，支墩表面抹的水泥砂浆应平整、磨毛，待硬固后表面可铺贴饰面材料。

3. 厨房间台柜制作安装

（1）厨房间台柜门框与门扇或柜体与门扇装配的偏差应符合表 12.3 的要求。

（2）厨房间台柜门框与门扇或柜体与门扇装配的缝隙宽度应符合表 12.4 的要求。

八、墙面木饰的制作与安装

1. 墙面木饰一般形式

墙面木饰在住宅室内墙面装饰中越来越强调居室功能要求，充分体现业主的装饰风格。

（1）墙面木饰的形式　墙面木饰一般形式有护壁板、板筋墙、壁龛等。

（2）墙面木饰的组成　墙面木饰一般由木骨架、基层板、面层板、装饰线脚组成。

2. 墙面木饰一般尺寸规定

（1）护墙板高度宜为 900～1200mm 或满铺。

（2）横向主龙骨上宜开通气孔，孔间距宜 900mm 左右，立梃主龙骨间距应控制在 350～600mm。

（3）木龙骨上宜用 24mm×30mm 方木，面板宜用夹板。

3. 墙面木饰质量要求

（1）在施工前，地面基体应当处理平整，消除浮灰，对不平整的墙面应用腻子批刮平整。

（2）对于比较潮湿的地面，应涂刷防潮剂一道。

4. 墙面木饰安装

墙面木饰施工工艺流程为：弹线→主筋定位→横撑安装→横撑加固→基层面板安装→面板安装→盖木条→踢脚板安装。

（1）施工时，应在墙面上弹出护墙板的高度线，按龙骨设计布置方位及垫木位置，在墙上钻孔、下木榫。木榫入孔深度应离墙面 10mm，沿龙骨方向的钻孔间距应为 500mm。

（2）龙骨及垫木。应用钉子对木榫的位置固定，钉长应为龙骨或垫木厚度的 2～2.5 倍。也可以用射钉进行固定，射钉入砖深度宜为 30～50mm，射钉入混凝土墙深度应为 27～32mm，射钉尾部不得露出龙骨或垫木的表面。

（3）面板固定可采用黏结的方法，并用钉子临时固定，待粘接牢固后，再起出钉子。面板固定也可以采用钉子，钉帽应敲扁，顺面板木纹敲进板 0.5～1.0mm，钉眼用与面板同色的油性腻子抹平，钉子长度为面板厚度的 2.0～2.5 倍。

（4）护墙板面板的高差应小于 0.5mm；板面间留缝宽度应均匀一致，尺寸偏差不大于 2mm；单块面板对角线长度偏差不大于 2mm；面板垂直度偏差不大于 2mm。

（5）护墙板阴阳角必须垂直、水平，对缝拼接为 45°角。

（6）踢脚板和压条应紧贴面板，不得留有缝隙。钉固踢脚板或压条的钉距，不得大于 300mm。钉帽应敲扁，顺木纹敲进，入表面深度 0.5～1.0mm，钉眼用同色油性腻子抹平。

5. 墙面木饰质量通病

（1）骨架与结构固定不牢。

（2）墙面粗糙，接头处不平、不严。

（3）细部做法不规矩。

九、室内线饰的制作与安装

在住宅室内装饰中，细木线饰所处的位置十分醒目，一般宜选用优质硬木的工厂制品精心制作安装，才能取得满意的装饰效果。

1. 室内线饰的一般形式

（1）挂镜线形式，如图 12.13～图 12.15 所示。

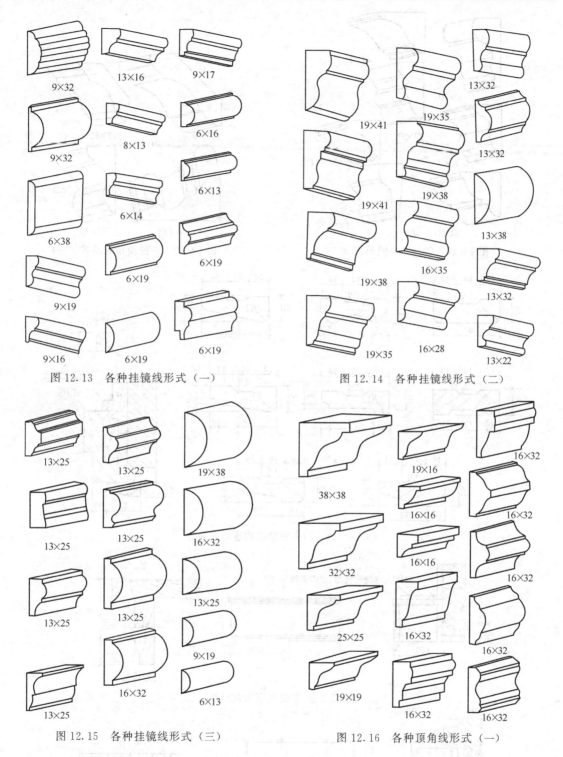

图 12.13　各种挂镜线形式（一）

图 12.14　各种挂镜线形式（二）

图 12.15　各种挂镜线形式（三）

图 12.16　各种顶角线形式（一）

（2）顶角线形式，如图 12.16～图 12.18 所示。

（3）门窗贴脸的构造与安装，如图 12.19 所示。

（4）窗帘盒形式，如图 12.20、图 12.21 和图 12.2 所示。

（5）木装饰线条的品种与特点，如表 12.5 所示。

2. 室内线饰一般尺寸

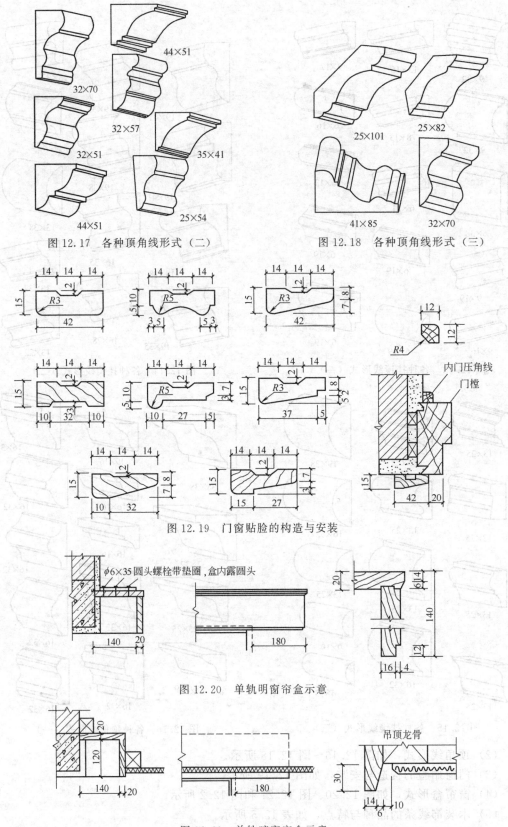

图 12.17 各种顶角线形式（二）

图 12.18 各种顶角线形式（三）

图 12.19 门窗贴脸的构造与安装

图 12.20 单轨明窗帘盒示意

图 12.21 单轨暗窗帘盒示意

表 12.5　木装饰线条的品种与特点

名　称	说明和特点	品　种
金星木线	以优质国产水曲柳、楸木等为主要原料加工而成，其质地好、花纹美观、自然，经油饰后庄重高雅。金星木线对弯曲度、粗糙度、加工缺陷、木材含水率等皆有严格规定，以保证产品质量	金星木线为系列产品，根据用途可分为角线、挡镜线、装饰线、灯池线、弯曲线、套角线、踢脚线、楼梯扶手等，共百余种。按规格排列成型号以便用户选用
木制系列装饰材料	是以东北优质水曲柳、柚木、椴木、楸木等为主要原料加工而成。产品具有粗糙度好、线条优美等特点，适用于高档宾馆、会议室、舞厅、运动场馆、家庭等装饰	有各种木花线、挂镜线、栏杆、楼梯扶手、踢脚线等品种
高级装饰木线	是以优质国产水曲柳、楸木等为原料加工而成。具有粗糙度低、花纹美观自然、高雅等特点。适用于宾馆、饭店、办公楼、家庭等室内装饰	有各种高级装饰木线、木花线、木雕花、木花格、木百叶等品种
装饰木线条	是以优质国产水曲柳等为原料经高温蒸汽蒸煮、脱脂、烘干定型加工而成。产品具有粗糙度低、线条纹美观自然等特点。适用于宾馆、饭店、会议室、办公楼和住宅等室内装饰	有各种圆弧线条，异型线条制品

(1) 挂镜线、顶角线规格是指最大宽度与最大高度，一般为 10～100mm，长为 2～5m。

(2) 木贴脸搭盖墙的宽度一般为 20mm，最小不应少于 10mm。

(3) 窗帘盒搭接长度不少于 20mm，一般长度比窗洞口的宽度大 300mm。

3. 挂镜线、顶角线制作安装要点

(1) 应在墙面上弹出位置线，钻孔、下木榫，木榫应入墙面 10mm，孔间距沿水平方向为 500mm。

(2) 挂镜线对接接长时的对接缝应为 45°。

(3) 挂镜线安装应用钉对准墙的木榫钉固，钉长应为线板厚的 2～2.5 倍，钉帽应敲扁，顺木纹钉入表面 0.5～1mm，钉眼用同色油性腻子抹平。

(4) 挂镜线应与墙面紧贴，不得有缝隙。安装后与墙平直，通长水平高差不得大于 3mm。

4. 木贴脸制作安装要点

(1) 在门窗框及室内墙洞处装饰，应紧贴墙面，不得有缝隙，与窗框压接应紧密，棱角顺直。

(2) 木贴脸在角部连接，对接缝应为 45°。

(3) 木贴脸安装应用钉对准墙的木榫钉固，钉长应为线板厚的 2～2.5 倍，钉帽应敲扁，顺木纹钉入表面 0.5～1mm，钉眼用同色油性腻子抹平。

5. 窗帘盒制作安装要点及安装质量通病

(1) 窗帘盒制作安装要点

① 窗帘盒面板上部与顶棚连接，通常可不设上盖板。若玻璃窗宽度占墙宽度 3/5 以上，窗帘盒可不设上盖板及端盖，直接固定于两侧墙面。面板高度宜为 140mm，盒内净宽：安装双轨时应为 180mm；安装单轨时应为 140mm。

② 双扇窗窗帘盒长度，应向窗洞宽度的两边延伸，每边延伸长度不小于 180mm。

③ 窗帘盒安装应用钉对准墙内木榫钉固，钉长应为木档厚的 2～2.5 倍。

④ 窗帘盒安装后，下沿应水平，全长的高度偏差不得大于 2mm。

⑤ 窗帘盒外观必须光洁，必要时可在面板上钉饰和雕刻花饰。

（2）窗帘盒安装质量通病

窗帘盒安装中的质量通病比较多，主要有：窗帘盒安装不平；窗帘盒两端伸出窗口长度不一致；窗帘轨道出现脱落；对缝不严或开裂；接槎不平；颜色不匀；螺母不平。

第三节　细部工程质量验收标准

一、细部工程质量一般规定

（1）本章适用于下列分项工程的质量验收：①橱柜制作与安装；②窗帘盒、窗台板、散热器罩制作与安装；③门窗套制作与安装；④护栏和扶手制作与安装；⑤花饰制作与安装。

（2）细部工程验收时应检查下列文件和记录：①施工图、设计说明及其他设计文件；②材料的产品合格证书、性能检测报告、进场验收记录和复验报告；③隐蔽工程验收记录；④施工记录。

（3）细部工程应对人造木板的甲醛含量进行复验。

（4）细部工程应对下列部位进行隐蔽工程验收：①预埋件（或后置埋件）；②护栏与预埋件的连接节点。

（5）各分项工程的检验批应按下列规定划分：①同类制品每50间（处）应划分为一个检验批，不足50间（处）也应划分为一个检验批；②每部楼梯应划分为一个检验批。

二、橱柜制作与安装质量标准

本节适用于位置固定的壁柜、吊柜等橱柜制作与安装工程的质量验收。

检查数量应符合下列规定：每个检验批应至少抽查3间（处），不足3间（处）时应全数检查。橱柜制作与安装质量要求及检验方法见表12.6。

表 12.6　橱柜制作与安装质量要求及检验方法

项目	项次	质 量 要 求	检 验 方 法
主控项目	1	橱柜制作与安装所用材料的材质和规格、木材的燃烧性能等级和含水率、花岗石的放射性及人造木板的甲醛含量应符合设计要求及国家现行标准的有关规定	检查产品合格证书、进场验收记录、性能检测报告和复验报告
	2	橱柜安装预埋件或后置埋件的数量、规格、位置应符合设计要求	检查隐蔽工程验收记录和施工记录
	3	橱柜的造型、尺寸、安装位置、制作和固定方法应符合设计要求。橱柜安装必须牢固	观察；尺量检查；手扳检查
	4	橱柜配件的品种、规格应符合设计要求。配件应齐全，安装应牢固	观察；手扳检查；检查进场验收记录
	5	橱柜的抽屉和柜门应开关灵活、回位正确	观察；开启和关闭检查
一般项目	6	橱柜表面应平整、洁净、色泽一致，不得有裂缝、翘曲及损坏	观察
	7	橱柜裁口应顺直，拼缝应严密	观察
	8	橱柜安装的允许偏差和检验方法应符合表12.7的规定	

表 12.7　橱柜安装的允许偏差和检验方法

项次	项　目	允许偏差/mm	检 验 方 法
1	外形尺寸	3	用钢尺检查
2	立面垂直度	2	用1m垂直检测尺检查
3	门与框架的平行度	2	用钢尺检查

三、窗帘盒、窗台板和散热器罩制作与安装质量标准

本节适用于窗帘盒、窗台板和散热器罩制作与安装工程的质量验收。

检查数量应符合下列规定：每个检验批应至少抽查 3 间（处），不足 3 间（处）时应全数检查。窗帘盒、窗台板和散热器罩制作与安装质量要求及检验方法见表 12.8。

表 12.8　窗帘盒、窗台板和散热器罩质量要求及检验方法

项目	项次	质量要求	检验方法
主控项目	1	窗帘盒、窗台板和散热器罩制作与安装所使用材料的材质和规格、木材的燃烧性能等级和含水率、花岗石的放射性及人造木板的甲醛含量应符合设计要求及国家现行标准的有关规定	检查产品合格证书、进场验收记录、性能检测报告和复验报告
	2	窗帘盒、窗台板和散热器罩的造型、规格、尺寸、安装位置和固定方法，必须符合设计要求。窗帘盒、窗台板和散热器罩的安装必须牢固	观察；尺量检查；手扳检查
	3	窗帘盒配件的品种、规格应符合设计要求，安装应牢固	手扳检查；检查进场验收记录
一般项目	4	窗帘盒、窗台板和散热器罩表面应平整、洁净、线条顺直、接缝严密、色泽一致，不得有裂缝、翘曲及损坏	观察
	5	窗帘盒、窗台板和散热器罩与墙面、窗框的衔接应严密，密封胶缝应顺直、光滑	观察
	6	窗帘盒、窗台板和散热器罩安装的允许偏差和检验方法应符合表 12.9 的规定	

表 12.9　窗帘盒、窗台板和散热器罩安装的允许偏差和检验方法

项次	项　目	允许偏差/mm	检验方法
1	水平度	2	用 1m 水平尺和塞尺检查
2	上口、下口直线度	3	拉 5m 线，不足 5m 拉通线，用钢直尺检查
3	两端距窗洞口长度差	2	用钢直尺检查
4	两端出墙厚度差	3	用钢直尺检查

四、门窗套制作与安装质量标准

本节适用于门窗套制作与安装工程的质量验收。

检查数量应符合下列规定：每个检验批应至少抽查 3 间（处），不足 3 间（处）时应全数检查。门窗套制作与安装质量要求及检验方法见表 12.10。

表 12.10　门窗套制作与安装质量要求及检验方法

项目	项次	质量要求	检验方法
主控项目	1	门窗套制作与安装所使用材料的材质、规格、花纹和颜色、木材的燃烧性能等级和含水率、花岗石的放射性及人造木板的甲醛含量应符合设计要求及国家现行标准的有关规定	检查产品合格证书、进场验收记录、性能检测报告和复验报告
	2	门窗套的造型、尺寸和固定方法应符合设计要求，安装应牢固	观察；尺量检查；手扳检查
一般项目	3	门窗套表面应平整、洁净、线条顺直、接缝严密、色泽一致，不得有裂缝、翘曲及损坏	观察
	4	门窗套安装的允许偏差和检验方法应符合表 12.11 的规定	

表 12.11　门窗套安装的允许偏差和检验方法

项次	项　目	允许偏差/mm	检验方法
1	正、侧面垂直度	3	用 1m 垂直检测尺检查
2	门窗套上口水平度	1	用 1m 水平检测尺和塞尺检查
3	门窗套上口平行度	3	拉 5m 线，不足 5m 拉通线，用钢直尺检查

五、护栏和扶手制作与安装工程

本节适用于护栏和扶手制作与安装工程的质量验收。

检查数量应符合下列规定：每个检验批的护栏和扶手应全部检查。护栏和扶手制作与安装质量要求及检验方法见表12.12。

表 12.12　护栏和扶手制作与安装质量要求及检验方法

项目	项次	质 量 要 求	检 验 方 法
主控项目	1	护栏和扶手制作与安装所使用材料的材质、规格、数量和木材、塑料的燃烧性能等级应符合设计要求	检查产品合格证书、进场验收记录、性能检测报告
	2	护栏和扶手的造型、尺寸及安装位置应符合设计要求	观察；尺量检查；检查进场验收记录
	3	护栏和扶手安装预埋件的数量、规格、位置以及护栏与预埋件的连接节点应符合设计要求	手扳检查；检查进场验收记录
	4	护栏高度、栏杆间距、安装位置必须符合设计要求。护栏安装必须牢固	观察；尺量检查；手扳检查
	5	护栏玻璃应使用公称厚度不小于12mm 的钢化玻璃或钢化夹层玻璃。当护栏一侧距楼地面高度为5m 及以上时，应使用钢化夹层玻璃	观察；尺量检查；检查产品合格证书和进场验收记录
一般项目	6	护栏和扶手转角弧度应符合设计要求，接缝应严密，表面应光滑，色泽应一致，不得有裂缝、翘曲及损坏	观察；手摸检查
	7	护栏和扶手安装的允许偏差和检验方法应符合表12.13 的规定	

表 12.13　护栏和扶手安装的允许偏差和检验方法

项次	项 目	允许偏差/mm	检 验 方 法
1	护栏垂直度	3	用1m 垂直检测尺检查
2	栏杆间距	3	用钢直尺检查
3	扶手直线度	4	拉通线，用钢直尺检查
4	扶手高度	3	用钢直尺检查

六、花饰制作与安装工程

本节适用于混凝土、石材、木材、塑料、金属、玻璃、石膏等花饰制作与安装工程的质量验收。

检查数量应符合下列规定：①室外每个检验批应全部检查；②室内每个检验批应至少抽查3 间（处）；不足3 间（处）时应全数检查。质量要求及检验方法见表12.14。

表 12.14　花饰制作与安装质量要求及检验方法

项目	项次	质 量 要 求	检 验 方 法
主控项目	1	花饰制作与安装所使用材料的材质、规格应符合设计要求	观察；检查产品合格证书和进场验收记录
	2	花饰的造型、尺寸应符合设计要求	观察；尺量检查
	3	花饰的安装位置和固定方法必须符合设计要求，安装必须牢固	观察；尺量检查；手扳检查
一般项目	4	花饰表面应洁净，接缝应严密吻合，不得有歪斜、裂缝、翘曲及损坏	观察
	5	花饰安装的允许偏差和检验方法应符合表12.15 的规定	

表 12.15　花饰安装的允许偏差和检验方法

项次	项　目		允许偏差/mm		检 验 方 法
			室内	室外	
1	条型花饰的水平度或垂直度	每米	1	2	拉线和用 1m 垂直检测尺检查
		全长	3	6	
2	单独花饰中心位置偏移		10	15	拉线和用钢直尺检查

复习思考题

1. 简述细木工程中所用木材的种类、性能和识别方法。

2. 木构件制作加工的原理是什么？如何做好施工准备与材料选用工作？

3. 简述木窗帘盒、窗台板的制作与安装方法。

4. 简述筒子板、贴脸板、木楼梯的制作与安装方法。

5. 简述吊柜、壁柜、厨房台柜的制作与安装方法。

6. 简述墙面木饰、室内线饰的种类、制作与安装。

7. 细部工程质量验收有哪些一般规定？

8. 橱柜制作与安装的质量要求及检验方法是什么？安装的允许偏差和检验方法是什么？

9. 窗帘盒、窗台板和散热器罩制作与安装的质量要求及检验方法是什么？安装的允许偏差和检验方法是什么？

10. 门窗套制作与安装的质量要求及检验方法是什么？安装的允许偏差和检验方法是什么？

11. 护栏和扶手制作与安装的质量要求及检验方法是什么？安装的允许偏差和检验方法是什么？

12. 花饰制作与安装的质量要求及检验方法是什么？安装的允许偏差和检验方法是什么？

参 考 文 献

[1] 杨天佑编著. 建筑装饰装修工程（新规范）技术手册. 广州：广东科技出版社，2003.

[2] 马有占主编. 建筑装饰施工技术. 北京：机械工业出版社，2003.

[3] 顾建平主编. 建筑装饰施工技术. 天津：天津科学技术出版社，2001.

[4] 刘念华主编. 建筑装饰施工技术. 北京：科学出版社，2002.

[5] 中国建筑装饰协会. 建筑装饰实用手册. 北京：中国建筑工业出版社，2000.

[6] 中华人民共和国国家标准. 建筑装饰装修工程质量验收规范（GB 50210—2001）. 北京：中国建筑工业出版社，2002.

[7] 中华人民共和国国家标准. 民用建筑工程室内环境污染控制规范（GB 50325—2001）. 北京：中国建筑工业出版社，2002.

[8] 韩建新编著. 21 世纪建筑新技术论丛. 上海：同济大学出版社，2000.

[9] 陈世霖主编. 当代建筑装饰装修构造施工手册. 北京：中国建筑工业出版社，1999.

[10] 中华人民共和国行业标准. 建筑玻璃应用技术规程（JCJ 113—1997）.

[11] 赵子夫主编. 建筑装饰工程施工工艺. 沈阳：辽宁科学技术出版社，1998.

[12] 中华人民共和国国家标准. 建筑内部装修设计防火规范（GB 50222—1995）. 北京：中国建筑工业出版社，1995.

[13] 王军，马军辉主编. 建筑装饰施工技术. 北京：北京大学出版社，2009.

[14] 齐景华，宋晓慧主编. 建筑装饰施工技术. 北京：北京理工大学出版社，2009.